小动物疾病
临床检查和诊断

高得仪　韩　博　主编

中国农业大学出版社
·北京·

内容简介

全书共分16章,包括临床检查程序和基本检查方法,问诊,一般检查,眼睛和耳朵临床检查,心血管系统临床检查,淋巴系统临床检查,呼吸系统临床检查,消化系统临床检查,泌尿生殖系统临床检查,尿液分析,神经系统临床检查,骨骼、关节和肌肉系统临床检查,皮肤系统临床检查,犬猫疾病快速检测诊断试剂,临床应用操作技术以及犬猫先天性疾患。本书在力求内容具有科学性和先进性的基础上,理论与实践紧密结合,始终突出犬猫疾病临床上的实用性,并尽量做到图文并茂,全书插图有240多幅,表格100多个。本书除供犬猫疾病临床动物医生应用外,也可供大专院校教师教学和学生学习参考。

图书在版编目(CIP)数据

小动物疾病临床检查和诊断/高得仪,韩博主编.—北京:中国农业大学出版社,2012.12
ISBN 978-7-5655-0598-0

Ⅰ.①小… Ⅱ.①高… ②韩… Ⅲ.①动物疾病-诊疗 Ⅳ.①S858

中国版本图书馆CIP数据核字(2012)第207209号

书　名　小动物疾病临床检查和诊断
作　者　高得仪　韩　博　主编

责任编辑　张　蕊　高　欣　刘耀华
责任校对　陈　莹　王晓凤
封面设计　郑　川
出版发行　中国农业大学出版社
社　址　北京市海淀区圆明园西路2号
邮政编码　100193
电　话　发行部010-62818525,8625
　　　　编辑部010-62732617,2618
读者服务部　010-62732336
出　版　部　010-62733440
网　址　http://www.cau.edu.cn/caup
E-mail　cbsszs@cau.edu.cn
经　销　新华书店
印　刷　涿州市星河印刷有限公司
版　次　2013年1月第1版　2013年1月第1次印刷
规　格　787×1 092　16开本　19印张　470千字
定　价　38.00元

编 写 人 员

主 编 高得仪 中国农业大学动物医学院教授

韩 博 中国农业大学动物医学院教授

参 编 麻武仁 中国农业大学动物医学院博士

于勇江 北京仁仁动物医院

拱海鸥 北京仁仁动物医院院长

张应军 北京怡园动物医院院长

臧永利 北京回龙观城北动物医院院长

朱宏亮 520国际宠物医院院长

周少芳 北京赛诺森动物医院院长

前　言

无论现代动物医学科学如何发展，临床检查永远是最基本的、最实用的、最不可替代的。只有在进行了临床检查之后，动物医生脑子里有了动物患什么疾病的大概印象，才能决定进一步的做法，如实验室检验、X线或超声波诊断，等等。此外，有的患病动物只进行临床检查，就能诊断出动物患的是什么疾病；我国有广大小城市和农村，而在这些地方的动物门诊部或医院，即便是在大城市的不少较小型动物医院或门诊，当前也还没有足够资金去购买昂贵的实验室仪器、X线机器和超声波仪器等，他们依然只能靠临床检查去诊断和治疗动物疾病。因此，编写好一本小动物疾病临床检查和诊断应用书籍，不仅现在，即使将来也是非常必要的。

我们编写此书的宗旨是：内容要有科学性和先进性，理论与实践紧密结合，始终突出犬猫疾病临床上的实用性，尽量做到图文并茂。全书插图有230多幅，表格100多个，在编写格式上也与以往有些区别，即几乎每章开始都撰写了一些与犬猫疾病临床检查有关的解剖知识和插图，便于动物医生在临床检查时对照参考和理解，临床上工作的很多动物医生也都希望这样做。第十章尿液分析和第十四章犬猫疾病快速检测诊断试剂，不需要实验室也不需要任何仪器，在任何地方都可检测，故也编入此书。第四章眼睛和耳朵临床检查、第十一章神经系统临床检查以及第十二章骨骼、关节和肌肉系统临床检查，不少动物医生在临床上检查时感到有些生疏，因此编写的篇幅和插图多一些，以便大家更好地了解和掌握。

此书主要供犬猫疾病临床动物医生应用，也可供大专院校教师教学和学生学习参考。

本书在编写过程中得到了北京怡园动物医院、北京仁仁动物医院、北京回龙观城北动物医院、520国际宠物医院和北京赛诺森动物医院多位动物医生的鼎力相助，在此表示衷心感谢。

我们在撰写此书时，尽管参考了大量国内外书籍和资料，又总结了多年犬猫疾病临床诊断经验，但疏漏和不足之处仍然在所难免，诚恳希望专家和同仁们多多指教。

编　者

2012年7月

前言

目　录

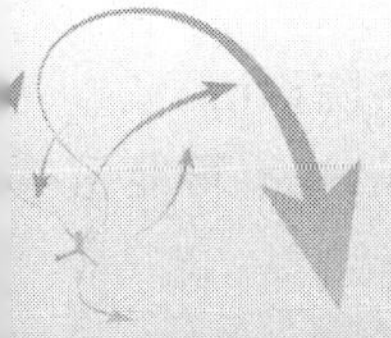

第一章　临床检查程序和基本检查方法

重点提示

1. 了解临床检查程序的内容和意义。
2. 掌握基本检查方法的概念、内容、方法和注意事项。

第一节　临床检查程序

临床检查程序是在临床上按照规定的先后顺序，对健康动物、患病动物或患病死后动物进行的全面检查。临床上严格执行临床检查程序有利于和动物主人搞好关系，有利于对动物疾病的诊断以提高治愈率和预后判断。临床检查程序主要内容如下。

一、对待动物主人

(1)寒暄交流。带动物来看动物医生的人，有成年男女、老年男女、小孩以及智力不健全者等，他们文化程度不同，了解动物发病情况多少不同。因此，动物医生在和动物主人交谈时，一定要设法使动物主人感到亲切，便于交流，真实交谈动物的发病情况。

(2)建立病例，动物登记。

(3)询问病史，包括：①既往病史；②近期病史和治疗情况。询问时一定要引导动物主人讲述客观而有价值的病史。

二、对待动物

(1)想办法安抚动物，尽量减少动物对动物医生的陌生和恐惧感，以便对动物进行临床检查。

(2)对动物进行一般检查。

(3)对动物进行全面系统检查。对于初次就诊或病情复杂的动物，一般都应坚持临床检查程序，对全身各个系统都进行详细检查。对于已有记录的复杂病例，要有针对性地重点检查，问题不大的或无问题的部位或器官，检查时可以一带而过，但不能忽略不检查。

(4)根据问诊和临床检查获得的材料，再决定选择实验室检验项目、X线或超声波检查、活组织病理检查等，并给动物主人做相应的说明。

(5)根据获得的所有资料进行思考、分析和疾病鉴别后，一般先作出初步诊断，有的也能作出确切诊断。同时给动物主人做相应解释及预后判断，以及治疗设想方案、治疗大概需要的时间和费用。

(6)用药进行治疗，也是对初步诊断的进一步验证。如果治愈，再作出最后确诊。

(7)如果仍然不能治愈,可再进一步检查、思考、诊断和治疗;也可进行会诊或转院诊治。

(8)经治疗不愈而死亡的动物,需做尸体剖解再诊断,然后再作最后确诊。但是,也有可能仍然作不出最后确诊,那就待以后科学技术发展了再诊断吧。

三、病例书写

所有的询问病史资料、临床检查、实验室检验和其他检查结果,都应记录在病例上。书写病历的原则主要是全面、系统、科学、具体、确实、通俗而易懂。

病历书写顺序和内容:

(1)建立病例,动物登记。

(2)询问病史,包括:既往病史;近期病史和治疗情况;饲养管理和环境条件。

(3)临床检查情况,实验室和其他检查资料。

(4)总结作出的初步诊断和治疗情况,嘱咐主人如何护理和饲养管理。

(5)告诉主人患病动物病情的轻重,预后可能的结果,以及动物主人不想让动物医生做的实验室检验、手术或应用贵重药品等,以免事后发生纠纷。

(6)记录诊断和治疗过程中的病例会诊,以及作出的诊断和治疗意见。

(7)如果死亡,应进行尸体剖解,并记录尸体剖解情况和最后诊断结果。

(8)最后应整理、归纳诊断和治疗过程中的经验和教训。

第二节　临床基本检查方法

临床基本检查方法,就是动物医生为了发现和搜集作为诊断依据的发病动物症状资料,应用自己的眼、耳、手、鼻等器官,或借助一些简单医用器械,如听诊器等,对患病动物进行直接检查的方法,即物理学诊断法,内容包括视诊、触诊、叩诊、听诊和嗅诊 5 种方法。这些方法简单、方便、实用性强,在任何场所都能广泛应用,即使现在有许多科学先进的仪器广泛应用于诊断动物疾病上,也不能代替这些基本检查方法。

一、视诊

视诊(inspection)是用肉眼或借助简单仪器(如手电筒),观察患病动物的全身概况或某些部位的状况的一种方法,是动物医学临床检查中最常用,也是最简便易行的方法。临床上通过视诊通常可以发现很有意义的症状,能为进一步的诊断提供下一步诊断的主要线索。

1. 视诊的内容

视诊的内容包括:全身一般状态的视诊;体表局部和天然孔的视诊;生理机能异常的视诊;运动、游泳、活动或跑动的视诊等。

(1)全身一般状态的视诊:如精神状态、年龄、营养、意识、表情、体位、姿势、全身和四肢发育的匀称性等。

(2)体表局部和天然孔的视诊:如被毛、皮肤及肿物、鼻端干湿、黏膜、眼、耳、鼻、口、舌、头颈、四肢、胸腹部、肛门、肌肉、骨骼、关节外形、公动物包皮和分泌物、母动物阴门和分泌物等。

(3)生理机能异常的视诊:如呼吸节律、咳嗽、喘息、采食、咀嚼、吞咽、呕吐和腹泻以及排便与撒尿姿势、数量和性质等。

(4)运动、游泳、活动或跑动的视诊:此视诊主要是诊断动物肌肉、骨骼、关节和神经疾患所引发的跛行、舒展活动不畅等,详见第十二章第二节中的视诊。

2. 视诊方法

(1)对于初来诊疗的动物,一般先不要接近它们,应使其稍加休息,等动物安静,最好呈自然状态时,才进行视诊。

(2)视诊应在光线充足或自然光线下进行,以便进行真实的分辨诊断。

(3)对患病动物首先观察其全身一般状态,然后对其头颈、胸腹部、脊柱、四肢、尾、肛门、会阴、阴门或公动物包皮等做仔细观察,并做机体左右两侧的对照比较观察。

二、触诊

触诊(palpation)就是利用手指、手掌、手背、拳头或借助器械,对动物机体某部位或自然孔道进行检查的方法。

1. 触诊内容

(1)触诊皮肤,判断皮肤表面与皮下组织的温度、湿度、质地、硬度和弹性,触及浅在淋巴结和局部病变的大小、形状、波动、温度、疼痛、表面性质、可移动性等方面的情况。

(2)触感某些器官,具体如下。

①触感心脏区和血管,检查心脏搏动,判断其强弱、节律和次数;检查浅在的动脉,判断其频率、性质和节律等变化。

②触检腹腔内器官位置、大小、形状、内容物或异物、硬度、疼痛、游离性以及肿物等,也可通过直肠检查对可触摸到的器官进行检查,如前列腺、肛门囊等。

(3)触摸或用手指用力掐压动物机体某一部位,检查其敏感性或感受力,如按压肌肉或掐压脊椎,检查其敏感性或疼痛反应。

(4)触诊可遇到的病变性质如下。

①坚硬感:触摸像骨骼一样硬度,如骨瘤、发炎肿块、结石、硬粪块、异物、吃入骨骼等。

②波动感:触摸柔软而有弹性,触之有波动感,指压凹陷,抬起后立即恢复原状,如血肿、淋巴外渗、脓肿、水肿等。

③气肿感:气肿是指组织间隙蓄积气体后,体表肿胀,指压发出捻发音,见于皮下气肿、气肿疽、恶性水肿。

④捏粉状感:是指用指压病区有类似面团样感觉,并形成压迹凹陷,过一会儿又恢复正常,见于组织间液体浸润而产生的浮肿。

⑤弹力感:用指压感觉有弹性较硬感,见于指压蜂窝织炎或肿瘤。

⑥温热感或冷感:触摸皮肤感觉其温度高于正常,叫温热感,见于局部发炎或全身热性病;触摸皮肤感觉其温度低于正常,叫冷感,见于脱水、中毒、营养不良、贫血、低血糖、濒死期等。

⑦疼痛感或麻痹:触压局部,动物有敏感、躲闪、不安、嘶叫等表现,表明动物疼痛或胆小,见于局部急性炎症或动物神经质胆小;麻痹是对触压局部不敏感,见于局部神经损伤或脑脊髓损伤,严重的疾病以及濒死期。

2. 触诊方法

根据触诊目的的不同,触诊的用力有轻有重,临床上一般分为浅部触诊和深部触诊。

①浅部触诊:此方法用于体表浅在病变部位的检查和诊断,通常用手指肚触压。浅部触诊可先给动物一个信号,使动物先有个适应,避免引起动物惊恐,以便为深部触诊做好准备,切记不要突然直接接触动物。

②深部触诊:单手或双手重叠由浅入深,逐步加压进行深部触诊,主要是对腹腔器官或肿块进行触摸。触诊有单手触诊法、双手触诊法和单手冲击触诊法,根据不同的目的应用不同的方法,如触诊肝脏和脾脏,可用单手;触压脊椎,可用双手;触诊腹水,可用冲击法。

三、叩诊

叩诊(percussion)是用手指叩击动物体表某一部位,使之震动产生声响,根据音响和震动的特点,用以诊断被检部位脏器有无异常的一种方法。叩诊多用于检查胸腔里心脏的位置和大小,肺脏大小、实变或充气情况以及胸腔内积液或团块等。如果怀疑有肠道充气时,也可叩诊腹部,检查有无鼓音。

叩诊方法有两种:直接叩诊法和间接叩诊法。

1. 直接叩诊法

右手中间三手指并拢,用掌面直接拍击检查部位,借助拍击反响及指下的震动来诊断病变情况的方法,叫直接叩诊法。多适用于胸部心脏和肺脏疾患的检查。

2. 间接叩诊法

将左手中指紧贴于要叩诊的部位,其他手指抬起,勿接触体表;右手指自然弯曲,用中指端叩击左手中指末端指关节处,叫间接叩诊法。直接或间接叩诊时一定要保持周围环境安静,每次叩诊 2~3 下,叩诊时用力要均匀,先轻叩诊,然后可适当用力叩诊。轻叩诊一般可达体表深度 5~7 cm,中度用力叩诊可达 7 cm 以上。

3. 叩诊音

叩诊音是被叩打部位产生的声音。叩诊音不同反映了被叩打的部位组织或器官密度、弹性、含气量和深度的不同。临床上将叩诊音分为五种。

①清音:是正常肺脏中部的叩诊音。而肺脏上 1/3 和下 1/3 的声音与此稍有不同。

②浊音:是叩打肌肉时产生的一种声音。肺脏发炎实变时也发出此声音,心脏扩张超出正常边界时,其心脏浊音区域扩大。

③半清音或半浊音:其音响介于清音和浊音之间,如叩打心脏或肝脏被肺脏所覆盖的部位所产生的声音。轻度肺炎时,叩打肺炎区域也可发出半浊音。

④鼓音:犹如击打鼓时所产生的声音。当击打含有大量气体器官时,可听到此声音,如击打气胸或有气腹部时可听到此声音。

⑤过清音:是介于清音和鼓音之间的声音,如叩打肺气肿时所产生的声音。

四、听诊

听诊(auscultation)广义就是聆听动物机体各部分所发出的任何声音,如鸣叫、呻吟、咳嗽

声、呼吸声、肠鸣音、关节活动音、骨折面摩擦音、心音和肺泡音等。听诊实际上包括用耳直接聆听和借助听诊器进行间接听诊。

1. 间接听诊法

一般是指用听诊器进行听诊的一种检查方法。通常用于心脏、肺脏、腹部和其他器官的听诊,也可用于关节活动音、骨折面摩擦音、皮下气肿音等的听诊。用听诊器听诊一定要保持环境安静,尽量不让动物活动,还要避免体表或被毛摩擦而产生的附加音。

2. 听诊器

一般听诊器都有耳件、软管和体件组成。而体件多见有 2 种:一种是单膜型听诊器;另一种是双膜型听诊器,一面是钟型面,另一面是膜型面(鼓型面,图 1-1)。通常钟型面适用于听取低调声音,膜型面适用于听取高调声音(详见第五章第二节中的听诊)。

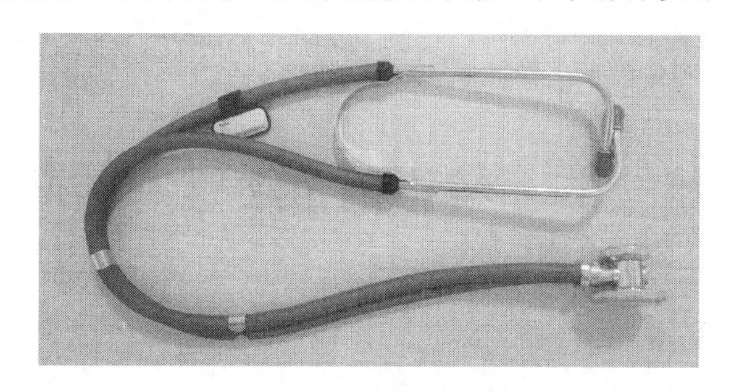

图 1-1　双膜型听诊器

五、嗅诊

嗅诊(olfaction)是通过嗅觉来嗅闻来自患病动物的异常气味,用以诊断与疾病之间关系的一种方法。气味可来自患病动物的皮肤、呼吸道、脓液、胃肠呕吐物和排泄物以及自然孔道的分泌物如耳、鼻孔、泌尿生殖道等。正常犬,尤其是长期不洗澡的犬,多有犬臭味。而患病犬猫,其疾病不同,所散发出的气味特点也不同,根据气味特点便可诊断疾病,如犬细小病毒病动物的粪便呈现腥臭味;皮肤气性坏疽病动物呈现恶臭味;慢性膀胱炎和尿毒症动物排出的尿液具有浓氨味;糖尿病酮酸中毒动物呼出的气体和排出的尿液具有烂苹果味;有机磷农药中毒动物呼出的气体有蒜味;动物粪便具有腐败性味或酸臭味见于消化不良或胰脏机能不全等。但是,在临床上嗅诊还必须要结合其他检查才可以提供具有重要意义的诊断线索,才能作出正确的诊断。

思考题

1. 什么叫临床检查程序?
2. 临床上严格执行临床检查程序有什么意义?
3. 什么叫基本检查方法?
4. 基本检查方法包括哪些内容?

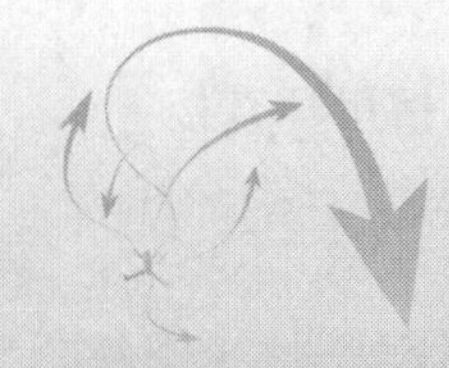

第二章　问　诊

重点提示

1. 了解问诊的重要性。
2. 掌握问诊的技巧。
3. 掌握问诊的内容。
4. 了解可以通过问诊诊断犬猫疾病。

第一节　问诊的重要性和技巧

一、问诊的重要性

问诊是指动物医生通过对患病动物或健康检查动物主人,或有关人员的系统询问,从而获得动物病史资料,经过综合分析而得出临床诊断的一种方法,也叫动物病史采集。临床上有助于诊断的许多线索和依据即来源于病史采集所获得的资料。动物病史的完整性和准确性对动物疾病的诊断、治疗和预后都有很大的影响。因此,问诊是每个临床动物医生必须掌握的基本功。

临床上通过对动物主人问诊获得的动物疾病的发生、发展、治疗、转归等经过,以及以前动物健康及患病情况等资料,对现病诊断具有极其重要的意义。不少动物医生通过对动物主人或有关人员问诊,就能对某些动物疾病作出明确的诊断,如狂犬病、破伤风、癫痫、低血糖、佝偻病、肺心病、抗凝血杀鼠药中毒等。相反,忽视问诊,必然使动物病史资料残缺不全,病情了解的也不够详细确切,这样往往会造成临床上的误诊或错诊。对于患病动物病情复杂,而又缺少具有典型症状或体征的病例,或者经过多个动物医院诊疗过而无疗效的患病动物,动物医生就应更加深入而细致的问诊了。

二、问诊的技巧

带动物来医院诊治动物疾病的动物主人有男人、女人,老人、中年人、小孩,有知识人、无知识人,甚至还有智商低的人。不管是什么人,动物医生应一视同仁,热情对待。在问诊时都要尽可能地让动物主人能充分地陈述和强调他所认为的主要情况,只有当动物主人陈述的离动物病情太远时,才需要动物医生灵活地把话题转回,切不要压抑动物主人的思路,尤其不能用动物医生的主观推测来取代动物主人亲身观察到的情况,不然会歪曲动物真实的发病情况,在疾病诊断上设置人为的障碍。只有了解到动物主人亲身观察到的情况,以及疾病发生变化的真实过程,才能为动物医生提供诊断动物疾病的客观依据。问诊时用词一定要通俗易懂,尽量

避免用难懂的医学用语，如果小孩或带动物来就诊的人不太了解动物的病史，可和蔼地劝其打电话，询问了解动物病史的人，以便得到真实的动物病史。问诊获得的材料一定要通过思考，去伪存真，认真记录，以便有利于分析诊断。

第二节　问诊的内容

问诊的内容通常包括动物登记、既往病史、现病史、饲养管理、日常活动、繁殖和配种、周围环境、旅游和参加展览等情况。

一、动物登记

动物登记的目的是便于掌握患病动物的个体特征，有利于对动物疾病的诊断、治疗及预后判断，也有利于和动物主人联系沟通，掌握情况，总结经验。

1. 动物主人姓名或单位名称、电话、地址

利于动物医生与动物主人联系，方便查找和区别，以及了解治疗后的痊愈情况，也便于及时指导其饲养管理等。

2. 动物种类和品种

动物种类需标明是犬、猫、兔或龟等，以便于辨认。

动物品种不同其易感疾病也不完全相同，以犬为例：一般本地品种犬比引进的外地品种犬抗病力强；血统纯正的纯品种犬，其抗病能力一般较弱；大型幼年犬易患骨关节病，成年犬易得胃扩张-扭转综合征；北京犬易患肺心病；吉娃娃母犬容易难产；杜宾犬和腊肠犬易患椎骨病。

3. 动物年龄和体重

动物年龄不同其免疫功能和抗病能力大不相同，如幼年动物其免疫器官尚未发育完全，抗病能力差，易得消化道和呼吸道疾病；中年动物易被汽车撞伤，相互之间斗殴时撕咬伤；老年动物易患肿瘤、肺心病、糖尿病等。

根据动物品种和年龄便可以判断其体重是超重还是体重减轻。超重犬猫易患高血脂症、糖尿病和肺心病等；瘦弱犬猫可能营养不良，患有慢性疾病，临床上多见于慢性肾脏衰竭或寄生虫病。

4. 动物性别

性别不同，其发病种类也有很大区别，如母犬猫易得乳腺肿瘤；公犬猫易患尿道结石；去势公猫和母犬易患糖尿病；公犬猫易斗殴，发生外伤。

5. 动物毛色

动物毛色也和疾病有些关系，如白色动物易发生光过敏性皮肤病；白毛蓝眼睛猫其听力差；黑、白和棕三色猫都是母猫。另外，依靠毛色还可以辨别不同的犬猫品种。

6. 动物用途

动物用途与所患疾病有一定关系，如用于繁殖后代的公、母犬猫易患生殖系统和乳腺疾病；参加赛跑犬易得四肢和呼吸系统疾病；导盲犬因吃喝得好，活动少，容易发胖和患糖尿病；

农村看家护院犬易患体内寄生虫病。

7. 攻击性

有无攻击人类或其他动物的习惯。

除以上外，还应登记上动物的名字、号码、特征或编号，以便辨认。

二、动物既往病史

动物既往病史包括本动物以前的健康状况，有无运动不耐性，以前曾患过的各种疾病、治疗、外科手术、过敏、动物家族史及遗传疾患等，尤其是与现在所患疾病有密切关系的疾病。另外，对动物现生活区域的动物主要传染病、寄生虫病、毒物中毒和其他动物地方流行病史、死亡情况都应进行调查，并记录在既往病史中。调查记录顺序按年月先后排列。

三、动物现病史

现病史就是要了解患病动物本次疾病的发生、发展、演变、诊断和治疗经过，尤其是经过其他动物医院诊断和治疗过的患病动物，一定要了解其他动物医院诊断是什么疾病？用过什么药物治疗？治疗效果如何？这样，对自己建立诊断和用药治疗颇有参考价值。

在调查动物现病史时，可按以下程序进行：

1. 动物发病时间和地点

在什么时间和地点发病，如食前、食后、室内、室外、产前、产后、运动前或后、注射疫苗前或后、旅游后或参加展览后等，以便诊断与时间或地点的关系。如大型犬食后运动易发生胃扩张-扭转综合征或食物过敏；注射疫苗后，唇和眼皮肿胀，是疫苗过敏；近年夏季带犬到河南旅游或展览，易得巴贝斯虫病，在北京市曾发现几例这样的病例。

2. 发病动物头数和同窝动物发病情况

调查发病动物头数和同窝动物发病情况是为了了解此次发病是单发、散发还是群发。饲养场动物群发疾病多是传染病或寄生虫病，中毒的可能性也有，如曾遇某犬场饲料中加入大葱，引发大葱中毒。居住小区出现散发病例，如果体温都较高，可能是传染病；如果体温不高，可能是中毒，多见毒鼠药中毒，极个别的是有人投毒引起。如果怀疑是烈性动物传染性或人畜共患病，应及时隔离诊断和治疗。

3. 发病原因或诱因

引发动物发病的原因或诱因很多，如感染、接触中毒、气候过冷或过热、环境改变、饲养管理或运动不当等。一般动物主人对直接的、近期的发病原因或诱因容易找到，而对病程较长或病因复杂的，就难以说清楚了，还可能说出一些似是而非的发病原因或诱因。遇到此种情况，动物医生就应该认真思考分析，去伪存真，尽可能地找出真正的动物发病原因或诱因。如猫特发性肝脏脂肪沉积症，其诱因是猫胆小肥胖，而直接原因是应急原引发应急，其表现是不吃食，逐渐消瘦和黄疸。

4. 发病后的主要表现

要了解发病动物的精神状况、体温、呼吸、脉搏、吃食、喝水、拉屎、撒尿、呕吐、腹泻、咳嗽、站立姿势、行走和跑步步样。进一步还需了解动物异常发生的部位、性质、持续时间、严重程

度、缓解或加重因素等，了解这些表现可以初步判断疾病的轻重，所在系统、器官或组织，发病部位范围和性质，有利于对疾病预后的判断。

5. 疾病的经过和伴随症状

疾病的经过或过程包括发病后症状变化和新症状的出现，如犬肠变位时，起初发呆不愿活动，继续发展出现呕吐，甚至呕吐血液。

伴随症状一般是在主要症状的基础上又重新出现一系列其他症状。伴随症状常常可以成为鉴别诊断的依据，如腹泻伴随呕吐可能是胃肠炎的表现。一份好的现病史，除包括主要症状外，还不应该放过任何有价值的细小伴随症状，这些细小伴随症状往往在疾病诊断上起着不可忽视的作用。

6. 诊断和治疗经过

凡是到本动物医院就诊前曾到过其他医院诊治过的病例，一定要询问曾接受过什么诊断方法，诊断结果是什么。切不可偷懒，用他人诊断代替自己的进一步诊断。若已进行过治疗，一定要了解清楚用的什么药物治疗、药物剂量、用药多长时间、效果如何等，以便为本次再诊断和治疗提供参考，如用过某种药物治疗无效，就不要再用此药物治疗了，也可避免重复用药物，引发中毒。

四、动物饲养管理

动物饲养管理与动物疾病发生往往有很密切的关系，了解动物饲养管理对动物疾病的诊断、治疗和今后制订预防疾病发生措施，都是十分重要的。其询问内容如下：

1. 食物和饮水

询问平时饲喂什么食物，如果是商品性犬猫食品，还要询问是什么牌子，每天饲喂几次，每天饲喂多少克食品(利于判断是多还是少)，食物有没有过期。如果是自己制造的食品，要询问食物含有哪些成分，有没有过期或发霉成分以及饲喂此种食品有多长时间了。询问的目的是想了解此次发病是否与饲喂食品有关系。

询问饮水情况，要了解饮水的来源，饮水有无污染，是每天饮几次还是 24 h 供应饮水。冬天要问饮水的温度，夏天要问提供饮水是否充足。临床上曾遇到夏天因饮刚从冰箱里取出的冷水而发生腹泻的病例。

2. 预防接种和驱虫

一定要询问是否按程序进行了预防接种和驱虫，按程序预防接种和驱虫就是严格按疫苗或驱虫说明书上的说明进行预防接种和驱虫。此事说来简单，但临床上或犬猫饲养场不少人却做不到，他们习惯按大家所谓的“程序”进行疫苗接种。如几乎所有疫苗说明书上都是给 3 月龄内幼犬打预防疫苗，最后一针疫苗要在 12 周龄后注射。但他们往往是 30 日龄打一针 2 联苗，隔 20 d 再打一针 6 联苗，再隔 20 d 70 日龄时打第 3 针 6 联苗。因打第 3 针 6 联苗时不足 12 周龄，这样的做法使得犬仍有发生犬瘟热或犬细小病毒病的可能。

据统计，现在已有犬疫苗 14 种，它们是犬瘟疫苗、犬细小病毒疫苗、犬传染性肝炎疫苗、犬腺病毒Ⅱ疫苗、犬副流感疫苗、犬流感疫苗、犬冠状病毒疫苗、犬钩端螺旋体疫苗、犬狂犬病疫苗、犬支气管败血性博氏杆菌疫苗、犬莱姆病疫苗、犬葡萄球菌疫苗、犬小孢子菌疫苗、犬贾第鞭毛虫疫苗。

猫已有9种疫苗，它们是猫泛白细胞减少病疫苗（猫瘟疫苗）、猫传染性鼻气管炎疫苗、猫杯状病毒疫苗、猫狂犬病疫苗、猫白血病疫苗、猫传染性腹膜炎疫苗、猫肺炎疫苗（猫鹦鹉热衣原体疫苗）、猫犬小孢子菌疫苗、猫贾第鞭毛虫疫苗。

驱虫也一定要按程序进行，临床上发现居住在城市住楼房的居民讲究卫生，饲养的猫不外出，饲养的犬外遛时不乱捡杂物吃。这些犬猫在驱过虫后其再感染的机会相当少。而爱乱捡东西吃的犬猫、饲养在平房的犬猫、流浪犬猫和农村的犬猫，它们感染体内寄生虫的机会很多，就必须按程序对它们进行驱杀体内寄生虫。

另外，还要询问刚引进的犬猫是否按规定进行了隔离检疫、预防接种和驱虫。

3. 动物生活条件

动物生活条件包含多项内容，具体如下。

①地区气候：动物是生活在热带、温带还是寒带，如藏獒原生在高寒地带，饲养在热带或温带夏天容易发病或中暑；无毛或短毛犬猫冬天容易发病或冻伤。

②动物居住的舍窝和场地：宠物犬猫和动物主人居住生活在一起，夏天室内有空调，冬天室内有暖气，相对生活条件优越，发病可能较少。生活在室外，尤其是冬季北方寒冷地区，动物就相当容易生病。室外的流浪动物，缺食少水，容易患病，尤其容易患寄生虫病（乱捡食物吃导致的）。饲养场里的犬猫，不注意防疫卫生制度、场地消毒、病死或淘汰动物的尸体处理，容易引发流行疾病。

③动物个体卫生：饲养的宠物犬猫，居住的条件优越，又能及时洗澡，相对发生皮肤疾病的较少；大群饲养，卫生条件差的，群发皮肤疾患的就非常多。

④周围有无新引进的动物，有无新引进动物带来新的疾病。周围有无工厂或污染源，引起污染或释放毒物。

4. 动物用途

动物用途不同，其发生疾病种类也不相同，如赛跑犬易劳累过度，容易患四肢和呼吸道疾病；格斗犬除被咬伤外，还易互相感染巴贝斯虫病；导盲犬易发生肥胖。繁殖和配种犬猫，注意询问繁殖年龄，有无近亲交配，妊娠母犬猫生产的后代健康状况，妊娠母犬猫有无早产、流产、产后夭折或产后因吃母乳引发溶血等。

第三节　问诊诊断病例

临床上动物医生通过问诊也能诊断一些动物疾病。但是，动物医生必须具备动物疾病的一些基本知识，以及临床诊治动物疾病的一些经验，掌握基本知识和临床经验越多的动物医生，他们的问诊就越能询问到点子上，凭问诊就可诊断出一些疾病，下面举例说明。

病例一：幼犬低血糖症

通过询问得知，动物主人饲喂食物量少，临床上多见于主人按商品粮颗粒数饲喂，如每次饲喂几粒，而不是按商品粮包装袋上说明，什么品种犬猫，体重多少，每天饲喂多少克商品粮。

幼犬低血糖症临床表现为昏睡不动、消瘦、肋骨外露、皮温降低。只要口服高浓度葡萄糖溶液或静脉输注葡萄糖溶液，立刻就能站起来，精神大有好转，饲喂食物表现狼吞虎咽。

治疗后嘱咐动物主人:今后饲喂犬猫商品粮,不要按商品粮多少颗粒饲喂,而应按商品粮说明每天饲喂多少克商品粮饲喂,另外最好每过 10 d 左右称一次体重,体重逐渐增长者,为饲喂的食物量合适。

作者曾遇一贵妇犬主人,自家繁殖的幼犬昏睡不动,消瘦和肋骨明露,到动物医院就诊。医院诊断为幼犬低血糖症,主人不认可,并说她每天饲喂犬商品粮,吃营养膏,喝葡萄糖水,怎么会得低血糖症?医院说静脉输入葡萄糖后,幼犬马上站起来,就是幼犬低血糖症,无有效果时,就是诊断错误了。静脉输入葡萄糖不久,幼犬马上就站立起来了,到此动物主人才相信是幼犬低血糖症。此病的关键是动物主人饲喂幼犬食物种类不少,但是饲喂量太少,才引发此病。

病例二:老年犬肺心病

询问得知发病犬年老,11 岁,表现咳嗽喘息,不愿活动,多种方法和药物治疗基本无效,夏天天热咳嗽喘息尤其严重和明显,冬天稍有好转。如果可能拍 X 线胸部片,可见心脏扩大,肺脏缩小。短鼻子犬最易发生,如北京犬、巴哥犬、日本狆等。此外,肥胖犬最易发病。此病极难医治痊愈,一般只能用药缓解症状。

病例三:猫特发性肝脏脂肪沉积症(脂肪肝症)

发病原因是近几天受到应急原刺激,如搬家、生人、新引进动物、更换饲喂人员、运输、更换食物等。受应急原刺激后,猫不吃食物,逐渐消瘦,发展到可视黏膜黄疸,病情越来越重。诱因是猫胆小又肥胖。如果一直不吃食物,非常难于治愈,往往最后衰竭而死亡。

评:诊断此病的动物医生,首先得知道此病的发生原因和临床表现,通过询问基本上即可诊断此病。此病治疗最根本的办法是让动物主动或被动(人工饲喂)吃食物,如果不吃食物,最终以死亡告终。

病例四:慢性胃炎

问诊得知:犬或猫常常在后半夜或早晨饲喂食物前发生呕吐。该病一般难于治愈,多是慢性胃炎。呕吐原因是早晨空腹,胃液分泌,刺激胃炎处,引发反射性呕吐。治疗可按慢性胃炎进行。

病例五:博美犬气管塌陷或狭窄

问诊病史:此动物从小体质较差,运动耐力也差。临床表现咳嗽和喘息,用各种药物久治不愈。临床上多见于小型观赏犬,如博美犬、吉娃娃犬等。用 X 线机拍片,可见气管狭窄,如图 2-1 所示。现在已有用进口犬用气管支架(tracheal stent)进行治疗的。

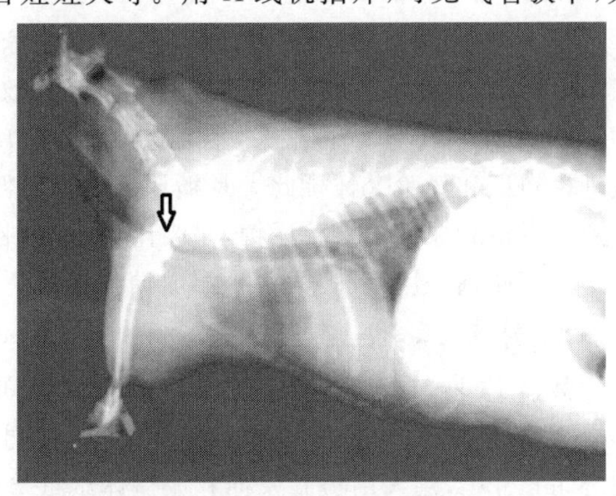

图 2-1 博美犬气管狭窄的 X 线片

病例六:犬尿崩症

某贵妇犬,俗称泰迪犬,2 岁,雄性,体重 6 kg。询问得知此犬已有 2 个月了,见水就喝,喝后不久就撒尿,尿色清亮如水,精神和吃食正常。用临床折射仪检测一下尿相对密度,其相对密度低于 1.003。用抗利尿激素治疗,立刻止住渴欲,尿相对密度也增高了,故诊断为犬尿崩症。

评:动物医生需对尿崩症有个大概了解,

才能通过问诊诊断此病。

病例七：犬注射疫苗后，还患犬瘟热或犬细小病毒病

在临床上也常常遇到此种情况，其原因多是没按疫苗说明书上疫苗注射程序进行。程序上说幼犬第3针疫苗一定要在12周龄以后注射，否则个别犬难于产生足够抗体，预防其传染疾病。一般规定幼犬打三针疫苗，如果第三针疫苗是在12周龄以内打的，也可在12周龄以后再打一针疫苗，这样可做到比较确实的预防疾病作用。

病例八：猫对乙酰氨基酚(扑热息痛)中毒

临床上遇一病猫，呈休克状态，皮肤松弛，温度降低，黏膜高度发紫。在其他动物医院认为可能是中毒，但不知是什么毒物引起？从他院转来后，通过询问得知主人因怀疑此猫得了感冒，饲喂过治疗人牙疼的"酚咖片"，其他饲养管理未有任何变化。让主人取来药物说明书，看到药物主要成分是"对乙酰氨基酚"，故诊断为对乙酰氨基酚中毒。

评：动物医生必须事前知道猫肝脏解毒能力差，特别是对对乙酰氨基酚敏感；又必须知道中毒引起的主要症状，才能从问诊上诊断出此病。

病例九：犬猫急性肾脏衰竭

作者在临床上曾遇到几例犬因严重呕吐，猫因尿道堵塞引起的急性肾脏衰竭。诊断从实验室检验得知，检验血液和生化显示：尿素氮、肌酐浓度增加，血液浓稠，脱水严重。有了这方面知识，在临床上如遇到这种情况，便容易诊断了。

治疗尿道堵塞，首先疏通尿道，再进行足量静脉输注液体。呕吐引起的急性肾脏衰竭，一定要足量静脉输液，让其排尿，排出体内含氮毒物，才有治愈希望。

病例十：幼猫佝偻病

通过问诊得知此猫断奶后，以饲喂动物肝脏或肌肉为主，现在后肢发软或不能站立，排便困难，甚至已排不出粪便。临床检查可见腰荐部凹陷，腹部触诊可摸到直肠内有大量硬结粪便。治疗原则是设法清除肠道粪便，静脉输注葡萄糖酸钙注射液，逐渐改喂猫商品粮。

评：问诊诊断此病，首先要知道新鲜肝脏含钙和磷比例大约是1∶36，新鲜肌肉含钙和磷比例大约是1∶20。由于钙和磷比例不当，长期饲喂肝脏或肌肉，又加上幼年猫正处在生长发育较快时期，所以易发生佝偻病。

病例十一：犬糖尿病伤口不愈合

某10岁北京犬，肥胖，脊背处有伤口，在多家动物医院医治有1个多月无效，转来医治。从问诊中得知，治疗外伤药物几乎都用过，就是无效果。此犬在主人吃食时，和主人一起吃人吃食物，家人一面吃食物，一面喂犬，平时吃喝非常好，所以变得非常肥胖，此伤为肥胖后发生的外伤。从理论知识和经验上怀疑此犬是糖尿病。血糖浓度高，使局部神经敏感性降低，所以外伤难以治愈。用检验尿试条检验尿糖，呈强阳性；血糖检验也呈高指标(也可用人用血糖仪检验)。

治疗原则是用胰岛素治疗，将血糖浓度降下来，然后再治疗外伤，治疗效果才会好。

病例十二：猫糖尿病

某猫13岁，白色，绝育公猫。问诊主人得知，近2个月来此猫逐渐消瘦，喝水多，排尿也多。近几日吃食也减少了，来动物医院就诊。主人不愿多花费，故用人用血糖仪检验血糖是13.5 mmol/L，用人用检验尿糖和尿酮体试纸检验尿糖和尿酮体，结果是尿糖(＋)，酮体阴性。诊断是猫糖尿病。

诊断依据：①年老绝育公猫最易患糖尿病；②猫肾脏尿糖阈值可以说是动物中最高的，其肾脏尿糖阈值高达 16 mmol/L(288 mg/dL，人是 170～180 mg/dL，详见第十章第二节中的尿葡萄糖)，猫血糖参考值是 3.9～7.5 mmol/L(70～135 mg/dL)。国外资料也表明：猫血糖高，同时出现尿糖时，一般都是糖尿病。

病例十三：犬椎骨病

某腊肠犬，8 岁，公犬。问诊得知：家中因地滑，此犬活动时后腿滑撇了，后发现后肢有些僵硬，第 2 天更严重了，故来院就诊。

动物医生检查可见后肢无力，难以支撑身体(图 2-2)。放到诊断台从头到尾根，先轻后重按压脊椎，发现按压胸椎中段时，动物嘶叫，骚动不安(图 2-3)。诊断是胸椎扭伤，疼痛所致。

图 2-2　犬椎骨病后躯瘫痪

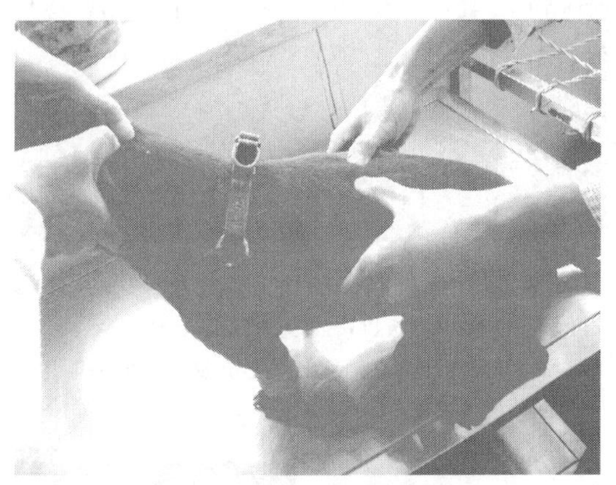

图 2-3　按压椎骨诊断犬椎骨病

治疗原则是发病头 1 d 可冷敷，用类固醇类激素和封闭治疗；2 d 后可温敷局部、针灸、电针灸(图 2-4)、药物穴位注射等。第一次发病一般易于治愈，以后发病次数越多越不易治愈。

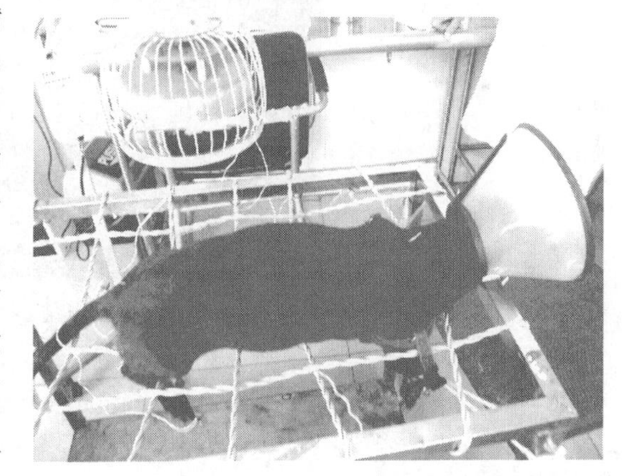

图 2-4　电针灸穴位治疗犬椎骨病

(上方的网状笼样物为红外线仪)

评：前几年北京犬发病多见，原因是从幼年开始以饲喂动物肝脏或肉类为主。成年后由于运动、从高处跳下、公犬配种、上下楼梯、打架或和其他犬玩耍等，引发椎骨扭伤疼痛发病，发病后后肢无力发软，严重的后肢站不起来，过去一般都认为是椎间盘突出。椎间盘突出需用 CT 扫描或核磁共振来诊断，但在动物临床上难以确诊。临床上可能椎骨扭伤多见，真正椎间盘突出也有，相对少见。

病例十四：犬累-卡-佩氏病

犬累-卡-佩氏病是以犬股骨头和股骨颈非炎性缺血坏死为特征的一种综合征。多见于股骨头生长板闭合以前的年轻犬，因血液供应不足造成股骨骨骺萎缩塌陷引发，通常发生于 3～13 月龄，多为单侧性，双侧患病率只有 10%～17%。

临床表现为患肢开始出现轻微跛行，以后逐渐加重，患肢不敢着地，不愿让人触摸，有时自行啃咬髋部皮肤。检查患肢可发现髌骨游离性增大，人为伸展患肢活动疼痛感明显，尤其是将患肢外展时疼痛更甚。患肢肌肉发生萎缩。了解以上情况后，即可作出初步诊断。确诊还需做X线片诊断，详见以下3个病例的X线片图（图2-5至图2-7）。

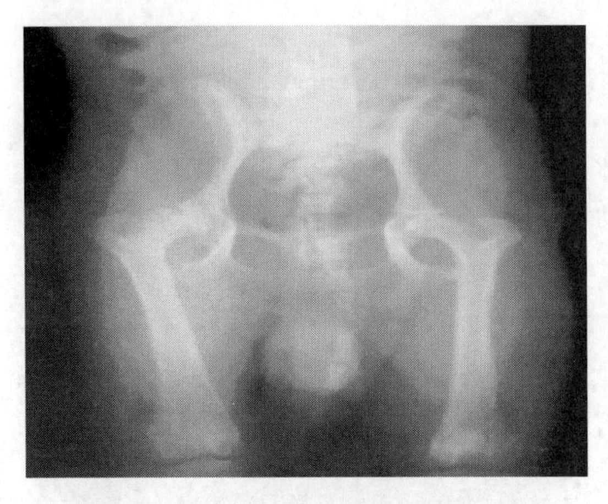

图2-5 贵宾犬累-卡-佩氏病X线片(一)

此犬是贵宾犬（俗名泰迪犬），棕色，雄性，9月龄，体重3.45 kg。右后肢股骨头和股骨颈局灶性骨密度降低，表面粗糙。

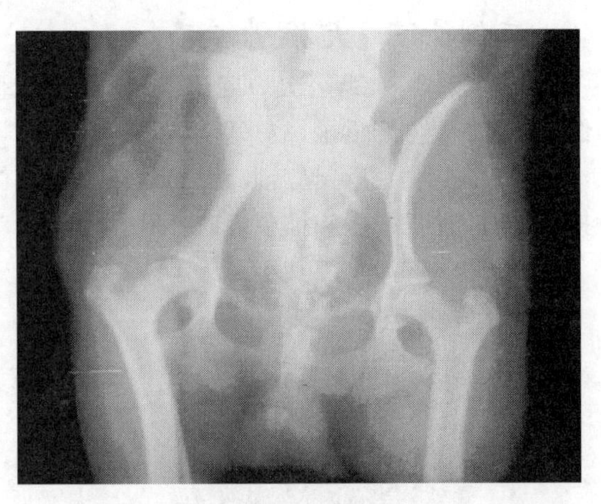

图2-6 贵宾犬累-卡-佩氏病X线片(二)

此犬是贵宾犬（俗名泰迪犬），棕色，雄性，10月龄，体重4.75 kg。右后肢股骨头和股骨颈患病。

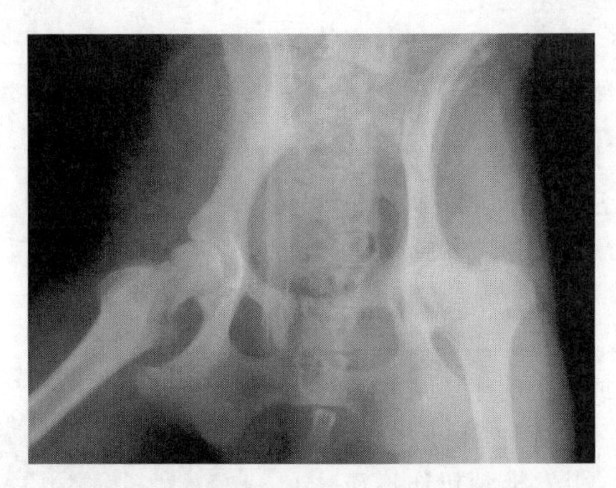

图2-7 科利牧羊犬累-卡-佩氏病X线片

此犬是科利牧羊犬，棕白花色，雄性，2.5岁。左后肢股骨头和股骨颈患病。

思考题

1. 什么叫问诊？
2. 问诊有哪些技巧？
3. 问诊包括哪些内容？
4. 你想通过问诊诊断动物疾病，需要具备哪些条件？

第三章 一般检查

重点提示

1. 掌握一般检查方法。
2. 了解临床上一般检查包括哪些内容。
3. 了解一般检查内容的临床意义。

一般检查是对患病动物全身状态的概括性观察，是整个动物体格检查过程中的第一步，即在分系统检查之前，先对患病动物的外在表现、大体情况进行的一般了解，为分系统检查提供重点检查线索。其内容包括全身状况观察，体温、呼吸和脉搏的测定，眼结膜检查，被毛、皮肤和皮下组织检查，体表浅在淋巴结和淋巴管的检查等。

第一节 全身状况观察

全身状况观察是对患病动物进行检查的第一步，也是观察动物的外貌形态和各种行为的第一步。其内容有精神状态、营养、体格、姿势和运动等。

一、精神状态

精神状态正常与否是反映中枢神经机能是否正常的一种标志，可根据动物对外界刺激反应及其行为来判定。正常动物的中枢神经能够保持动物的兴奋和抑制平衡，即休息时安静自在，活动或运动时反应灵活自如。

异常的神经状态有兴奋和沉郁。

①兴奋：是患病动物不能自己控制的一种活动异常表现。在轻度兴奋时，其表现为惊慌不安、左顾右盼、竖耳、嘶叫、怒视等。在重度兴奋时，其表现为骚动不安、不停走动、前冲后撞、疯狂奔跑、全身抽动、撕咬人或动物等。

②沉郁：是患病动物不能自己控制的一种活动减弱异常表现。轻度沉郁时，表现为呆立不动、头低耳耷、眼睛半闭、听力降低，对外界刺激反应迟钝。重症沉郁时，表现为昏厥（表 3-1）、嗜睡、昏迷，严重昏迷的患病动物一般预后不良。

精神状态异常不仅随动物疾病病程的发展而有程度上的改变，有时即使是在同一疾病的不同阶段，也可能因兴奋与抑制过程的相互转化，而出现临床症状的转变或兴奋与抑制交替出现。

二、体格

体格是指动物骨骼和肌肉发育，以及机体各部分比例的情况。检查时应注意犬猫不同品种个体的特征，一般临床上分为 3 个级别。

表 3-1 昏厥的原因*

1. 大脑供血不足
①外周或神经原性机能障碍：见于血管迷走神经机能障碍、体位性低血压、呼吸过度、颈动脉窦敏感、舌咽神经痛性晕厥、排尿性晕厥。
②心脏机能障碍：见于血流受阻，如主动脉或肺动脉狭窄、黏液瘤、心包液压迫、严重的心丝虫病；心脏节律紊乱，见于先天性心脏疾病、心传导阻滞、心率过速；心肺机能障碍，见于心脏收缩性或扩张性机能障碍、肺部呼吸过快、肺脏栓塞、心肌梗塞。
2. 代谢性紊乱　见于贫血、肝脑病、高钾血或低钾血、低血糖、血管低容量、嗜铬细胞瘤。
3. 医源性　见于 α-肾上腺素能阻断剂、血管紧张素转变酶、抗抑郁剂、钙道阻断剂、洋地黄、利尿剂、噻吩嗪相关的药疗法、硝酸盐、血管扩张剂、奎尼丁。
4. 其他　组织昏厥、无脉疾患、吞咽昏厥等。

* 昏厥：因脑部缺血供氧不足而引起的短时间失去知觉。

①体格良好：对于纯品种犬猫，应是机体结构匀称、骨骼粗壮、肌肉丰满、复合品种特征，给人以美的享受。

杂种犬猫应是个体相对高大或较小（根据个人爱好）、结构匀称、胸廓宽阔、骨骼健壮、肌肉丰满，给人一种健壮有力的印象。这种犬猫抗病力强，患病后容易康复。

②体格不良：纯品种中犬猫，个体矮小，发育缓慢，甚至发育停滞（表 3-2），不符合品种特征要求。一般都是营养不良或患有慢性疾病，抗病能力差，容易发病死亡。

杂种犬猫应是除了个体矮小和发育缓慢外，还有体长而扁、肢长而细、胸廓狭窄。

③体格中等：全身骨骼和肌肉发育一般，是介于体格良好和体格不良之间的一种体格。

表 3-2 犬猫生长发育不良的原因

1. 机体矮小
①食物方面：食物供应不足或质量太差。
②心脏疾患：心脏先天性异常、心内膜炎。
③肝脏机能降低：门腔脉管异常、肝炎、糖原储藏疾病。
④食道疾病：巨食症、血管环异常（如永久性右动脉弓）。
⑤胃肠道疾病：寄生虫病、肠道炎症、肠道异物、幽门狭窄、组织胞浆菌病、胰腺外分泌不足。
⑥肾脏疾病：肾脏先天性或后天性衰竭、肾小球疾病、肾盂肾炎。
⑦各种炎症性疾病。
⑧激素性疾病：糖尿病、肾上腺皮质机能降低。
2. 机体矮小，但体质正常
①软骨营养不良。
②激素性疾病：先天性甲状腺机能降低、先天性生长激素释放不足（如垂体性侏儒）、肾上腺皮质机能亢进。

三、营养状况

营养状态是检查对动物食物的供给情况，以及动物对食物的摄入、消化、吸收和代谢等诸密切相关因素，其好坏可作为评定动物健康和疾病程度的标准之一。营养状态通常根据动物的被毛、皮肤、皮下脂肪、肌肉等发育情况进行综合判断，最简便迅速的方法是根据皮下脂肪充实的程度来判断。犬猫营养状态评级可分为 5 类：

①极度消瘦：或叫恶病质(表 3-3)。机体肋骨明显可见无脂肪；皮肤与骨骼之间也无脂肪，肌肉萎缩，骨骼突露易触摸；尾巴骨突出。6 月龄以上犬猫，从侧面观看，腹部严重上收变小(图 3-1)。从体上向下观看，可见上宽下窄。此种犬猫全身营养及内脏处于衰竭状态，其预后大多不良。

长期饲喂动物肌肉或肝脏，动物并不消瘦，但是由于缺钙，动物容易疲劳，不耐运动。其 X 线片可见长骨骨皮质变薄(图 3-2)，此项也是诊断缺钙的一项指标。

表 3-3 犬猫极度消瘦的原因(体重小于正常 20%以上)

1. 有食欲或食欲较强
①在正常的饲养管理条件下：见于腹泻、呕吐、反胃、长期高热、肿瘤、甲状腺机能亢进、糖尿病、寄生虫病、蛋白丢失性肾病、蛋白丢失性肠病、蛋白丢失性皮肤病、心脏病、胃肠道消化吸收不良等。
②饲养管理不当：见于食物缺乏、食物质量太差、环境温度太低。
2. 无食欲或食欲不佳　见于长期疾病或慢性疾患。

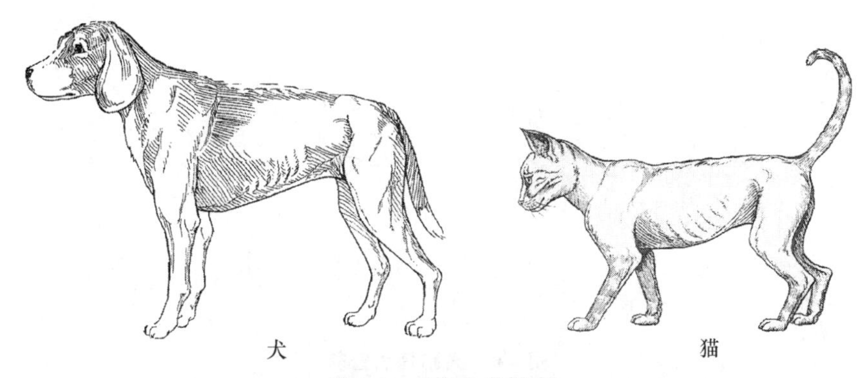

图 3-1 犬猫极度消瘦

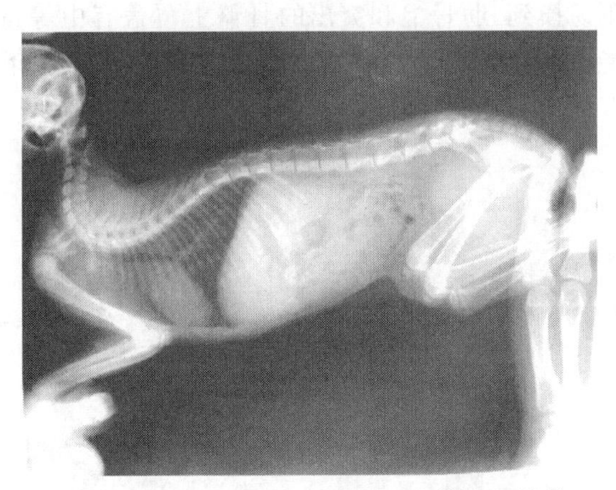

图 3-2 缺钙引发的长骨骨皮质变薄的 X 线片

②营养较差：骨骼或肋骨外露，容易摸到，其上有少量脂肪；尾巴根骨突出；皮肤和骨骼之间有少量组织。6 月龄以上犬猫，从侧面观看，腹部明显上收变小。从体上向下观看，可见上

宽下稍窄(图 3-3)。

③理想营养:肋骨上覆有脂肪,但可以摸到肋骨;皮肤与骨骼之间有一层薄脂肪,骨骼仍可摸到;突出骨骼上可摸到有少量脂肪衬覆其上;尾根处稍增厚,轮廓光滑。6 月龄以上犬猫,从侧面观看,腹部呈轻度喇叭状。从体上向下观看,腰部有个比较好的比例(图 3-4)。

图 3-3 犬猫营养较差

图 3-4 犬猫理想营养

④体重超重:肋骨不易摸到,肋骨上和突出的骨骼上覆盖有中等量脂肪;皮肤和骨骼之间有中等量组织;骨骼仍能摸到,尾根变厚。6 月龄以上犬猫,从侧面观看,腰腹部喇叭状基本消失。从体上向下观看,背部稍有增宽(图 3-5)。

图 3-5 犬猫体重超重

⑤肥胖(表 3-4):肋骨上覆盖有厚脂肪,很难触摸到;尾根变厚,极难摸到尾根椎骨;突出的骨骼部分,被较厚的脂肪层覆盖。6 月龄以上犬猫,从侧面观看,由于脂肪广泛沉积,肚腹呈桶状,腰部不明显了。从体上向下观看,背部明显变宽,沿脊背形成一槽状沟(图 3-6)。

表 3-4 犬猫肥胖的原因(超过理想体重 10%~20%)

1. 增加能量摄入
①食欲增加:见于肾上腺皮质机能亢进、胰岛肿瘤、生长激素过量释放症、肾上腺素能活性降低引发食欲紊乱、下丘脑机能不良性中枢神经疾病和应急,以及药物性的,如皮质类固醇药物地塞米松、可的松、泼尼松龙等。
②食欲正常:见于不爱运动、室内饲养、零食太多、饲喂食物量大、绝育、年老少动。
2. 正常或减少能量摄入　见于甲状腺机能降低、性腺机能降低、垂体机能降低。

图 3-6 肥胖犬猫

犬猫肥胖常与某些疾病有关,或可能加重一些疾病,详见表 3-5。

表 3-5 与犬猫肥胖有关联的疾病或肥胖使其病情加重

①肥胖使代谢机能改变:见于高脂血症、抗胰岛素作用、糖耐量增加、猫脂肪肝、麻醉并发症。
②肥胖易引发内分泌疾病:见于肾上腺皮质机能亢进、甲状腺机能降低、糖尿病、胰岛瘤、垂体嫌色细胞瘤、垂体机能降低、下丘脑损伤。
③肥胖使机能性降低:见于关节紧张或骨骼肌肉疼痛、呼吸困难、高血压、难产、不耐运动、不耐热、免疫功能降低。
④肥胖与其他疾病:见于关节变性和矫形外科病、心血管疾病、转移性细胞癌(多见于膀胱)。

四、体位和姿势

健康犬猫都有各自的正常体位和姿势,如果发生疾患,很可能出现异常体位和姿势,一般异常体位和姿势有 4 种。

①站立姿势不稳:其表现有四肢频繁交替负重,多为四肢疾患引发;频作排尿姿势,见于膀胱炎、尿道堵塞;后肢发软或难于站立,见于腰荐脊椎疾患等。

②强迫躺卧：患病犬猫不能站立起来，虽想站立挣扎，但依然不能站起，见于脊椎损伤、骨折、脱臼、犬产后缺钙抽搐、低血糖、严重营养不良、特别年老动物（图 3-7）。

图 3-7　犬年老躺卧不起

③强迫站立：动物不敢或不能卧下，见于破伤风、严重肺心病呼吸困难。

④角弓反张：患病动物脊背肌肉强直，出现头向后仰、胸腹部前凸、背过伸、躯干呈弓形，见于脑膜炎、破伤风。

5. 运动或跑动

健康犬猫运动或跑动时，四肢举动协调，腰部活动自如灵活、跑动时姿势健美。异常运动或跑动有下列 3 种。

①跛行：因四肢或机体疼痛性疾病引发的运动或跑动机能障碍，叫做跛行。详见第十二章骨骼、关节和肌肉系统临床检查的第二节。

②共济失调：运步时四肢起落不协调，表现左右摇摆，形似酒醉，见于小脑疾患、脊髓神经性疾病、犬瘟热后遗症等。

③盲目运动：患病犬猫无目的的运动，表现有前冲或后退，甚至转圈或疯狂奔跑，见于各种脑病、有机氟中毒。

第二节　可见部位检查

一、体温检查

体温和脉搏与呼吸数是动物生命活动的重要生理指标。临床上测定这些指标，在动物疾病诊断和预后，以及分析疾病变化上，都有非常重要的意义。犬猫是恒温动物，所以在一年四季外界不同温度环境下，一般都能保持恒定的体温。当然，在日射和热射时例外。

（一）体温测量方法

临床上用水银体温计测量体温，以动物直肠温度为标准，小动物也有检测前腿或后腿根部内侧的，一般直肠温度比前腿或后腿根部内侧温度高 0.5℃。还有用电子温度计测量皮肤温度的，皮肤不同部位温度有所差别，一般末梢温度偏低，体表稍微高一些。如果使用电子温度计测量皮肤温度，最好选定体表某一特定无炎症位置测量。

测定方法是首先将水银体温计水银柱甩到 35℃以下，涂布润滑剂后，检测人员左手将尾巴提起拉向一侧，右手持体温计徐徐插入肛门，放下尾巴。体温计在肛门内停留最少 3 min，然后取出读数。用完体温计后，擦洗干净消毒，甩至 35℃以下备用。当肛门松弛、反复腹泻或体温计插入直肠内宿粪时，可能检测不到真正的体温，临床上应给以注意。

(二)犬猫正常体温和影响变化因素

1. 犬猫正常体温

犬直肠温度一般是37.5～39.5℃,猫是38.5～39.5℃,下午一般比上午高0.5℃。

2. 影响体温变化因素

健康犬猫通常一昼夜体温差别不会超过1℃。影响体温变化因素有两种。

(1)外界因素:如天气闷热,居住厩舍或晾台通风不良,乘车运输刚下车后体温稍高。因犬猫无汗腺,难以调节体温,故易引发体温升高,甚至热射中暑。寒冷气候可能使体温稍低。

(2)犬猫本身因素:有以下4种。

①年龄关系,如幼年犬猫比成年犬猫体温大约高1℃。老年犬猫体温稍低一些。

②犬猫品种、性别、营养、生理机能、妊娠或发情初期等,对体温都有些影响。

③犬猫运动、运输、兴奋、应急或训练,都能使体温有所升高。

④患病犬猫,多数疾病可使体温升高,有的疾病能使体温降低,如低血糖症。

(三)犬猫异常体温变化和临床意义

1. 体温升高

体温超出正常范围,就是体温升高或叫发热。生理性体温升高见于运动过后,病理性体温升高的原因有感染性的和非感染性的。

(1)感染性原因:各种病原微生物,包括病毒、细菌、支原体、衣原体、立克次氏体、钩端螺旋体、真菌和原虫等引起的感染,以及它们的产物引发。不论是急性、亚急性或慢性的,都可能引起不同程度的体温升高。

(2)非感染性原因:有多种非感染性因素可引起体温升高。

①机体非感染性坏死组织的吸收:如物理、化学、烧伤等引发的炎症和组织坏死吸收。

②抗原-抗体反应:如血清病、药物热、风湿病、单克隆或多克隆抗体的应用。

③体温调节中枢失能:如中暑、脑部受损等引发的体温调节中枢失能。

④自主神经机能紊乱:自主神经机能紊乱常造成低热,一般都在0.5℃以内,见于感染后低热,夏季低热等。夏季低热多见于幼犬猫,因为它们体温调节中枢机能尚未发育完全。

⑤机体免疫细胞,如吞噬细胞和淋巴细胞,以及肿瘤细胞的作用。

⑥药物因素:见于博来菌素、秋水仙碱、四环素(猫)、左旋咪唑等的应用。

2. 体温升高(发热)的等级

按发热程度高低,通常分为4等。

①微热(低热):比正常体温升高0.5～1℃。

②中等热:比正常体温升高1～2℃。

③高热:比正常体温升高2～3℃。

④超高热:比正常体温升高3℃以上。

3. 发热的分期

发热一般分为3期。

①升热期:发热初期,产热多散热少。发病体温急剧升高的,常有恶寒战栗。发热反应强

度常与机体抗病能力相一致。

②极热期：体温升高到最高之后的持续时间，此时机体产热和散热保持平衡，机体代谢增强，皮温增高，结膜发红。

③退热期：此期散热过程加强，体温迅速降低（骤退）或缓慢下降（减退）。如果骤退同时脉搏数增多，表明病情恶化，预后不良。

4. 发热分型

(1)按发热期的长短，分为 4 个型。

①急性热：发热持续 1～2 周，见于急性感染或传染病。

②亚急性热：发热持续 3～6 周，见于亚急性感染或传染病。

③慢性热：发热持续数月到 1 年以上，见于结核病、慢性布氏杆菌病。

④暂时热（一过性热）：发热持续 1～2 d，见于注射疫苗、血清或静脉输液之后。

(2)按发热记录制成的热曲线，也分为 4 个型。

①稽留热：高热持续 3 d 以上，每天温差在 1℃以内，见于急性传染病。

②弛张热：体温升高，每天温差在 1～2 或 2℃以上，见于肺炎、化脓性疾病。

③间歇热：有热期和无热期短暂的交换发生，见于巴贝斯虫病。

④不定型热：体温变化无规律，有时变化很小，有时变化较大，见于非典型病例的经过中，以及使用过药物治疗的病例。

5. 体温降低

动物体温降到 35 或 35℃以下，见于大出血、内脏破裂、休克、败血症、甲状腺机能降低、垂体机能降低、肾上腺皮质机能降低、疾病垂危期等。一般体温低于 35℃，多为难以治愈，预后不良。但低血糖症例外。

二、脉搏或心搏次数检查

正常犬猫的脉搏或心搏次数，因品种、年龄、个体大小等不同，其脉搏或心搏次数也不相同。犬脉搏或心搏次数一般每分钟 70～160 次，而小型犬为 180 次/min，幼犬可达 220 次/min。猫脉搏或心搏次数比犬快，可达 90～240 次/min。

另外，脉搏或心搏次数也受所处海拔高度、周围环境温度、运动、采食，以及外界刺激引起的兴奋或恐惧等影响。

脉搏或心搏次数病理性变化有增多和减少。

1. 脉搏或心搏次数病理性增多

脉搏或心搏次数病理性增多见于下列 6 种情况。

①热性疾病：所有热性疾病都能引起体温升高。体温每升高 1℃，其心搏次数每分钟增多 4～8 次。

②心脏疾病：由于心脏本身机能代偿，而使心搏次数增多。但是，心脏严重的传导阻滞除外，此时心搏可能减慢。

③呼吸系统疾病：呼吸系统疾患时，可引起机体缺氧，心脏代偿性搏动次数增多，多见于老年短鼻子犬的肺心病。

④贫血或失血时。

⑤犬猫剧烈疼痛性疾患时，引发脉搏或心搏次数增多。

⑥一些毒物中毒或临床上应用某些药物治疗时。

2. 脉搏或心搏次数病理性减少

脉搏或心搏次数病理性减少见于颅内压增加、麻醉、洋地黄中毒、胆血症等。严重减少预示预后不良。

三、呼吸次数检查

检查犬猫呼吸次数可观察其胸腹部起伏动作，用听诊器听取肺部或气管的呼吸声音，冬天可观察鼻孔呼出的气流。犬正常呼吸率为 10～30 次/min，一般是 15～20 次/min，小型犬比大型犬每分钟的呼吸次数要多，喘息时可达 200 次/min，猫为 20～30 次/min。

正常犬猫一般因品种不同，其呼吸次数有所差别，幼年犬猫比成年犬猫呼吸次数多，妊娠时也增多，外界气温高和运输以及运动过后，都可使呼吸次数增多，临床检查时应给以注意。

呼吸次数病理性变化有增多和减少。

1. 呼吸次数病理性增多

呼吸次数病理性增多有下列 6 种情况。

①呼吸系统本身的疾病：由于疾病影响了机体氧气的供给，导致呼吸数增多。

②热性疾病：机体体温升高，反射性引起呼吸数增多，排出体内热量。

③心力衰竭、贫血或失血：常由于机体缺氧，而引起呼吸数增多。

④中枢神经兴奋性增高：反射性引起增多。

⑤剧烈疼痛：需氧量多而导致呼吸数增多。

⑥一些毒物中毒。

2. 呼吸次数病理性减少

呼吸次数病理性减少临床上相对少见，主要见于颅内压升高、麻醉、一些毒物中毒、濒死期等。

四、可视黏膜检查

犬猫可视黏膜有眼结膜、口腔黏膜、鼻孔黏膜和阴道黏膜。正常犬猫的可视黏膜基本上是粉红色，异常的可视黏膜有下列 5 种。

1. 潮红

它是可视黏膜毛细血管充血的结果。眼睛或鼻孔单侧潮红，见于局部发炎引起；双侧潮红，见于全身性疾患引发。可视黏膜潮红有 2 种。

①弥散性潮红：可视黏膜整个发生潮红。见于各种急性传染性疾病和急性热性疾病。

②树枝状潮红：在弥散性潮红基础上出现小血管高度扩张，见于心脏或血管疾病时，全身血液循环障碍。

2. 苍白

可视黏膜颜色发淡，多由贫血(表 3-6)引起。临床上可分为急性苍白和慢性苍白。

①急性苍白:见于大血管破裂,急性大出血,如肝脏或脾脏破裂引起。

②慢性苍白:可视黏膜逐渐变得苍白,见于各种原因引起的慢性出血、营养不良、体内外寄生虫寄生等。

表 3-6 犬猫贫血的类型和原因

1. 再生性贫血　原因有 2 种。 (1)血液丢失过量:见于外伤、外科手术、血液凝固疾病、血小板紊乱、脾脏破裂或扭转、体腔内出血、胃肠道出血、泌尿生殖道出血、鼻出血、寄生虫病。 (2)溶血疾患:包括血管内和血管外溶血,见于①免疫介导性疾病:免疫介导性贫血(IMHA)、系统性红斑狼疮(SLE)、药物诱导溶血、新生幼犬猫自身溶血性疾病、静脉输血反应;②寄生虫:巴贝斯虫病、血液巴尔通氏体病、猫住白细胞虫病(cytauxzoonosis);③中毒:洋葱或大葱中毒、铜或锌中毒;④感染:钩端螺旋体病、梭状芽孢杆菌病、内毒素血症;⑤红细胞内在性代谢缺陷:丙酮酸激酶缺乏、磷酸果糖激酶缺乏、遗传溶血性贫血;⑥红细胞破碎:弥散性血管内凝血、脾脏扭转、脾脏肿瘤、腔静脉综合征;⑦脾脏机能亢进。 2. 非再生性贫血　原因有 6 种。 (1)原发性红细胞生成失能:见于①遗传性的;②获得性的:免疫介导引发、肿瘤(胸腺瘤、淋巴瘤和多发性骨髓瘤)、药物、化学物质、全身性疾病。 (2)继发性红细胞生成失能:见于炎症、肿瘤、慢性肾脏疾病、慢性肝脏疾病、内分泌疾病(甲状腺机能降低和肾上腺皮质机能降低)。 (3)血红蛋白合成缺陷:铁或铜缺乏、铅中毒。 (4)核成熟缺陷:叶酸缺乏、维生素 B_{12} 缺乏。 (5)骨髓浸润:肿瘤、骨髓纤维变性、骨硬化症。 (6)发育不全性贫血:①化学性的,见于雌激素、抗生素、非类固醇类药物、化学治疗剂;②放射线作用;③传染疾病,见于猫白血病、犬立克次氏体病以及真菌感染。

3. 黄染

可视黏膜淡黄色或黄色。主要是胆色素代谢和排泄障碍引起,临床上可见 3 种。

①肝前性黄疸:也称溶血性黄疸。见于各种溶血性疾病,由于溶血产生多量血红蛋白,导致血液中间接胆红素(非结合胆红素)增多引起。

②肝性黄疸:也称肝实质性黄疸。见于各种肝脏疾病,使胆红素在肝脏中代谢障碍,导致血液中直接和间接胆红素增多引起。犬猫临床疾病检查上,最多见的是猫特发性肝脏脂肪沉积病。

③肝后性黄疸:也称胆管堵塞性黄疸。见于结石、虫体、胆管炎等,引发胆管堵塞,使血液中直接胆红素(结合胆红素)增多引起。

4. 发绀

可视黏膜呈蓝紫色(表 3-7),一般为缺氧引起的,多见的原因有 3 个方面。

①呼吸系统疾病:见于呼吸系统各种疾病,引起机体缺氧引发。

②心血管系统疾病:见于心力机能不全,如心肺病、心肌炎、心扩张或休克等,引起的血液

循环障碍,血氧供应不足。

③中毒疾病:如亚硝酸盐中毒、猫对乙酰氨基酚(扑热息痛)中毒引起。

5. 出血点或出血斑

可视黏膜上可见出血点或出血斑,见于巴贝斯虫病、血小板减少症。

表 3-7　结膜发绀的类型和原因

1. 心脏性的(左右心脏隔膜分流)

①心内性的:见于法乐氏四联症、心室或心房隔膜缺损与肺动脉狭窄或肺动脉血压增高。

②心外性的:见于动脉导管未闭(动脉导管未闭与肺动脉血压增高)。

2. 肺脏性的

(1)气管通风不良(有呼吸器质性或机能性):见于①胸腔积液、气胸;②呼吸肌肉失能(由于肌肉疲劳、肌病或神经异常);③中枢神经异常(如镇静或麻醉用药量大或原发性神经病)。

(2)阻塞性的:见于①喉麻痹;②喉部、气管、支气管内膜肿胀;③气管中异物。

(3)不适当的氧气吸入,如麻醉事故。

(4)肺部气体扩散不良:见于①肺部血栓栓塞;②严重肺部浸润,如肺水肿、炎症、肿瘤、急性呼吸道窘迫症、慢性阻塞性肺病或肺纤维化。

3. 异常血红蛋白　如正铁血红蛋白。

4. 毛细血管血流改变　见于①减少动脉血液供给,如寒冷外周血管收缩、动脉血栓栓塞、心脏排血量减少;②静脉回流受阻,如止血带作用、静脉血栓、严重的右心脏衰竭。

五、被毛、皮肤和皮下组织检查

1. 被毛检查

犬猫的被毛有长毛、中长毛、短毛和无毛之别,有的被毛还呈卷曲状。健康犬猫的被毛通常有光泽,附着牢固。异常被毛有如下几种情况。

①被毛粗乱无光:见于营养不良、慢性传染病和体内外寄生虫病等。

②被毛换毛延长:见于慢性消耗性疾病、食物中蛋白质缺乏。但是,有的健康犬,如贵妇犬,就是无换毛习惯。

③局部脱毛:不是换毛季节的局部脱毛,见于体外寄生虫病、皮肤真菌病和皮肤细菌性疾病,或局部发痒,摩擦掉毛。

④全身脱毛:不是脱毛季节的全身脱毛,严重的体外寄生虫病、公母犬猫绝育、严重性营养不良等。但是,应注意区别有的健康犬猫本身是终身无毛的。

⑤全身或局部被毛变白:全身被毛变白多见于有色被毛的年老犬猫;局部被毛变白见于该处皮肤受过伤或做过手术。

⑥尾根部脱毛:多由于肛门周围发痒,磨蹭掉被毛引发。

2. 皮肤检查

此项检查除皮肤外,还应包括犬猫的鼻端。

(1)鼻端检查:健康犬猫的鼻端是湿润的,有的还有小水珠。患病犬猫的鼻端,尤其是患体温升高性疾病,鼻端发干,甚至还发生皲裂,如犬瘟热。

(2)皮肤温度检查:犬猫全身皮肤的血管分布不均匀,所以其机体不同部位的皮肤温度也不尽一样,股内侧温度最高,躯干和颈部次之,四肢和尾巴最低。皮肤温度异常变化如下。

①全身皮肤温度升高或降低的临床意义参考体温检查。

②皮肤局部温度升高:见于局部炎症或手术后的局部。

③全身局部温度不均:除正常的不均匀外,可见于皮肤局部神经支配失调,或局部活动增强原因。

(3)皮肤湿度检查:因犬猫无汗腺,此项检查意义不大。

(4)皮肤弹性检查:正常犬猫皮肤弹性良好,即将皮肤捏成皱褶,放手后即可恢复正常。检查犬猫皮肤弹性一般在胸背部进行。异常皮肤弹性有两种。

①皮肤弹性长期不良:见于慢性营养缺乏病、慢性疾病、严重寄生虫病。但是,正常的老年或消瘦犬猫,其恢复时间也稍长。

②皮肤弹性短期不良:见于各种原因引起的机体脱水或失血。

(5)皮肤颜色检查:此项检查只有对白色犬猫才有意义,异常变化有潮红、苍白、发黄和发绀,其临床意义见可视黏膜。

(6)皮肤病损检查:详见皮肤系统临床检查。

3. 皮下组织检查

需通过视诊和触诊,异常情况有下列 4 种。

(1)弥散性大面积肿胀:多见于体表和四肢的蜂窝织炎,由于感染引发。

(2)皮下水肿:发生水肿的部位,表面紧张,无热无痛,指压呈捏粉样感觉,留有痕迹,不久又恢复正常。发生原因一般有 3 种。

①肾脏疾患引起:由于肾脏疾患,体内钠和水分排出困难,潴留在组织疏松的地方皮下,引起皮下水肿。

②心脏疾患引起:在心脏疾患时,尤其是右心机能不全时,血液循环障碍,导致静脉淤血,引发水肿,多发生在腹下、胸前和四肢,胸腔和腹腔积液。

③营养不良引起:多发生在胸前和颌下水肿。

(3)皮下气肿:气体积于皮下引起,局部无热无痛,触压有捻发音。皮下气肿发生有以下两种原因。

①外伤性皮下气肿:气肿多发生于肘后、腋窝和肩胛附近外伤,以及胸侧伤及肺脏的外伤。

②腐败性气肿:由于感染产气性细菌引发,水肿局部发热,触压疼痛。

(4)其他皮下肿胀:临床上见于皮下血肿、皮下脓肿、皮下淋巴外渗、脐疝、阴囊疝、腹壁疝等引发。

六、体表浅在淋巴结和淋巴管检查

详见第六章淋巴系统临床检查。

第三节　犬猫临床检查发生错误的原因

动物医生在临床检查和病历记录过程中，可能出现错误的原因如下。

(1)临床检查不全面。临床检查时，尤其是初诊或其他动物医院转来的病例，一定要进行全面系统的检查，切勿疏漏任何方面的检查。

(2)临床检查技术错误，缺乏经验，被检查的动物不配合等，都可能导致错误发生。总之，没有按临床检查程序进行，使用了不良的诊断器械，操作不当引发动物不配合，缺乏经验辨别不出异常表现。

(3)犬猫解剖和生理学知识缺乏，临床上区分不出动物正常或异常表现。

(4)临床诊断记录上的问题，如字写的潦草，难以辨认；使用不当的缩写字或代号；记录资料不完整等都可引发临床检查错误，造成在分析诊断疾病时出现不当或错误。

以上不足，需要动物医生不断学习和掌握基本知识，在临床上不断磨练，总结经验和教训，逐步提高自己的临床检查诊断技术。

？思考题

1. 什么叫一般检查？
2. 一般检查在临床上有什么重要性？
3. 一般检查包括哪些内容？
4. 一般检查有什么重要临床意义？

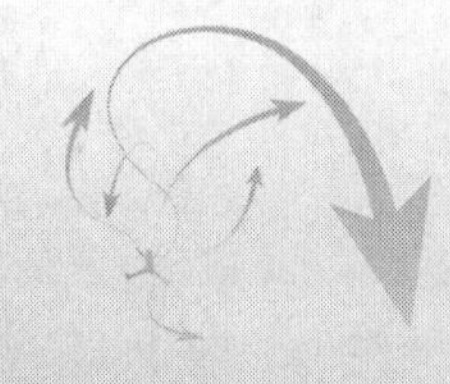

第四章　眼睛和耳朵临床检查

重点提示

1. 了解眼睛和耳朵临床检查应用解剖。
2. 掌握眼睛和耳朵临床检查方法和内容。
3. 学习眼睛和耳朵疾病的诊断。

第一节　眼睛临床检查

一、眼睛临床检查应用解剖

1. 眼眶

眼眶是一个圆形的腔室，其内含有眼球和附属结构。眼眶缘由前头骨、上颌骨、泪骨、颧骨和眼眶韧带组成。眼眶内含有眼球。

2. 眼球(图 4-1)

眼球壁分为 3 层，即外层(纤维层)、中层(血管层)和内层。

(1)外层(纤维层)：本层包括角膜和巩膜，角膜占眼球外表的前 1/4，圆形透明；巩膜占后 3/4，颜色灰白，致密不透明。角膜和巩膜交接处，叫角膜缘，前部有球结膜覆盖，眼睑内有眼睑结膜覆盖。

(2)中层(血管层)：在巩膜内面，从前面开始到后面，依次为虹膜、睫状体和脉络膜。眼色素层包括这 3 部分。

①虹膜：从眼球外表通过角膜，可看到一层带有颜色的膜，就是虹膜，虹膜的中间开口，就是瞳孔。虹膜内有平滑肌，可调节瞳孔的大小。

②睫状体：血管层在角膜缘处，形成厚而环形的凸出体，就是睫状体。睫状体位于虹膜和脉络膜之间，含有大量肌束，有调节晶状体形状的作用。

③脉络膜：血管层后端是脉络膜，含有色素，在巩膜内层环绕，并延伸到晶状体后方的睫状体。脉络膜底部后上方，有一具有反射性的三角区域，叫做照膜(tapetum lucidum)。照膜是反射光线的特殊细胞层，可增强对暗光的适应能力。

晶状体位于瞳孔后，透明而有弹性，其后是透明胶冻样的玻璃体。晶状体的前方是虹膜和眼房水。眼房水充于晶状体和角膜之间的空间。此空间被虹膜分为眼前房和眼后房。眼房水由睫状突的睫状上皮产生，经小带纤维之间流入眼后房，穿过瞳孔进入眼前房，再经虹膜角膜

角的纤维小梁网，排入角膜静脉窦入静脉系。如果虹膜角膜角的纤维小梁网排泄眼房水受阻，引起眼内压升高，便是青光眼。

(3)内层：由视网膜及其有关的血管和神经组成，包围着玻璃体。视网膜分为视部和盲部，视部内含感光细胞，从视神经入眼球处向前至睫状体；盲部很薄，是非感光细胞。视部和盲部交界处呈锯齿状，叫锯齿缘。视网膜和脉络膜的色素使眼球内部呈现不同颜色，而照膜区无色素。

观察视神经从眼球后方进入眼球的入口处为视神经盘(视神经乳头)，还可看到与视神经一起进入眼球的视网膜血管，分布于视网膜的内表面。猫视神经进入眼睛以后失去髓鞘，犬的视神经在穿过巩膜时，还保留一部分髓鞘，但进入视网膜纤维层以后，也就失去了髓鞘。眼球后部包括视神经盘、照膜和周围的非色素区，叫做眼球底。大型犬视神经盘位于照膜区，而小型犬位于色素区。猫视神经盘位于照膜区。

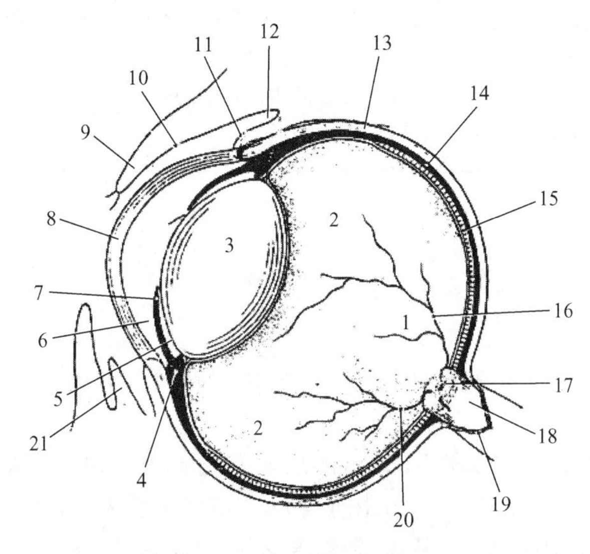

图 4-1 犬眼球矢状面图

1. 照膜 2. 非照膜区 3. 晶状体 4. 睫状体 5. 眼后房 6. 眼前房 7. 虹膜 8. 角膜 9. 上眼睑 10. 睑结膜 11. 球结膜 12. 结膜穹窿 13. 巩膜 14. 脉络膜 15. 视网膜 16. 上静脉 17. 视神经盘 18. 视神经 19. 硬膜-蛛网膜 20. 网膜下内侧静脉 21. 第三眼睑(瞬膜)

二、眼睛疾病临床检查

眼睛疾病临床检查包括眼功能检查、外眼检查、眼前节检查和眼底检查四部分。但是，由于动物整体某些疾病也影响眼睛，如糖尿病、维生素 A 缺乏、猫牛磺酸缺乏等，都能引发眼睛发病，因此在检查眼睛疾患前还需对动物整体情况有所了解。

(一)问诊

问诊除了解饲养管理情况外，主要询问近期眼睛视力如何？是否有视力减弱？如果有视力减弱，需询问是在白天还是在晚上视力减弱(视力减弱动物在不熟悉的环境里，其表现特别明显)？视力减弱有多长时间了？眼睛有无分泌物，是什么性质分泌物等？是否近亲繁殖？同窝其他动物是否也有同样眼睛疾患？用以诊断遗传性眼睛疾病。用药治疗过没有？效果如何等？

(二)眼功能检查

主要检查眼睛有无视力，用食指在眼前微微晃动，看看犬猫有无反应，左右眼睛都要检查；或让动物在室内自由活动，用以观察其视力好坏。临床上能够引起犬猫急性失明的疾病见表 4-1。

表 4-1　引起犬猫急性失明的疾病

①传染性疾病：见于犬瘟热、犬腺病毒Ⅱ感染的角膜色素层炎、猫传染性腹膜炎、系统性真菌病。
②眼房和玻璃体疾病：见于前色素层炎(眼房水中有纤维蛋白)、眼前房出血、眼前房积脂肪、玻璃体炎、玻璃体出血。
③视网膜疾病：见于急性视网膜脱离综合征、渗出性视网膜脱离(由于高血压、系统性真菌病、埃利体病、弓形虫病、猫传染性腹膜炎、犬瘟热、免疫介导病等引发)肿瘤。
④其他：见于肉芽肿脑膜脑炎、特发性免疫介导性眼神经炎、铅中毒、热射病、低血糖、氧气不足、癫痫发作后、外伤、肿瘤(尤其是垂体瘤、脑膜瘤、星状细胞瘤等)。

(三)外眼检查

外眼检查应在光线充足或灯光下进行，检查内容如下。

1. 眼眶检查

包括眼眶和眼球疾病。首先观察眼眶有无外伤、肿胀、凹陷、瘘管、骨折和疼痛，然后检查眼球。

①小眼(图 4-2)：眼球小而深陷眼眶，可能是先天性的、物理损伤或炎症引发。

②眼球内陷：见于机体脱水、眼球内脂肪丧失、炎症或霍纳氏综合征。

③眼球突出：见于感染或炎症、肿瘤、颧骨腺囊肿、血管畸形或肌炎。短嘴犬，如北京犬、巴哥犬等，由于外伤也易引发眼球突出(图 4-3)。

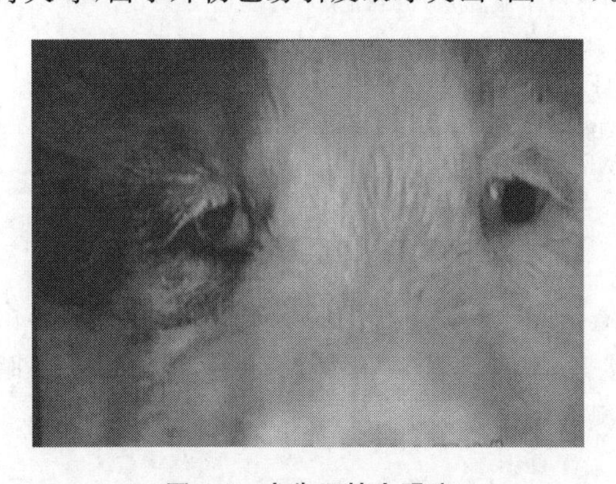

图 4-2　犬先天性小眼症

图 4-3　猫眼球突出和大小不一

④外伤性眼球前垂：多见于外伤引发，是眼外肌肉或视神经损伤，多见于北京犬、巴哥犬、日本狆等。

⑤霍纳氏综合征(Horner's syndrome，图 4-4)：表现瞳孔缩小、眼球内陷、上眼睑下垂和第

三眼睑突出。由中耳疾病或手术、颈部穿刺伤、多发性神经病、肿瘤等引发。

⑥眼球痨(phthisis bulbi):眼球萎缩,继发于慢性感染或青光眼。

⑦眼斜视:外伤或其他眼疾引起(图 4-5)。

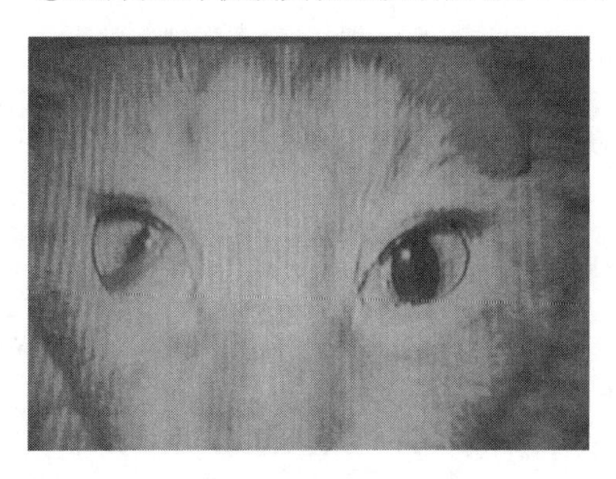

图 4-4 猫霍纳氏综合征

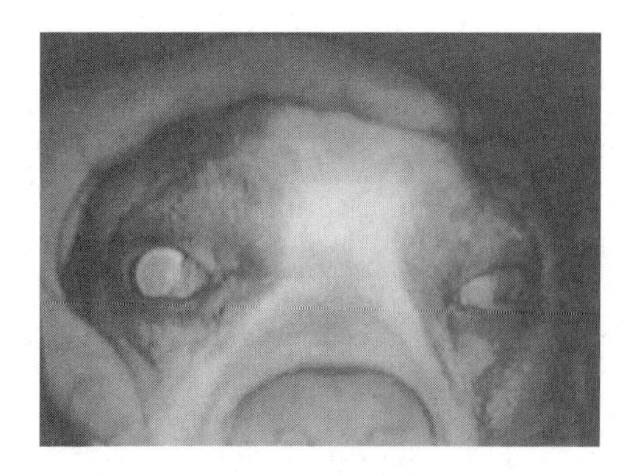

图 4-5 眼斜视

2. 眼睑检查

眼睑由皮肤、眼睑肌肉、眼睑腺体和眼睑结膜组成。

①眼睑内翻、眼睑外翻(如松狮犬易发,图 4-6)、双行睫或移位睫、眼睑上长毛、眼睑发育不全、巨型眼裂、皮样囊肿(有的上有毛)等,可能与品种有关。

②眼睑炎:由感染或外伤引发。

③眼球睑粘连:见于眼睑炎等引发。

④肿瘤:多见于老年犬猫。

⑤眼睑水肿:眼睑皮下组织疏松,轻度或初发水肿,常在眼睑表现出来。见于肾脏疾病、慢性肝病、营养不良、贫血、血管神经性水肿等。

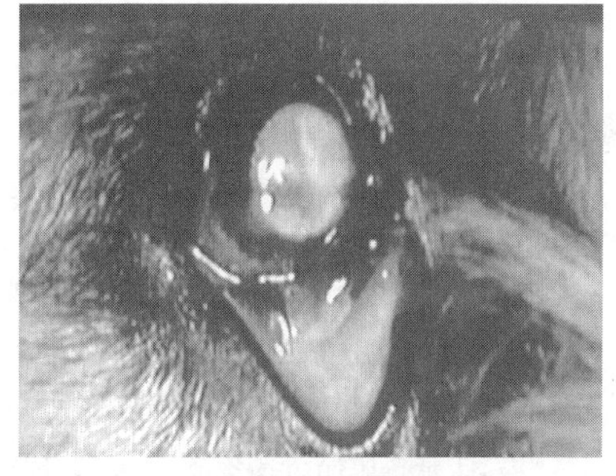

图 4-6 眼睑外翻

3. 泪囊检查

检查者用拇指轻压动物双眼内眦下方,挤压泪囊,若有黏液脓性分泌物流出,可考虑有慢性泪囊炎。患急性炎症时,避免做此项检查。

4. 结膜检查

结膜分睑结膜、穹窿部结膜和球结膜 3 部分。检查上睑结膜需翻转眼睑,翻转时一定要轻巧柔和,避免伤害眼睛。结膜检查注意其平滑、颜色、湿润或干燥、糜烂和裂伤等。结膜颜色检查,见第三章第二节中的可视黏膜检查。

(1)结膜的病理性瘀血:通常有 2 种。

①浅层瘀血:由于外眼球受到外伤、微生物感染、异物或过敏反应引起。

②深层瘀血:常由于角膜或深层组织受到影响引起。在正常情况下,结膜的深部血管难以看到,当其充血后,可在眼睛周围发生明显的潮红现象。

③红眼:是由于结膜的浅层瘀血或深层瘀血(睫状体瘀血)所造成(表 4-2)。能引起红眼

的疾病，见于疱疹病毒性结膜炎、衣原体性结膜炎、外伤性结膜炎、泪囊炎、过敏反应性结膜炎、特发性结膜炎、眼睑内翻、眼睑外翻、眼睑炎、眼球痨、巩膜外层炎、干燥性角膜结膜炎、角膜炎、眼球突出等。

表 4-2 结膜浅层瘀血与深层瘀血的区别

症状	浅层瘀血	深层瘀血
怕光	一般没有	一般明显
瘀血位置	穹窿和眼结膜较明显	角膜周围较广泛
血管状态	不规则性扭曲	直线呈放射状
血管移动性	易于移动	不能移动
渗出物	可能有	无
瞳孔大小	未受影响	一般缩小
虹膜	未受影响	一般瘀血
疼痛	一般没有	一般有

(2)结膜疾患有结膜炎、结膜囊肿、结膜皮样囊肿(有的上有毛)、肿瘤、猫疱疹病毒感染性结膜水肿或发炎、猫衣原体病的结膜水肿或发炎、免疫介导性血小板减少症的结膜出血、肿瘤等。

5. 第三眼睑(瞬膜)检查

瞬膜位于眼内眦。眼内眦附近睑结膜上和下各有一个泪点，泪点位于黏膜和皮肤边缘内1～3 mm 处，通过鼻泪管和鼻腔相通。第三眼睑易患瞬膜翻卷、瞬膜突出、瞬膜腺囊肿、嗜酸性粒细胞和淋巴细胞浸润、异物、鼻泪管堵塞和鼻泪管囊肿。

6. Schirmer 泪液试验(STT，图 4-7)

基本泪液分泌主要来自睑板腺、结膜腺和副睑板腺；反射性泪液分泌主要来自泪腺和副泪腺。试验方法是将眼睛分泌物拭去，以无菌方式把试纸条已折叠的一端放入眼睛下方结膜囊里，最后放在结膜囊的中间。放好后可以使其维持张开状态，也可轻按上眼睑使眼睛闭合。1 min 后检查浸湿距离，犬正常为 13～23 mm/min(也有认为是 10～20 mm/min)，低于10 mm/min，表示水样眼液不足，低于 5 mm/min，则是干燥性角膜结膜炎。猫试验数值正常为 10～20 mm/min，等于或低于 6 mm/min，则是干燥性角膜结膜炎。但是，正常值的变化也较大，诊断时还需参考临床症状。

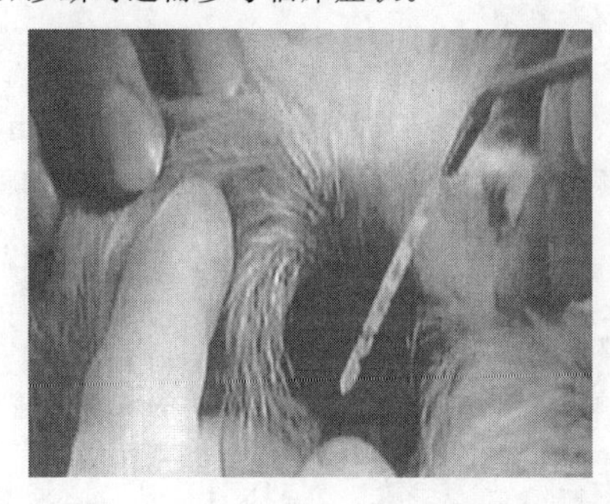

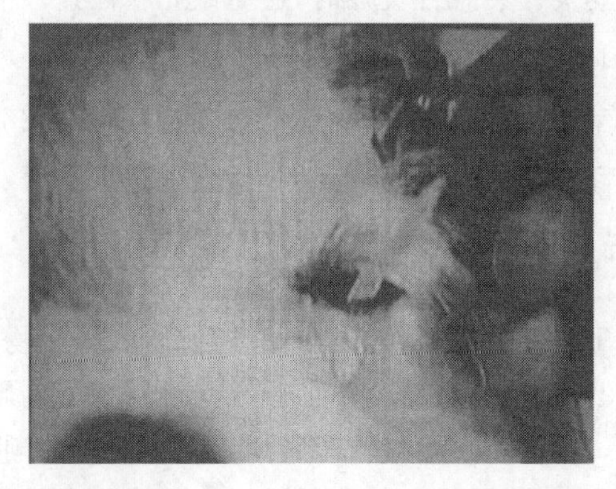

图 4-7 Schirmer 泪液试验

7. 眼球检查

参看眼眶检查。此外，还要检查眼压，检查方法有触诊法和眼压计检查。触诊法是检查者用双手食指，放在上眼睑外侧的眉弓和睑板上缘之间，拇指放在眼下，其他手指放在颊部，然后用两食指向内下侧交替轻压眼球，借助指肚感觉眼球搏动的抗力，判断其压力（图 4-8）。眼内压降低，见于眼球萎缩或脱水；眼内压增高，见于青光眼（图 4-9）。

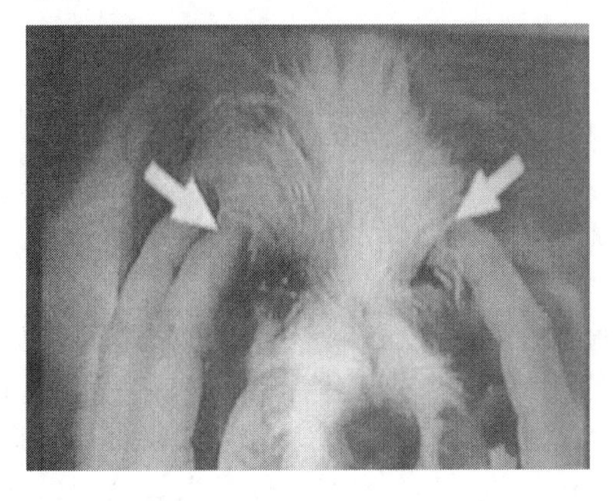

图 4-8　触诊检查眼内压

图 4-9　猫青光眼

（四）眼前节检查

眼前节检查包括角膜检查、巩膜检查、虹膜检查、瞳孔检查和晶状体检查，其具体内容如下：

1. 角膜检查

角膜透明无血管，角膜表面有丰富的感觉神经末梢，因此十分敏感。但犬 6 周龄以前的角膜有些模糊。检查时用斜照光或从侧面观察其透明度，注意有无云翳、白斑、软化、创伤、溃疡、新生血管、穿孔等。角膜易患疾病有角膜炎、角膜溃疡、角膜皮样囊肿（有的上长毛）、干燥性角膜结膜炎、角膜穿孔、角膜后弹性层突出、犬传染性肝炎的蓝眼和角膜水肿（图 4-10）、猫疱疹性病毒角膜炎、猫嗜酸性粒细胞角膜炎、肿瘤、遗传性角膜营养不良。角膜患有疾病时，其透明度发生改变，可用荧光素点眼染色进行检查，所有眼睛疼痛和角膜病灶，都应进行此项检查。

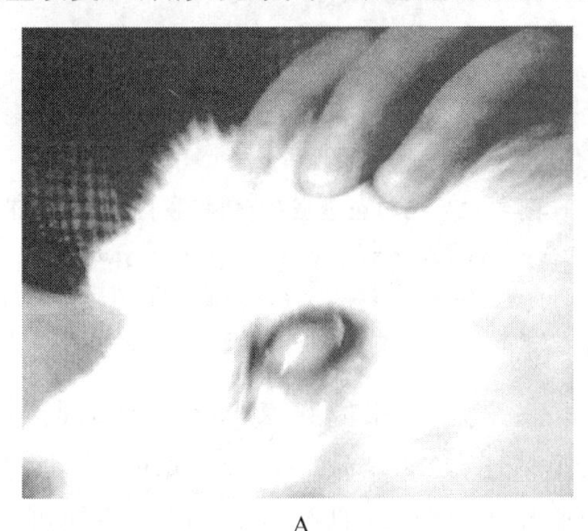

A

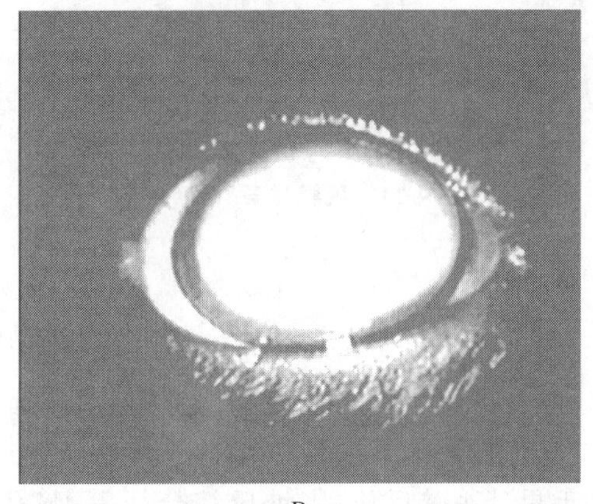

B

图 4-10　犬传染性肝炎的蓝眼（A）和角膜水肿（B）

如果角膜上有溃疡,需注意是浅层溃疡还是进行性深层溃疡?深层溃疡则表示预后不良。检查发现有深层溃疡时,一定要检查有无虹膜前粘连、虹膜脱落、虹膜睫状体炎、白内障等。

当角膜上有血管存在时,若是浅层血管形成,则是浅层角膜炎和溃疡引发;深层血管形成,表示深层角膜损伤、前色素层炎或青光眼。检查角膜后有无沉积物,如果具有沉积物,一般表示有色素层疾患。

2. 巩膜检查

主要检查其颜色(图 4-11)、出血、小结、裂伤、肿瘤的变化。正常巩膜是蓝白色,不透明,血管极少。巩膜出现蓝色时,表示变薄;巩膜局部发炎是巩膜外层炎;而深层的眼色素层炎或青光眼,则产生全面性的血管充血;巩膜上有结节时,可能是巩膜结节性肉芽肿。

3. 虹膜检查

虹膜是眼色素层的前部,其颜色可能各异。检查时注意其大小和形状,虹膜增厚又颜色混浊时,表示色素层有浸润。虹膜疾病有虹膜炎、先天性无虹膜、先天性虹膜缺损、虹膜异色、先天性瞳孔残留膜、次白化病虹膜、虹膜扩张肌萎缩、虹膜痣(雀斑)、肿瘤、眼色素层炎(葡萄膜炎)、沃格特-小柳-原田综合征(Vogt-Koyanagi-Harada syndrome,其特征是黑被毛变白,眼睑、唇和鼻部去色素,两眼患色素层炎,还继发青光眼、牛眼和猫白内障)。

4. 瞳孔检查

瞳孔是虹膜中央的孔洞。瞳孔有扩大(交感神经支配)和缩小(副交感神经支配,图4-12)。检查瞳孔注意其形状、大小、位置、双侧是否等大和等圆,以及对光反射等。

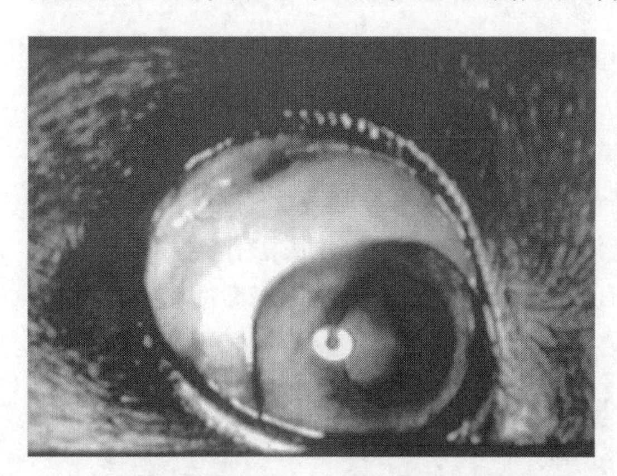

图 4-11　巩膜发黄

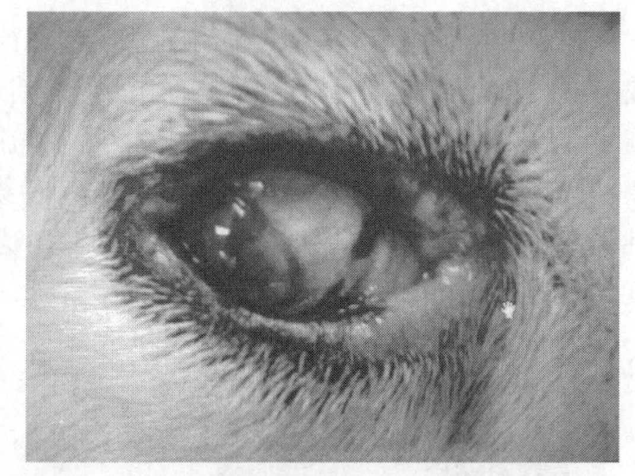

图 4-12　犬前色素层(前葡萄膜)皮肤综合征

犬前色素层皮肤综合征(uveo-dermatologic syndrome)是一种自身免疫性疾病,其特点是严重巩膜充血、瞳孔缩小、角膜水肿和前色素层炎。有的呈现眼周围和脸部皮肤发黑。

①瞳孔的形状和大小:正常是圆形,两侧等大。青光眼或眼内肿瘤能使其呈椭圆形;虹膜缺损或粘连能使其形状不规则;瞳孔缩小见于虹膜粘连、光线刺激、麻醉、虹膜炎、有机磷农药中毒、毛果芸香碱反应、霍纳氏综合征等;瞳孔散大见于外伤、青光眼、视神经萎缩、阿托品反应。

②左右瞳孔大小不等:提示颅内有病变,见于脑外伤、脑肿瘤、脑疝;左右瞳孔大小不等,又

变化不定，可能是中枢神经和虹膜的神经支配障碍；左右瞳孔大小不等，再伴有对光反射减弱或无反射，又有神志不清，通常是中脑机能损伤的原因。

③对光反射：用以检查瞳孔机能活动。方法是用手电筒直接照射瞳孔，观察其反应。正常反应是瞳孔受光刺激立刻缩小，移去光源后，瞳孔迅速恢复。瞳孔对光反射迟钝或消失，见于严重患病或昏迷状态动物，以及紧张应激状态下的猫。

5. 晶状体检查

瞳孔散大时最易检查。晶状体最易发生的疾病是白内障（图 4-13），其原因多为遗传性的，还有糖尿病易发，猫多是继发于眼色素层炎；其他疾患还有晶状体核硬化（老年犬多见，晶状体呈毛玻璃样）、晶状体缺失、晶状体脱位（前脱出易引起青光眼）、青光眼（常伴有牛眼、红眼、角膜水肿等）。

晶状体缺失可用紫外线灯（如伍德氏灯）检查，如果仍然存在水晶体，水晶体发出荧光；若晶状体缺失，则无荧光出现。

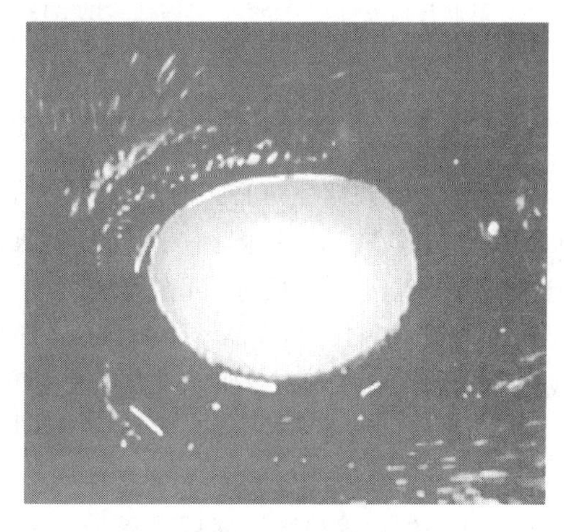

图 4-13　眼白内障

（五）眼底检查

眼底检查需要借助检眼镜才能进行，眼底检查是检查玻璃体、视网膜、脉络膜和视神经疾病的主要方法。许多全身性疾病，如肾脏疾病、糖尿病、高血压、风湿病、某些血液病、中枢神经系统疾病等，往往会出现眼底病变，检查可提供一些诊断资料。

眼底检查现在多用直接检眼镜（图 4-14），此镜实用方便，还有放大倍率较高的所视正像。检眼镜组成，其下方手柄中装有电池，前端装有光学装置凸透镜和三棱镜，三棱镜上端有一观察孔，其下有一可转动镜盘。镜盘上装有 1～25 屈光度的凸透镜，以黑色“＋”表示；还有凹透镜，以红色“＋”表示。用以校正检查者和被检查动物的屈光不正，使其清晰地显示眼底。检眼镜上的转动镜盘用以选择不同的镜头，用来调节进入眼睛内的焦距深度（表 4-3）。

镜盘上凸透镜作用，使光源发射出来的光线聚焦，增强亮度；三棱镜是将聚焦的光线反射入患病动物眼内，以便观察眼底的图像。

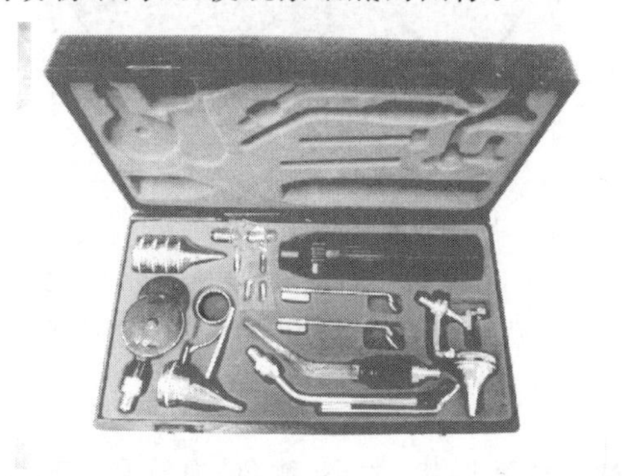

A

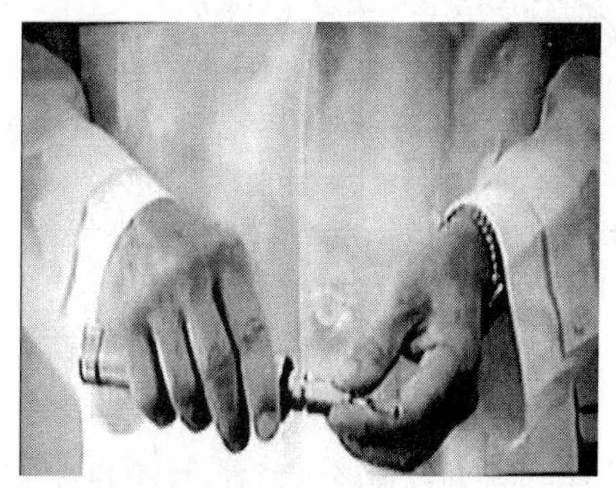

B

图 4-14　检眼镜（A）和安装（B）

表 4-3　犬正常眼睛检查时检眼镜的设定

检查眼睛部分	检眼镜屈光度设定	检查眼睛部分	检眼镜屈光度设定
角膜	黑＋15～黑＋20	晶状体后囊	黑＋8～黑＋12
虹膜	黑＋12～黑＋15	玻璃体	红＋1～黑＋8
晶状体前囊	黑＋12～黑＋15	眼底和视神经盘	黑＋2～红＋3

注：黑＋（凸透镜），红＋（凹透镜）。

1. 检眼镜检查方法

（1）检查宜在暗室进行。首先让动物站立在诊断台上，最好让动物主人帮助保定。检查右眼时，检查者站在动物右侧，右手持镜，右眼观察；检查左眼时，位于动物左侧，左手持镜，左眼观察。如果观察有困难时，可在检查前 15～20 min 用乙酰环戊苯或 0.5%～1% 托品酰胺(tropicamide)或 1% 阿托品溶液点眼，用于短时间散瞳孔检查。特别难检查的动物，应在镇静或轻度麻醉状态下进行。眼睛局部麻醉药可用利多卡因或丁卡因。

（2）在正式检查眼球底前，先用彻照法检查眼的屈光间质是否混浊。用手指将检眼镜盘拨到黑＋8～黑＋10 屈光度处，距离被检眼 20～30 cm，将检眼镜光线与动物视线呈 15°角射入受检眼瞳孔。然后将检眼镜移近眼睛 3～5 cm，调节屈光度为 0～红＋3，进行眼球底观察。开始调屈光度为 0，再慢慢地调整到精确距离。最初先找出视神经盘（视神经乳头），方法是可借助一条血管而找到视神经盘，然后观察视神经盘的全景。犬猫视神经盘在眼球底的位置可参考图 4-15 和图 4-16。

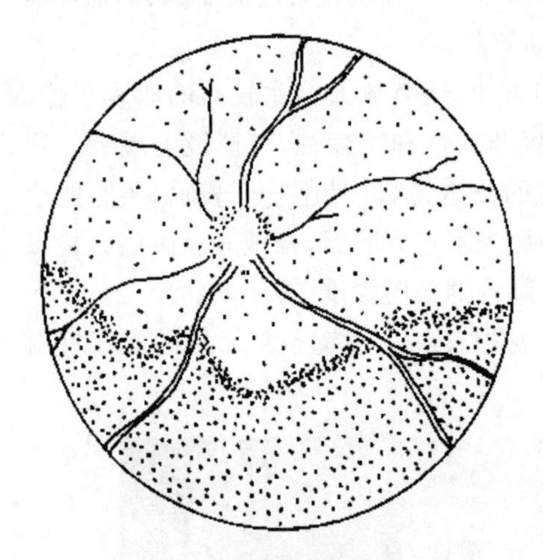

图 4-15　猫的眼底模式图

猫眼底视神经乳头（视神经盘）位于照膜区（非色素区域）。其血管是从视神经乳头周围向外放射。

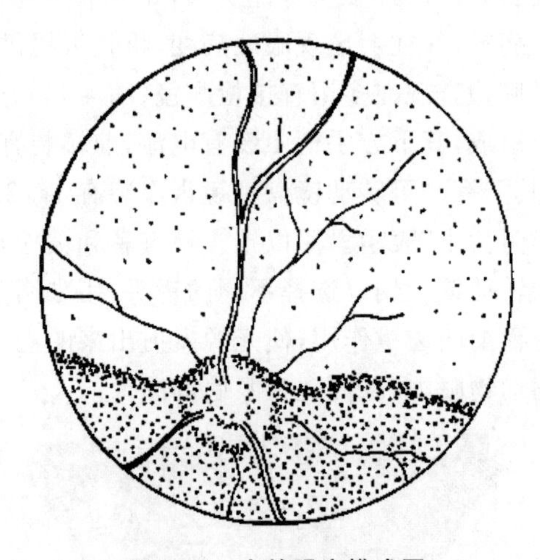

图 4-16　犬的眼底模式图

犬眼底视神经乳头（视神经盘）：大型犬位于照膜区（非色素区域）；小型犬位于色素区更靠下些。其血管是从视神经乳头中心向外放射。此图是小型犬的眼底模式图。

2. 检眼镜眼球底检查

（1）视神经和视神经盘检查：检查视神经盘注意其形状、大小、颜色、血管和生理性凹陷。犬视神经盘本身扁平（但用凸透镜检查，可呈升高状），形状各异，由圆形到三角形，其周边可能含有色素，呈粉红色到灰白色。猫视神经盘较小，照膜占有相当大的区域，静脉和动脉以环状

出入视神经盘,不见明显的生理凹陷。检查眼球底周边时,可从上下左右方向观看。

①视神经乳头水肿:可能是视神经盘被动性充血造成。此时视神经盘缘模糊,静脉扩张而扭曲,小动脉变小。视神经乳头水肿多为两眼性的。

②视神经乳头炎:和视神经乳头水肿有些类似,但常失去视力,视神经盘中有出血,周围的视网膜和玻璃体也会发炎。

③视神经盘检查时还应注意其是否降低或呈杯状,视神经盘中央出现一小杯状是正常现象,若视神经盘明显降低至底缘,并形成杯状则不正常了。青光眼是引起视神经盘杯状的最常见原因。

④视神经盘变白见于进行性视网膜萎缩、视神经萎缩、青光眼和贫血等。

⑤检查时还应注意检查视神经炎、视神经发育不全、视神经萎缩、猫视神经中心变性(牛磺酸缺乏引起)。

(2)玻璃体检查:由胶原纤维、黏多糖和水组成的胶状物质。正常时是清澈透明均一的,它维持着眼睛的形状,并帮助保持下层相对位置的视网膜。检查使用凸透镜的红+1～黑+8(即红 1～黑 8),检查其混浊度和赘物的存在。混浊可能是玻璃体出血、色素层炎或脉络膜炎;若混浊不能随眼睛而移动,则是星状玻璃体褪变、永存玻璃体残留、永存原始玻璃体增生症。较大的赘块表示有视网膜剥离、玻璃体脓肿、肿瘤或发炎机化区。

(3)视网膜检查:注意其有无水肿、渗出、出血、脱离和新生血管。视网膜的静脉血管有较大的直径与小动脉辨别,视网膜里最大的原发性静脉有 2～5 条,静脉中的血液颜色呈暗红色至紫色,而动脉血液颜色稍发淡,当血管穿过视神经盘边缘时呈扁平状。睫状体视网膜的小动脉有 5～9 条,它们比静脉扭曲。

明朗的照膜位于眼球底的上半部,呈三角形,其颜色多变,这取决于色素量。犬照膜可能是灰色、紫色、蓝色、绿色、黄色或橘黄色。一般大型犬的照膜区域较大,小型犬的照膜区域较小,有的犬无有照膜层,相同品种犬通常有相同的照膜特征和相同的颜色。

猫的照膜颜色变化少,一般照膜的颜色是淡黄色,视神经通常位于其中。猫的非反光色素区是深棕色,并且和视网膜血管重叠。蓝眼睛白色猫与蓝眼睛犬相似,一般没有照膜层,而且表现为次白化病眼球底,即视网膜色素上皮和脉络膜中色素减少或缺失,视网膜血管重叠在脉络膜血管上,它们都重叠在白色的巩膜背景上。

视网膜的病理变化如下。

①视网膜出血:浅层出血呈现火焰状,深层出血呈现圆形。视网膜前出血会把视网膜血管遮蔽住(图 4-17)。

②视网膜色素沉着:可见于先天性或病理性,色素通常见于陈旧出血。犬进行性视网膜萎缩是一种色素细胞营养不良表现,并有异常脂褐素沉积于色素细胞之中,多为遗传性的。猫进行性视网膜萎缩与牛磺酸缺乏有关。

③视网膜脱离:脱落的视网膜看起来似玻璃体中一张波状白片。大泡性局部脱落,可因为渗出性脉络膜炎或出血引发,当渗出血液或液体被吸收后,会自发复位。视网膜可能会完全自锯齿线上脱离而成一幕张。

④距眼睛 30 cm 左右,将检眼镜刻度调到零,以光线直照瞳孔,正常眼睛会出现良好的照膜性反射。而当角膜混浊、眼前房出血或发炎,晶状体或玻璃体发生变化时,会干扰正常的反射。照膜性反射增强与进行性视网膜萎缩有关。

⑤另外，注意检查犬突发性视网膜变性(表现多饮、多尿和多食)、视网膜发育不良、犬瘟热引发的继发视网膜炎、活性脉络膜-视网膜炎、脉络膜炎等。

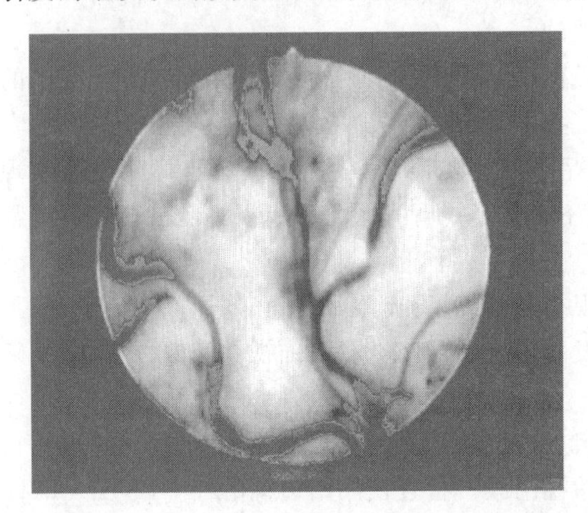
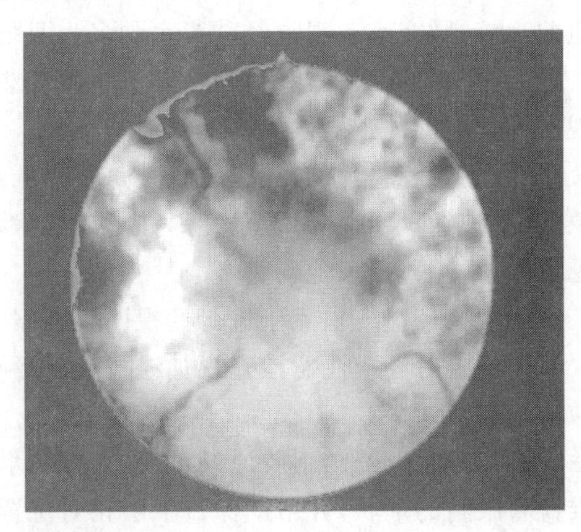

图 4-17　眼底血管充血和出血

3. 检眼镜检查角膜

调屈光凸透镜为黑＋15～黑＋20，移近眼睛观察角膜，注意检查其有无混浊、异物、溃疡、血管形成或增高等。

4. 检眼镜检查眼前房

调屈光凸透镜为黑＋8～黑＋20，即可看到眼前房和虹膜，检查眼前房有无异物、出血或渗出液。检查虹膜有无小结、前黏着、生长、萎缩、瞳孔膜或色素沉着等。

5. 检眼镜检查晶状体

检查晶状体混浊情况。

①晶状体前混浊：当动物眼睛向下方看时，其混浊则向下；当动物眼睛向上方看时，其混浊则向上。

②晶状体后混浊：为眼睛移动方向和混浊移动方向相反。

③晶状体脱位：虹膜的边缘有摇动或震荡，一般表示晶状体脱位。

6. 眼球底检查完后要记录

记录眼球底病变的部位、大小、范围、性质等。观察眼球底时，随经拨动任何一个镜盘，仍不能看清眼球底，说明眼的屈光间质有混浊，需进一步作裂隙灯检查。

(六)临床上常见的眼睛异常

临床上常见的眼睛异常有角膜炎、结膜炎、白内障、前色素层炎(前葡萄膜炎，图 4-18)、青光眼、视网膜疾患等。其他各部位可能发生的疾患如下。

1. 眼睑

眼板腺瘤(眼睑良性瘤)、双睫毛症(眼睫毛位置异常)、瞬膜突出(樱桃眼)、瞬膜软骨外翻(瞬膜软骨卷曲)。

2. 结膜

异物(草芒)、结膜炎(细菌性)、干燥性角膜结膜炎(缺乏泪液产生)、结膜下出血。

3. 角膜

角膜溃疡、角膜外伤、角膜瘢痕、角膜水肿、白内障、角膜营养不良(胆固醇沉积在角膜基层内)、德国牧羊犬角膜翳(血管和色素转移到角膜)、猫嗜酸性粒细胞角膜炎(嗜酸性粒细胞浸润角膜)、眼前房出血、眼前房积脓、晶状体脱位(晶状体移到前房)、前色素层炎(发红、疼痛、缩孔、眼压降低)、急性青光眼(发红、散孔、疼痛、眼压增加)、慢性青光眼(眼球变大、眼盲、眼压增大)。

4. 虹膜

虹膜萎缩、虹膜从角膜溃疡处脱出、

5. 眼球底检查

(1)光线被吸收(低反射):见于先天性的缺乏照膜、脉络膜照膜上布满色素、视网膜发育不良;后天性的视网膜炎、视网膜出血、视网膜脱离、晶状体脱位(图 4-19)。

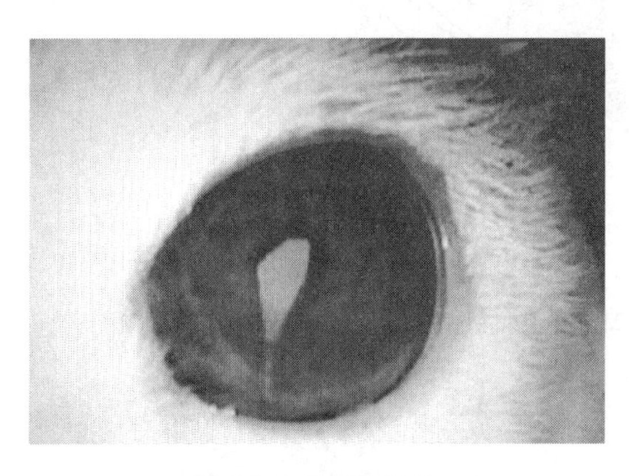

图 4-18 前色素层炎

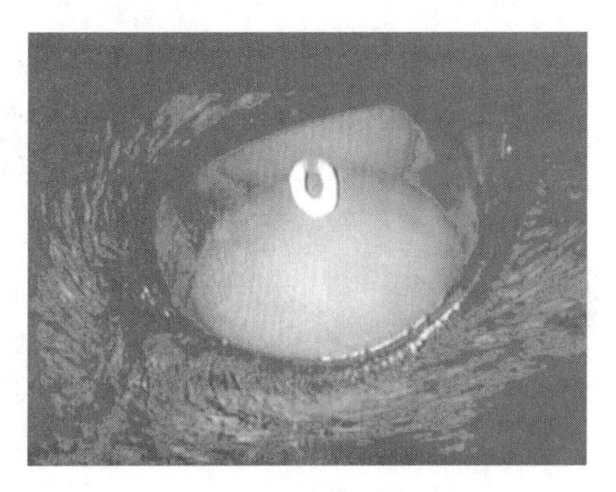

图 4-19 晶状体脱位

(2)光线反射强(高反射):见于先天性的进行性视网膜炎、视网膜发育不良;后天性的非活动性视网膜炎、视网膜脱离、中央视网膜变性。

(3)其他:见于先天性的科利犬眼异常(脉络膜发育不全、视网膜脱离;失明);后天性的视神经炎。

第二节 耳朵临床检查

一、耳朵临床检查应用解剖

耳由外耳、中耳和内耳 3 部分组成(图 4-20)。

1. 外耳

包括耳廓、外耳道和鼓膜 3 部分。

①耳廓:以耳廓软骨为基础,动物品种不同,其形状和大小也不同。耳廓背面为耳背,内面为耳舟。

②外耳道:是从耳廓基部到鼓膜的通道。由软骨性外耳道和外耳道软骨两部分构成,在软

骨性外耳道的皮肤，含有皮脂腺和耵聍腺，耵聍腺分泌耳蜡，也叫耵聍。

③鼓膜：犬是一片椭圆形的纤维膜，为外耳和内耳的分界。鼓膜外耳道面浅凹，中耳面隆凸。猫的鼓膜呈尖形。

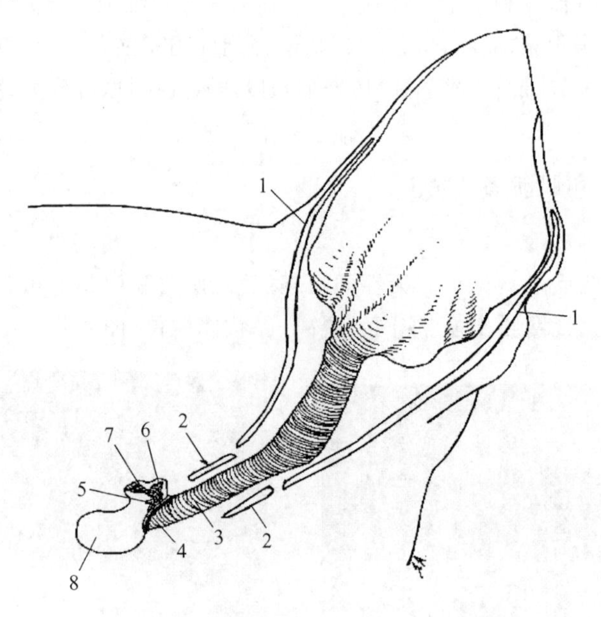

图 4-20　耳的外耳和中耳模式图

1. 耳廓软骨　2. 外耳道软骨　3. 外耳道　4. 鼓膜　5. 锤骨
6. 砧骨　7. 镫骨　8. 中耳腔(鼓室)

2. 中耳

由鼓室、听小骨和咽鼓管组成。

①鼓室：是一个含有空气的骨腔，内膜衬有黏膜。鼓室的外侧壁是鼓膜，内侧壁与内耳为界。

②咽鼓管：位于鼓室的前下方，是连接咽和鼓室的一条沟状管道，空气从咽部经此管道到鼓室，用以调节鼓室内外气压平衡，防止鼓膜被冲震破裂。

③听小骨：共有 3 块，依次是锤骨、砧骨和镫骨，它们可将鼓膜的震动声波传到内耳。

3. 内耳

也叫迷路，分骨迷路和膜迷路，膜迷路内充满内淋巴，在膜迷路和骨迷路之间充满外淋巴，它们起着传递声波刺激和体位变动刺激的作用。

二、耳朵疾病临床检查

(一)耳朵疾病检查应注意的问题

(1)了解动物的品种、性别和年龄，通常小于 6 月龄的犬猫，外耳炎易由耳痒螨、蠕形螨或真菌感染引起。年老动物易由细菌、真菌和螨虫感染引起。

(2)询问动物发病史，需要了解发病多长时间了，疾病发展情况，有无季节性、疼痛和瘙痒，治疗情况，治疗效果如何等。

(3)许多外耳疾病可能是全身皮肤疾病的扩大蔓延,因此需要了解病史,并对全身皮肤,以及同群动物进行检查。

(4)由于中耳和内耳与脸面、交感神经、副交感神经、听神经有密切关系,因此患有霍纳氏综合征、脸麻痹或干燥性角膜结膜炎的动物,可能还患有中耳疾病。严重的中耳炎,甚至张口都疼痛。

(5)内耳疾病常可引发头歪斜、自发性眼球震颤或运动失调。

(二)耳朵检查内容

耳朵检查内容包括耳廓内外有无肿胀增厚、血肿,耳软骨有无疼痛、钙化,外耳道有无分泌物等,并使用耳镜检查耳道和鼓膜等。

1. 耳廓检查

耳廓检查所见疾病如下。

(1)耳廓无瘙痒性脱毛。

①犬无瘙痒性脱毛:见于短毛品种耳廓脱毛综合征、小型贵妇犬周期性脱毛、被毛颜色变淡脱毛、特发性毛囊发育不良、雌激素反应性皮肤病、蠕形螨病、皮肤真菌病、甲状腺机能降低(特别是大型犬)、先天性脱毛、外胚层缺陷。犬前 3 种脱毛病,其原因不甚清楚。

②猫无瘙痒性脱毛:见于特发性耳廓脱毛、猫周期性脱毛、蠕形螨病、皮肤真菌病、医源性甲状腺机能降低(如手术摘除)、医源性肾上腺皮质机能亢进。猫前 2 种脱毛病,其原因不甚清楚。

(2)耳廓边缘皮炎。

①犬耳廓边缘皮炎:见于疥螨病、蝇咬性皮炎、锌缺乏性皮肤病、增生性血管血栓坏死、血管炎、耳廓边缘皮皮脂溢、波士顿㹴特发性过度角化病、特发性淋巴细胞-浆细胞皮炎、耳裂、冻疮、甲状腺机能降低。

②猫耳廓边缘皮炎:见于光化性皮炎、鳞状细胞癌、背肛螨虫病、冻疮。

(3)耳尖发炎、溃疡和坏死。

①犬耳尖发炎、溃疡和坏死:见于血管炎、增生性血管血栓坏死、表皮坏死性皮炎、系统性红斑狼疮、盘状红斑狼疮、皮肤真菌病、天疱疮综合征、蝇叮咬性皮炎、药物疹、冻疮、冷凝集素病。

②猫耳尖发炎、溃疡和坏死:见于复发性多软骨炎、医源性肾上腺皮质机能亢进、冻疮、光化性皮炎、鳞状细胞癌。

(4)耳廓弥散性红斑。

①犬弥散性红斑:见于特应性红斑(atopy)、食物过敏、接触性或刺激性皮炎、特发性红斑和水肿、光化性皮炎、药物疹、蠕形螨病、皮肤真菌病、幼年蜂窝织炎、蕈状真菌病(皮肤淋巴肉瘤)、嗜铬细胞瘤(发红)、类癌瘤综合征(发红)、肥大细胞瘤(发红)。

②猫弥散性红斑:光化性皮炎、特应性红斑、食物过敏、肥大细胞瘤(发红)。

(5)耳廓痂皮/发炎。

①犬痂皮/发炎:见于蠕形螨病、皮肤真菌病、锌缺乏性皮炎、疥螨病、斯波灵格猎犬(Springer spaniel)苔藓样牛皮癣皮肤病、天疱疮综合征、系统性红斑狼疮、药物疹、皮脂腺炎、表皮坏死性皮炎。

②猫痂皮/发炎：见于天疱疮综合征、药物疹、皮肤真菌病。

(6)耳廓的脓疱、水疱和大疱：见于天疱疮综合征、大疱类天疱疮、药物疹、接触性或刺激性皮炎。

(7)耳廓丘疹和小结。

①犬丘疹和小结：见于肿瘤、嗜酸性粒细胞毛囊炎和疖病、嗜酸性粒细胞肉芽肿、无菌小结性组织细胞肉芽肿、细菌性脓皮症。

②猫丘疹和小结：见于肿瘤、蚊子叮咬性过敏、嗜酸性粒细胞(溶胶原性)肉芽肿、黄瘤。

2. 外耳道检查

检查外耳道最好应用耳镜(图 4-21)，用垂直方向或平行方向检查。如果有分泌物，可先用棉签清除或用洗耳液清洗。将用棉签清除的分泌物涂布在载玻片上，可应用放大镜检查有无螨虫。清除分泌物后，再用耳镜检查。如果用耳镜检查两个外耳道，首先检查健康无疾患的耳朵，然后检查有疾患的耳朵。用耳镜检查只能看到鼓膜 40%～60%的部分，鼓膜四周常因被耳道壁遮盖而看不到，因此用耳镜检查应特别注意。

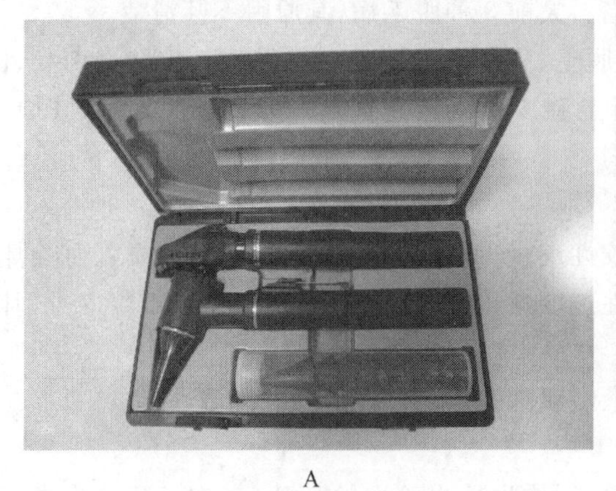
A

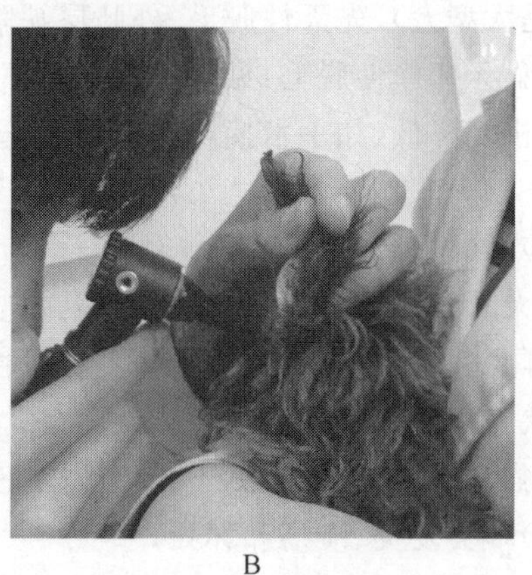
B

图 4-21　耳镜(A)和进行检查(B)

(1)耳道的清洗：正常动物的耳道或耳道内生长有被毛，异物或发生外耳炎时，耳道内常常充斥有蜡质分泌物，应先用止血钳钳住耳毛捻转除去，或用剪刀剪去耳毛，再用温热的油脂或蜡质溶解剂将蜡质溶解，然后用棉签小心轻轻地拭去污物。若动物不愿让去除时，可用短效镇静剂或麻醉剂处理控制后再操作。操作时严防弄坏鼓膜。

耳道内若有炎性分泌物或脓质时，可用商品耳道冲洗液或生理盐水冲洗。冲洗后尽量排除冲洗液和污物，其后用脱脂棉或棉签拭干，再用耳镜检查或向耳内注入药物。向外耳内滴入或注入药物，一般注入的深些较好。但是，急性耳炎或鼓膜已破裂动物，不能冲洗耳道。滴入或注入药物后，并给以按摩外耳道，按摩外耳道可使药物分布均匀。

(2)外耳道最主要的疾患是外耳炎。

1)外耳炎的主要原因如下。

①过敏原因：主要是特应性过敏(atopy)和食物过敏，占外耳炎原因的 50%～80%；其次

是接触和刺激性过敏(尤其是新霉素)、药物过敏和虫咬过敏。

②异物进入耳道,如草籽、狼尾草、污物等。

③寄生虫:主要是耳痒螨引起,可占猫耳螨病的50%左右,犬只占5%~10%;其次是蠕形螨感染。

④甲状腺机能降低、肾上腺皮质机能亢进、皮脂腺炎和科克猎犬的特发性皮质溢都可引发耳道角化、皮脂腺紊乱、耵聍或皮脂性耳炎。

⑤科克猎犬的特发性炎症和增生性耳炎。

⑥其他有天疱疮综合征、系统性红斑狼疮、锌缺乏性皮肤病等。

2)外耳炎的诱因:所谓诱因就是不直接引起炎症,只是使耳道敏感容易引发炎症。

①温度和湿度:天气炎热、下雨、游泳、潮湿等,均易诱发耳炎,尤其是大耳朵品种犬。

②耳解剖问题:如耳内有毛,松狮犬、沙皮犬和英国斗牛犬的先天性耳道狭窄,科克猎犬、斯波灵格猎犬(Springer spaniel)和拉布拉多猎犬的耳耵聍腺组织发达,分泌物增多。

③耳道堵塞性疾患:如肿瘤、息肉、增生。

3)外耳炎常在的因素:主要是微生物。

①耳内细菌:正常耳内已检查出的有中间葡萄球菌、表皮葡萄球菌、小球菌和大肠杆菌。犬外耳炎时检查出的最多见细菌是中间葡萄球菌、铜绿假单胞菌、变形杆菌、链球菌、大肠杆菌、棒状杆菌。猫是中间葡萄球菌、链球菌和多杀性巴氏杆菌。

②耳内真菌:正常犬20%~50%耳内有厚皮炎马拉色菌(图4-22),猫有23%。而犬患外耳炎时,50%~80%耳分泌物内有厚皮炎马拉色菌。

3. 耳镜检查

耳镜检查鼓膜有无病变或破裂,检查方法如下。

①首先是选择适合耳道的已消毒的耳镜头,若检查两个耳朵时,先检查正常无感染的耳朵,然后才检查有疾患的耳朵。

②检查右耳时,用右手握住耳镜,用左手的拇指和食指与中指捏住耳翼,将耳廓向上或向后拉,使其明显露出耳道。然后将圆锥形的耳镜头,小心而缓慢地插入耳道,当无法再前进时,即可检查。

③耳鼓膜是一层薄膜(图4-23),有一白色弯曲骨骼,自背缘走向腹侧后方,此骨即是锤骨。

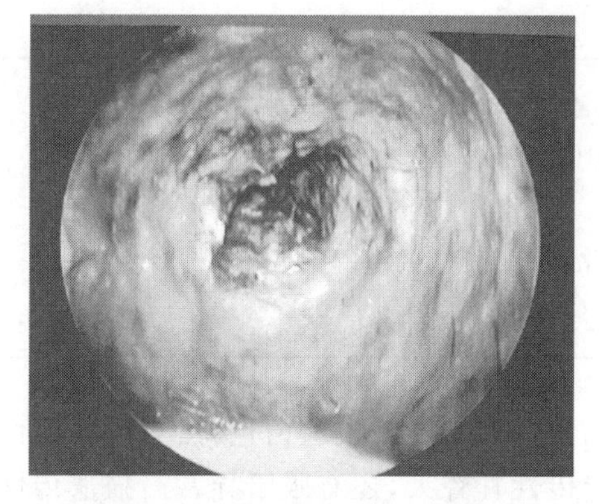

图4-22 耳内厚皮炎马拉色菌感染(耳镜检查)

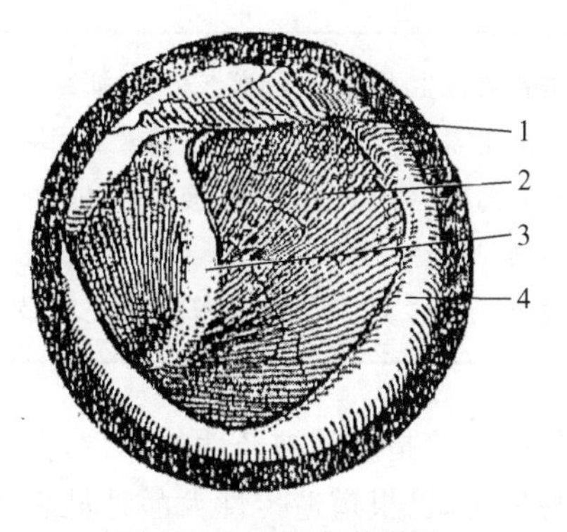

图4-23 犬的正常鼓膜

1. 迟缓部分 2. 紧张部分 3. 锤骨 4. 外耳道

鼓膜包括一个小迟缓部分和一个透明的大紧张部分，紧张部分外凸是耳镜所能看到的最大部分；由于中耳的鼓室是暗室，所以看到的是黑暗状态。而小迟缓部分为不透明的白色，其上有红色血管分布。

④在1岁以上的正常犬，一般可以看到鼓膜。而年岁大的老年犬，常因耳道狭窄，鼓膜的紧张部分被迟缓部分所遮蔽，或被耳朵的内衬所遮蔽，甚至鼓膜破裂等原因，使鼓膜难以观察到。犬患慢性外耳炎时，约50%的鼓膜已经破裂，故也看不到鼓膜。

鼓膜的异常变化有发红、肿胀、丧失半透明性和破裂缺失。若鼓膜是最近发生的破裂，可在鼓膜的周围看到少量带血的溢液。

4. 中耳炎

犬正常中耳内也包含有棒状杆菌、肺炎克雷伯菌、金黄色葡萄球菌、大肠杆菌、链球菌、布兰汉菌等。

中耳炎多由于鼓膜破裂，外耳炎炎性物通过破裂孔引发；或者咽喉部感染，通过咽鼓管感染引起。引发中耳炎的原因如下。

①细菌：有假单胞菌、中间葡萄球菌、溶血链球菌、棒状杆菌、肠球菌、变形杆菌、大肠杆菌和厌氧菌。

②真菌：有马拉色菌、曲霉菌、念珠菌。

③其他：异物、肿瘤、炎性息肉、创伤、骨瘤、耳胆脂瘤等。

5. 内耳炎

多由于感染或肿瘤引发，不少病例是由中耳炎引起的。

(三)耳聋

耳聋原因有以下两种。

(1)传导性的：见于外耳道分泌物或异物堵塞、鼓膜破裂、严重的外耳或中耳炎症等引起。

(2)感觉神经性的：见于内耳结构异常、听神经和中枢神经问题，如遗传性耳聋、毒物损伤神经(表4-4)、年龄或老年耳聋。

表4-4 耳毒性药物

①氨基苷类抗生素：见于阿米卡星、卡那霉素、链霉素、新霉素、庆大霉素、妥布霉素等。
②其他抗生素：见于红霉素、多黏霉素B、多黏霉素E、米诺环素、万古霉素、氯霉素。
③强利尿药物：见于呋塞米、布美他尼、依他尼酸。
④防腐剂：见于氯己定、乙醇、碘或碘伏、氯化苯甲烃铵、氯化苄甲乙氧铵、溴化十六烷基三甲铵。
⑤其他：见于丙二醇、顺铂、三烷基锡、奎宁、铅、砷、汞、水杨酸盐、去污剂。

遗传性耳聋是感觉神经性的耳聋，常常发生在几周龄到几月龄，被毛白色、黑灰色或黑白斑犬最易发生，已报道遗传性犬品种见表4-5。许多遗传性耳聋犬，还有眼睛异常。猫遗传性耳聋多发生在白色被毛猫，尤其是白色被毛蓝眼睛的猫，几乎都是遗传性耳聋。

表 4-5 具有遗传性耳聋的犬品种

秋田犬、美国斯塔福德郡㹴、澳大利亚蓝后脚跟犬、澳大利亚牧羊犬、比格犬、边疆科利犬、波士顿㹴、拳师犬、斗牛㹴、Catahoula leopard dog、科克猎犬、科利犬、斑点犬、Dappled dachshund、品斯彻多伯曼犬、Dogo argentino、英国斗牛犬、英国赛特犬、狐狸猎犬、狐狸㹴、德国牧羊犬、大丹犬、大比利牛斯山犬、灰猎犬、伊比赞猎犬、kuvasz、马耳他犬、小型贵妇犬、杂种犬、挪威当可猎犬、老英国牧羊犬、巴比伦犬、指示犬、罗德斯亚脊背犬、罗德维尔犬、圣·伯纳德犬、苏格兰㹴、西里汉姆㹴、设得兰牧羊犬、什罗郡㹴、Walker、American foxhou、西高地白㹴。

思考题

1. 临床上犬猫眼睛检查主要内容有哪些?
2. 临床上犬猫耳朵检查主要内容有哪些?

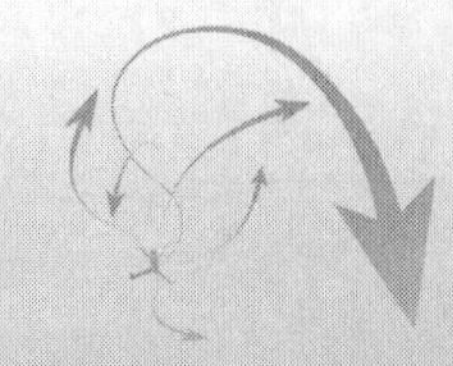

第五章 心血管系统临床检查

重点提示

1. 了解心血管系统临床检查应用解剖。
2. 掌握心血管系统临床检查方法。
3. 学习心血管系统临床检查的意义。

第一节 犬心血管系统临床检查应用解剖

犬心脏位于胸腔，其中4/7位于左侧，左侧心脏位于左侧第3～6肋间，包括左心室的大部分、左心房、右心室前部和肺动脉，心尖位于左侧第5～6肋间胸骨上方；右侧心脏位于右侧第3～6肋间，其心壁于右侧第4～5肋骨处与胸壁相接触（图5-1）。右侧心脏的右心室占大部分，背侧有右心房，后腹侧有小部分左心室。胸腔内主要脉管有主动脉、肺动脉、前腔静脉和后腔静脉（图5-2）。犬心脏每分钟搏动70～160次，小型犬可达180次/min，幼犬为220次/min。

犬全身静脉血管分布见图5-3。其中在临床上采血或输液用的血管有头静脉、副头静脉、颈外静脉、股静脉、隐内侧静脉、隐外侧静脉。如果采犬动脉血，最浅的动脉是伴股静脉旁的股动脉。采动脉血液主要用于血气检验。

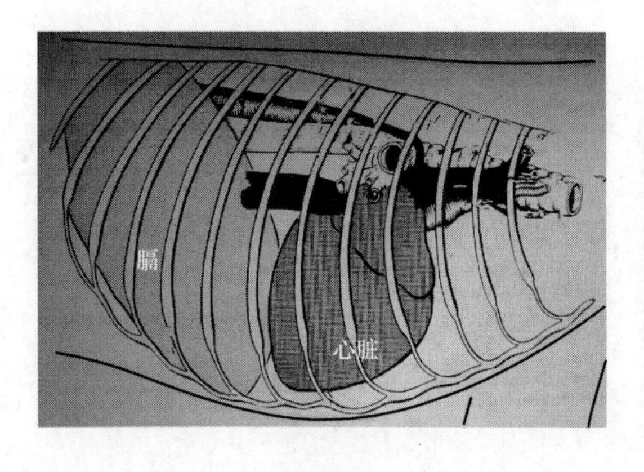

右侧位

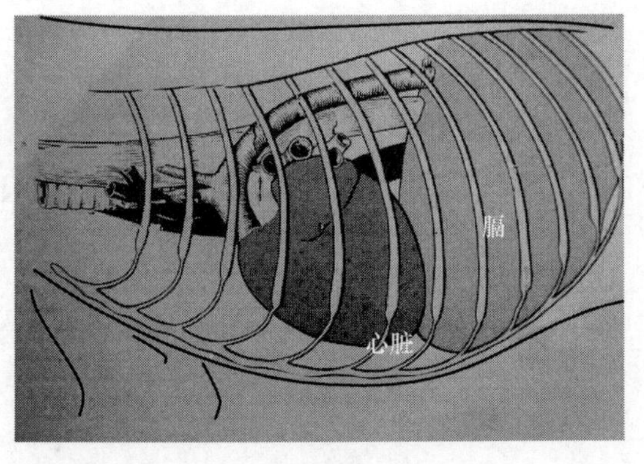

左侧位

图5-1 犬心脏的左右位置

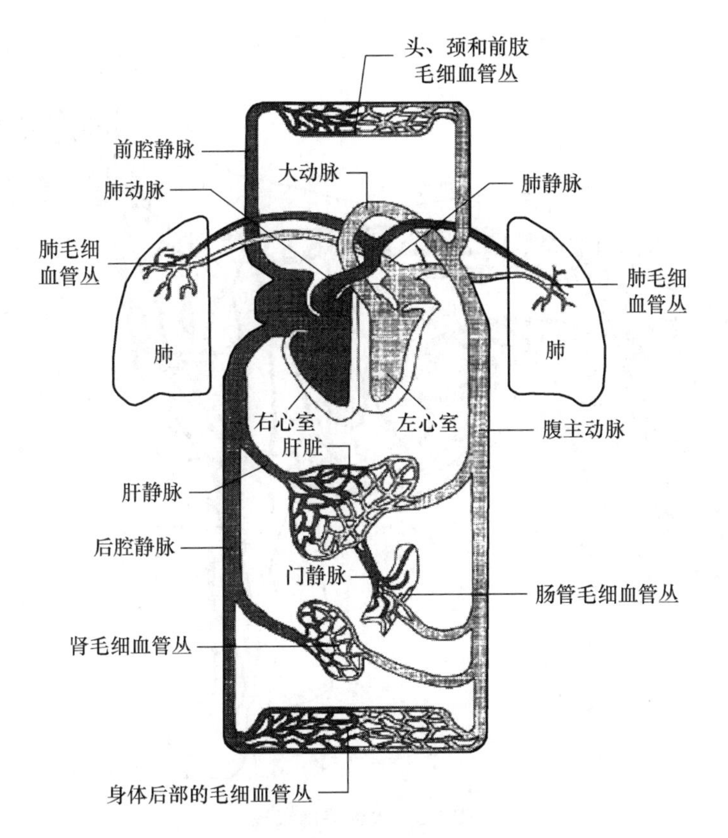

图 5-2 犬猫体循环和肺循环

第二节 犬心血管系统疾病临床检查

心血管系统的检查是全身检查的主要组成部分，尽管现代诊断技术取得了日新月异的发展，利用视、触、叩、听方法对动物进行检查仍然是必不可少的，而且还是十分重要的诊断方法。通过物理检查可得到心脏有无疾病，以及何种疾病的初步印象，还可以由此决定下一步选择哪些必要的实验室检验和特殊检查，如心电图、X线摄片、心血管造影、心脏超声波、心导管、计算机体层摄影术(CT)、磁共振成像(MRI)等。

心脏疾病在不同发展阶段，其多见的临床表现有呼吸急迫、犬蹲式呼吸、呼吸困难、黏膜发绀、咳嗽、不爱运动、颈静脉怒张、出现腹水、末梢水肿、体重减轻(心源性恶病质)、昏厥等。

心脏疾病出现腹腔积液时，可见肚腹增大，机体消瘦，用手冲击下腹部时可听到水晃荡声音。

心脏机能紊乱也受机体非心血管系统疾患的影响，如疼痛可引起心脏跳动增强，次数增多；严重急性肺炎缺氧可引起心肌缺氧血；长期慢性肺炎可引起心脏扩大；毒血症或菌血症不仅影响心肌，还影响血管和血管缩舒；贫血时稍加活动便可导致心悸和喘息。

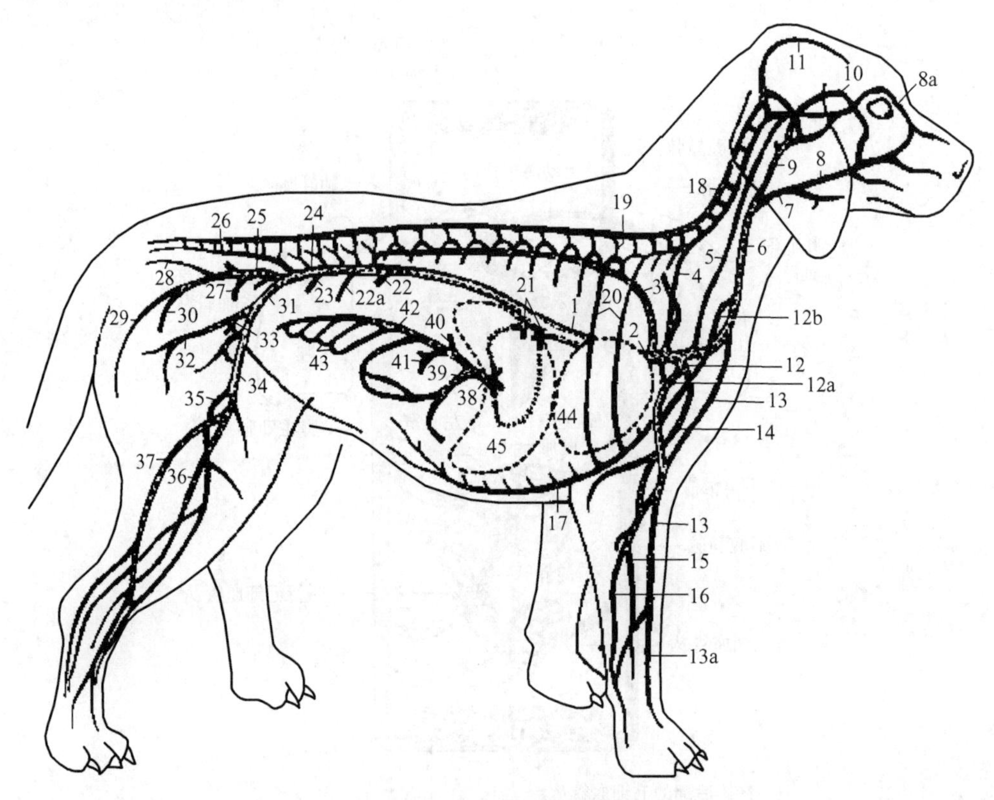

图 5-3 犬的静脉系统

1. 后腔静脉 2. 前腔静脉 3. 奇静脉 4. 椎静脉 5. 颈内静脉 6. 颈外静脉 7. 舌面静脉 8. 面静脉 8a. 眼角静脉 9. 颌内静脉 10. 颞浅静脉 11. 背侧矢状静脉窦 12. 腋静脉 12a. 腋臂静脉 12b. 肩胛臂静脉 13. 头静脉 13a. 副头静脉 14. 臂静脉 15. 正中静脉 16. 尺静脉 17. 胸廓内静脉 18. 椎骨静脉丛 19. 椎骨间静脉 20. 肋间静脉 21. 肝静脉 22. 肾静脉 22a. 睾丸或卵巢静脉 23. 旋髂深静脉 24. 髂总静脉 25. 右髂内静脉 26. 荐中静脉 27. 前列腺或阴道静脉 28. 尾外侧静脉 29. 臀后静脉 30. 阴部内静脉 31. 右髂外静脉 32. 股深静脉 33. 阴部腹壁静脉干 34. 股静脉 35. 隐内侧静脉 36. 胫前静脉 37. 隐外侧静脉 38. 肝门静脉 39. 胃十二指肠静脉 40. 脾静脉 41. 肠系膜后静脉 42. 肠系膜前静脉 43. 空肠静脉 44. 心脏 45. 肝脏

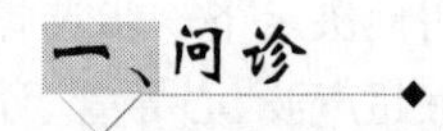

一、问诊

(1)患病动物发病有多长时间了？有无咳嗽？运动后和运动前有无不同？因为心脏疾病多数是慢性的，而且是逐渐发展逐渐严重的，一般发展到相当严重时主人才带动物到医院看医生。

(2)患病动物主要表现。

①慢性心脏疾病：一般都会出现低闷声咳嗽，开始出现在夜间或早晨，活动或兴奋时咳嗽加重。咳嗽后干呕，吐出少量带白沫液体，有时带有少量血液。

②心脏疾病动物由于肺瘀血或水肿而引发呼吸困难。由于夜间咳嗽和呼吸困难造成睡眠不安，甚至起身来回走动。

③心脏疾病性昏厥是脑部缺氧或/和血糖供应不足造成的暂时意识消失。昏厥多与兴奋

或运动有关，其表现为后肢软弱或突然晕倒，前肢僵直，角弓反张，尿失禁等，但不会有痉挛和排粪便现象。昏厥发生时间很短，不久恢复正常意识和活动。

④体重变化：慢性心脏疾病会出现机体逐渐消瘦，体重逐渐减轻；还会发生腹腔积液，肚腹逐渐增大。

⑤治疗情况：用的什么药物？效果如何？如果用过强心剂、利尿剂，饲喂低钠食物和注重休息后病情有所好转，也表明是心脏疾病。

二、视诊

(1)患有慢性心脏疾病的动物，往往精神不佳、消瘦。出现腹腔积液时，下腹部增大，可能看似肥胖，触摸机体肌肉萎缩，容易摸到骨骼。

(2)观察呼吸模式和咳嗽。呼吸困难并有咳嗽时，见于心脏病、肺瘀血或肺水肿。

(3)观察颈静脉沟。注意观察颈静脉沟的动脉脉管搏动，一般正常犬在安静时，即使长毛犬有时也可以看到颈静脉沟的脉管波动。

①颈静脉沟心房性颈静脉搏动：出现在心房收缩时，通常搏动较弱，指压搏动消失，属于正常搏动。当右心衰竭时，其搏动的强度增大，搏动沿颈静脉沟上升的高度也高。其搏动介于心脏搏动和动脉脉搏之间。

②颈静脉沟心室性颈动脉搏动：出现在心室收缩时，其颈动脉搏动较强，可看到颈静脉沟的动脉脉管波动。指压搏动，指压两侧仍然有波动。当心脏肥大，心室收缩增强时，颈静脉沟的脉管波动更明显。

③颈静脉阳性搏动：其搏动出现在心室收缩时，由三尖瓣闭锁不全引起，搏动强度较大，搏波沿颈静脉沟上升较高，它的搏动与心搏和脉搏是一致的。

(4)注意心尖部的波动，如有心尖波动，检查黏膜颜色和毛细血管再充盈时间　检查黏膜颜色可检查眼结膜或口腔黏膜。如果有心尖波动，见于心脏肥大。

(5)血管再充盈时间，一般是打开口腔，用拇指压迫齿龈，使齿龈变白，然后松开拇指，齿龈由白再变红的时间(图 5-4)。毛细血管再充盈时间延长超过 2 s(正常 1.2 s 多点)，表示可能有心血管疾病或机体脱水，此时可视黏膜发绀。但是，贫血时黏膜苍白，毛细血管再充盈时间可能正常。

三、触诊

(1)触诊心尖部(图 5-5)。心尖位于左侧第 5～7 肋间胸骨上方，胸腔内有肿块或心脏扩张变形时，心脏会移位。触诊时注意心波动的强度、周期性和频率，如果具有第五级心杂音时，可触到心颤动或震动。触诊心搏动减弱见于肥胖、心包积液、胸腔积液、气胸、心脏收缩力减弱等。

(2)触诊股动脉(图 5-6)。股动脉在后肢大腿部内侧，正常每分钟搏动次数和心脏搏动次数相同。检查目的主要是了解其强弱和规律性。最好同时检查两侧股动脉，以便对照有无异常。一般脉压 60 mmHg 以上才能触摸到脉搏搏动。异常表现如下。

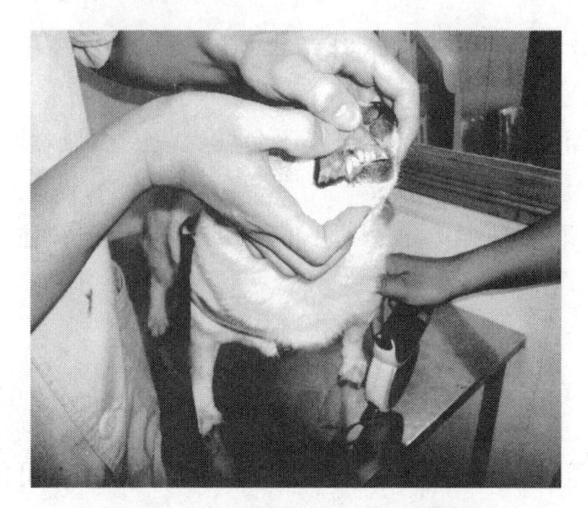

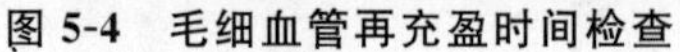

图 5-4　毛细血管再充盈时间检查

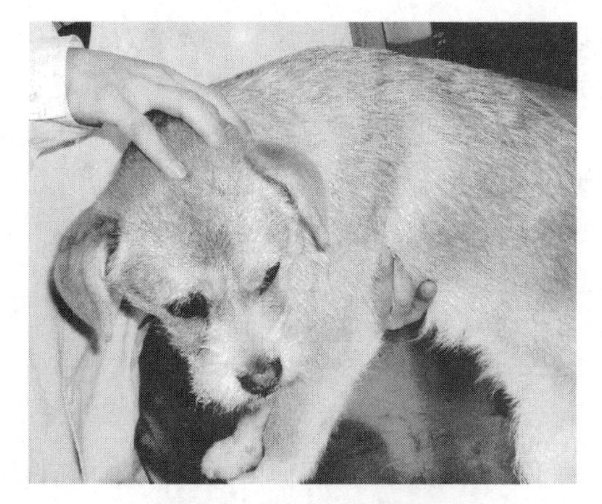

图 5-5　触诊心尖部搏动

①股动脉小而弱，见于低血压、左心室排血量减少、主动脉瓣狭窄或末梢血管阻力增大。

②股动脉大而强时，见于动脉导管开放、心脏搏出量增多、热性病、贫血、动脉静脉瘘管、心动徐缓或衰老。

③如果有二联脉，是心室过早收缩原因。

④脉搏变慢，见于窦性心搏缓慢、心房停滞、三级或高二级主动脉瓣阻滞。

⑤脉搏增快，见于窦性心搏过速、室上性心搏过速或室性心搏过速。

(3)触摸颈动脉有无颤动，如果出现颤动与主动脉瓣狭窄有关。

(4)触摸四肢、腹侧和腹下有无水肿，如发现水肿，见于右心衰竭或肝脏瘀血，造成末梢血液循环不良的结果。

(5)如果消瘦和肚腹增大，可冲击肚腹下部，检查有无水晃荡声音。如果有水晃荡声音，表示腹腔内有积液。

四、听诊

现在用的较好的适合耳的听诊器是 Littman 氏听诊器，此听诊器分为钟面和鼓面(膜面，图 5-7)，钟面无膜听头适于听低音频心音，如第三心音(S3)和第四心音(S4)，以及二尖瓣狭窄舒张期的雷鸣样杂音，使用时应轻接触机体被检查部位；鼓面有膜听头能滤过部分低频音，适用于听高音频声音，用于听第一心音(S1)和第二心音(S2)，以及主动脉瓣关闭不全舒张期叹气样杂音。单面有膜听头听诊器，轻触皮肤听诊相当于钟面听诊，用力触皮肤听诊相当于鼓面听诊。听诊是诊断心脏病的最有帮助的物理检查方法之一，但需要仔细及认真的听诊检查。听诊时让犬正常站立，使心脏处于正常位置，以防出现由于心脏和胸壁摩擦、呼吸、颤抖和被毛摩擦等出现的杂音。

(一)心音的产生

①第一心音：由左房室二尖瓣和右房室三尖瓣同时关闭时产生，其声音比第二心音大而长，且低沉和低频，约占心电图波群的 QRS 波和 ST 段区间。

②第二心音：由主动脉瓣和肺动脉瓣同时关闭时产生，其声音比第一心音短而音调高和尖锐，约占心电图波群的 T 波后段。

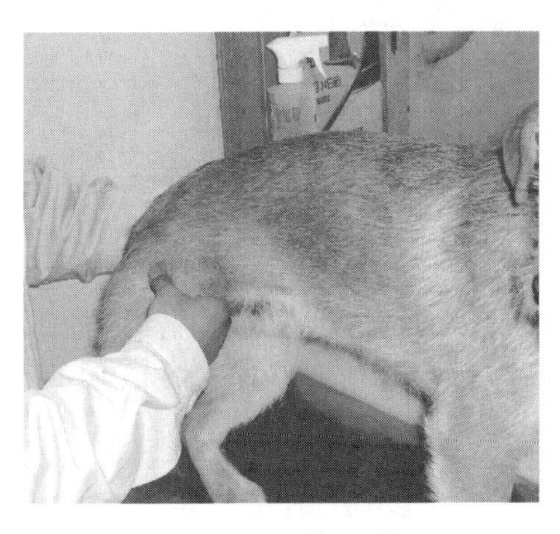

图 5-6 触诊股动脉

图 5-7 Littman 氏听诊器

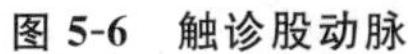

③第三心音：是由于心室快速充盈末血流冲击室壁，心室肌纤维伸展延长，使房室瓣、腱索和乳头肌突然紧张、振动引起。其特点是音调低钝而重浊，持续时间短和强度弱。第三心音出现在舒张期第二心音之后，最佳听诊区域在二尖瓣处。

④第四心音：是由于心房收缩使血液进入已经过度扩张的心室或僵硬的心室所产生的声音。第四心音发生在心室舒张期末期，最佳听诊点在主动脉或肺动脉区域。

第三和第四心音在正常犬猫听不到，若听到第三和第四心音，表示心音异常，即为奔马律(gallop rhythms)。

(二)犬正常心脏最佳听诊音位置(图 5-8)

①第一心音(二尖瓣音)：在胸部左侧第 4～6 肋间的胸骨左上方(也是心尖搏动区)。

②第二心音：在胸部左侧第 3～4 肋间的肋骨和肋软骨联合处。

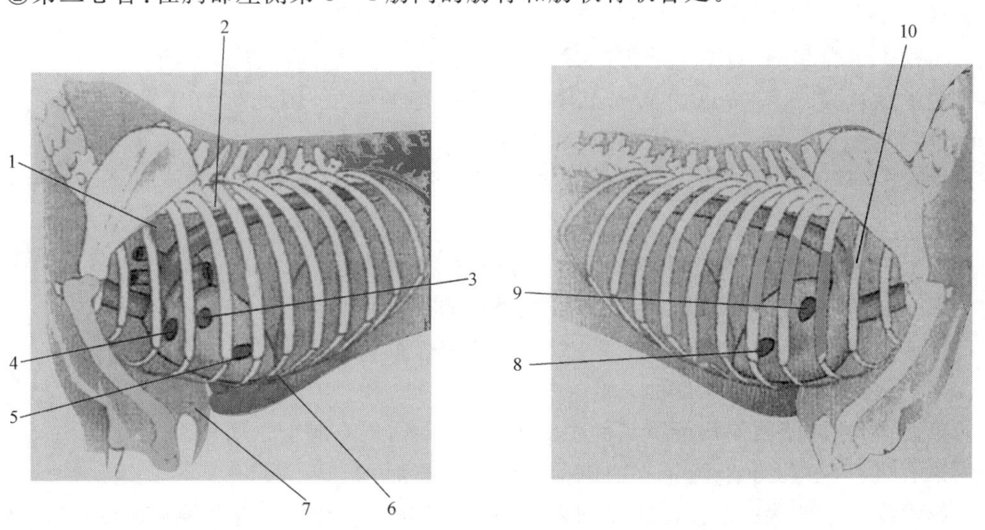

图 5-8 犬心脏最佳音的听诊点

1. 第 3 肋骨 2. 第 6 肋骨 3. 主动脉瓣音 4. 肺动脉瓣音 5. 第一心音(二尖瓣音)
6. 心尖 7. 肘部 8. 三尖瓣音 9. 主动脉瓣音 10. 第 3 肋骨

③主动脉瓣音:在胸部左侧第4～5肋间和肩关节水平线交点处。

④肺动脉瓣音:在胸部左侧第2～4肋间的胸骨上方。

⑤三尖瓣音:在胸部右侧第3～5肋间的肋骨与其软骨连接处。

在临床上要确定是哪一个心脏瓣膜的病损,主要依据每个瓣膜的最佳听诊点上的反复对比听诊。

心脏听诊时讲究步骤,一个高效率的听诊方法,是从左房室瓣开始,这里缩期心音最洪亮;然后向前移动听诊器,直至肺动脉瓣处听到强大的舒期心音;再回到左房室瓣,沿第四肋间逐渐向背侧移动,直至主动脉瓣处听到最强大的舒期心音。最后再到右侧听诊右房室瓣关闭声音。

(三)异常心音

1. 心音增强

第一心音听诊时注意其强度,一般在运动或受刺激后的交感神经兴奋引起的第一心音增强是正常现象,另外见于热性病、贫血等。第二心音增强,见于肺部血压增高,如心丝虫病。

2. 心音减弱

心音减弱见于触诊心尖部的心搏动减弱。

3. 心杂音(heart murmurs)

心杂音是指在正常心脏周期静音时期,所出现的一连串可以听诊到延长性震动声音。听诊时应注意其发生的位置、强度(等级)、心脏周期中的时间点、持续时间、尖锐程度和性质等,如心杂音发生于心脏收缩期或舒张期的早期、中期或晚期,可根据此来确定其来源位置。而杂音的性质和强度与心脏瓣膜异常有很大关系。

(1)心杂音特点。

①喷血杂音:开始时较柔和,之后逐渐变强,再后又逐渐变弱而停止。

②狭窄杂音:其杂音特征为刺耳的粗厉。

③闭锁不全引起的杂音:一般为高音调和吸气声。

④逆流杂音:其杂音特点为从头至尾都维持一定的强度,因此称为高平型杂音(plateau murmur)。

北京犬、查理王小猎犬和长卷毛犬容易发生心脏杂音。格利猎犬易患犬恶心丝虫病(室外饲养的最易发病)。

(2)心杂音的等级,一般按 Levine 分法,分为六级,具体如下。

①第一级:在安静的环境里,专心才可以听到的很柔和的杂音。

②第二级:将听诊器置于胸壁上,可以听到的寂静柔和的声音。

③第三级:由低到中等强度的杂音。

④第四级:在胸壁两侧均可听到的中等强度的杂音,但心脏前区听不到。

⑤第五级:声音大的杂音,能在心脏前区触诊到震颤。

⑥第六级:声音很大的杂音,能在心脏前区触诊到震颤,听诊器不必接触胸壁便可听到的杂音。

(3)不同病变出现的杂音特点如下。

①二尖瓣闭锁不全及室中隔缺损杂音:出现在全收缩期,通常为高音调及吸气音,杂音从头到尾维持一定强度,左侧心尖处听诊最明显。心室中隔缺损杂音(图5-9),在右侧听诊最明显。

②主动脉瓣或肺动脉瓣狭窄杂音:出现在全收缩中期,杂音从弱到强,高音刺耳,再从强到

弱。肺动脉瓣功能性狭窄杂音，在左侧听诊，声音最大。

③主动脉瓣闭锁不全杂音：出现在舒张期，可在胸廓入口处听到，通常为高音调及吸气音，呈现减弱型。

④永久性动脉导管不闭合杂音（图 5-10）：杂音多出现在全收缩期增强和全舒张期减弱，呈现为连续型杂音，具有机械杂音性质，在左侧第 3、4 肋间听诊最洪亮。

⑤贫血和生理因素造成的杂音：出现在收缩期早期。

以上杂音最佳听诊点，基本上相同于正常心脏最佳听诊音位置。

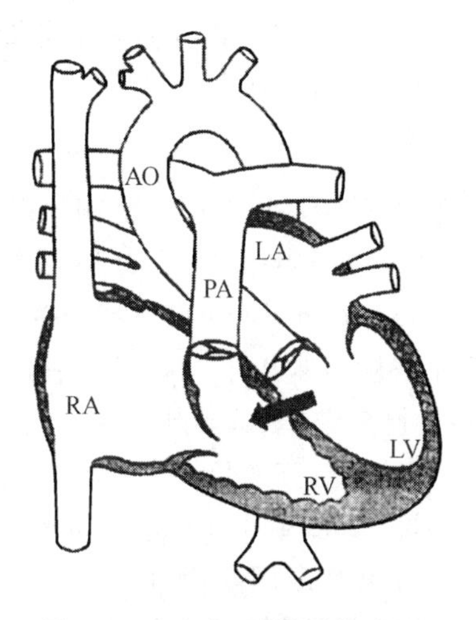

图 5-9　心室中隔缺损（箭头处）

LV：左心室　RV：右心室

LA：左心房　RA：右心房

PA：肺动脉　AO：主动脉

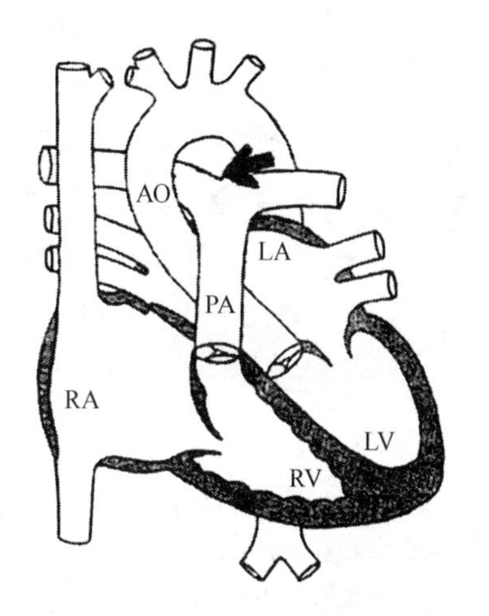

图 5-10　永久性动脉导管（箭头处）*

LV：左心室　RV：右心室　LA：左心房

RA：右心房　PA：肺动脉　AO：主动脉

* 胎儿时期连接肺动脉与主动脉的一条动脉管，在胎儿出生后通常都闭合了；胎儿出生后仍然不闭合时，此动脉管叫作永久性动脉导管。

4．奔马律（gallop rhythms）

由于心脏搏动快速时，在第二心音之后出现了响亮的异常第三心音或第四心音，它们与第一和第二心音连在一起，形成类似马奔跑的蹄声，故称奔马律。

①心舒张早期奔马律（protodiastolic gallop）：又称第三心音奔马律，是由于出现了病理性第三心音，见于瘀血性心衰竭、心室扩张肥大、重症心肌炎和心肌病、心室或心房中隔缺损、永久性动脉导管等严重心功能不全时，听诊时可听到第三心音。第三心音和第一、第二心音连在一起，声音像奔跑马的三连步调。

②心舒张晚期奔马律（latediastolic gallop）：又称收缩期前奔马律或房性奔马律，见于房室传到阻断、心室肥厚性心脏病和心肌病、主动脉瓣狭窄等，听诊时可听到第四心音（也称心房音）。第四心音和第一、第二心音连在一起，形成三连步调的奔马律。

③重叠型奔马律（summation gallop）：为舒张早期和晚期奔马律重叠出现引起，见于心肌病或心力衰竭，如果第三心音和第四心音同时出现而没有重叠，再加上第一和第二心音，便可听到四个心音，形成了舒张期四音律的重叠型奔马律。

5．心音分裂（splitting of heart sounds）

心音分裂由心脏瓣膜不同时关闭引起。

①第一心音分裂:第一心音分裂是因为左房室二尖瓣和右房室三尖瓣关闭时间不一致引起,而对于大型犬和巨型犬可能是正常现象。第一心音分裂见于心脏右束支传导阻滞,心房或心室早期收缩,二尖瓣或三尖瓣狭窄引起。

②第二心音分裂:第二心音分裂发生于主动脉瓣和肺动脉瓣不是同时关闭,见于肺动脉高血压(严重心丝虫病)、右束支传导阻滞、左心室早期收缩、心房中隔缺损、心室性期外收缩和二尖瓣狭窄等。

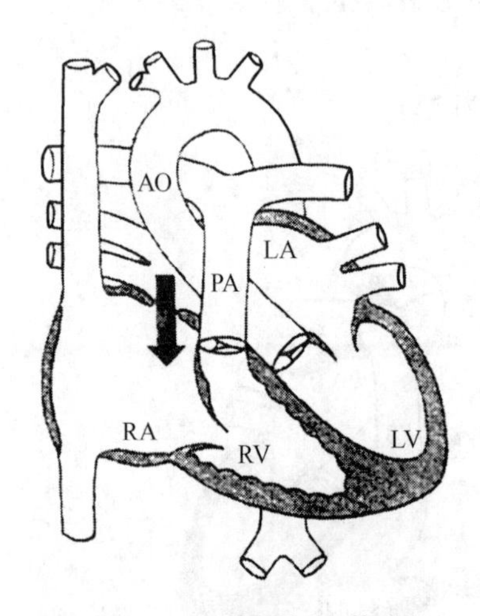

图 5-11 心房中隔缺损(箭头处)

LV:左心室 RV:右心室 LA:左心房

RA:右心房 PA:肺动脉 AO:主动脉

③第二心音反常分裂(paradoxical splitting):又称逆分裂(reversed splitting)见于左束枝传到阻断和主动脉瓣狭窄,此分裂音发生于呼气时多于吸气时。

6. 喀喇音(clicks)

喀喇音又称咔嗒声,是听诊心脏时听到的额外声音。

①收缩早期喀喇音(early systolic click):又称收缩早期喷射音(early systolic ejection sound),其特征为高频爆裂样声音,高调、短粗而清脆。紧接第一心音之后,在心底部听诊最清楚,见于主动脉瓣狭窄、肺动脉瓣狭窄(表 5-1)、心房中隔缺损(图 5-11)、肺动脉高血压。

②收缩中、晚期喀喇音(mid and late systolic click):见于二尖瓣闭锁不全。其特点是声调高,类似锁门时的咔嗒样声音,但每次出现的强度都不一样。

表 5-1 心脏瓣膜损伤与心脏杂音发生期的关系

心脏瓣膜损伤	心脏杂音发生期	
	心脏收缩期	心脏舒张期
狭窄	主动脉瓣狭窄	右房室瓣狭窄
	肺动脉瓣狭窄	左房室瓣狭窄
关闭不全	左房室瓣关闭不全	主动脉瓣关闭不全
	右房室瓣关闭不全	肺动脉瓣关闭不全

(四)心律失常(arrhythmias)

为每次心搏产生的各个心音群,其间隔时间上出现了明显的变异。

(1)当听到心律失常时,需注意下列各点。

①心动速率,包括心动过快、心动正常和心动徐缓。

②心脏基础节律,若出现不规则时,与呼吸是否相符?应注意区别。

③心音强度。

④心音的分裂音。

⑤心搏动的间歇(应该出现的搏动没有出现)。

⑥额外心音或过早搏动。

(2)心律失常的种类见表 5-2。

表 5-2　心律失常的种类和心脏听诊的变化

项目	心动速率/(次/min)	心音变化
1. 规律性心律失常		
(1)规律性心动过速		
①窦性心动过速	160～200	心音正常
	＞220(幼犬)	
	＞240(猫)	
②心室上方心动过速	＞160(中型—大型犬)	心音正常
	＞180(小型犬)	
	＞240(猫)	
③心房扑动与有规律的心室搏动	＞300(犬)	心音正常
	＞350(猫)	
④心室心动过速	＞100(犬)	第一和第二心音有分裂音，第一心音的强度有变化
	＞150(猫)	
(2)规律性心动过缓		
①窦性心动过缓	＜70(犬)	心音正常
	＜160(猫)	
②第二级心脏传导阻滞	＜70(犬)	可能会听到心房音(第四心音)
	＜160(猫)	
③第三级心脏传导阻滞	＜40(犬)	心音的强度不定
	＜60(猫)	
2. 无规律性心律失常		
(1)规律性的无规律性心律失常		
窦性心律失常	周期性变化	心音正常
(2)无规律性的无规律性心律失常		
①心房纤维性颤动	完全不规则	第一心音强度不定
②室性期前收缩	过早搏动，代偿性停顿	第一心音强度不定，第二心音分裂音
③心室上性期前收缩	过早搏动，代偿性停顿	强度不定

①过速性心律失常：见于心房纤维性颤动、心室心动过速、窦性心动过速引起。

②徐缓性心律失常：见于窦性心动徐缓、窦性传导阻滞、第三与第二级心脏传导阻滞。

③突发性心音停顿：见于窦性传导阻滞、房室传导阻滞引起的心动停止。明显的窦性心律失常能引起明显的心动停顿；过早性收缩后，常可见代偿性心动停顿发生。

④额外心动：见于心房、房室结或心室收缩引起的心动提早出现。过早收缩可引起心音与脉搏不相符，尤其是心室的过早收缩时最明显。

⑤窦性心律失常：在犬是常见的正常现象，特点是吸气时心动加快，呼气时心动减慢。

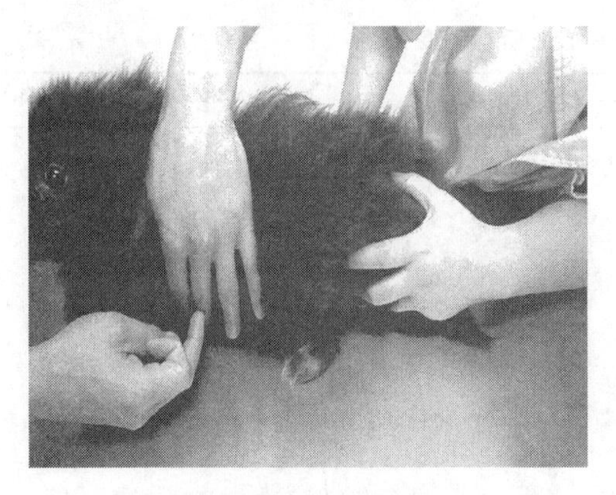
图 5-12 犬心脏叩诊

五、叩诊

犬心脏叩诊比较容易，让犬呈蹲坐或站立姿势，在胸下侧进行叩诊。叩诊时，一般左手中指放在要叩诊的地方，右手中指叩打左手中指的第二指节（图 5-12）。心脏叩诊显示为两个心脏区域。

1. 心脏绝对浊音区

为心包和胸壁接触的位置。在左侧第 4～5 肋间的胸骨到肋骨和肋软骨连接处；右侧第 4～5 肋间到胸骨 1～2 cm 处。心脏绝对浊音区主要用于诊断心脏肥大或增大、心脏移位或心包积水。

2. 心脏相对浊音区

为肺脏覆盖心脏的区域。在叩诊上难以听到。

六、犬猫血压检查

犬猫血压通常是指动脉血管内的压力。心室收缩时，血液急速流入动脉，动脉血管达到最高紧张度时的血压，叫做收缩压，俗称高压；心室舒张时，动脉血压逐渐降低，血液流入末梢血管，动脉血管紧张度最低时的血压，叫做舒张压，俗称低压。收缩压和舒张压间之差，叫做脉压，脉压是了解血流速度的指标。犬猫血压检查常用于危重病动物、心血管药物治疗、严重外伤、麻醉、休克、心脏病、肾病、肾上腺皮质机能降低、严重脱水、脓血症、过敏和酸中毒等的监护和预后判断。

原中国人民解放军兽医大学刘志尧教授等，曾用水银柱式血压计检测犬股动脉血压，其收缩压为 120～140 mmHg，舒张压是 30～40 mmHg，脉压是 90～100 mmHg。

国外利用多普勒流动检波器（Doppler Flow Derecter）或电子仪（Karks Electronics）检测动物腿部或尾巴动脉血压。检测时尽量让动物安静，神经质、害怕、挣扎或应急都可能得出假血压值，所以必要时可给以少量麻醉药镇静。用多普勒方法检测 33 只正常猫腿部血压，平均收缩压为 118 mmHg；用 Dinamap 系统检测 1 903 只正常犬尾巴血压，其收缩压和舒张压分别为 133 和 76 mmHg，一般公犬、老犬、小型犬或大型猎犬和肥胖犬，血压要高一些。

原发性高血压多见于人类，犬猫最多见的是继发性高血压，其动脉收缩压和舒张压分别超过 180 和 100 mmHg，变为高血压。其发生原因和机制见表 5-3。

表 5-3 继发性动脉高血压发生的原因和机制

①肾病：犬和猫都多发，由于心脏排血量增多和外周血管阻力增大。见于肾小球肾炎、肾淀粉样变性、肾小球硬化症、慢性间质性肾炎、肾盂肾炎、多囊肾病、肾发育异常和肾血管病（包括肾动脉狭窄、血栓栓塞、肾梗塞）。
②肾上腺皮质机能亢进：犬多发，由于心脏排血量增多和外周血管阻力增大。见于垂体原性的、肾上腺皮质瘤的、医源性的引起的肾上腺皮质机能亢进。

续表 5-3

③甲状腺机能亢进：猫多发，由于心搏增多。 ④嗜铬细胞瘤：由于心搏增多。 ⑤醛固酮增多症：由于心脏排血量增多和外周血管阻力增大。 ⑥糖尿病：由于外周血管阻力增大。 ⑦运动过度性心脏综合征：由于心搏增多。见于贫血、血液黏滞性增大、红细胞增多症、高烧、动静脉瘘管。 ⑧头颅内病：由于心脏排血量增多和外周血管阻力增大。见于脑肿瘤。 ⑨甲状腺机能降低（见于动脉粥样硬化）、高钙血症：由于外周血管阻力增大。 ⑩主动脉收缩变窄、雌激素增多、妊娠中毒、甘草中毒（盐皮质激素类）：由于心脏排血量增多和外周血管阻力增大。

犬猫动脉收缩压小于 80 mmHg，便是发生了低血压，其发生原因见表 5-4。

表 5-4 犬猫动脉低血压发生的原因

1. 心脏机能不全 ①心脏收缩力损伤：见于心肌病、药物抑制（如麻醉、β-阻断药的普萘洛尔应用）、脓毒症（致心肌抑制因素释放）。 ②损伤性松弛：如猫肥大性心肌病。 ③瓣膜疾病：如二尖瓣或三尖瓣闭锁不全、主动脉或肺动脉狭窄。 ④损伤性挤压：如心包积液、气胸、胃扭转、血栓形成、肿瘤。 ⑤心律不齐或传导异常。 2. 血容量减少　见于出血、外伤、胃肠液丢失、肾上腺皮质机能降低、多尿、胰腺炎、腹膜炎、热射病等。 3. 血管紧张度降低 ①神经性的：脊髓外伤、硬膜外麻醉。 ②内毒素释放：如脓血症。 ③过敏反应。 ④作用于血管药物：噻吩嗪、血管紧张素转化酶抑制剂、钙阻断剂、硝酸甘油、硝基氢氰、肼屈嗪。

七、犬胸部 X 线片

以临床上多见病例为例，加以说明。

1. 肺心病 X 线片（图 5-13）

其 X 线片特点为整个心脏廓影肥大（表 5-5），整个肺脏廓影缩小，肺实质表现为密度不太高的云雾状阴影，边沿模糊。犬肺心病多发生于短鼻头的老年犬，如北京犬、巴哥犬、日本狆犬等，博美犬也易发生。临床表现为不爱活动，咳嗽和喘息，夏天天热时尤其明显。

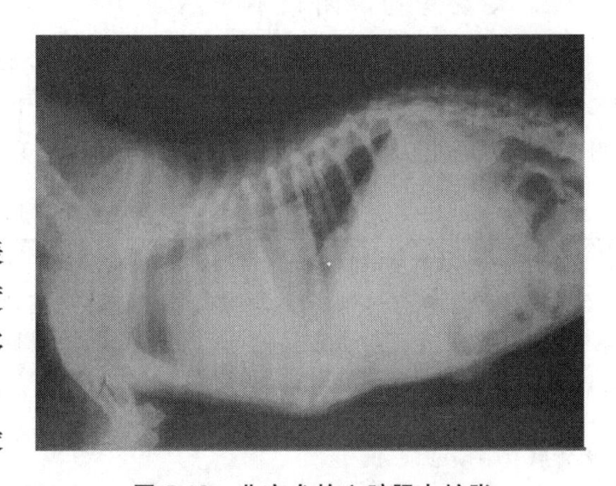

图 5-13 北京犬的心脏肥大扩张

表 5-5　心脏肥大扩张的原因

①左心脏肥大扩张的原因：见于主动脉瓣膜或二尖瓣疾患、扩张性或肥大性心肌疾患、先天性主动脉狭窄、先天性二尖瓣发育异常。 ②右心脏肥大扩张的原因：见于肺动脉瓣膜或三尖瓣疾患、扩张性心肌疾患、先天性肺动脉狭窄、先天性三尖瓣发育异常、法乐氏四联症(图 5-14)、心肺疾患、心丝虫病。 ③整个心脏肥大扩张的原因：见于慢性心瓣膜疾患、扩张性心肌疾患、慢性贫血、心包渗出、动脉导管未闭、心房或心室间隔缺损。

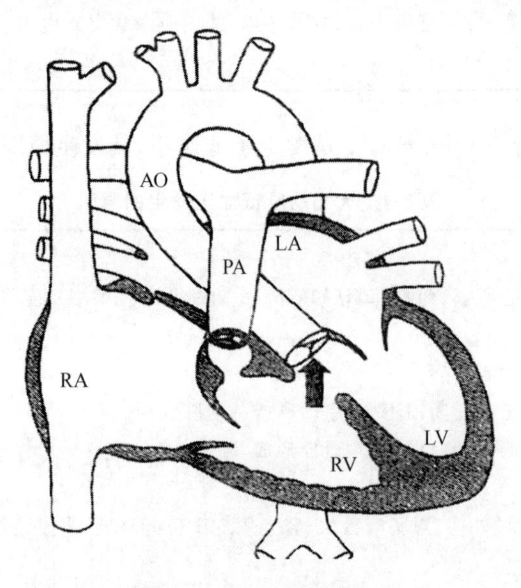

图 5-14　法乐氏四联症*

LV：左心室　RV：右心室　LA：左心房　RA：右心房　PA：肺动脉　AO：主动脉

* 法乐氏四联症包括：①肺动脉瓣口狭窄；②心室间隔缺损(箭身处)；③主动脉右位骑跨在心室间隔缺损上(箭头处)；④右心室肥大。

2. 犬左房室瓣闭锁不全 X 线片

本病是犬后天性较常见的心脏病，此病心脏廓影的相继变化为左心房肥大→左心室肥大→右心室肥大→左右心室、左心房和肺动脉干进一步肥大。当整个心脏廓影呈圆形时，则表明心力衰竭。心力衰竭的原因见表 5-6。心脏衰竭的代偿机制见表 5-7。

表 5-6　心脏衰竭的原因

(1)心脏瓣膜疾患引起。 ①右心衰竭：见于肺动脉瓣膜疾患，如瓣膜炎、先天性狭窄；三尖瓣疾患，如瓣膜炎、先天性发育异常。 ②左心衰竭：见于主动脉瓣膜疾患，如瓣膜炎、先天性狭窄；二尖瓣疾患，如瓣膜炎、先天性发育不良。 (2)心脏疾患引起。 ①右心衰竭：见于扩张性心肌炎、限制性心肌炎，以及继发性心肌炎，如猫甲状腺机能亢进、阿霉素中毒、肉毒碱或牛磺酸缺乏。 ②左心衰竭：见于扩张性心肌炎、肥大性心肌炎、限制性心肌炎，以及继发性心肌炎，如猫甲状腺机能亢进、阿霉素中毒、肉毒碱或牛磺酸缺乏。

续表 5-6

(3)心律失常引起。 ①右心衰竭:见于心房纤维化、心室心律失常、缓慢性心律失常。 ②左心衰竭:见于心房纤维化、心室快速心律失常、缓慢性心律失常。 (4)压力增加引起。 ①右心衰竭:见于肺心病、心脏丝虫病。 ②左心衰竭:见于全身高血压,如主动脉狭窄、原发性或继发性高血压。 (5)右心衰竭的心包性疾患引起,见于各种原因引起的心包渗出积液。 (6)左心衰竭见于动脉导管未闭、心房或心室间隔缺损。

表 5-7 心脏衰竭的代偿机制

(1)自主神经系统。 ①心脏:增加心率、增加心肌收缩性兴奋。 ②外周循环:动脉血管收缩(增加后负荷)、静脉收缩(增加前负荷)。 (2)肾脏(肾素-血管紧张素-醛固酮)。 ①动脉血管收缩(增加后负荷)。 ②静脉收缩(增加前负荷)。 ③钠、氯和水潴留(增加前负荷和后负荷)。 ④增加心肌收缩性兴奋。 (3)内皮缩血管肽(内皮素)Ⅰ(增加前负荷和后负荷)。 (4)精氨酸血管升压素(增加前负荷和后负荷)。 (5)心房利尿钠肽(增加后负荷)。 (6)前列腺素。 (7)心脏的 Frank-Starling 定律 增加终末舒张纤维长度、心脏容积和压力(增加前负荷)。 (8)心脏肥大。 (9)外周氧气运送。 ①心脏排除血液的重新分配。 ②改变含氧血红蛋白分离。 ③通过组织增加氧气抽出分离。 (10)进行无氧代谢。

八、犬猫易患的先天性心血管疾患

犬猫易患的先天性心血管疾患见表 5-8。先天性心脏疾病多发生在 2 岁之前,犬不同品种易患的先天性心脏疾病见表 5-9。犬不同品种易患的后天性心脏疾病见表 5-10。

表 5-8 犬猫易患的先天性心血管疾病

①犬易患的先天性心血管缺陷:见于动脉导管未闭、主动脉下狭窄(subaortic stenosis)、肺动脉狭窄、三尖瓣发育不良、二尖瓣发育不良、室间隔缺损、法乐氏四联症、永久性右动脉弓、永久性左颅腔静脉(persistent left cranial vena cava)、腹膜心包膈疝。 ②猫易患的先天性心血管缺陷:见于房室隔膜缺损[包括心室隔膜缺损、心房隔膜缺损、房室管(心内膜垫)缺损]、三尖瓣发育不良、二尖瓣发育不良、动脉导管未闭、主动脉狭窄、心内膜纤维弹性组织增生症、法乐氏四联症、肺动脉狭窄、永久性右动脉弓、腹膜心包膈疝。

表 5-9　犬不同品种易患的先天性心脏疾病

品种	易患先天性心脏疾病
巴塞特猎犬	肺动脉狭窄
比格犬	肺动脉狭窄
比雄犬	动脉导管未闭
拳师犬	主动脉下狭窄、肺动脉狭窄、心房隔膜缺损
宝艾肯猎犬(Boykin spaniel)	肺动脉狭窄
斗牛㹴犬(Bull terrier)	二尖瓣发育不良、主动脉狭窄
吉娃娃犬(Chichuahua)	动脉导管未闭、肺动脉狭窄
松狮犬	肺动脉狭窄、心右三心房(cor triatriatum dexter)
科克猎犬(Cocker spaniel)	动脉导管未闭、肺动脉狭窄
科利犬	动脉导管未闭
多伯曼平犬(Doberman pinscher)	心房隔膜缺损
英国斗牛犬	肺动脉狭窄、心室隔膜缺损、法乐氏四联症
英国斯波灵格猎(English springer spaniel)	动脉导管未闭、心室隔膜缺损
老英国牧羊犬	肺动脉狭窄
德国牧羊犬	主动脉下狭窄、动脉导管未闭、三尖瓣发育不良、二尖瓣发育不良
德国短毛指示犬	主动脉下狭窄
金毛寻回犬(Golden retriever)	主动脉下狭窄、三尖瓣发育不良、二尖瓣发育不良
大丹犬	三尖瓣发育不良、二尖瓣发育不良、主动脉下狭窄
肯斯猎犬(Keeshond)	法乐氏四联症、动脉导管未闭
拉布拉多巡回犬	三尖瓣发育不良、动脉导管未闭、肺动脉狭窄
马耳他犬	动脉导管未闭
獒犬	肺动脉狭窄、二尖瓣发育不良
纽芬兰犬	主动脉下狭窄、二尖瓣发育不良、肺动脉狭窄
博美犬	动脉导管未闭
贵妇犬	动脉导管未闭
罗德维尔犬	主动脉下狭窄
萨摩依犬	肺动脉狭窄、主动脉下狭窄、心房隔膜缺损
雪纳瑞犬	肺动脉狭窄
设得兰牧羊犬	动脉导管未闭
㹴品种犬(Terrier breeds)	肺动脉狭窄
狐狸㹴犬	肺动脉狭窄、法乐氏四联症
魏玛拉犬	三尖瓣发育不良、腹膜心包膈疝
威尔士柯基犬	动脉导管未闭
西高地白㹴犬	肺动脉狭窄、心室隔膜缺损
约克夏㹴犬	动脉导管未闭
指示犬(Pointers)	肺动脉狭窄

表 5-10 犬不同品种易患的后天性心脏疾病

①二尖瓣或三尖瓣闭锁不全或二者同发：见于科克犬、贵妇犬、雪纳瑞犬、达克斯猎犬(Dachshund)、吉娃娃犬、博美犬、小型平斯彻犬(Miniature pinscher)。

②心肌炎：见于拳师犬、圣·伯纳德犬、德国短毛指示犬。

③特发性心肌炎：见于大型品种犬。

④心基部肿瘤：见于波士顿㹴犬、拳师犬、英国斗牛犬。

第三节 猫心血管系统解剖和临床检查

猫心脏位于第4～7肋间(图5-15)，由于猫个体小，心脏只有4 cm左右长，听诊器放在心区，心脏的二尖瓣、三尖瓣、主动脉瓣和肺动脉瓣就完全在听头之内，所以很难对各个瓣膜的听诊区进行分别听诊，因此也就很难对各个瓣膜产生的声音进行分辨。另外，猫心搏比犬快，猫的心搏率为90～240次/min，即使仔细听诊，也较难发现出现的异常心音。但是，仍有人认为对准不同的心瓣膜听诊，辨别其心杂音更有利(表5-11)。

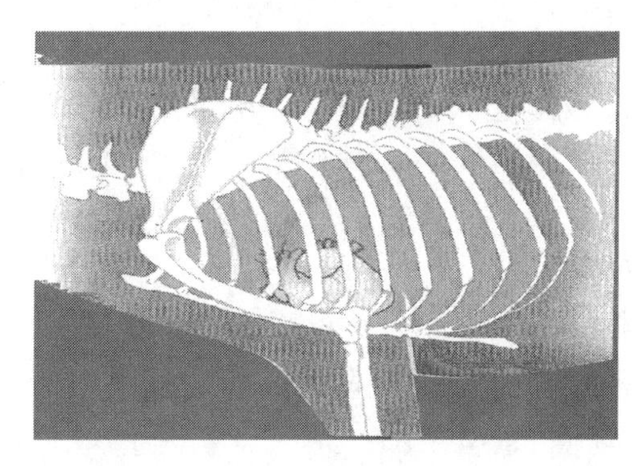

图 5-15 猫心脏的位置

表 5-11 猫较佳心音听诊位置

①二尖瓣声音：在左侧第5～6肋间的胸骨上方(也是心尖搏动区)。

②主动脉声音：在左侧第2～3肋间和肩水平线交点。

③肺动脉声音：在左侧第2～3肋间和胸骨连接处稍上。

④三尖瓣声音：在右侧第4～5肋间的胸骨上方。

一、心脏听诊异常

①心杂音：多见的是心房心室中隔缺损，其次是房室瓣发育不全、动脉导管未闭和贫血。

②心舒张晚期奔马律：见于猫肥大性心肌病(甲状腺机能亢进引起)，6岁以上的猫最多发，它是第四心音奔马律，临床上相对多见。

③心舒张早期奔马律：见于猫扩张性心肌病(牛磺酸缺乏引起)，它是第三心音奔马音。

④心节律失常：见于心脏病、代谢和电解质紊乱、休克、缺氧、体温过高或过低、强心或镇静麻醉药物等引起。诊断上可借助于心电图。

二、脉搏异常

触诊股动脉出现减弱或消失，见于心肌炎，这可能与动脉血栓栓塞有关。猫急性心肌炎时，有时由于血管栓塞，引起后肢瘫痪发生，其特征性表现为“5P”症状，即疼痛(pain)嘶叫、轻瘫(paresis)、黏膜苍白(pallor)、瘫痪肢无脉搏(pulselessness)、体温变化不定(poikilothermy),以及肢脚冰凉、趾爪发绀,其运动机能降低。此种后肢瘫痪在临床上应注意和脊髓损伤引起的后肢瘫痪相区别。

附表　浆膜腔积液的鉴别*

项目	漏出液		渗出液		乳糜渗漏液
	纯漏出液	变更漏出液	非腐败性渗出液	腐败性渗出液	
原因	低白蛋白血症、静脉滞流、肝硬化、肾病综合征	肝脏和心脏被动性充血、心脏病、胸导管破裂、新生瘤	胆囊和膀胱破裂、无菌的外来物和创伤、肿瘤	创伤和手术感染以及细菌、真菌、病毒、寄生虫感染,胃肠破裂、积脓子宫破裂、败血症	胸导管阻塞或受压破裂
外貌和颜色	清亮水样或淡黄色	血浆样或血样、清亮到轻度云雾状	血样或云雾状	脓样、奶油样、血样、云雾状、有絮片	乳色、白色或粉红色,呈乳样,不透明
凝固性	不凝	不凝	可能凝固	可能凝固	不凝
相对密度	1.017	1.017～1.025	>1.025	>1.025	>1.018
浆膜黏蛋白定性**	阴性	阴性	阳性	阳性	阴性
蛋白质/(g/L)	<25	25～50	>30	>30	>25
有核细胞数/μL***	>1 000	500～10 000	>5 000	>5 000	变化不定
细胞种类	巨噬细胞、内皮细胞、淋巴细胞	淋巴细胞、内皮细胞、巨噬细胞、中性粒细胞	中性粒细胞(未变性)、巨噬细胞(吞噬碎片)、内皮细胞、红细胞(有变化)、瘤细胞(有肿瘤时)	中性粒细胞(急性多见)、巨噬细胞(吞噬细菌)、内皮细胞(有变化)、红细胞(有变化)	淋巴细胞(早期多)、中性粒细胞(慢性时增多)、内皮细胞(变化不定)
细菌	无	无	无	可能有	罕见
脂类	无	无	无	无	甘油三酯(>血清) 胆固醇(<血清)

* 浆膜腔积液包括心包腔积液、胸腔积液和腹腔积液。

** 浆膜黏蛋白(serosamucin)定性即李凡他(Rivalta)氏试验。

*** 有核细胞数/μL×1 000 000=有核细胞数/L(再换算成 $X\times10^9$/L)。

? 思考题

1. 临床上检查犬猫心血管系统有哪些方法？其临床意义是什么？
2. 犬猫心脏疾病时听诊,有哪些异常出现？
3. 什么是 Littman 氏听诊器？如何使用？

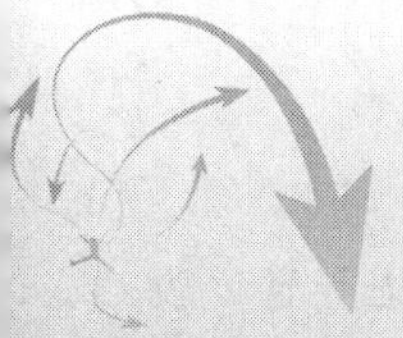

第六章　淋巴系统临床检查

重点提示

1. 了解淋巴器官的组成和概念。
2. 学习触摸犬浅体表的 6 个淋巴结。
3. 学习触摸猫浅体表的 12 个淋巴结。
4. 了解淋巴系统的疾病。

第一节　淋巴系统临床检查应用解剖

淋巴系统由淋巴、淋巴管、淋巴组织和淋巴器官组成。

一、淋巴

淋巴是淋巴管内流动的液体。血液流经毛细血管动脉端时，其中部分液体物质透过管壁进入组织间隙，形成组织液。组织液与细胞之间进行物质交换后，大部分经毛细血管静脉端进入血液，小部分进入毛细淋巴管，成为淋巴。

二、淋巴管

淋巴管是输送淋巴进入静脉的管道。一般淋巴管在注入静脉前，至少要经过一个淋巴结，在淋巴结内形成膨大的淋巴窦。淋巴管分为浅淋巴管和深淋巴管。浅淋巴管分布于皮下，通常呈放射状汇集于浅淋巴结；深淋巴结常与深部静脉伴行。

淋巴管按汇集顺序和口径大小，可分为毛细淋巴管、淋巴管、淋巴干和淋巴导管。

1. 毛细淋巴管

毛细淋巴管是淋巴管的起始段，其盲端起始于组织间隙。小肠绒毛内的毛细淋巴管收集小肠吸收的脂肪微粒，致使淋巴呈乳色，故叫乳糜管。除上皮、中枢神经、脊髓、软骨、牙齿、角膜、晶状体和脾髓等处外，毛细淋巴管几乎分布全身。

2. 淋巴管

淋巴管由毛细淋巴管汇合而成，其结构类似静脉，但粗细不一，管壁薄，管内淋巴瓣膜多，呈念珠状。淋巴管分浅淋巴管和深淋巴管。

3. 淋巴干

淋巴干是身体某一区域较粗大的淋巴集合管。它由浅、深淋巴管向心流动过程中，经过一

系列淋巴结后汇集而成，共有5条淋巴干：左、右气管干，左、右腰干和内脏干。

4. 淋巴导管

淋巴导管是体内粗大的淋巴管，由淋巴干汇集而成。淋巴导管有胸导管和右淋巴导管2条。

(1)胸导管：由左、右腰干和内脏干汇合而成，汇合处稍膨大，叫乳糜池，因接受来自肠淋巴管中的乳糜而得名。胸导管基本上是除头颈部以外，收集全身3/4淋巴的淋巴导管。胸导管向前延伸，在胸前口处注入前腔静脉或左臂头静脉。

(2)右淋巴导管：收集右侧头颈、胸部和右前肢淋巴的粗短淋巴导管，将全身约1/4淋巴注入前腔静脉或右臂头静脉。

三、淋巴组织

是体内含有大量淋巴细胞的组织，组织内网状细胞的网眼内充满了淋巴细胞，还有少许单核细胞和浆细胞。淋巴组织分弥散淋巴组织和密集淋巴组织。

1. 弥散淋巴组织

淋巴细胞排列疏松，无特定外形，主要分布在消化道、呼吸道和泌尿道的黏膜内，也叫上皮下淋巴组织，可抵御外来细菌或异物的入侵。

2. 密集淋巴组织

淋巴细胞排列紧密。有的脏器内密集淋巴组织呈球状，叫淋巴小结；有的形成长索状，叫淋巴索。

四、淋巴器官

是以淋巴组织为主形成的实质器官，是体内主要的免疫器官。根据其发生和机能特点，分为初级淋巴器官和次级淋巴器官。

(一)初级淋巴器官

初级淋巴器官也叫中枢淋巴器官，包括胸腺和禽类的腔上囊，胸腺是粉红色分叶状器官，质地柔软，几乎全部位于胸前纵隔内。哺乳动物幼年时，胸腺是T淋巴细胞成熟器官，B淋巴细胞在肝脏和骨髓内分化成熟。2周龄时增大，2～3月龄很快萎缩，到性成熟时，胸腺退化，2～3岁时仅留残余。

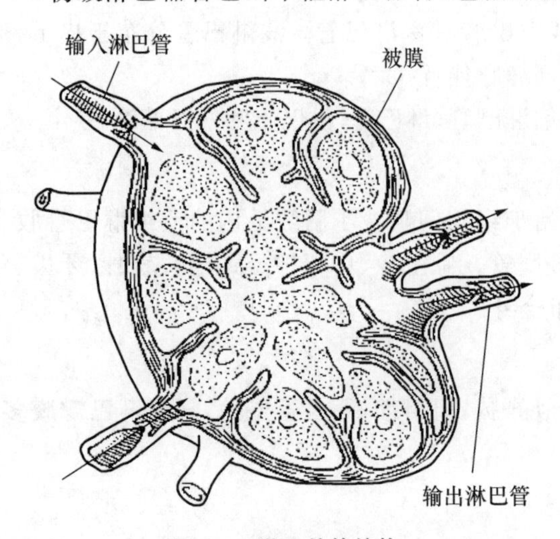

图6-1　淋巴结的结构

(二)次级淋巴器官

次级淋巴器官也叫周围淋巴器官，包括淋巴结(图6-1)、脾脏、扁桃体、血淋巴结等。次级淋巴器官发育较迟，其中的淋巴细胞是由初级淋巴器官迁移来的。T淋巴细胞起细胞免疫作用，B淋巴细胞参与体液免疫反应。

1. 脾脏

脾脏是体内最大的淋巴器官，呈长条状，位于正中矢面左侧，附着于胃大弯。当脾脏肿大时，其腹侧末端可移到后腹。脾脏可产生淋巴细胞和巨噬细胞，参与机体免疫反应，还具有贮血、滤血和破血等机能。

2. 扁桃体

扁桃体可分为舌扁桃体(舌根部黏膜内)、腭扁桃体(舌腭弓两侧腭扁桃体窝内)、咽扁桃体(咽腔背侧壁)和软腭扁桃体(软腭黏膜下)，其机能与淋巴结类似。

3. 血淋巴结

血淋巴结个体小，呈卵圆形或圆形，暗红色，分布于主动脉径路、皮下等处。其内充满血液，具有滤血等机能。

4. 淋巴结和淋巴中心

淋巴结是体内淋巴回流通路中的次级淋巴器官。其大小不一，性状各异，一般呈豆形。淋巴结的主要功能是过滤淋巴，清除淋巴中病原体和异物，进行免疫应答反应，同时也是造血器官，生产淋巴细胞。

淋巴中心是淋巴结或淋巴结群，常位于身体的某一部分，这个淋巴结或淋巴结群就是这个区域的淋巴中心。犬淋巴中心约 18 个(图 6-2)，具体如下。

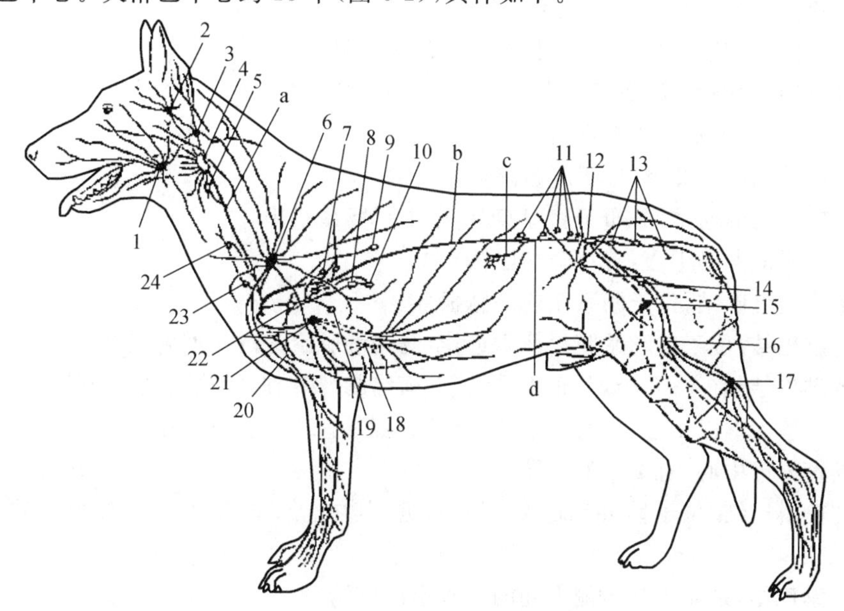

图 6-2　犬淋巴结和淋巴管

a. 颈干(气管干)　b. 胸导管　c. 内脏干　d. 腹干

1. 下颌淋巴结*　2. 腮腺淋巴结*　3. 咽后外侧淋巴结　4. 咽后内侧淋巴结　5. 颈深前淋巴结　6. 颈浅淋巴结(肩前淋巴结)*　7. 纵隔前淋巴结　8. 气管支气管左淋巴结　9. 肋间淋巴结　10. 气管支气管中淋巴结　11. 主动脉腰淋巴结　12. 髂内侧淋巴结　13. 荐淋巴结　14. 髂股淋巴结　15. 腹股沟浅淋巴结(公犬叫阴囊淋巴结，母犬叫乳房淋巴结)*　16. 股淋巴结　17. 腘浅淋巴结*　18. 腋副淋巴结　19. 纵隔前淋巴结　20. 胸骨前淋巴结　21. 腋淋巴结(猫)*　22. 纵隔前淋巴结　23. 颈深后淋巴结　24. 颈深前淋巴结　*此 6 个淋巴结临床上检查时可触摸到

(1)腮腺淋巴中心：仅有腮腺淋巴结，有 2～3 个组成，长约 1 cm，位于颞下颌关节的后下方。

(2)下颌淋巴中心：仅有下颌淋巴结，有 1～3 个组成，位于下颌角腹侧皮下。

(3)咽后淋巴中心：仅有咽后内侧淋巴结，个体较大，长约 5 cm，左右并列位于咽背外侧。

(4)颈浅淋巴中心：仅有颈浅淋巴结，也叫肩前淋巴结，有 1～3 个组成，长约 2.5 cm，位于肩关节前方，肩胛横突肌的深面。

(5)颈深淋巴中心：仅有颈深淋巴结，个体小，长约 1 cm，时常还缺少此淋巴结。

(6)腋淋巴中心：有腋淋巴结和腋副淋巴结。腋淋巴结常是一个，有时 2 个，长约 2 cm，位于大圆肌下端内侧的脂肪内。腋副淋巴结常缺少。

(7)胸背侧淋巴中心：仅有肋间淋巴结，位于第 5 或 6 肋间的小淋巴结。

(8)胸腹侧淋巴中心：仅有胸骨淋巴结，位于胸骨第 2 节背侧的小淋巴结，左右各 1 个。

(9)纵隔淋巴中心：仅有纵隔前淋巴结，位于心脏前纵隔内，左侧 1～6 个，右侧 2～3 个，均为长 1 cm 的小淋巴结。

(10)支气管淋巴中心：有气管支气管左、中、右 3 个淋巴结，其中气管支气管中淋巴结个体最大，呈"V"字形。

(11)腰淋巴中心：有主动脉腰淋巴结和肾淋巴结。主动脉腰淋巴结个体小，数目多，位于肾脏至旋髂深动脉分支处之间的腹膜下。肾淋巴结每侧 1 个，位于肾门附近。

(12)腹腔淋巴中心：有 5 个淋巴结。

①腹腔淋巴结：有 2～7 个，位于腹腔动脉起始处附近。

②脾淋巴结：大小不等，数目不定，沿脾动脉和静脉分布。

③胃淋巴结：位于胃小弯近贲门处。

④肝淋巴结：有 1～2 个，位于肝门附近。

⑤胰十二指肠淋巴结：分布于胰腺腹侧，十二指肠系膜中。

(13)肠系膜前淋巴中心：有 3 个淋巴结。

①肠系膜前淋巴结：位于肠系膜前动脉根部。

②空肠淋巴结：位于空肠系膜根部附近，空肠动静脉沿途的一些淋巴结。

③结肠淋巴结：有 5～8 个，分布于升结肠、横结肠、降结肠沿途的结肠系膜内。

(14)肠系膜后淋巴中心：仅有肠系膜后动脉根部的 2～5 个淋巴结。

(15)髂荐淋巴中心：有 2 个淋巴结。

①髂内侧淋巴结：位于髂外动脉分叉处附近，其中位于两髂内动脉夹角处的，又叫荐淋巴结。

②腹下淋巴结：是髂内动脉侧支处的一些小淋巴结。

(16)髂股淋巴中心：有 2 个淋巴结。

①髂股淋巴结：位于股深动脉的起始部。

②股淋巴结：位于腹股沟管近端。

(17)腹股沟股淋巴中心：有 2 个淋巴结。

①腹股沟浅淋巴结：公犬叫阴囊淋巴结，位于阴茎背外侧；母犬叫乳房淋巴结，一般 2 个，有时 3～4 个，位于耻骨前缘乳房外侧。

②髂下淋巴结：位于膝关节的前上方，股阔筋膜张肌前缘膝褶中。

(18)腘淋巴中心:仅有1个腘淋巴结,长0.5～5 cm,位于膝关节后方,股二头肌和半腱之间,腓肠肌外侧头近端表面。

只有腮腺淋巴结、下颌淋巴结、颈浅淋巴结(肩前淋巴结)、腋淋巴结、腹股沟浅淋巴结、腘淋巴结(图6-2),这6个淋巴结在浅体表,可以在犬临床上触摸到,在其肿大时,更易触摸到。

第二节 犬淋巴系统疾病临床检查

一、临床上可见的淋巴系统疾病

①先天性原发性淋巴水肿:是淋巴系统渐进性病变引发的机体局部水肿。

②先天性淋巴结发育不全:淋巴结中淋巴网状内皮组织减少,引起免疫机能和吞噬细胞吞噬功能减弱。

③继发性淋巴水肿:后天性淋巴系统局部机能丧失,引起机体部分水肿,见于淋巴管堵塞、创伤、淋巴管切除、淋巴管炎、淋巴结炎、肿瘤或肿瘤压迫等。

④淋巴肉瘤:是一种淋巴样恶性肿瘤,主要涉及淋巴结,以及肝脏和脾脏。

⑤淋巴管炎、淋巴结增生、淋巴管肿瘤、淋巴管肉瘤(恶性)。

⑥脾肿大:见于脾扭转,细菌、真菌和寄生虫感染,脾肿瘤,脾功能亢进等。

二、淋巴系统疾病的临床检查方法

1. 视诊

犬淋巴系统中的淋巴结多数处在体内,只有腮腺淋巴结、下颌淋巴结、颈浅淋巴结(肩前淋巴结)、腋淋巴结、腹股沟浅淋巴结、腘淋巴结处在皮下,这些浅表淋巴结在其肿大时,在短毛犬有可能看见。淋巴结肿大多由传染性炎症、传染病、巴贝斯虫病、淋巴白血病或肿瘤引起。在局部病变涉及淋巴管通道时,可引起水肿。纵隔前淋巴结和气管支气管淋巴结肿大时,可压迫气管和支气管,临床上引起咳嗽;肠系膜前淋巴中心和肠系膜后淋巴中心的淋巴结肿大时,可引起便秘。胸腹腔的X线拍片检查,可发现肿大的淋巴结。

扁桃体可通过打开口腔,进行视诊检查。

2. 触诊

视诊中所列的6个浅表淋巴结,可通过触诊进行检查,尤其在它们肿大时,更容易触摸到。当动物明显消瘦或患恶病质时,也可以通过直肠检查或腹

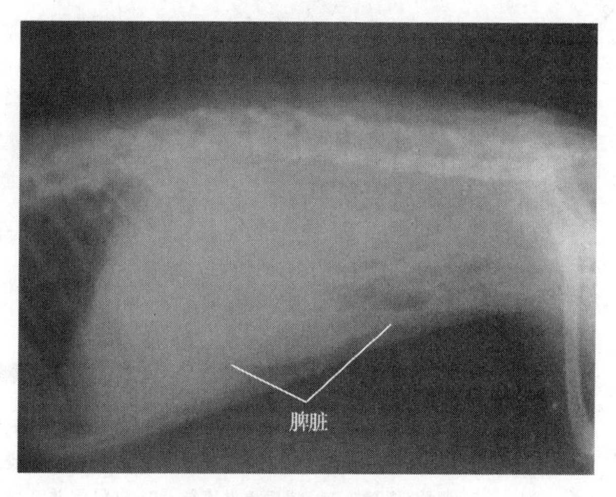

图6-3 脾脏肿大后移的X线片
(腹腔中黑长条左下方是脾脏)

部触诊，发现肿大的腰下的淋巴结和肠系膜后中心的淋巴结。触诊淋巴结时，应注意其位置、大小、形状、结构、硬度、表面状况、敏感性和可移动性(和周围组织的关系)，以及是否对称性发生。急性淋巴结肿大，一般触压时有敏感疼痛，淋巴结肿瘤通常肿大无疼痛。坚实感的淋巴结，一般是肿瘤或发炎引起；淋巴结坏死时，触诊感觉比正常淋巴结变得柔软些。

脾脏触诊可在左侧肋弓下部进行，方法是用右手的除拇指外的4个手指，4个手指抠入肋弓内触摸，正常情况下，一般触摸不到(参见第八章消化系统临床检查中的图8-20)。当脾脏肿大或后移时，可以触摸到肿大或后移的脾脏尾部，触摸时注意脾脏上有无结节。脾脏后移见于胃扩张、肠扭转以及各种原因引起的脾郁血等。如果难以触摸到又怀疑脾脏有问题时，可用X线拍片(图6-3)或超声波检查。

3. 叩诊和听诊

叩诊和听诊通常不适用淋巴系统检查。

第三节 猫淋巴系统疾病临床检查

猫淋巴系统临床检查基本上与犬相似。但是，有些猫会出现一些副淋巴结，如颌副淋巴结、腋副淋巴结、咽后侧淋巴结、腹侧颈浅淋巴结等。这些副淋巴结像周围淋巴结一样，也会因相同病因引起发病肿大。猫临床上可触摸到的有12个浅表淋巴结，详见图6-4。

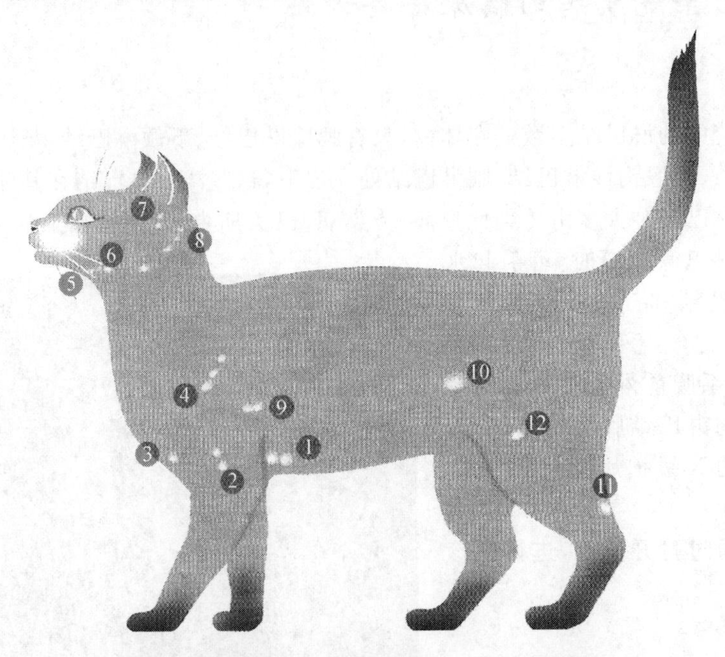

图6-4 猫临床上可触摸到的12个浅表淋巴结

1. 腋副淋巴结 2. 腋淋巴结 3. 腹侧颈浅淋巴结 4. 颈浅淋巴结 5. 中部咽后淋巴结 6. 下颌淋巴结 7. 腮腺淋巴结 8. 咽后侧淋巴结 9. 纵隔前淋巴结 10. 肠系膜淋巴结 11. 腘浅淋巴结 12. 腹股沟浅淋巴结(公猫阴囊淋巴结，母猫乳房淋巴结)

思考题

1. 什么是淋巴和淋巴结？
2. 你知道可以摸到的犬 6 个体表浅淋巴结的名字和位置吗？
3. 你知道可以摸到的猫 12 个体表浅淋巴结的名字和位置吗？
4. 如何检查脾脏？

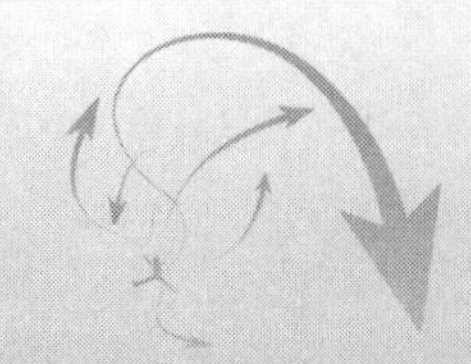

第七章 呼吸系统临床检查

重点提示

1. 了解呼吸系统一般解剖。
2. 学习视、触、叩、听、嗅这5种基本检查方法在呼吸系统临床检查上的应用。
3. 了解基本检查方法检查出呼吸异常的临床意义。

第一节 犬呼吸系统临床检查应用解剖

犬有13根肋骨,前9根肋与胸骨相连,第10、11和12肋骨的肋软骨形成肋骨弓,不和胸骨相连,第13根肋骨为浮肋(图7-1)。胸腔和腹腔由横膈膜相隔。犬呼吸系统由上呼吸道和下呼吸道组成,上呼吸道由鼻腔、鼻咽、喉和气管组成,气管是由气管肌肉封闭的40～45个软骨环形成的长管。下呼吸道由支气管和肺脏组成,位于胸腔里。气管再分为支气管,支气管再分为细支气管,细支气管再分为毛细支气管,毛细支气管和肺泡相连。整个气管和肺脏像一棵树,树主干是气管,再分支为支气管和细支气管,树叶为肺泡。

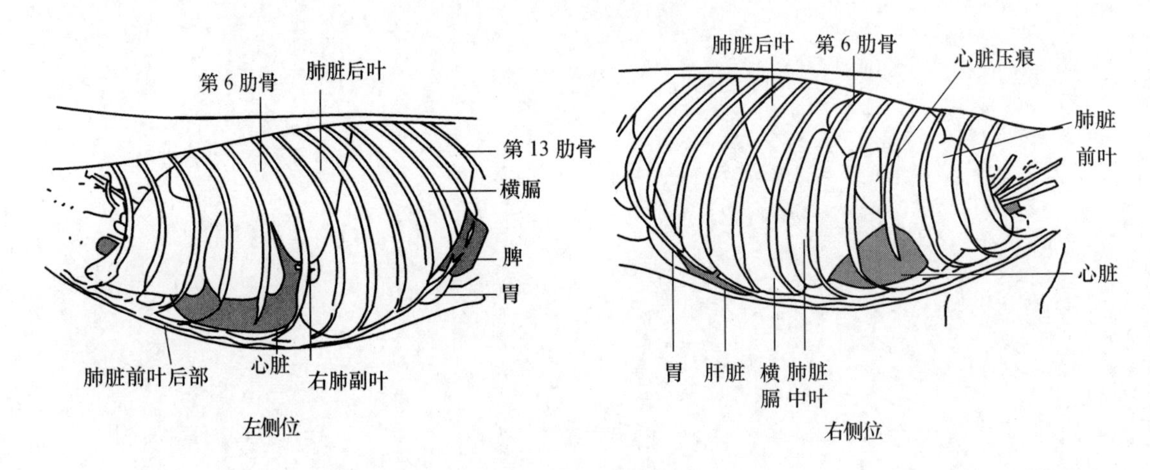

图7-1 犬肺脏在胸腔的位置

胸腔里的肺脏由纵隔膜分为左肺和右肺,左肺分为前叶和后叶,前叶又分为前部和后部;右肺较大,比左肺大25%,分为前叶、中叶、后叶和副叶(图7-2),右侧心脏切迹较大,呈三角形,在右侧前叶和中叶之间,正在第4～5肋间;左侧切迹较小,与第5～6肋软骨间隙腹侧一个狭窄区相对。左右肺脏都有一小部分肺脏延伸到第1肋骨前方。右肺的前叶末端位于第4～

6肋骨之间，后叶顶端在第6肋骨处；左肺前叶末端约在第5肋间，其后叶顶端也在此处。横膈向前腹方向倾斜，并连接在第8、9和10肋骨，其后向背后方向连接到第13肋骨，整个横膈呈鼓起钟状，向胸腔前突到第6肋骨的平面。气管在胸部正中背侧，在第4肋间分为左右两个支气管，分别进入左右肺中。

胸膜腔位于脏胸膜和壁胸膜之间，腔内含有少量胸腔液。犬呼吸方式是胸式，不像大多数动物呼吸方式是胸腹式，犬正常呼吸率为10～30次/min，一般是15～20次/min，小型犬比大型犬每分钟的呼吸次数要多，喘息时可达200次/min。

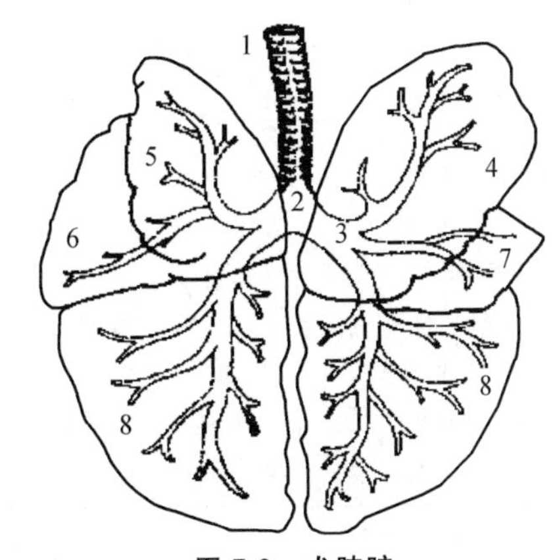

图7-2　犬肺脏

1. 气管　2. 气管分支部　3. 气管干　4. 右前叶前部　5. 左前叶前部　6. 左前叶后部　7. 中叶　8. 后叶

第二节　呼吸系统疾病临床检查

一、问诊

发病多长时间了？有无咳嗽，是干咳还是湿咳？什么时候咳嗽的最厉害？治疗过没有，效果如何？以前患过什么疾病？用什么药物治疗好的？

问诊的目的是诊断其发病是急性还是慢性。刚发病不久的咳嗽往往是干咳，慢性干咳一般是由慢性气管炎、心脏性咳嗽、气管狭窄等引起。通常是刚发病干咳，几天后气管液体分泌物增多而变为湿咳。

二、视诊

犬在安静时，正常呼吸很平静，有规律，呼吸率在15～20次/min。视诊时注意观察动物的姿势、呼吸方式、次数、节律、深度、困难度和黏膜颜色是否正常，鼻黏膜有无发炎、溃疡、出血和异物，还要注意动物有否张口呼吸、咳嗽、打喷嚏和鼻分泌物（图7-3）。

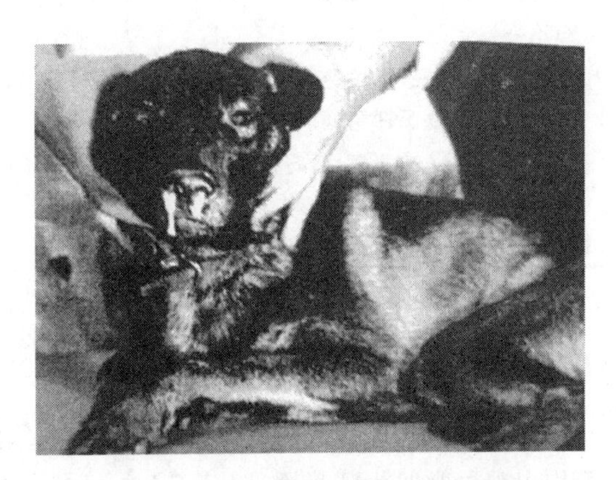

图7-3　犬瘟热呼吸道型的鼻分泌物

1. 鼻分泌物

需要分辨其性质是浆液性、黏液性、脓性、血性，还是混合性的；是一侧性，还是两侧性的（表7-1和表7-2）。

表 7-1　犬猫鼻分泌物的性状和原因

1. 犬猫鼻分泌物性状　分浆液性、黏液性、黏液脓性、脓性、血点性液、鼻血和食物性。
2. 发病初期单鼻孔分泌物原因　见于①鼻腔异物、猫息肉、肿瘤，上颌牙齿疾病；②真菌疾病，如猫犬隐球菌病、犬曲霉菌病、犬青霉菌病、犬鼻孢子菌病、犬孢子丝菌病、球孢子菌病、组织胞浆菌病；③寄生虫病，如犬肺孢子虫病、犬舌形虫病、犬猫毛细线虫病。
3. 发病初期双鼻孔分泌物原因　见于①感染（病毒性、细菌性、猫衣原体）、免疫球蛋白（IgA）缺乏、肥厚性鼻炎（爱尔兰猎狼犬易得）、鼻咽异物、纤毛运动障碍、淋巴细胞-浆细胞性鼻炎、外伤、过敏、环境因素（如灰尘或烟雾）；②鼻腔外疾病原因，如肺炎、食管狭窄、巨食管症、环状软骨咽部疾病；③寄生虫病，相当于发病初期单鼻孔分泌物寄生虫病。

表 7-2　鼻出血的原因

1. 全身性原因
(1)血小板数量异常。
①血小板破坏增多：见于疫苗免疫自发或继发性血小板减少性紫癜、埃里克体病、药物磺胺或甲巯咪唑的使用等。
②血小板消耗增多：见于弥散性血管内凝血、输血不当、出血、血管炎或脓血症（如落山基斑疹热）、巴贝斯虫病等。
③血小板生成减少：见于骨髓恶性肿瘤、骨髓萎缩变性、骨髓硬化、病毒性疾病（如犬细小病毒病、猫泛白细胞减少症、猫白血病毒病、猫免疫缺乏病毒病）和埃里克体病。药物有内源或外源性雌激素、保泰松、肿瘤化学疗法药物等的应用。
(2)凝血因子异常：见于与维生素 K 有关的凝血病（如凝血因子Ⅱ、Ⅶ、Ⅸ、Ⅹ减少）、遗传性凝血病、病变蛋白血症（paraproteinemias）。
(3)血小板质量异常：见于遗传性假血友病、巴赛特猎犬和苏格兰㹴血小板病、埃里克体病、病变蛋白血症（如多发性骨髓瘤、瓦尔登斯特伦氏巨球蛋白血症、淋巴细胞白血症）。药物有阿司匹林、非类固醇类抗炎药物、麻醉药物、抗生素、肝素等的应用。
(4)红细胞增多血症：见于肺心病、肾脏或肾上腺肿瘤。
(5)高血压：见于原发性高血压，继发于肾脏、内分泌或神经性疾病的高血压。
2. 局部性原因
(1)肿瘤：见于鼻腺癌、鼻纤维肉瘤、软骨肉瘤、骨肉瘤、淋巴瘤、鳞状细胞癌、传染性交媾肿瘤、良性息肉。
(2)炎症性：见于淋巴细胞-浆细胞性鼻炎。
(3)感染。
①病毒性，如猫病毒性鼻气管炎、猫杯状病毒病。
②细菌性，如波氏杆菌病、巴氏杆菌病。
③真菌性，如曲霉菌病、青霉菌病、隐球菌病、鼻孢子菌病、褐色丝状菌病。
④寄生虫性，如舌形虫病、利什曼原虫病、黄蝇病。
(4)其他：异物、外伤、血管畸形等。

2. 呼吸异常及其临床意义

(1)呼吸困难。

①呼吸急迫和呼吸困难：表现快速而浅薄，属于呼吸急迫。呼吸姿势、方式、次数、节律、深度等均出现异常时为呼吸困难（表 7-3）。呼吸困难分为吸气性呼吸困难、呼气性呼吸困难和混合性呼吸困难。

②吸气性呼吸困难：表现吸气时口、头和颈部均伸直，肘部内收，见于肺炎、胸膜炎、胸腔积液、肋骨骨折，以及呼吸道肿瘤、堵塞、气管萎陷或狭窄。气管萎陷或狭窄多发生于吉娃娃犬、观赏贵宾犬、约克夏㹴犬和博美犬。

③呼气性呼吸困难：表现呼气延长且急迫，腹部提升，肛门突出，见于肺气肿、支气管炎、胸膜黏着等。

④混合性呼吸困难：为吸气和呼气都困难，临床上多见，主要见于严重肺炎、气胸、胸腔积液、严重肺心病等。

表 7-3　呼吸困难的原因

1. 上呼吸道疾患
①鼻腔疾患。
a. 鼻孔狭窄。
b. 鼻孔阻塞：见于各种感染、炎症、外伤、肿瘤、出血症。
②咽喉问题。
a. 软腭增长或水肿。
b. 猫咽部息肉。
c. 喉部：见于水肿、萎陷、异物、发炎、外伤、麻痹、痉挛、肿瘤、声带皱褶变厚、喉室扭转。
③颈部气管问题：气管塌陷、狭窄、外伤、异物、肿瘤、骨软骨发育异常、寄生虫、感染、过敏。
2. 下呼吸道疾患
①胸气管问题：相同于颈部气管问题。
②气管外压迫：淋巴结病、心脏基部肿瘤、左心室扩张。
3. 肺部疾患
①肺水肿：心脏源性的和非心脏源性的。
②肺炎：微生物感染、寄生虫、吸入异物。
③过敏性肺炎：见于心丝虫、肺嗜酸性粒细胞肉芽肿、肺嗜酸性粒细胞浸润。
④肺血管栓塞：见于心丝虫病、肾上腺皮质机能亢进、弥散性血管内凝血。
⑤肺外伤、肺出血疾患。
4. 胸腔疾患　见于气胸、胸腔积液、先天性漏斗状胸、胸壁外伤、肿瘤、麻痹、先天性或获得性膈疝。
5. 纵隔疾患　见于感染、外伤、积气、肿瘤。
6. 腹腔疾患　见于腹腔积液、器官增大或肥大、胃扭转。
7. 血液疾患　见于贫血、正铁血红蛋白血症以及各种疾患引起的黏膜发绀时。
8. 其他疾患
①中枢神经系统：脑或脊髓疾患。
②周围神经：神经肌肉或肌肉疾患。
③代谢问题：如酸血症、猫严重低钾血症。
④动物疼痛、惧怕或焦虑等。

(2)呼吸过强：表现快速而深沉，见于代谢性或呼吸性酸中毒、热性疾病、兴奋性疾患和运动后。

(3)呼吸缓慢：表现呼吸深度正常，但是缓慢，见于昏迷、颅内压增大和呼吸抑制。

(4)呼吸慢而深沉：属于气管气流不畅缺氧性的，见于气管或支气管阻塞、喉头麻痹、气管塌陷或狭窄或挛缩。气管塌陷或狭窄，有的表现咳嗽和喘，久治而不愈。

(5)咳嗽：干咳一般见于气管炎、支气管炎或肺炎初期，湿咳多见于以上疾病的中后期。深沉咳嗽见于胸肺部疾患，如严重肺炎、胸膜炎或肺心疾患等(表 7-4)。

表 7-4　犬猫咳嗽的原因

①炎症性咳嗽:见于咽炎、扁桃腺炎、气管支气管炎、慢性支气管炎、支气管扩张、肺炎(细菌性、病毒性和真菌性的)、肺脓肿、肺肉芽肿。
②心血管性咳嗽:见于左心衰竭、心脏扩张(尤其是左心房)、心脏衰竭(肺心病)、肺脏血管栓塞、血管性肺脏水肿。
③过敏性咳嗽:见于支气管性气喘、嗜酸性粒细胞性肺炎、肺嗜酸性粒细胞性肉芽肿、肺嗜酸性粒细胞浸润、上颌窦或鼻窦炎。
④物理或外伤性咳嗽:见于食管或气管内异物、刺激性气体、吸入气管或肺内液体或固体、气管发育不全、气管塌陷、气管或肺损伤、慢性肺纤维变性、肝脏肿大。
⑤寄生虫性咳嗽:见于幼虫肺脏移行(如蛔虫和钩虫幼虫)、犬类丝虫病(如欧氏类丝虫、褐氏类丝虫和乳类丝虫)、猫圆丝虫病、猫肺并殖吸虫(感染犬猫)、犬恶心丝虫病、肺孢子虫病、肺毛细线虫病。
⑥肿瘤性咳嗽:包括原发性的、转移性的、纵隔内的、喉部的、肋骨的、胸骨的、肌肉的或淋巴瘤性的等。

三、触诊

用手指触摸喉头、气管、胸部及肋骨等。

1. 触压喉头和气管(图 7-4)

检查有没有喉头炎和气管炎。触压喉头引起咳嗽,即所谓的人工诱咳阳性,表明患有喉头炎或气管炎;无有咳嗽即为阴性,表示正常。触压气管有无畸形,触压颈部淋巴结有无肿大等。

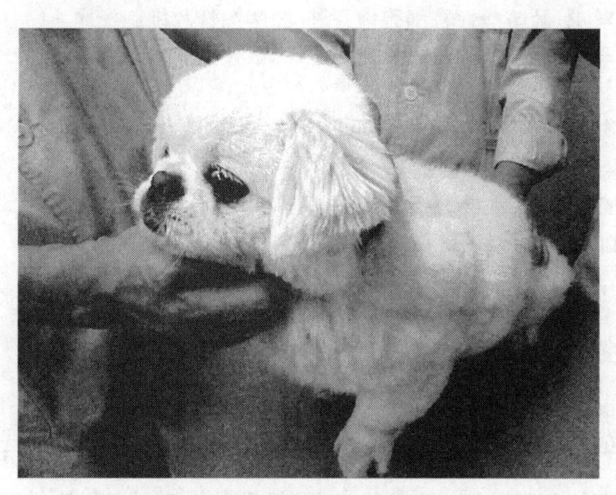

图 7-4　犬人工诱咳

2. 触摸胸部及肋骨

主要检查胸部有无肋骨骨折,骨折引起的疼痛和皮下气肿引起的捻发音;肋骨上骨质和肋软骨连接处,因缺钙引起多个肋骨的念珠状肿大,或者出现软骨肉瘤,软骨肉瘤一般只发生在单个肋骨上。

四、叩诊

胸部叩诊(图 7-5)是为了使胸壁及其下层组织发生震动,从而产生可以听到的声音。叩诊帮助兽医诊断所叩部位下组织是气体、液体,还是固体,一般用叩诊锤叩诊只能反映 5～7 cm 深的状况。正常肺脏中部区域叩诊音是清音;心脏和肝脏是实质器官,其叩诊音是浊音,肺炎或肺肿瘤区域叩诊也为浊音;肺脏边缘或肺脏覆盖的实质器官区域其叩诊音是半清音或半浊音;肺气肿区域叩诊音是过清音。

叩诊方法是左手的中指置于两肋之间,用右手中指叩敲其左手的中指指端,以此方法叩敲整个左右肺部,叩诊时注意任何回音的不同和变化。叩诊一定要在安静的环境下进行,叩诊者仔细地听诊,并辨别不同的声音。初学者只有多加练习实践,才能清楚地辨别不同的声音和识别异常声音。

五、听诊

听诊最好选择较好的听诊器,如听诊头分为钟面和膜鼓面的听诊器,用膜鼓面进行听诊。听诊部位有喉头、气管、第 1 肋骨前肺部和心脏的前上方、上方、后上方、后方、前下方等肺部。在听诊时要求室内安静,注意排除杂音,如听诊头与被毛的摩擦音、肌肉震颤、心脏音等。一般动物在吸气时,听诊肺泡音较明显;呼气开始时也明显,但比吸气时弱些。如果听不清楚,可将鼻孔捂住一会儿(图 7-6),不让呼吸,或让动物活动一下,然后再听诊。呼吸音特别强时,可以轻轻用手指堵住单侧鼻孔,让呼吸变慢,在犬可使肺泡音变小,在猫可使呼噜音暂停。听诊时注意左右肺部和支气管,以及吸气或呼气时的异常声音,并确定异常声音的位置。现代科学技术发展迅速,在听诊听不清楚或难以辨认时,可借助 X 线拍片诊断,更进一步用 X 线计算机体层成像(CT 扫描成像)。

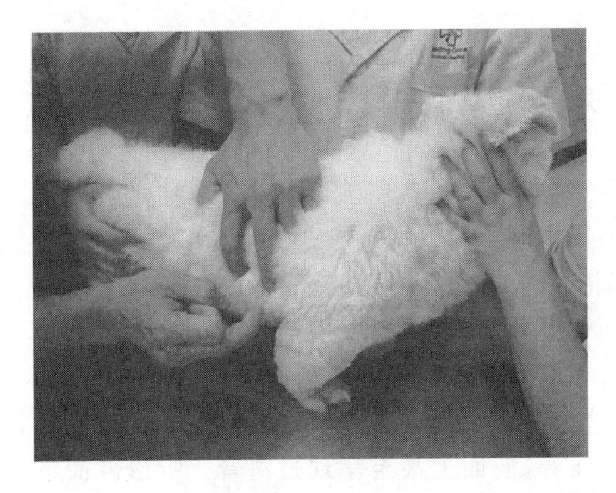

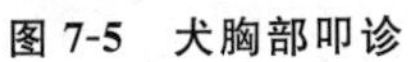

图 7-5 犬胸部叩诊

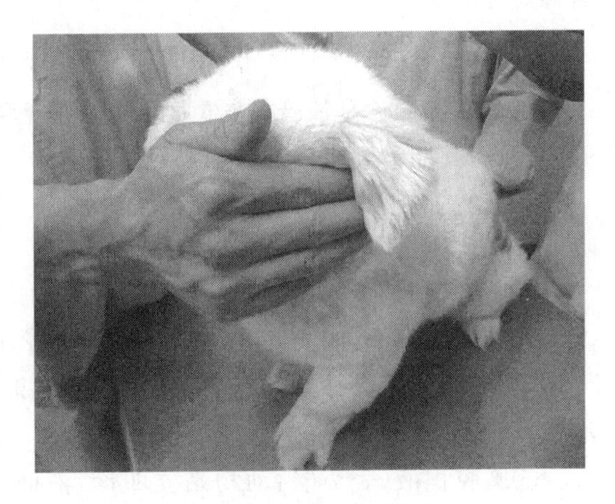

图 7-6 捂住犬鼻孔

临床上听诊听到的呼吸系统异常或额外声音,可能是由下呼吸道或上呼吸道产生的,表 7-5 列出了临床上遇到的症状以及可能较多发生的部位。

表 7-5 呼吸系统症状与疾患发生的部位

症状	上呼吸道	下呼吸道	症状	上呼吸道	下呼吸道
打喷嚏	+	−	吸气困难	+	+/−
咳嗽	+	+	呼气困难	+/−	+
鼻分泌物	+	+/−	呼吸困难	+	+
打呼噜(打鼾)	+	−	肺音异常	−	+
叫声改变	+	−			

+表示有疾患；−表示无疾患；+/−表示有或无疾患。

1. 气管或肺部听诊异常的临床意义

①呼吸音增强：吸气时最明显，见于热性病时换气增加、气道阻塞性疾病、肺部瘤块或肺部实变。

②呼吸音弱而柔和：见于肺部膨大、肺气肿、气胸、胸腔积液、横膈膜赫尔尼亚。

③偶发的啰音：见于支气管炎、支气管肺炎等。啰音分干性啰音和湿性啰音，干性啰音是支气管发炎和支气管内分泌物黏稠引起；湿性啰音是支气管发炎和支气管内分泌物稀薄引起。

④吸气早期肺部听到的捻发音(crackles)：见于呼吸系统阻塞性疾病、气管或支气管内液体蓄积、支气管或细支气管肺炎等。

⑤吸气后期肺部听到的捻发音：见于肺炎、肺水肿、肺纤维化，以及肺脏、胸膜的肿瘤。犬严重心脏疾患时，除常有咳嗽外，肺部也可听到捻发音。

⑥连续悦耳的捻发音：见于喉头麻痹、胸腔外气管塌陷、气管内异物或肿物。

⑦呼吸喘鸣音：吸气时喘鸣，见于喉头发炎肿大或麻痹，胸外气管塌陷、肿瘤、异物。吸气时喘鸣，见于胸腔内气管不完全堵塞，如胸内气管塌陷、慢性阻塞性肺病、肺内异物或肿瘤等。

2. 气管和肺部叩诊和听诊的诊断特征

正常肺部叩诊是清音，肺部听诊是肺泡音和支气管声音。呼吸系统疾患或与呼吸系统有关的疾病，其叩诊和听诊的诊断特征如下：

①支气管炎：肺部叩诊一般正常为清音，呼气时间延长，可听到捻发音，有时还听到喘鸣音。

②肺炎：肺部炎症区域叩诊浊音，听诊可听到支气管音、捻发音。

③肺膨胀不全：叩诊肺膨胀不全处是浊音，听诊其处肺泡音减弱或无音。

④肺气肿：叩诊是过清音，听诊肺泡音减弱。如果几个肺泡破裂，形成空洞，便听不到肺泡音。

⑤胸腔积液(表 7-6)：动物站立叩诊，液面下浊音，液面上甚至呈现过清音。听诊液面下肺泡音减弱或消失，液面上肺泡音增强。

⑥气胸：叩诊出现过清音，听诊肺上部肺泡音减弱或消失，肺下部肺泡音可能增强。

⑦心脏衰竭：叩诊肺清音或半浊音，听诊肺泡呼吸音粗厉，肺基底部出现捻发音。

表 7-6 胸腔积液的原因

①纯漏出液：见低蛋白血症，如严重营养不良、肾病综合征、肝脏硬化晚期、严重华支睾吸虫病、丝虫病等。

②变更漏出液：心肌疾患引起的慢性充血、心包积液、膈疝、胸腔肿瘤。

③非腐败性渗出液：膀胱破裂、猫传染性腹膜炎、胸腔真菌感染、肿瘤。

④腐败性渗出液：胸部食管破裂、胸壁穿透创伤、异物性肺炎、肺脓肿破裂、细菌血源性感染、感染肿瘤破裂、类肺炎传播(parapneumonic spread)。

⑤血液性积液：外伤、手术、肿瘤、肺叶扭转、胸腺出血、肠道梗阻、凝血疾病。

⑥乳糜胸：胸导管阻塞或破裂，见于外伤、纵隔肿瘤、肺叶扭转、心肌病、心丝虫病等。

⑦胆汁：胆囊破裂，液体为绿色或黄黑色不透明液体。

第三节 猫呼吸系统疾病临床检查

猫个体小胸部又狭窄(图 7-7)，一般极易对胸部进行触诊，尤其是较瘦的猫。其方法是用拇指和其他四指分开，分左右握住猫的前胸，然后轻轻挤压，可使两侧胸壁几乎接触；如果难以达到几乎接触，则可能纵隔前方有肿块存在，进一步可用 X 线拍片诊断。但肥胖猫难以做到。

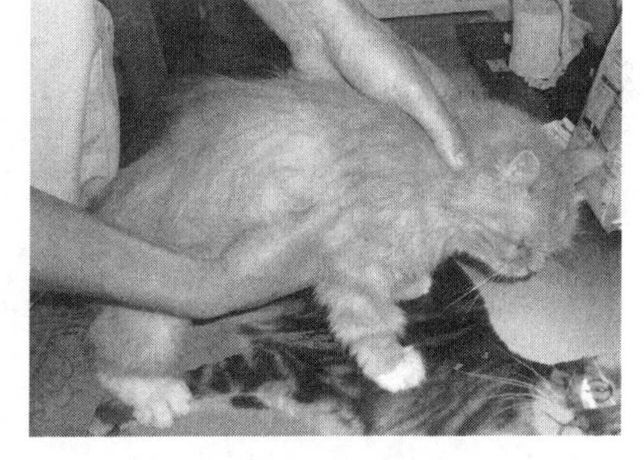

图 7-7 触诊猫胸部

对猫胸部和气管听诊时，首先要消除猫的呼噜呼噜声音，在安静条件下，一般健康猫也难听到其肺部声音，如果能听到肺部声音，很可能肺部患有疾患。

(1)猫气喘(asthma)病是一种多见的呼吸道疾病，此时肺泡音增强，还有吸气时的喘鸣音。

(2)猫心丝虫感染，也是引起猫咳嗽的一种疾病。

(3)猫淋巴肉瘤时，除有呼吸少有异常外，常常无明显其他症状。

(4)猫出现呼吸困难，如呼吸数增多，张口呼吸，由胸式呼吸变为明显的腹式呼吸等，见于严重支气管炎、肺炎、肺水肿、胸腔积液或积脓。

总之，猫由于个体较小，在难以诊断肺部疾患时，最好利用 X 线拍片或超声波来诊断。

? 思考题

1. 鼻分泌物有几种性状？原因是什么？
2. 什么叫呼吸困难？其表现和原因是什么？
3. 咳嗽有几种？其原因是什么？
4. 胸部听诊有几种异常？其临床意义是什么？
5. 胸腔积液有几种？其原因什么？

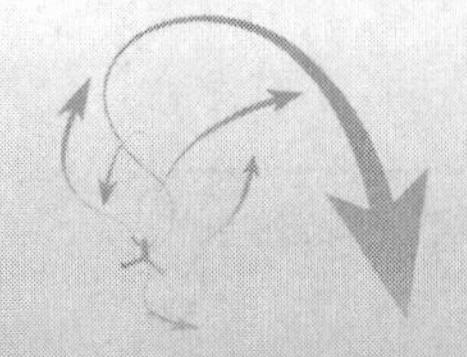

第八章 消化系统临床检查

重点提示

1. 了解消化系统临床检查应用解剖。
2. 学会问诊、视诊、触诊、叩诊、听诊和嗅诊在临床上检查消化系统疾病时的应用。
3. 了解基本检查方法检查出异常时的临床意义。
4. 掌握检查猫口腔炎的方法。

消化系统疾病通常较其他系统疾病多发，为了在临床上更好地进行检查诊断，有必要对消化系统解剖与临床检查的关系弄个明白。首先了解一下犬的内脏，详见图8-1。

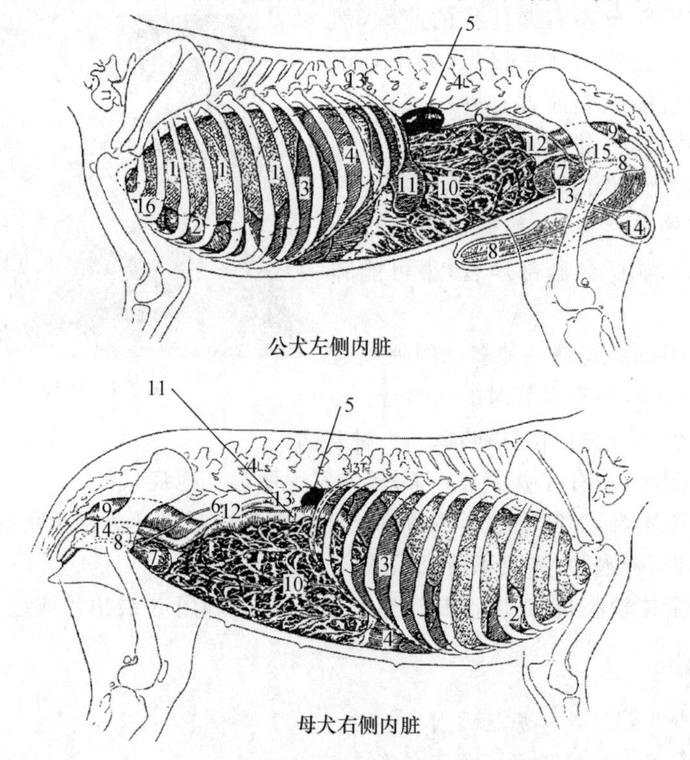

公犬左侧内脏

母犬右侧内脏

图 8-1 犬的内脏

公犬左侧内脏

1. 左肺 2. 心脏 3. 肝脏 4. 胃 5. 左肾 6. 输尿管 7. 膀胱 8. 尿道 9. 直肠 10. 覆盖小肠的大网膜 11. 脾脏 12. 下行结肠 13. 输精管 14. 左侧睾丸 15. 前列腺 16. 胸腺

母犬右侧内脏

1. 右肺 2. 心脏 3. 肝脏 4. 胃 5. 右肾 6. 输尿管 7. 膀胱 8. 尿道 9. 直肠 10. 覆盖小肠的大网膜 11. 下行十二指肠 12. 右侧子宫角 13. 右侧卵巢 14. 阴道

第一节　犬消化系统临床检查应用解剖

消化系统包括口腔、咽部、食管、胃、小肠、大肠、肛门、肛旁窦(肛门囊)、肝脏和胰腺等。

一、口腔

上唇与鼻形成鼻端(患病时发干);舌前部宽而薄,后边厚,舌上有乳头;唾液腺有四对,分别是腮腺、下颌腺、舌下腺和颧腺。

①腮腺:位于下颌腺与耳之间,呈不规则三角形,有 2 或 3 条小管,开口于第 4 上臼齿后缘相对的颊黏膜小乳头上。

②下颌腺:位于下颌角腹侧和内测,腺体较大,呈卵圆形,其腺管和大舌下腺管开口于舌下肉阜或其侧面,单独开口或一总管开口。

③舌下腺:分单口舌下腺和多口舌下腺,单口舌下腺位于下颌腺前方,呈三角形,其大舌下腺管与下颌腺管开口相同;多口舌下腺在舌下褶黏膜的深部,有 6～12 个腺叶,它有独立小管开口口腔。

④颧腺:位于眼球后上方,有几条腺管开口上颌最后臼齿外侧面。颧腺脓肿能引起眼球突出(图 8-2)。

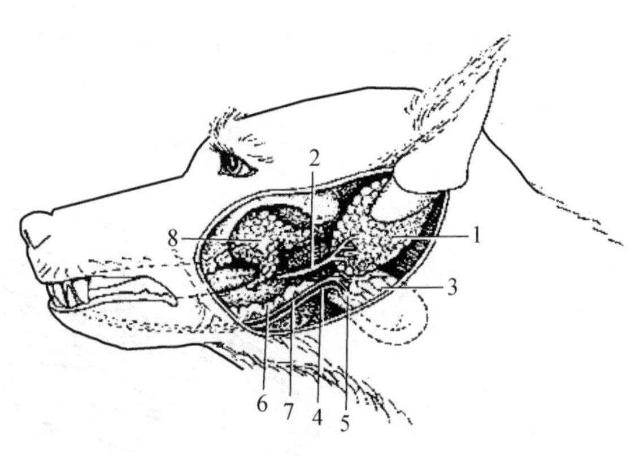

图 8-2　犬的唾液腺

1. 腮腺　2. 腮腺管　3. 下颌腺　4. 下颌腺管　5. 舌下腺后部　6. 舌下腺前部　7. 单孔舌下腺　8. 颧腺

幼犬出生后 3～4 周龄时,长出乳切齿和犬齿,5～8 周龄时长出乳前臼齿,幼犬乳齿共有 28 个。犬恒齿的切齿、犬齿、前臼齿和臼齿,分别在 2～5 月龄、5～6 月龄、4～6 月龄和 5～7 月龄时替换长出,犬恒齿 42 个。幼猫出生后 2～4 周龄时长出乳切齿和犬齿,4～8 周龄时长出乳前臼齿,乳齿 26 个。猫恒齿的切齿、犬齿、前臼齿和臼齿,分别在 3.5～4.5 月龄、5 月龄、4.5～6 月龄和 4～5 月龄时替换长出,恒齿 30 个。幼犬猫和成年犬猫一侧牙齿排列如表 8-1 所示。

表 8-1　幼犬猫和成年犬猫一侧牙齿排列

项目	切齿	犬齿	前臼齿	臼齿	项目	切齿	犬齿	前臼齿	臼齿
犬上乳齿	3	1	3	0	猫上乳齿	3	1	3	0
犬下乳齿	3	1	3	0	猫下乳齿	3	1	2	0
犬上恒齿	3	1	4	2	猫上恒齿	3	1	3	1
犬下恒齿	3	1	4	3	猫下恒齿	3	1	2	1

二、咽部

咽部由 3 部分组成，分别为鼻咽部、口咽部和咽喉部。扁桃腺在咽部内，位于口咽部外侧壁扁桃腺窝内，腭舌弓前，正常情况下扁桃腺难以看到。咽部内还有舌扁桃腺、咽扁桃腺、软腭扁桃体等淋巴组织，它们呈弥散性集聚。

三、食管

食管位于咽部和胃之间，起始部狭窄，以后变宽。食管分为颈部、胸部和腹部 3 部分。颈部起始于喉和气管背侧，到颈中部逐渐移到气管左侧，至胸口进入胸腔。在胸部位于纵隔内，后又转到气管背侧通过横膈食道裂孔(约在第 9 肋骨相对处)入腹腔，和胃的贲门连接。

四、胃

犬是单室胃，容积较大，中型犬胃容积可达 2.5 L 以上，其形状呈弯曲梨样。胃左端膨大，位于左侧季肋区，顶部达第 11～12 肋骨的椎骨端；胃右端为幽门部呈细圆筒状，位于右季肋区。犬胃是腺型胃，胃底腺区最大，呈红褐色；幽门腺区呈灰白色，幽门和十二指肠连接。

五、肠和肛门

犬是肉食动物，肠道较短，小肠约 4 m 长，大肠 60～70 cm 长。犬肠道模式图见图 8-3。

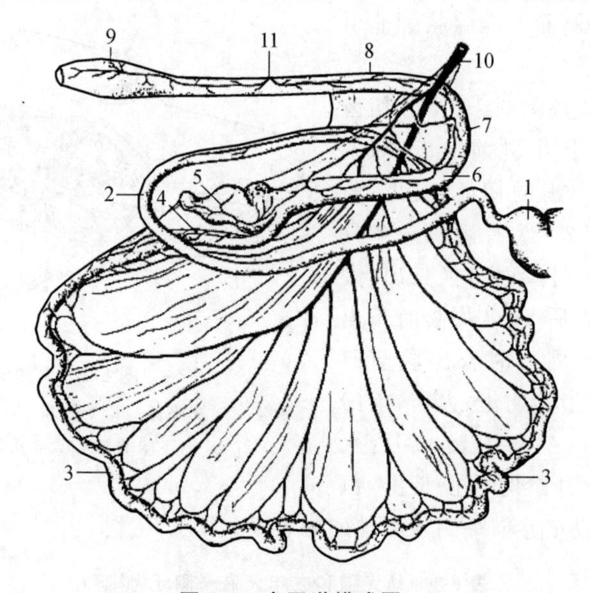

图 8-3　犬肠道模式图

1. 胃　2. 十二指肠　3. 空肠　4. 回肠　5. 盲肠　6. 升结肠　7. 横结肠
8. 降结肠　9. 直肠　10. 肠系膜前动脉　11. 肠系膜后动脉

①小肠：小肠包括十二指肠、空肠和回肠。空肠最长，由 6～8 个肠袢组成；回肠很短，它和空肠之间无明显分界，其末端开口于结肠起始部。

②大肠：大肠包括结肠、盲肠和直肠。大肠特点是肠管直径小，无肠带和肠袋。结肠呈"U"形袢，结肠分三段，升结肠位于肠系膜根右侧，较短，约 10 cm；横结肠从右向左，位于肠系

膜根前方；降结肠部分起始于肠系膜根左侧，较长。降结肠后行至盆腔入口处，延续为直肠；盲肠呈"S"形，位于回肠和结肠连接处。盲肠经盲结口与升结肠相通；直肠位于盆腔内，直肠壶腹容积大，直肠与肛门之间部分叫肛管。肛管皮区两侧，相当于钟表的 4 点和 8 点处，有两个肛旁窦(paraanal sinus，图 8-4)，也叫肛门囊(anal sac)，窦壁内有微小的皮肤腺，其分泌物分泌入窦内。肛旁窦有窦管向外排出分泌物到肛管皮区，分泌物灰色，有腐败尸体极恶臭味。有的犬易发生肛旁窦疾病。

六、肝脏

犬肝脏分成六叶：左外叶、左内叶、右内叶、右外叶、方叶和尾叶(图 8-5)。胆囊位于右叶内，隐藏在右内叶、方叶和左内叶之间。犬和大多数动物不一样，没有肝总管，有 3～5 支肝管进入胆囊管，然后成为胆管，胆管开口在距幽门 5～8 cm 处的十二指肠。正常犬的肝脏，在右侧的右外叶很少有超过右侧肋骨弓的后缘；左侧肋骨弓的后缘接近胸骨处，有少部分肝脏超出肋骨弓的后缘。

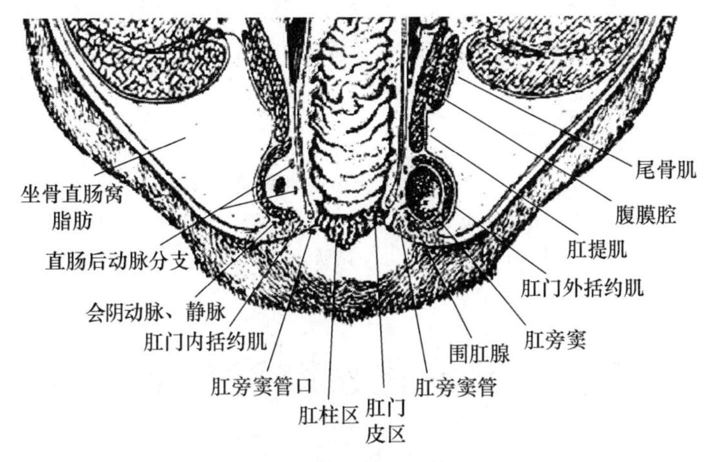

图 8-4 肛门的背侧切面

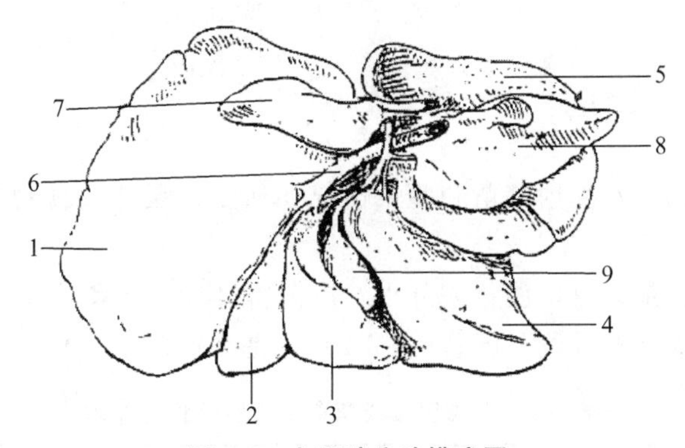

图 8-5 犬肝脏分叶模式图

1. 左外叶 2. 左内叶 3. 方叶 4. 右内叶 5. 右外叶 6. 肝门
7. 尾状叶的乳头突 8. 尾状叶的尾状突 9. 胆囊

七、胰腺

胰腺外形呈"V"字样，有狭长的左叶和右叶，其体部位于幽门附近。多数犬有 2 条胰管，主胰管较细，与胆管共同开口于十二指肠；副胰管较粗，开口于主胰管后方3～5 cm处(图8-6)。

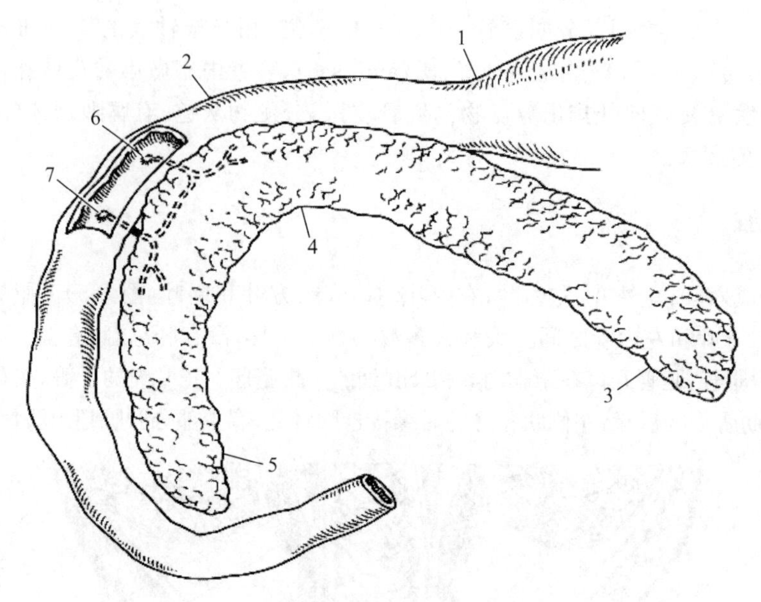

图8-6 犬胰脏模式图

1. 幽门 2. 十二指肠降部 3. 胰左叶 4. 胰体 5. 胰右叶 6. 主胰管(开口于十二指肠大乳头) 7. 副胰管(开口于十二指肠小乳头)

第二节 犬消化系统疾病临床检查

消化系统临床检查可通过问诊、视诊、触诊、叩诊和听诊等方法进行。

一、问诊

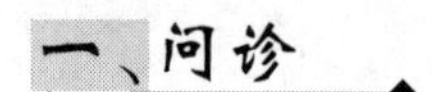

问诊的内容包括以下几方面。

①发病有多长时间了？注射疫苗和驱虫情况如何？饲喂什么食物和最近有什么变化，以及胖瘦变化等？

②动物来自何处？最近有无旅行或外出？以前得过什么病和治疗情况？

③现在食欲情况如何？动物是厌食(表8-2)，还是贪食(表8-3)？有无异食癖(图8-7)？

表8-2 犬猫厌食或有食欲不能采食的原因

①应急因素：食物改变、食物适口性差、环境改变、购买了新家具、引进新动物、改变饲养管理人员、长途运输、忽冷或忽热等。
②无能力采食：两眼瞎、嗅觉失灵、无行走能力。
③有食欲不能采食：鼻腔、口腔、面部有肿瘤或骨折；口内或咽部有异物、牙齿疾患、咀嚼肌炎、眼球后肿瘤或脓肿、三叉神经炎等。
④全身性疾患或重病无食欲：如狂犬病、破伤风、犬瘟热、犬细小病毒病、猫泛细胞减少症等。

表 8-3 犬猫贪食的原因

1. 原发性原因

①食物吃饱中枢机能降低:如头部外伤、肿瘤、感染。

②神经性或心理性贪食。

2. 继发性原因

①生理性增加了代谢率:如环境寒冷、哺乳幼畜、妊娠、生长发育快、增加运动或捕猎等。

②病理性增加了代谢率:如甲状腺机能亢进、肢端肥大症。

③能量供给不足:如糖尿病、消化吸收能力不足(胰腺外分泌不足、肠管浸润疾病、寄生虫、肠淋巴管扩张)、能量不足(先天性巨食管症、低能量食物、低血糖症)。

④其他:如肾上腺机能亢进、门腔静脉异常联通或肝脑病、突发获得性视网膜变性综合征。

3. 药物诱导原因 如糖皮质激素、抗惊厥药物(地西泮和赛庚啶)、抗组胺药物、黄体酮、苯二氮杂等。

4. 其他 猫传染性腹膜炎、猫淋巴胆管炎、猫海绵状脑炎。

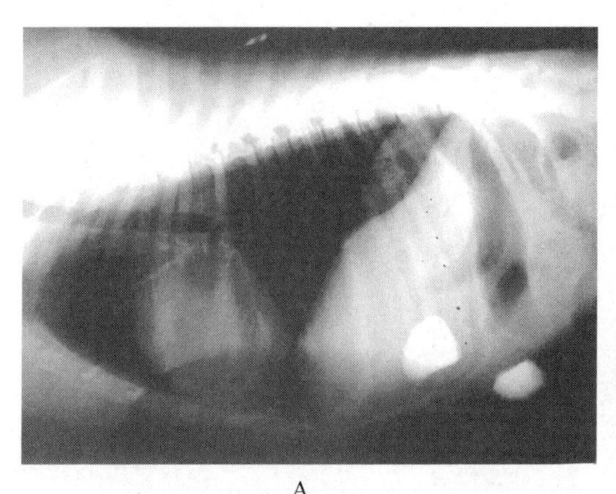

A

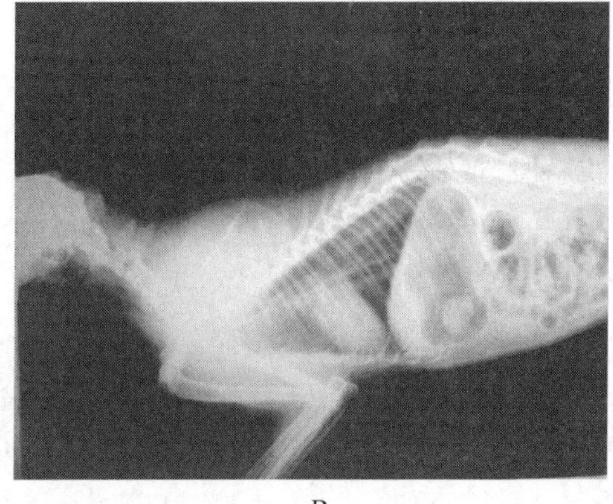

B

图 8-7 犬异食癖吞食的 2 个石块(A:X 线片显示 1 个在胃里,1 个在十二指肠里)和硬果壳(B:硬果壳在胃里)

④有无吞咽困难(表 8-4)、反胃或反流现象(表 8-5)?

⑤有无便血或排黑粪便(表 8-6)、便秘(表 8-7)、里急后重(图 8-8)或排便困难(表 8-8)、排便失禁等(表 8-9)?

⑥如果腹泻,需询问每天腹泻几次?腹泻量多少?是否带血、黏液、寄生虫或虫卵?粪便气味如何?

表 8-4 犬猫吞咽困难的原因

①口腔疾患:各种原因引起的口腔炎、牙齿或牙周疾病、异物、肿瘤、神经性的。

②咽部原因:环咽肌肉迟缓失能或不协调、咽部异物或肿瘤、神经肌肉性的(如重症肌无力、多种神经根神经炎、多发性神经炎)、神经性的(狂犬病、脑干损伤、脑神经Ⅹ和Ⅻ机能降低)。

③食管原因:食管炎、异物、阻塞、肿瘤、食管疝、巨食管症、食管憩室、食管寄生虫等。

表 8-5　犬猫反胃或反流的原因

1. 食管原因　巨食管症(原发特发性的和继发性的)、食管炎、食管蠕动性疾患、食管憩室、食管堵塞(异物、狭窄、肿瘤、血管畸形、肉芽肿)。

2. 消化系统疾患　幽门后排堵塞、胃扭转扩张、胃性疝(如膈疝钳住胃)。

3. 神经性反胃或反流

①周围神经性的:多种神经根神经炎、自主神经障碍、巨细胞轴索神经病、多发性神经炎、铅中毒。

②中枢神经性的:犬瘟热、脑干损伤、外伤、肿瘤。

4. 神经肌肉连接处疾患　重症肌无力、肉毒梭菌毒素中毒、破伤风、抗胆碱酯酶作用药物(如有机磷农药)。

5. 免疫介导作用　全身性红斑狼疮、多发性肌炎、皮肤肌炎。

6. 内分泌性的　甲状腺机能降低、肾上腺皮质机能减退。

表 8-6　犬猫排黑粪便的原因

1. 食入或吞咽了血液　食入血液或血豆腐、咯血、鼻或口咽处肿瘤出血。

2. 食管和胃部　食管瘤、严重胃炎、胃溃疡(由药物、应急、氮血症、肝脏衰竭、肥大细胞炎、促胃液素瘤等引起)、胃肿瘤(腺癌、平滑肌肉瘤、淋巴肉瘤)。

3. 小肠和大肠

①严重十二指肠炎:肠炎和炎症性肠病。

②十二指肠溃疡:由药物、应急、氮血症、肝脏衰竭、肥大细胞炎、促胃液素瘤等引起。

③肠扭转、肠套叠、肠系膜撕裂。

④肿瘤:肥大细胞瘤、淋巴肉瘤、腺癌。

⑤异物或息肉。

⑥严重钩虫寄生或肠管出血。

⑦大肠的肿瘤或息肉。

⑧胃肠血管畸形(脉管曲张或动静脉瘘管)、胃肠道血管梗塞。

4. 药物作用　糖皮质激素类药物(如地塞米松、泼尼松、泼尼松龙)、非类固醇抗炎药物、抗凝血杀鼠药中毒。

5. 其他　休克、凝血病(尤见弥散性血管内凝血)、严重急性胰腺炎、落山基斑疹热。

表 8-7　犬猫便秘的原因

①饮食和环境因素:胃肠中有难以消化物质,有时可在粪便中看到,如毛球、骨骼(多见)、猫褥垫物、石头、垃圾、植物等。水分供应不足或机体脱水、低钾血症、高钙血症。住院、不活动、改变生活习惯、住处褥垫物太脏。幼猫吃动物肝脏缺钙引起。

②排出粪便时疼痛:肛门囊肿胀压挤或脓肿、会阴瘘管、会阴疝、肛门周围蜂窝织炎或脓肿、伪性便秘、蝇蛆病等。

③直肠或结肠堵塞:肠外堵塞见于前列腺肥大,如肥大、肿瘤、囊肿和前列腺炎,以及骨盆骨骨折或连接不正、肛门周围肿瘤。肠内堵塞见于异物、直肠或结肠狭窄、肿瘤、嗜铬细胞瘤、幼动物肛门闭锁、特发性巨结肠。

④骨骼和神经性的:盆腔损伤、髋关节受伤、腰荐脊髓疾患、两侧盆腔神经损伤、家族性自主神经机能紊乱(Key-Gaskell 综合征)。

⑤药物性的:鸦片制剂、抗胆碱能药物(如阿托品)、抗组织胺药物、硫酸钡、双缩脲、氢氧化铝抗酸药物、铁制剂、吩噻嗪、高岭土-果胶、长春新碱。

⑥内分泌性的:甲状腺机能降低、甲状旁腺机能亢进或伪甲状旁腺机能亢进。

表 8-8 犬猫里急后重和排便困难的原因

①结肠和直肠疾患：便秘（见便秘原因）、结肠炎、直肠炎、结肠或直肠肿瘤或息肉、肠道异物（骨头、石头、食物包装）、过敏性肠道综合征。 ②会阴或肛门周围疾患：肛门囊脓肿、肛门囊肿瘤、会阴疝、肛门周围瘘管、假性便秘。 ③泌尿生殖道疾患：膀胱炎、尿道炎、阴道炎、膀胱或尿道结石、前列腺肥大（肿瘤、增生和脓肿）、阴道囊肿、分娩，以及尿道、膀胱和阴道肿瘤。 ④腹腔后部疾患：腹腔后部肿块、盆腔骨折、连接不正和活动性腹股沟管疝（排便努责时，肠管进入腹股沟管内）。

图 8-8 犬里急后重表现（不断努责，只排出一点点血便）

表 8-9 犬猫排便失禁的原因

1. 粪便储存性失禁 见于便秘、腹泻、结肠炎、直肠炎、结肠或直肠肿瘤。 2. 非神经性括约肌失能 ①外伤：咬伤、括约肌撕裂、枪弹伤。 ②医源性的：摘除肛门囊、肛门周围瘘管修复、会阴疝修理。 ③肛门周围瘘管。 3. 神经性括约肌失能 ①荐尾部：先天性椎骨畸形、压迫性椎骨畸形、荐尾关节半脱位、腰荐关节松动、脊髓盘炎、血管损伤、肿瘤。 ②中枢神经系统疾患：脊柱裂、外伤、变性性肌病、椎间盘突出、血管损伤、肿瘤、脊髓脊膜炎、纤维软骨栓塞。 4. 周围神经病 见于外伤、感染、药物诱导、家族性自主神经机能紊乱。 5. 其他 老年性和行为异常性排便失禁。

二、视诊

1. 头部

①观察口腔周围皮毛有无液渍湿润、脱毛或肿胀，用以判断有无呕吐（表 8-10）和流涎（表

8-11)，皮肤病或过敏。急性呕吐多见于各种原因引起的胃炎、中毒、胃内容物后排障碍(表 8-12)、急性胰腺炎等。吃食前或空腹时呕吐，多为慢性胃炎或溃疡(表 8-13)。另外，胃病还与犬猫品种有关系(表 8-14)。

表 8-10　犬猫呕吐的原因

①饮食原因：饮食不当、食物不耐性(如牛奶不耐性)、过敏反应。
②胃部疾患：胃炎、螺旋杆菌引起、胃寄生虫、胃溃疡、胃肿瘤、胃异物、胃扭转、胃膈疝、幽门堵塞、胃机能性紊乱。
③肠道疾患：小肠炎性疾病、小肠肿瘤、小肠异物或堵塞(图 8-10)、小肠寄生虫、细小病毒病、细菌过度生长、小肠套叠、结肠炎、便秘、大肠寄生虫。
④腹腔疾患：腹膜炎、胰腺炎、腹腔肿瘤、肝胆疾患。
⑤中毒：铅中毒、锌中毒、乙二醇中毒、士的宁中毒。
⑥代谢性或内分泌性疾患：尿毒症、肾上腺皮质机能降低、甲状腺机能降低、糖尿病、肝脏病、肝脑病、内毒血症或败血症、电解质紊乱、酸碱平衡失调。
⑦药物作用：强心甙类药物(如地高辛)、红霉素、化学疗法药物(如长春新碱)、阿朴吗啡、木吖嗪(xylazine)、青霉胺、四环素、非类固醇性抗炎药物。
⑧神经疾患：中枢神经疾患、植物神经机能障碍。
⑨寄生虫：蛔虫、心丝虫等。

②检查唇部有无颜色变化、外伤、溃疡或肿瘤。打开口腔查看口腔黏膜、齿龈、舌的颜色、出血、损伤、异物、肿疱(图 8-9)或肿块、溃疡，同时注意检查舌下有无异物、肿胀、溃疡等情况；注意查看牙齿有无龋齿、松动、齿垢或牙石、齿龈及受损情况，以及牙周炎或出血等；硬腭处有无异物、口鼻瘘管或裂腭。进一步观察一下腺窝内扁桃腺，观察时注意其大小、颜色、硬度及周围组织的情况，发炎肿胀时可看到红肿的扁桃腺。血小板减少症时，可看到口腔黏膜有斑点状出血。犬猫口腔疾患与品种有一定关系(表 8-15)。

表 8-11　犬猫流涎的原因

①口腔疾患*：牙周疾病、口腔结构异常、口炎(病毒性或细菌性)、舌炎、齿龈炎、咽炎、黏膜皮肤处损伤、口腔异物或肿瘤。
②非口腔性疾患：唾液腺疾患、吞咽困难、食管反流、恶心呕吐(尤其是胃性的)、肝脑病(永久性静脉导管或门腔静脉分路沟通)、中枢神经系统疾病[如狂犬病(图 8-11)、伪狂犬病]、有机磷农药中毒。

* 口腔疾患时往往同时还伴有口臭、咀嚼疼痛和困难。

表 8-12　犬猫胃内食物后排障碍的潜在原因

1. 机能性堵塞(异常蠕动)
①原发性蠕动缺陷：见于胃溃疡、特发性异步蠕动、特发性蠕动变慢、感染性胃肠炎、手术后肠梗阻。
②继发性蠕动缺陷：见于药物治疗(如抗胆碱能药物、麻醉镇痛药物)；电解质紊乱(如高钙血症、低钙血症、低钾血症、低镁血症)；代谢疾病(糖尿病、肝脑病)；炎症性疾患(急性胰腺炎、腹膜炎)。
2. 机械性堵塞　见于先天性或后天性窦性幽门肥大、肠管外压挤、胃或十二指肠异物、胃或十二指肠肉芽肿损伤、胃或十二指肠肿瘤或息肉。

表 8-13　胃炎和/或胃十二指肠溃疡的潜在原因

①食物的不良反应:如食物过敏、食物不耐性。
②饮食不慎重:如化学物质、异物、垃圾毒物、暴饮暴食、重金属中毒、有毒植物。
③药物:如肾上腺皮质激素类药物、非类固醇类抗炎性药物。
④感染因素:如真菌、寄生虫、螺旋菌等。
⑤特发性(自发性)胃炎。
⑥肠道炎症性疾病。
⑦肿瘤:如胃泌素瘤、肥大细胞瘤、原发性胃瘤。
⑧胃血流量减少:如弥散性血管内凝血、胃神经性疾病、休克和败血症。
⑨全身性疾病:如肾上腺皮质机能降低、肝脏疾病、肾脏疾病等。
⑩反流性胃炎。

表 8-14　犬猫胃疾患的易患品种

①慢性肥大性胃炎:见于贝森几犬(Basenji)、Drentse patrijshond、Lundehund。
②慢性肥大性幽门胃病:见于拉萨犬、北京犬、马耳他犬、狮子犬(Shih tzu)。
③胃扭转扩张:见于巴塞特猎犬、多波曼犬(Doberman pinscher)、戈登赛特犬、大丹犬、爱尔兰赛特犬、魏玛犬(Weimaraner)、圣斑玛德犬(Sait bermard)。
④出血性胃肠炎:见于达克斯猎犬(Dachshund)、小型雪纳瑞犬、观赏贵妇犬。
⑤幽门狭窄:见于波士顿㹴、拳师犬、泰国猫。

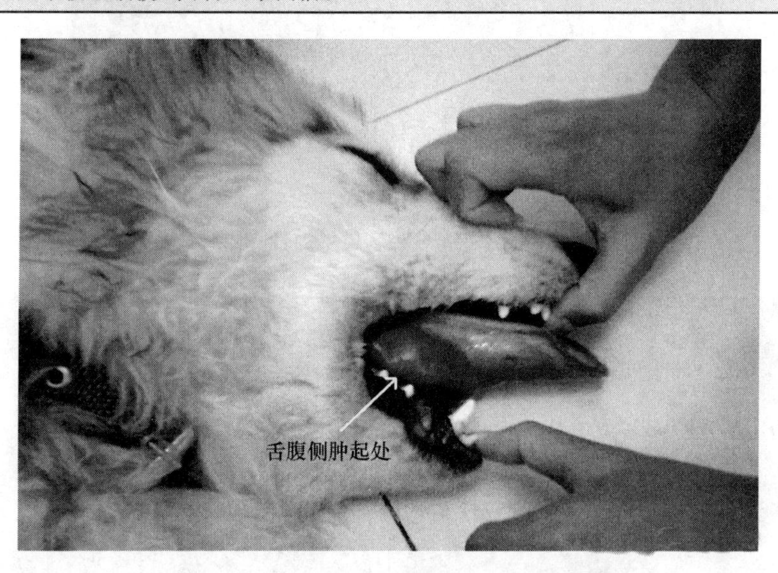

图 8-9　舌下红色肿疱(在嘴角处,长形红疱)

表 8-15　犬猫口腔疾患与品种

①腭裂:常见于短头犬和猫。
②齿龈瘤:常见于拳师犬。
③齿龈炎:常见于马耳他犬、西伯利亚哈士奇犬。
④淋巴细胞-浆细胞性口炎:常见于阿比西尼亚猫、缅甸猫、喜马拉雅猫、马耳他猫、波斯猫、泰国猫。
⑤肿瘤:常见于科克猎犬(Cocker spaniel)、德国牧羊犬、德国短毛指示犬、金毛寻回犬(Golden retriever)、魏玛犬(Weimaraner)。

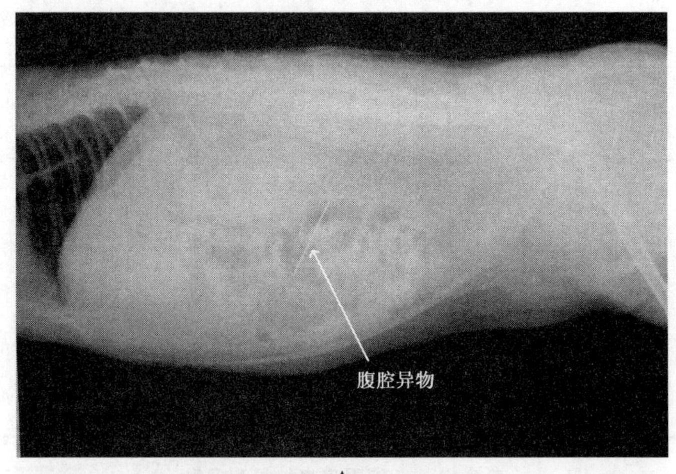

A

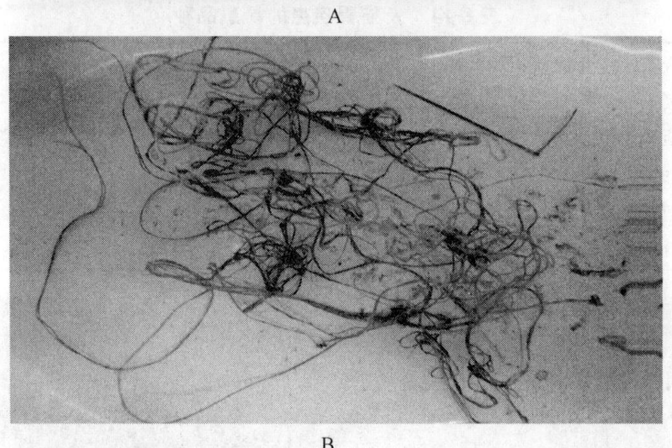

B

图 8-10　猫肠道内针和线(A:X 线片肠道中的针,B:手术取出的针和线)

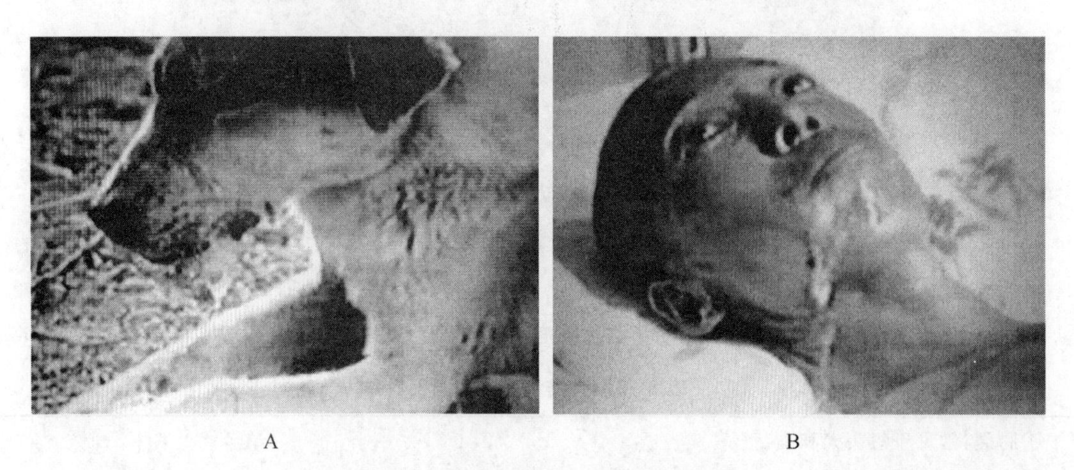

A　　B

图 8-11　犬(A)和人(B)狂犬病流涎

③口腔有无发炎？口炎多与尿毒症、糖尿病、重金属中毒(如铊中毒)、异物、物理或化学性损伤(如异物、电、热、冷冻、酸或碱)、病毒或白色念珠菌感染等有关。

检查口腔时如果动物不配合,可在镇静或麻醉状态下,借助光源和压舌板进行。

2. 咽和食管

观察有无肿胀,咽后肿瘤或脓肿时,可引起咽喉腹向移位。在食管患有扩张症时,可看到颈部食道经过的部分有肿胀发生,尤其在呼气时更明显。咽和食管疾患的发生与品种有一定的关系(表 8-16)。

表 8-16　犬咽和食管疾患与品种

①环咽肌弛缓不能(cricopharyngeal achalasia):多见于科克猎犬(Cocker spaniel)。 ②先天性巨食管症:多见于沙皮犬、狐狸㹴犬、德国牧羊犬、大丹犬、爱尔兰赛特犬、拉布拉多寻回犬(Labrador retriever)、小型雪那瑞犬、纽芬兰犬、钢毛㹴犬、泰国猫。 ③自发获得性巨食管症:多见于德国牧羊犬、金毛寻回犬(Golden retriever)、大丹犬、爱尔兰赛特犬。 ④血管环异常(vascular ring anomalies):多见于波士顿㹴犬、英国斗牛犬、德国牧羊犬、爱尔兰赛特犬、拉布拉多寻回犬、贵妇犬等。

3. 腹部

①肠道充气时,可见整个腹部胀大,但要注意与肥胖区别。

②大型犬患急性胃扭转扩张时,前腹部可能出现膨大,并有疼痛表现。

③慢性胃肠炎时,可看到的是消瘦。

④蛋白流失性肠病时,一方面可见动物消瘦,另一方面如果出现了腹水(表 8-17),腹部下部膨大。

表 8-17　犬猫腹部胀大的原因

1. 胃肠充气或积食　见于胃扭转充气、过量采吃食物等。 2. 腹腔积液　可见有漏出液、渗出液、尿液、血液、胆汁、乳糜液等。 ①漏出液原因有低蛋白血症、肝脏疾病、肠道疾患、心脏衰竭、心丝虫病等。 ②渗出液见于胰腺炎、肠道穿孔、腹壁透创、猫传染性腹膜炎等。 ③尿液见于膀胱或输尿管破裂。 ④血液见于腹腔内脏器血管破裂、腹腔手术。 ⑤胆汁见于胆囊破裂。 ⑥乳糜液见于胸导管阻塞或遭受压迫而破裂。 3. 其他原因　见于子宫蓄脓、膀胱大量积尿、腹腔内大块肿瘤、肾上腺皮质机能亢进或长期应用糖皮质激素。 4. 生理性的　见于动物妊娠。

⑤犬腹部疼痛时,可见精神沉郁,卧着不爱动;也可能表现为两前肢前伸,后躯高抬的姿势。

⑥疝:脐疝发生时,可见脐部有不同大小的肿包,北京犬尤其容易发生,猫罕见发生。腹股沟管疝发生时,让动物站立,可在大腿根内侧摸到肿包,有的让动物仰卧或手推可回去,有的回不去(图 8-12)。

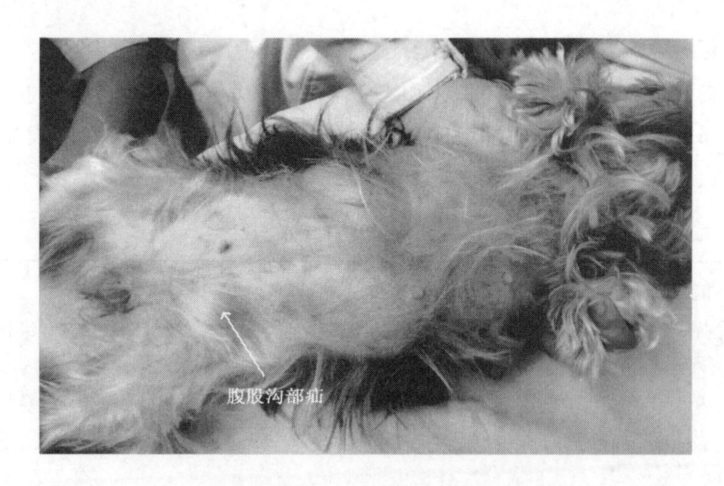

图 8-12　母犬腹股沟管疝(动物仰卧手推可回去)

4. 肛门区域

①犬猫肛门区域如果有红肿,不像正常犬猫肛门收缩的那样紧凑,一般都患有肛门旁窦(肛门囊)疾患,严重程度不同,红肿程度表现也不一样,最严重的肛门旁窦化脓破溃;猫肛门旁窦较少发病,临床上很少有人注意,所以临床上看到的多是肛门囊发病破溃后,主人才到动物医院就诊。作者也曾诊治过几例老年猫肛门囊化脓破溃病例(图 8-13)。因此,在临床上检查猫时,也要注意检查肛门囊有无疾患。肛门区域患有黑色素瘤时,可见肛门区域肿胀发黑。幼犬严重腹泻,有的可见脱肛发生。

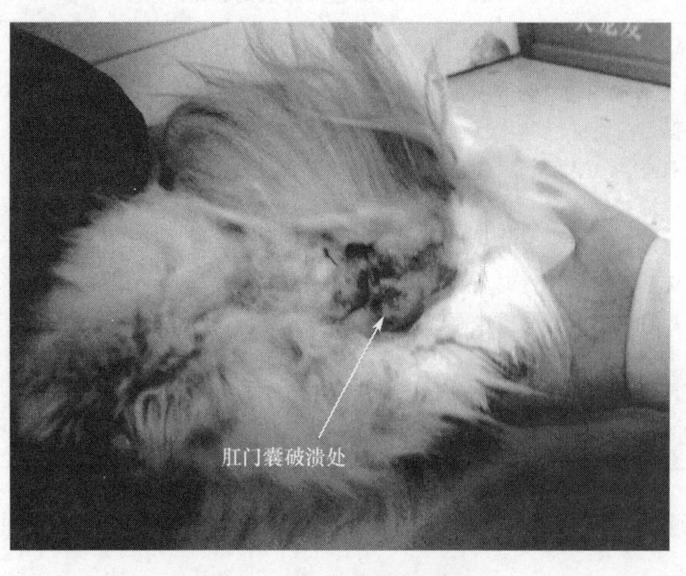

图 8-13　猫肛门囊发炎破溃

②肛门区域或周围被毛上粘有分泌物时,注意诊断动物拉稀或腹泻情况(表 8-18),并诊断是急性腹泻还是慢性腹泻,是小肠性腹泻还是大肠性腹泻(表 8-19)。猫肛门周围粘有似黄瓜籽样节片,即可诊断为犬复孔绦虫感染。小肠或大肠腹泻都与犬品种有一定的关系(表 8-20、表 8-21)。

表 8-18　犬猫腹泻的类型和原因

1. 小肠急性腹泻的原因

①食物原因：更换饲喂食物、采食有毒食物或垃圾、食物过敏、动物对食物不耐性（如牛奶）、食入冰冷食物或过量青菜。

②病毒性原因：犬细小病毒病（图 8-14）、犬瘟热、猫泛细胞减少症、猫白血病、冠状病毒病、轮状病毒病。

③细菌性原因：弯曲杆菌病、梭状菌病、沙门氏杆菌病、耶尔森菌病、大肠杆菌病、葡萄球菌病等。

④寄生虫：蠕虫病（如蛔虫、钩虫）、原虫病（如兰伯氏贾第虫、球虫）。

⑤中毒或药物：化学治疗药物、地高辛、重金属、有机磷中毒、急性铅中毒、有机氟中毒、变质食物中毒。

⑥其他：出血性胃肠炎。

2. 小肠慢性腹泻的原因

①食物不耐性（乳糖）或过敏。

②微生物和寄生虫：犬瘟热、猫白血病、猫免疫缺陷病毒感染、弯曲杆菌病、沙门氏杆菌病、小肠细菌过度生长、组织胞浆菌病、等孢子虫病、多种蠕虫病。

③非感染性肠道疾患：嗜酸性粒细胞性胃肠炎、淋巴细胞性肠炎、淋巴细胞-浆细胞性肠炎、化脓性肠炎、淋巴肉瘤、肥大细胞瘤、胺前质吸收与脱羧细胞瘤（APUD）、狭窄、肠套叠、犬蛋白丢失性肠病、幼猫腹泻。

④其他：尿毒症、肝脏衰竭、甲状腺机能减退、肾上腺机能减退、胰腺外分泌不足等。

3. 大肠急性腹泻的原因

①食物：采食冰冷食物、垃圾、毒物。

②感染因素和特发性的：犬细小病毒病、猫泛白细胞减少病、猫白血病、沙门氏杆菌病、弯曲杆菌病、梭状菌病、兰伯氏贾第虫病、狐毛首线虫病、急性特发性结肠炎。

③异物物性结肠炎：由骨头、果壳、石头、毛球等引起。

④其他：出血性胃肠炎、中毒、毒血症（由腹膜炎、子宫蓄脓和脓肿引起）。

4. 大肠慢性腹泻的原因

①微生物和寄生虫：犬瘟热、猫白血病、猫免疫缺陷病毒感染、弯曲杆菌病、沙门氏杆菌病、组织胞浆菌病、兰伯氏贾第虫病、狐毛首线虫病、等孢子虫病。

②非感染性肠道疾患：嗜酸性粒细胞性肠炎、淋巴细胞性肠炎、淋巴细胞-浆细胞性肠炎、化脓性肠炎、淋巴肉瘤、腺癌、腺瘤/息肉、肥大细胞瘤、狭窄、异物、回结肠套叠、尿毒症等。

③食物：食物过敏或不耐性。

表 8-19　犬猫小肠性腹泻与大肠性腹泻的鉴别诊断

鉴别诊断项目	小肠性腹泻	大肠性腹泻
1. 粪便性状		
①黏液	很少带有	经常存在
②血便	无鲜血或黑便	可能存在，经常以鲜红血丝附在粪便表面，或与松软的粪便混合
③粪便量	粪便量增多	正常或减少
④性状	性状不一，从固态到水样，一般为牛粪摊样，内含未消化的食物、脂肪滴或球，无气味	松软或成形，黏液无有、少量或几乎都是黏液，不含未消化食物
⑤形状	形状不一，依含水分量多少而变化	可能正常或变细条样

续表 8-19

鉴别诊断项目	小肠性腹泻	大肠性腹泻
⑥脂肪痢(脂溢)	可出现在不消化或不吸收性疾病时	无有
⑦黑便症	可能存在有黑色或柏油色便	无有
⑧颜色	变化较大,有黄褐色、棕黑色、灰棕色、黑色。也可能因服某种药物而改变颜色	有变化,通常棕色,也可能因黏液过多而透明或带有鲜红血丝
2. 排便情况		
①排便次数	有的动物依然正常,通常每天 2～4 次	经常增多,每天可达 3～10 次,平均 5 次左右。增加排便次数,减少排便量,一般是大肠问题
②排便困难	不存在	犬经常发生,猫较少发生
③里急后重	不存在	犬经常发生,猫较少发生
④排便失禁	很少发生,仅在严重肠炎时发生,表现快速水泻	可能发生
⑤紧急性	在急性严重肠炎时,可能出现迅速排出大量水样粪便	经常发生。经训练室外排便犬,常烦躁不安,到室外后紧急排便
3. 其他症状		
①体重减轻或消瘦	疾病变成慢性后经常发生,发生在消化或吸收不良性疾患	不经常发生。有时发生在严重结肠炎、弥散性肿瘤或组织胞浆菌病。如果大、小肠病同时存在,常因为小肠疾患导致体重减轻
②口臭	可能与消化或吸收不良性疾病有关	没有
③食欲	一般正常或减少,也可能轮换发生。突发性疾患多减少或废绝,有些犬患肠炎可能贪食,尤其沙皮犬。猫患肠炎疾患或淋巴瘤后期,食欲可能增强	一般仍然正常。如果疾病严重也可能减少,如肿瘤或组织胞浆菌病
④呕吐	小肠炎疾患或急性感染疾病,呕吐经常发生	急性结肠炎有 30%～35%呕吐,有时在出现异常粪便前呕吐
⑤肠鸣或气胀	可能发生	不发生

③肛门侧下方出现肿胀,多为一侧,罕见两侧,尤其发生在老年公犬,多为会阴疝。在初期用手按压可能消失,松手后又重复出现肿胀,严重的用手按压不能消失。

表 8-20 小肠疾病与品种的关系

①嗜酸性粒细胞性肠炎:见于德国牧羊犬、爱尔兰赛特犬。
②出血性胃肠炎:多见于达克斯猎犬(Dachshund)、小型雪纳瑞犬。
③免疫增生性小肠病(IPSID):多见于贝森几犬(Basenji)、卢德恩猎犬(Ludenhund)。
④小肠腺癌:多见于泰国猫。
⑤淋巴细胞-浆细胞性肠炎:多见于德国牧羊犬、中国沙皮犬、软毛麦色㹴犬(Soft-coated wheaten terrier)、家养短毛猫。

续表 8-20

⑥细小病毒性肠炎：多见于多伯曼犬(Doberman pinscher)、罗特威尔犬、黑色拉布拉多寻回犬(Labrador retriever)。
⑦小肠细菌过度生长：多见于德国牧羊犬、比格犬。
⑧淋巴管扩张：多见于约克夏㹴犬、金毛寻回犬(Golden retriever)、达克斯猎犬(Dachshund)、贝森几犬(Basenji)、卢德恩猎犬(Ludenhund)。
⑨小麦过敏性肠病：多见于爱尔兰赛特犬。

表 8-21 大肠疾病与品种的关系

①气胀：多见于短嘴犬和猫，如北京犬、巴哥犬、波斯猫和喜马拉雅猫。
②出血性胃肠炎：多见于达克斯猎犬(Dachshund)、小型雪纳瑞犬、观赏贵妇犬。
③应激肠道综合征：多见于工作品种犬和观赏品种犬。
④溃疡性结肠炎：多见于拳师犬和法国斗牛犬。

5. 粪便的视诊

(1)粪便颜色和性状：正常犬猫粪便的颜色和性状，因犬猫种类不同和采食不同而各异。粪便久放后，由于粪便胆色素氧化，其颜色将变深。正常粪便含 60%～70%水分。临床上病理性粪便有以下变化。

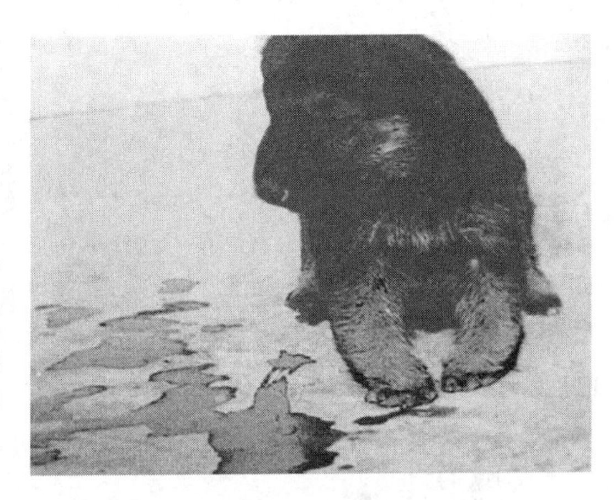

图 8-14 犬细小病毒病腹泻

①变稀或水样便：常常由于肠道黏膜分泌物过多，使粪便水分增加 10%，或肠道蠕动亢进引起。见于肠道各种感染性或非感染性腹泻，尤其多见于急性肠炎、服用导泻药后等。幼年动物肠炎，由于肠蠕动加快，多排绿色稀便。出血坏死性肠炎时，多排出污红色样稀便。

②泡沫状便：多由于小肠细菌性感染引起。

③油状便：可能由于小肠或胰腺有病变，造成吸收不良引起，或口服或灌服油类后发生。

④胶状或黏液粪便：动物正常粪便中只含有少量黏液，因和粪便混合均匀难于看到。如果肉眼看到粪便中黏液，说明黏液增多。小肠炎时，分泌多的黏液和粪便呈均匀混合。大肠炎时，因粪便已基本成形，黏液不易与粪便均匀混合，多附在粪便表面，形成膜样。直肠炎时，黏液附着于粪便表面。单纯的黏液便，稀黏稠和无色透明。粪便中含有膜状或管状物时，见于伪膜性肠炎或黏液性肠炎。脓性液便呈不透明的黄白色。黏液便多见于各种肠炎、细菌性痢疾、应激综合征等。

⑤鲜血便：动物患有肛裂、直肠息肉、直肠癌时，有时可见鲜血便，鲜血常附在粪便表面。

⑥黑便：黑便多见于上消化道出血，粪便潜血检验阳性。服用活性炭或次硝酸铋等铋剂后，也可排黑便，但潜血检验阴性。动物采食肉类、肝脏、血液或口服铁制剂后，也能使粪便变黑，潜血检验也呈阳性，临床上应注意鉴别。也可素食 3 d 后再检验。

⑦陶土样粪便:见于各种原因引起的主胆管阻塞。因无胆红素排入肠道所致。消化道钡剂造影后,因粪便中含有钡剂,也可能呈白色或黄白色。

⑧灰色恶臭便:见于消化或吸收不良,常由小肠疾患引起。

⑨凝乳块:吃乳幼年动物,粪便中见有黄白色凝乳块,或见鸡蛋白样便,表示乳中酪蛋白或脂肪消化不全,多见于幼年动物消化不良和腹泻。

(2)粪便气味:动物正常粪便中,因含有蛋白质分解产物如吲哚、粪臭素、硫醇、硫化氢等而有臭味,草食动物因食碳水化合物多而味轻,肉食动物因食蛋白质多而味重。食物中脂肪和碳水化合物消化吸收不良时,粪便呈酸臭味。肠炎,尤其是慢性肠炎、犬细小病毒病、大肠癌症、胰腺疾病等,由于食入蛋白质或肠黏膜脱落(亦是蛋白质)腐败,而产生恶臭味。如果肠道出血,粪便还含有血液,水泻粪便可成西红柿汤样。

(3)粪便寄生虫:蛔虫、绦虫等较大虫体或虫体节片(复孔绦虫节片似麦粒样,图8-15),随粪便排出体外后,或黏附在肛门周围,肉眼可以看到。口服、涂布机体上或注射驱虫药后,注意检查粪便中有无虫体、绦虫头节(图8-16)等。

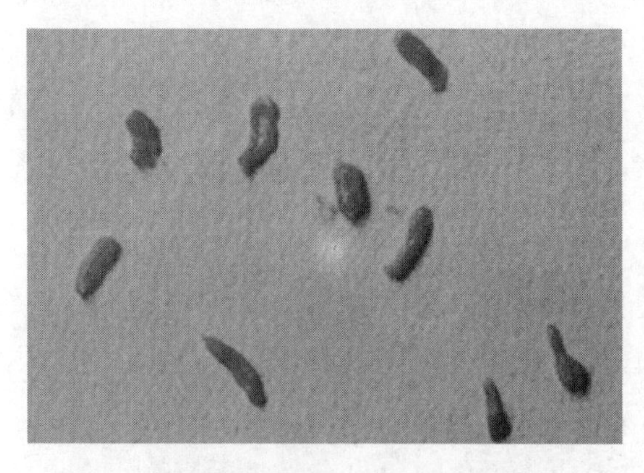

图8-15　猫复孔绦虫节片(多见于猫肛门周围)

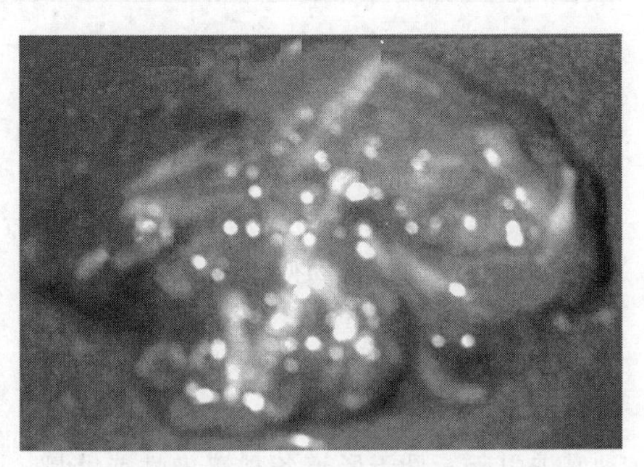

图8-16　犬新鲜粪便中的绦虫节片

三、触诊

消化系统触诊这里主要讲对腹腔的触诊,腹腔触诊对小型犬、较瘦的中大型犬或猫容易进行,但是如果动物肥胖,即使是小型犬和猫,也难以执行。

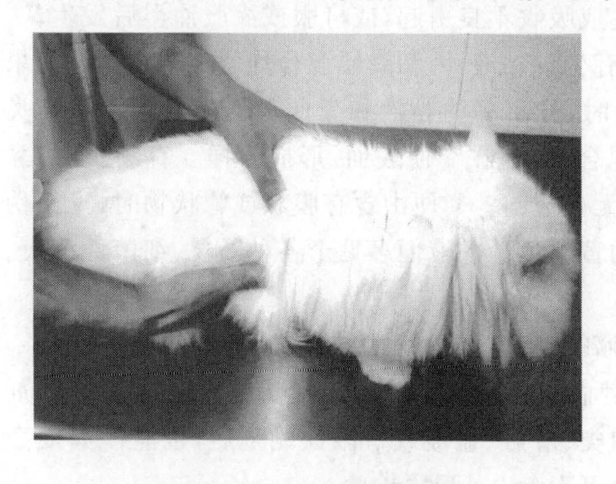

图8-17　单手触摸猫腹部

触诊对腹腔组织器官异常诊断很重要,但需要一定的技巧。首先必须让动物站立进行,然后可以根据实际需要,调整不同的站立姿势,如触诊前腹部时,可将动物前躯体抬高,触诊后腹部时,可将后躯体抬高。对小型较瘦动物可以用单手或双手进行触摸,用单手触摸犬猫时,让动物头朝前方,一只手压覆在动物脊背,触摸手将拇指和四肢分开,其他四指并拢,拇指和四指分位于前腹部两侧(图8-17),用手指头肚有力缓慢而温和地从腹部两侧向中间触摸,再向下触摸,要确保没有任何遗漏,以后

逐渐向后触摸到腹腔后部，触摸时要先轻后重。检查时一定还要让另一个人，站在动物前方或侧方，两只手的拇指和其他四指分开，两只手合作，疏而不紧地掐住动物颈部保定(图 8-18)，以防动物回头伤人。用双手触摸，一般适合中大型动物，触摸时也一定让主人或他人保定好动物，检查者站在动物后方或两侧任一方进行触摸检查(图 8-19)。

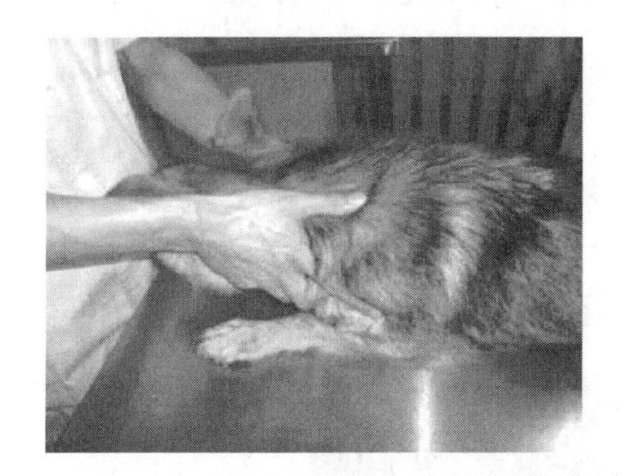

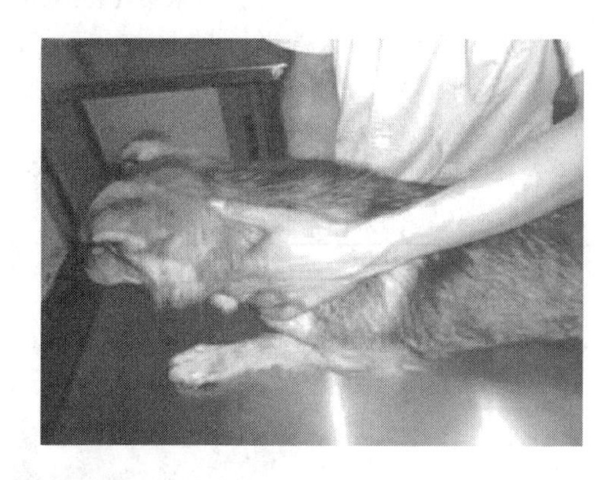

图 8-18 犬的 2 种保定方法

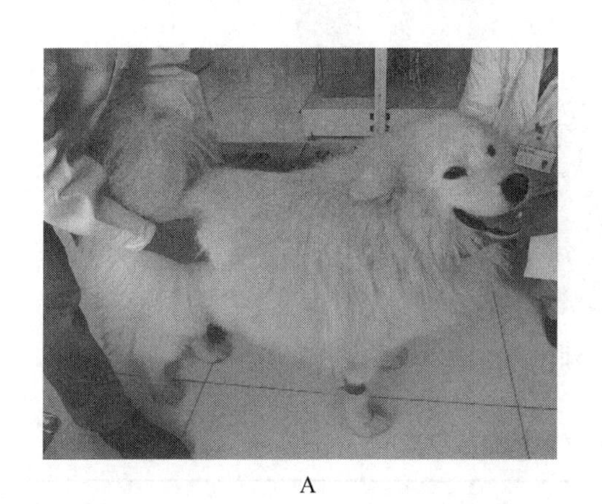

A

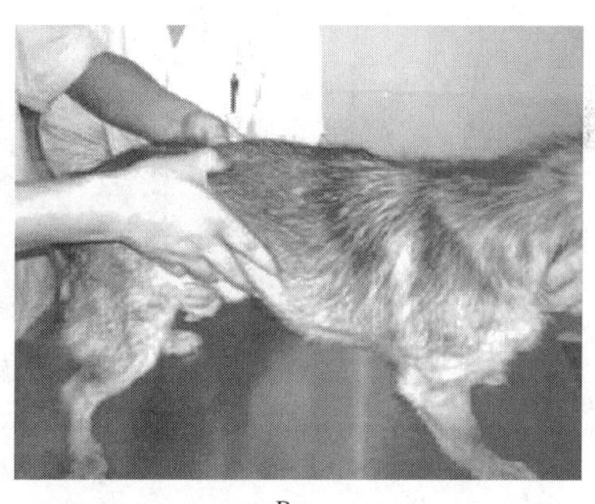

B

图 8-19 双手触摸腹部

A. 大型犬在地上触诊 B. 小型犬在诊断台上触诊

触诊时，如果触诊到任何异常组织结构或器官，都应记录下所在位置、大小、形状、硬度、活动性或蠕动性、触摸时是否疼痛，以及和周围组织器官的关系。

腹腔触诊可能发现的异常情况如下。

1. 触诊时疼痛

见于胃扭转扩张、腹膜炎、胰腺炎、肠套叠、创伤等。胰腺一般触摸不到，若发生急性炎症时，触摸腹部有疼痛表现(表 8-22)。但是，在触摸过程中，有的动物腹肌出现紧张性收缩，甚至出现弓背，检查人一定要区别此现象是疼痛引起的还是由于害怕紧张引起的。

2. 胃扭转扩张

触压左侧前躯腹部疼痛，从左侧肋弓后用四指插触，可触到脾脏肿大后移。极度膨大的胃可后移超过左侧肋弓后缘，用手可以触摸到(图 8-20)。犬易患胃扭转扩张，危险因素见表 8-23。

表 8-22 犬猫易发胰腺炎的原因

①品种：喜马拉雅猫、小型雪纳瑞犬、Briard 和 Sheltie。
②饮食：饮食不慎重，不规律；饮食高脂肪低蛋白质食物。
③药物：硫唑嘌呤、肾上腺皮质激素类药物、天门冬酰胺酶、猫的有机磷农药杀虫剂。
④性别：绝育的公母犬猫。
⑤禁食后的高脂血犬猫。
⑥肝胆疾病：如化脓性胆管肝炎。
⑦高钙血症：甲状旁腺机能亢进、多次静脉输入钙制剂。
⑧椎间盘疾病、肥胖、老年犬猫。

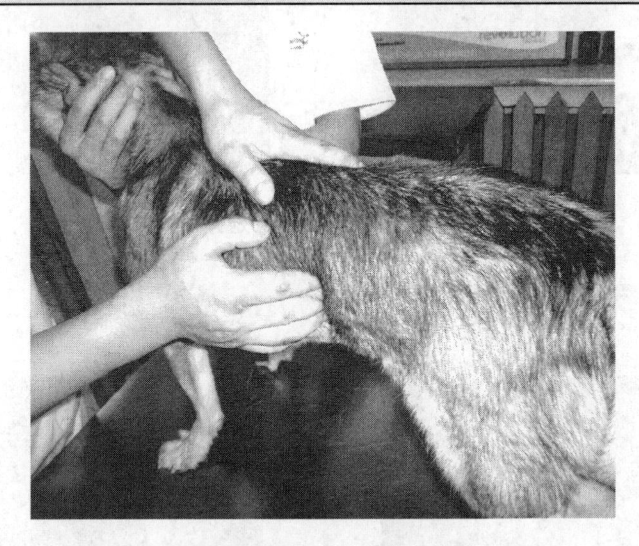

图 8-20 触诊脾脏和膨大的胃

表 8-23 犬易患胃扭转扩张的危险因素

①食物方面：每天只吃一次食物；饲喂食物单纯；饲喂湿食物或人食物；吃食物太快；食物颗粒小（<5 mm）。
②动物个体方面：纯品种公犬；增加了胸部或腹部的深和宽比例；成年犬体重增加（个体大或肥胖）；年龄较大；胆小、神经质或具有攻击性性格；体况瘦弱（体况 5 分法中<2 分）。
③每天运动超过 2 h；应急因素，如航空、船上或车上笼内运输。
④大型或超大型犬品种易发：如巴塞特猎犬、多波曼犬（Doberman pinscher）、戈登赛特犬、大丹犬、爱尔兰赛特犬、魏玛犬（Weimaraner）、Sait Bermard、标准贵妇犬、老英国牧羊犬、德国短毛指示犬等。

3. 肝脏疾患

肝脏隐藏在腹腔上部，不能完全触摸到。在急性肝炎时，从右侧肋弓后缘用四指插触，可触到肿大肝脏的右外叶后移，边缘圆钝，触压疼痛（图 8-21）；而脂肪肝或肝肿瘤时（表 8-24），从右侧肋弓后缘用四指插触，也可触到肿大肝脏后移，边缘圆钝，但触压无疼痛。整个肝脏肿大时（图 8-22），可在腹部两侧均可触诊到肿大的肝脏。多种药物和其他物质对肝脏有毒性，应用时需注意（表 8-25）。

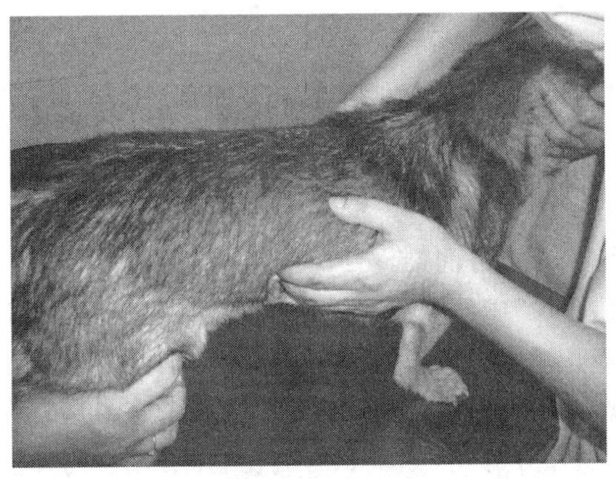

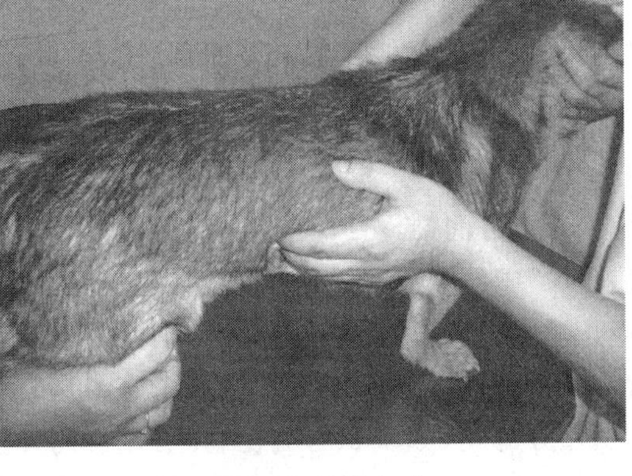

图 8-21 触摸肝脏

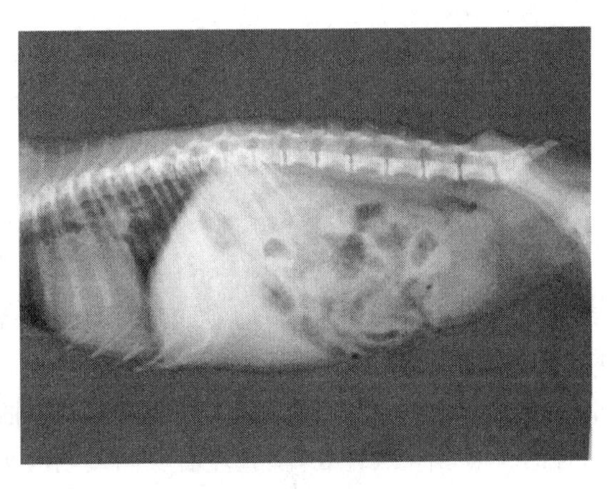

图 8-22 肝脏肿大时的 X 线片

表 8-24 肝胆疾病的临床表现

肝胆疾病的临床表现
①早期临床表现:厌食、呕吐、腹泻或便秘、消瘦、发热、无黄疸、多饮和多尿、虹膜颜色正常、尿清亮到黄色。
②主要胆道堵塞临床表现:厌食、呕吐或呕血、腹泻或便秘、消瘦、发热、72 h 后出现黄疸、多饮、尿橘黄色、虹膜颜色正常、有出血倾向、粪便淡白色(无胆汁),如果肠道出血粪便呈黑色、肝脏肿大(坚硬和边缘变圆)、发病 6 周后可出现腹水。
③严重肝脏机能不足临床表现:厌食、呕吐或吐血、腹泻或便秘、消瘦、发热、黄疸、多饮多尿、尿清亮到橘黄色、虹膜颜色正常、有挫伤/有出血倾向、棕色到黑色粪便、绿色粪便、肝脏肿大(猫)、肝脏正常到缩小(犬)、有腹水、浮肿(猫少见)、出现肝脑病、尿道结石堵塞、猫流涎。
④门腔脉管异常临床表现:个体矮小、异常行为侧卧、腹泻或便秘、消瘦、发热、无黄疸、多饮多尿、尿清亮、猫虹膜铜色、正常凝血、棕色粪便、黑色便、肝脏变小。

表 8-25 临床上应用对犬猫肝脏有毒性的物质*

临床上应用对犬猫肝脏有毒性的物质
①药物:对乙酰氨基酚(扑热息痛,尤其对猫毒性最大)、环丙沙星、地西泮、乙胺嗪(海群生)、乙胺嗪-奥苯达唑、糖皮质激素(如地塞米松等)、灰黄霉素、氟烷、异烟肼、酮康唑、甲苯咪唑、醋酸甲地孕酮、甲巯咪唑、甲氨蝶呤、甲睾酮、苯巴比妥、保泰松、苯妥英(大伦丁)、扑米酮、柳氮磺胺吡啶、四环素、甲氧苄啶(磺胺增效剂)等。
②化学和生物物质:黄曲霉毒素、蓝-绿藻、苏铁科植物籽、棉酚、重金属、番薄荷油、酚等。

* 了解以上药物及化学和生物物质对犬猫肝脏有毒性,应用时需注意。

4. 肠道疾患

肠炎时,肠道常有积液,有时还有积气。急性肠炎触压时,可能有疼痛表现;肠内积有粪便、肿瘤或息肉及异物时,可触摸到肠内有粪便、肿块或形状各异的异物(图 8-23)。尤其大肠积粪时,极易触摸到,需注意区别肠管内的粪便和肿块;肠套叠时,可触摸到像香肠质地样的一段肠管,触压可能有疼痛反应;肠道浸润性疾病,可触摸到肠壁增厚,患此种病动物由于消化吸收差,一般都消瘦;患巨结肠症的犬猫,结肠内都积有大量粪便(图 8-24),触摸时极易触到;肠系膜上淋巴结肿大时,腹腔触摸也可以触摸到。

5. 腹腔积液

当肚腹胀大，怀疑腹腔积液时，可用 4 个手指肚一下一下地触摸冲击下腹部(图 8-25)，如果出现水晃荡声音，表明腹腔内有积液。

6. 直肠检查

直肠检查一般用食指或中指，检查手戴上手套，涂上滑润剂，然后缓缓地将手指插入直肠。插入时注意肛门括约肌张力、前进时阻力及疼痛表现。操作时动物感到不适，通常都有程度不同的反抗，操作者一定要谨慎，以防损伤直肠。直肠检查时，要注意直肠壁厚度、骨盆和荐骨轮廓、盆腔内尿道和动脉等情况。病理性检查，注意直肠内四周有无溃疡、憩室、肿瘤或息肉。在时钟的 4 点和 8 点钟处，检查左右肛门囊内有无积存分泌物，如果积有分泌物，可用肛门外拇指配合，将肛门囊内分泌物挤出。公犬直肠检查时，应将检查手指向前伸，另一只手触压腹部耻骨前缘，将前列腺尽量向背尾侧推进，以便检查耻骨上的前列腺有无肥大、发炎疼痛、肿瘤等(参见第九章第二节中的公犬生殖系统疾病临床检查)。检查母犬时，注意阴道内有无异常或肿瘤。如果能在股深动脉起始部触摸到髂股淋巴结，注意其大小和有无肿胀。动物患有会阴疝时，可触摸到患侧直肠部形成囊袋，而突出肛门一侧，将手指摸入囊袋，用另一只手在外配合，可将直肠壁和皮肤直接相接，有时还可触摸到长形或圆形破裂口。

直肠检查时，还应注意观察一下粪便的颜色、硬度和异物。

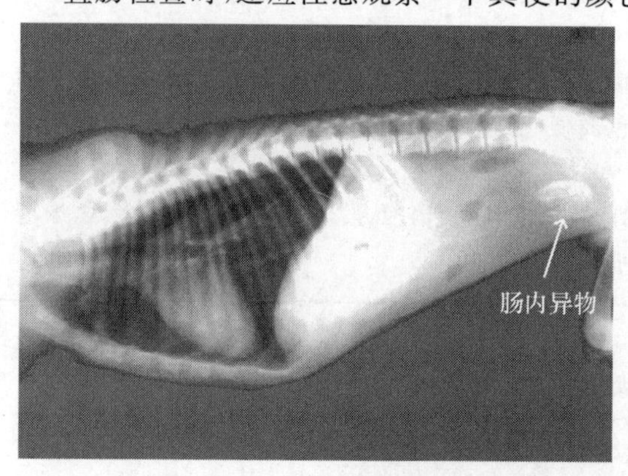

A

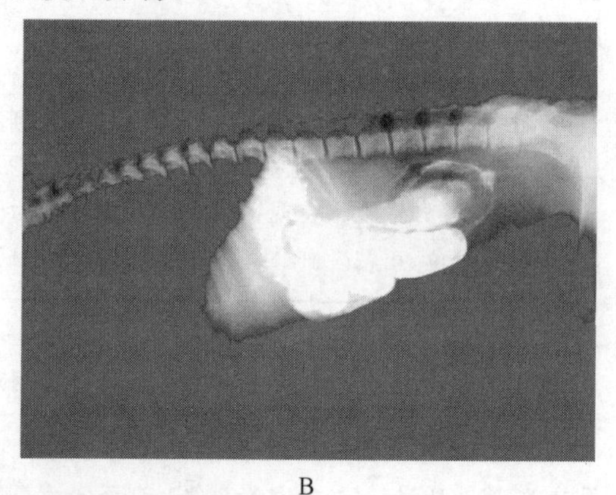

B

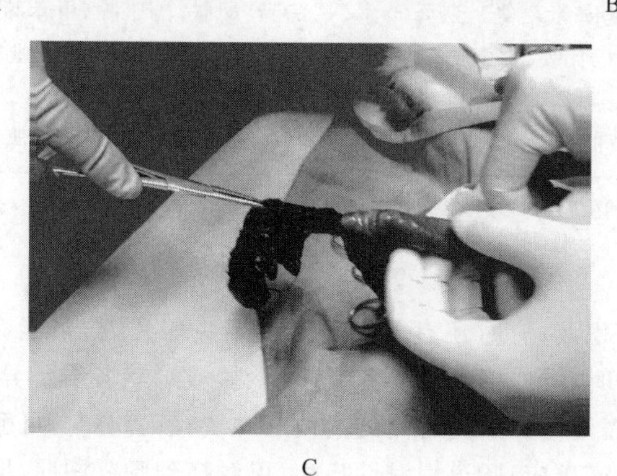

C

图 8-23　犬小肠内的袜子异物，触诊时可摸到小鸡蛋样硬物，X 线片上可看到的异物(A)；口服钡餐后，X 线片显示钡餐不能通过异物(B)；手术从小肠内拽出异物袜子(C)

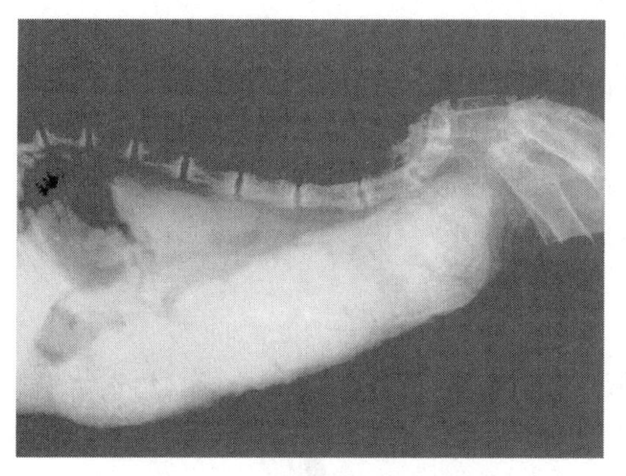

图 8-24 结肠和直肠内大量积粪

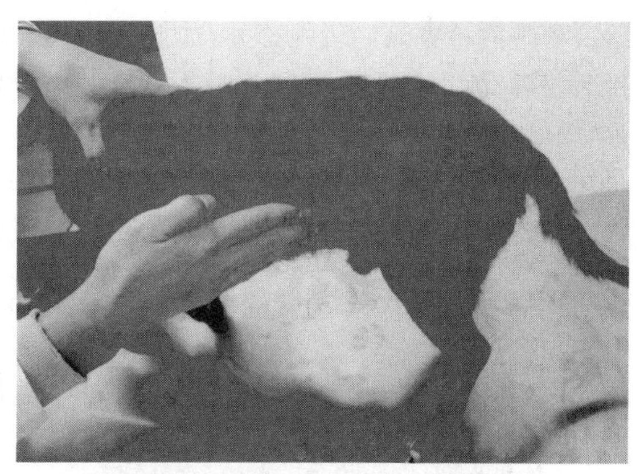

图 8-25 四个手指肚冲击下腹部

四、叩诊

叩诊消化系统疾病一般说来意义不大，只有在胃肠鼓气腹部膨大时，叩诊出现鼓音。腹腔积液时的腹部彭大，多为腹下部增大，叩诊意义一般也不大。肝脏肿大时，在右侧肋弓后下方叩诊，可出现小区域浊音，而触诊通常也可触到肝脏后移。

五、听诊

在左右肋弓后腹部的听诊，有助于了解大肠和小肠的蠕动情况，但是大肠和小肠的蠕动音一般较短促，听起来不是太清楚。只有肠道内液体或气体较多时，肠蠕动促使液体或气体流动，才较清楚地听到肠蠕动声或流水声。如果在腹部一直都听不到肠音，则表示肠管都不蠕动了，见于便秘后期、严重肠炎、较长期废食。如果蠕动过快，可听到持续不断地肠蠕动音，临床上见于肠炎初期、饮食冷水或冷食后等。

胃内气体过多时，其胃蠕动产生的声音较强，听诊时注意和肠蠕动音的区别。总之，犬腹部听诊检查，在临床上应用较少，其意义相对较小。

六、嗅诊

嗅闻口腔气味，主要有以下几种。

①口臭：表示牙齿和齿龈有病变。

②烂苹果或丙酮味：表示有糖尿病。

③坏死气味：表示有口腔有坏死或异物。

④尿臭味：表示此动物患有尿毒症。

⑤粪便有腥臭味：如果是幼犬，粪便还带有血液，可能是犬细小病毒病。

第三节 猫消化系统疾病临床检查

首先检查口腔，猫易发生口腔炎，临床上多见于淋巴细胞-浆细胞性口炎、杯状病毒感染和猫免疫缺陷病毒感染等。

猫腹腔检查除一般视诊外，如肚腹增大（图 8-26）；主要是触诊，一般老年猫，注意检查甲状腺肿瘤（图 8-27），如果患有甲状腺肿瘤，可在喉部到胸部入口处之间触摸到。猫腹腔触诊，触诊前先请另外一个或两个人把猫保定好，其保定方法可参考小型犬的保定（图 8-28），也可用项圈保定（图 8-29）。因为猫个体较小，保定好后，触诊时可用单手即可（图 8-17）。

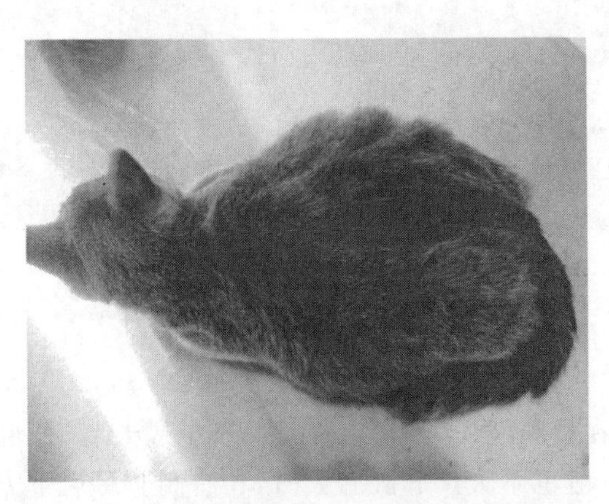

图 8-26　猫传染性腹膜炎（腹腔积液，肚腹增大）

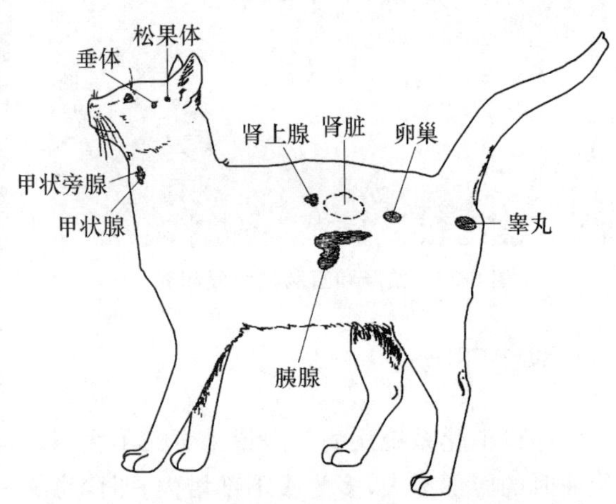

图 8-27　猫甲状腺和其他主要内分泌腺的位置

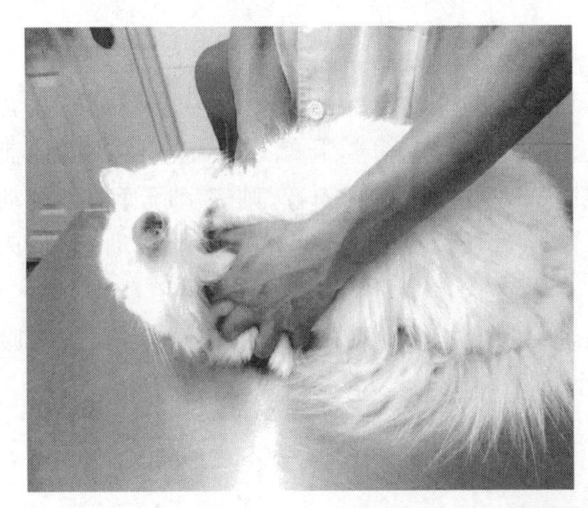

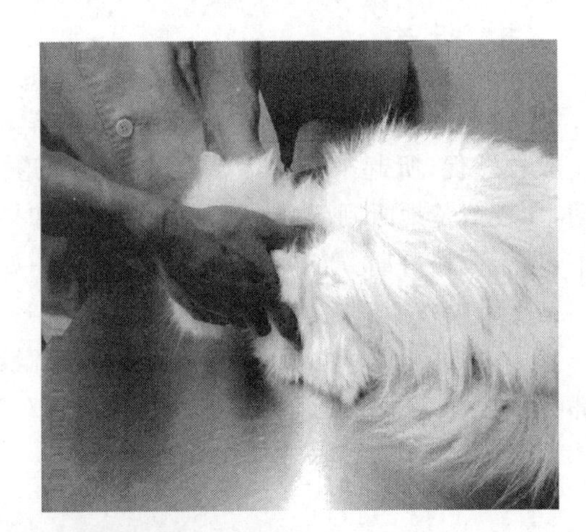

图 8-28　2 种不同徒手保定猫的方法

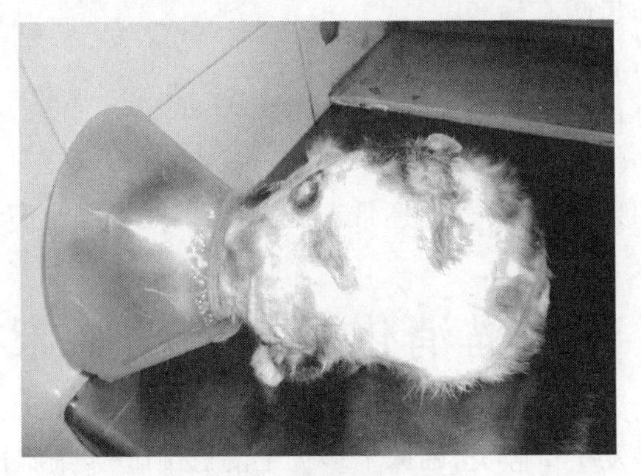

图 8-29　用项圈保定猫

除太肥胖猫外,猫腹部一般较松软,腹腔内的所有器官都较容易触摸到,其病理性质也较容易判断。触诊内容可参考犬的触诊项目。但是,猫直肠管径小,难于进行直肠检查。

? 思考题

1. 为什么一定要了解消化系统临床检查应用解剖?
2. 你能掌握从口腔到肛门的消化系统临床检查方法吗?
3. 如果从口腔到肛门的消化系统临床检查出异常时,你能了解其临床意义吗?
4. 为什么临床上检查猫疾病时要注意检查有无口腔炎?

第九章 泌尿生殖系统临床检查

重点提示

1. 熟悉犬猫泌尿生殖系统临床应用解剖特点。
2. 掌握基本检查方法的问诊、视诊和触诊在犬猫泌尿生殖系统疾病上的应用。
3. 了解猫下泌尿道疾病的诊断和发病原因。

第一节 犬猫泌尿生殖系统临床检查应用解剖

一、犬猫泌尿系统临床检查应用解剖

公犬猫和母犬猫泌尿系统都有肾脏、输尿管、膀胱和尿道等。

1. 犬

犬的肾脏是右肾在前,左肾在后,位于脊椎两侧,右肾位于前 3 个腰椎下,左肾位于第 2、3、4 腰椎下。输尿管位于中线背侧两侧,从肾盂至膀胱背后侧区域,俗称三角区域。

2. 猫

猫的两个肾脏也是右肾在前,左肾在后。右肾位于第 1～4 腰椎横突的腹侧,左肾位于第 2 和第 5 腰椎横突的腹侧。但两个肾脏的游离性较大,能够移动,尤其是左肾移动性最大,因此常被认为是不正常的团块或粪便,触摸时一定要注意。猫和小型犬的膀胱一般容易触摸到。

二、公犬猫生殖系统临床检查应用解剖

公犬猫生殖系统包括阴囊、睾丸、附睾、输精管和精索、雄性尿道和前列腺、阴茎以及阴茎骨、包皮等(图 9-1 和图 9-2)。

1. 公犬生殖系统特点

①前列腺发达,老龄犬更大,包围着膀胱颈和尿道起始部。无精囊腺和尿道球腺。

②阴茎有阴茎骨和阴茎头球,阴茎头球在交配时充血膨大,易被母犬阴道锁住阴茎;而尿道结石易发生在阴茎骨的后方。

③犬附睾较大,位于睾丸的背外侧。

2. 公猫生殖系统特点

①公猫具有前列腺和尿道球腺,前列腺位于盆腔入口,尿道球腺位于坐骨弓处,没有精囊

腺(图 9-2)。

②公猫阴茎一般指向后腹侧,而尿道开口朝后背侧。性成熟公猫阴茎头上长有角化刺,成年公猫阴茎头内有一块小骨。公猫阴茎在交配勃起时,阴茎向前下方弯曲,和犬阴茎一样的方向。猫尿道结石也多发生在阴茎头内小骨后方。

③公猫尿道口在肛门下,母猫也在肛门下,只是距肛门距离稍有不同,公猫肛门和尿道口之间的距离比母猫稍小些。因此,有的猫主人或兽医误把公猫作为母猫,在做绝育手术时,开腹寻找卵巢,最后以失败告终,闹出笑话。

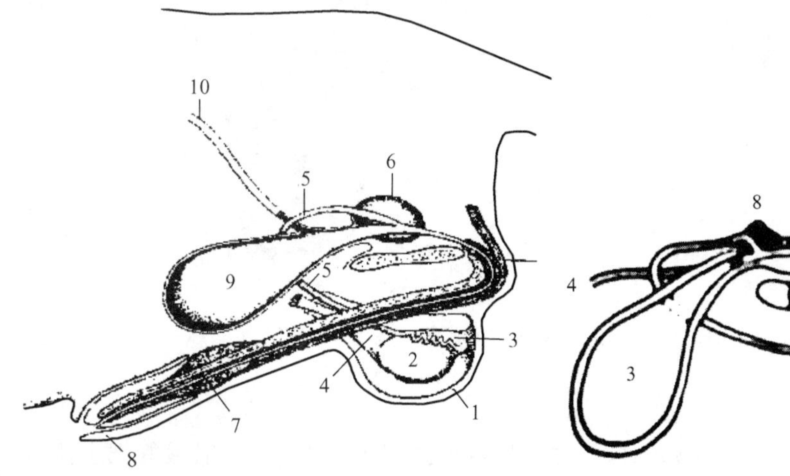

图 9-1　公犬生殖器官模式图

1. 阴囊　2. 睾丸　3. 附睾　4. 精索　5. 输精管　6. 前列腺　7. 阴茎头球　8. 包皮　9. 膀胱　10. 输尿管

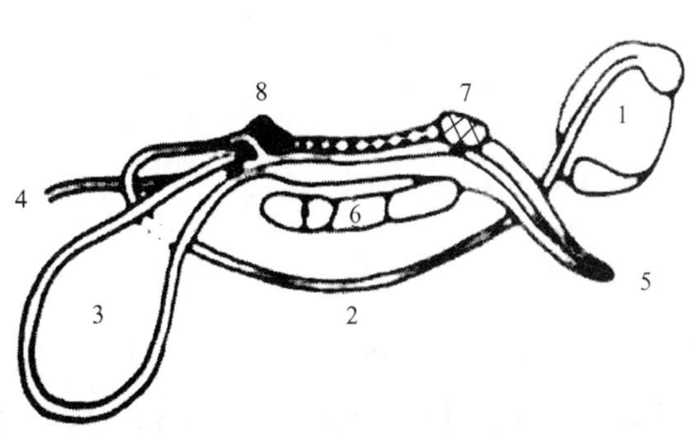

图 9-2　公猫生殖器官模式图

1. 右睾丸和附睾　2. 输精管　3. 膀胱　4. 输尿管　5. 阴茎　6. 盆腔联合　7. 尿道球腺　8. 前列腺

三、母犬猫生殖系统临床检查应用解剖

母犬猫生殖系统包括阴门、阴蒂、前庭、阴道、子宫颈、子宫、输卵管、卵巢、乳腺等(图9-3)。

1. 母犬生殖系统特点

①阴蒂位于阴蒂窝内,阴蒂窝位于阴道前庭后部底壁,不要和尿道口相混淆(尿道口在前庭前部底壁),极少数犬在阴蒂头内有一小块阴蒂骨。

②前庭球有 2 个,为长方形的勃起组织,位于前庭底部黏膜深层,后端紧连阴蒂,类同于公犬的阴茎头球。

③子宫颈管近乎上下垂直,子宫颈阴道口面对腹侧,而且被阴道背侧正中褶掩盖,难于观察到,也不容易把导管插入。

④卵巢借卵巢固有韧带附着于子宫角前端,与固有韧带相延续的是卵巢吊韧带。吊韧带主要牵制向后牵拉卵巢,使卵巢摘除时不易从腹腔拉出卵巢,使躯体屈曲有助于拉出卵巢。手术时撕断吊韧带,一般无出血发生。

⑤犬乳腺一般有 5 对,有的缺第 1 对,只有 4 对。乳腺瘤主要发生在第 4 和第 5 对乳腺,良性和恶性瘤发生率各占 50%。犬乳腺瘤占整个犬肿瘤的 50%左右。

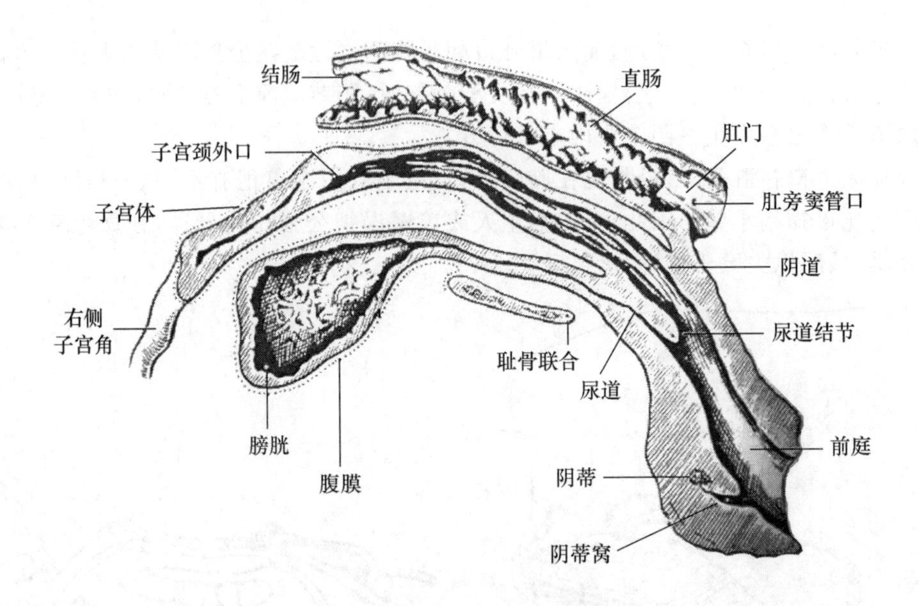

图 9-3　母犬生殖器官模式图

2. 母猫生殖系统特点

母猫有 4 对乳腺，胸部 2 对，腹部 2 对，乳腺恶性瘤发生率为 84%，手术时最好把患侧所有乳腺、腋淋巴结和腹股沟淋巴结等彻底切除，否则极易复发。猫乳腺瘤占整个猫肿瘤的 17%。

第二节　犬泌尿生殖系统疾病临床检查

犬泌尿生殖系统临床检查主要通过问诊、视诊、触诊和剖腹探查，听诊和叩诊用途不大。

一、泌尿系统疾病临床检查

(一)问诊

1. 病理名词

在询问动物主人前，先要了解一下排尿的几个病理名词。

①多尿(polyuria)：是指在尿道无感染情况下，每日排尿量增多，表现为排尿次数增多或每次排尿量增多。

②少尿或无尿(oliguria or anuria)：是指每日排尿量减少，甚至没有尿液排出。

③频尿(pollakiuria)：是指排尿次数增多，每次排尿量不增多或减少，或呈滴状排出。

④尿失禁(urinary incontinence)：是指动物不能自主控制排尿。长期尿失禁易引发尿道感染，不易治愈，最严重的不得不实行安乐死。

⑤遗尿(enuresis)：是指动物睡觉期间，不能自主控制排尿而出现的排尿。

⑥夜尿症(nocturia):是指动物在夜间过量排尿,它也可能是多尿症的一种表现。

⑦排尿困难(dysuria):通常是指排尿时痛苦或困难,表现尿频、急迫、犹豫、淋漓等。

⑧尿潴留(urine retention):是指肾脏产生的尿液潴留在膀胱内而不能排出,也称尿闭。

⑨痛性淋尿(stranguria):是指动物排尿时非常痛苦不适,尿呈滴沥状或细线状排出。

2. 问诊

向主人询问内容,主要是有无多饮和多尿(表 9-1)、尿失禁、遗尿、夜尿症、排尿困难(表 9-2)和尿潴留等情况。

表 9-1 多饮和多尿的原因

1. 原发性和继发性的多尿
①渗透性利尿:见于糖尿病、原发性肾性糖尿、Fanconi 氏综合征、堵塞后的利尿。
②加压素(抗利尿激素)缺乏——中枢性尿崩症:自发性的、外伤诱导性的、垂体瘤、先天性的等。
③肾脏对加压素敏感性降低——肾性尿崩症:有原发性肾性尿崩症和继发性肾性尿崩症。
原发性肾性尿崩症是指肾脏先天性结构和机能缺陷,非常少见。
继发性肾性尿崩症包括肾机能不足或肾衰竭、肾盂肾炎、子宫积脓、高钙血症、低钾血症、肾上腺皮质机能亢进或降低、甲状腺机能亢进、肝脏机能不足、肾脏髓溶质流失、药物性或饮食性等。
2. 多饮原因 见于精神性的(行为性的)、脑病、神经性的、环境温度高或体温升高、辛苦性的等。

表 9-2 排尿失禁、遗尿或排尿困难的原因

1. 神经性原因 任何外伤或手术损伤了神经,破坏了排尿反射的上运动神经元,损伤了排尿的随意控制,便形成了一个痉挛性神经病性膀胱。此时下运动神经元无损伤,使排尿收缩肌正常。因此,不能使排尿收缩肌和尿道括约肌松弛协调工作,所以便产生了不能随意排尿和排尿不完全。
任何神经损伤破坏了排尿反射的下运动神经元,中断了排尿收缩肌收缩,便形成了一个松弛性神经病性膀胱,膀胱储尿能力增大。等膀胱内充尿压力超过排尿阻力时,正常的括约肌便让尿液流出。当尿道张力减小时,膀胱内压力增大,便有尿液流出。而尿道张力正常时,膀胱内压力极大地增大,也会有尿液流出。
2. 非神经性原因
①先天性下尿道解剖异常引起的尿失禁:见于输尿管异位等,由于异常使尿液通过旁路或异常管道或开口排出,发生在年幼动物,一般临床上罕见。
②后天性下尿道异常引起的尿失禁:见于膀胱或尿道炎症或浸润性疾患,如慢性膀胱炎、尿道炎、肿瘤、尿结石和前列腺疾患等,多发生在成年动物。
尿道堵塞时,可引起排尿困难、尿淋漓和膀胱尿潴留。膀胱尿潴留可发展为尿失禁,严重的引起膀胱破裂。
③机能性尿失禁:膀胱或尿道组织结构正常,但不能执行正常机能。最多见的是尿道括约肌闭锁不全,另外还有排尿收缩肌无力。

向动物主人询问完情况后,动物医生在诊断动物是否排尿异常前,首先得了解动物正常排尿时的表现和姿势,以及膀胱的充盈情况,这样才能诊断出异常。

(1)神经性异常:动物膀胱充满尿液,而无排尿反射或表现时,则为神经性异常;神经性异常也可能表现为间断性滴滴尿。

①神经性异常时，动物医生注意询问以前有无外伤，有无损坏神经或脊髓，神经是否异常。还要检查海绵体肌、会阴反射、肛门张力、荐部和尾巴的敏感性，以上检查正常，表示荐部和阴部神经机能正常。

②动物表现间断性滴尿时，可能是痛性淋尿、排尿口有阻力。

③动物躺卧或睡觉时遗尿，表示尿道括约肌闭锁不全性失禁。以前的腹腔或泌尿生殖手术也可以引起下尿道损伤，导致遗尿。

④动物不断地滴出尿液，表示有解剖或机能的异常。

(2)非神经性异常：非神经性遗尿可通过腹腔触摸和直肠检查，以及阴道和外生殖器检查。触摸腹腔里膀胱，需在膀胱排尿前和排尿后各触摸一次，触摸时可发现以下情况。

①如果膀胱是大的、膨胀的、薄壁的，表示膀胱是松弛的和反应性差。

②如果膀胱是小的、收紧的、厚壁的，表明膀胱是痉挛收缩的。

③如果有可能，触摸时用手指压迫膀胱排尿，检查膀胱口排尿的阻力，排尿容易的，表明膀胱排尿口阻力小；排尿困难或不能排出尿液的，表明膀胱正常或增加了排尿阻力。

动物排尿时，注意观察其用力情况，竭尽用力排尿，表明膀胱排尿口阻力大或尿道堵塞；如果排尿极容易，表明逼尿肌机能良好或括约肌松弛。动物排尿后，可用导尿管把膀胱剩余尿液导出来，并进行测量。正常排尿后尿量为0.2～0.5 mL/kg，超过此尿量，说明膀胱剩余尿量太多，表明膀胱或尿道存在异常。

(3)尿潴留：原因见表9-3。

表9-3 尿潴留的原因

1. 膀胱机能丧失
①神经性膀胱机能丧失：见于荐椎前脊髓损伤、荐椎脊髓损伤、骨盆神经或神经丛损伤、自主神经机能异常。
②肌肉性膀胱机能丧失：见于膀胱过度扩张（如堵塞、疼痛、障碍无力、分娩、多尿）、肌肉软弱无力、周围神经病、病毒病、放射性损伤、老年性的、抗胆碱能抗痉挛药物、自发性或特发性的。
2. 不适当的排尿口堵塞
①物理性堵塞：见于尿结石（图9-4）、黏蛋白栓塞（猫）、膀胱颈或尿道肿瘤、前列腺疾病（多见肿瘤）、外伤、手术、出血、炎症或水肿、尿道狭窄、尿道外压迫、膀胱脱出或后屈。
②机能性堵塞：见于荐椎前或脑干损伤、自发性尿逼肌-尿道协同失调、机能性膀胱颈堵塞、尿道痉挛性堵塞（如尿道后堵塞、炎症、尿道或尿道周围手术、α-促效药物）。
3. 其他　少尿或无尿、尿道破裂等。

诊断犬是否尿潴留（尿闭）的步骤如下。

①问诊：内容包括以前繁殖或配种、有无神经病、外伤或手术（如尿道、腹腔后部、盆腔、外生殖器等）、饮水、排尿姿势、尿道感染、尿结石、全身性疾病，以及以前用药治疗情况等。

②泌尿系检查：外部泌尿生殖器检查其损伤、结构异常、肿块或疤痕；腹部触诊膀胱的大小、紧张度；直肠检查肛门松紧度、荐部敏感性和尿道，公犬的前列腺，母犬的阴道和尿道口，以及有无尿结石和肿块等情况。

③神经系检查：包括精神状态、姿势、步幅、后肢敏感性、尾巴活动性、会阴敏感性，以及刺激荐部、阴部或尿道球反应等。要了解以上检查项目是否异常，首先需要知道正常动物对以上

项目检查时的正常情况。

④观察排尿:注意观察排尿时的姿势、用力、尿流粗细、舒服还是不舒服、排尿后膀胱大小。无尿排出可能是尿潴留、无尿或膀胱破裂,诊断时注意区别,尿潴留时膀胱变的极大。

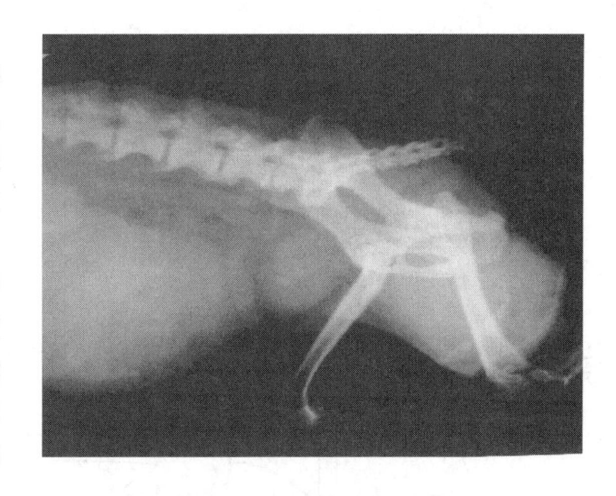

图 9-4 公犬尿结石 X 线片*

*从片中可见:①膀胱膨大,下部有一小串结石;②膀胱后肿大的前列腺,穿过前列腺的尿道内有两个结石;③从前列腺后一直到股骨下端尿道内,有一长串弯曲的颗粒结石。

膀胱口堵塞或尿道结石时,动物排尿时经过长时间努责,只有线样尿流排出或只排出几滴血尿。有些机能性堵塞,在排尿开始正常,稍后逐渐尿流变细而停止,大量尿液仍留在膀胱内。用手压迫膀胱,用以估测膀胱口排尿的阻力,膀胱口排尿阻力过大时,膀胱常常是膨大、坚硬、触压疼痛和排不出尿液。原发性逼尿肌松弛或下运动神经元疾患时,膀胱变的膨大而松弛,由于膀胱排出口阻力小,容易按压排尿。正常的犬或者不愿合作,手压膀胱排尿比较困难。当然了,手压膀胱排尿时,一定要用力适当,警惕别把膀胱压迫破裂。

⑤用导尿管诊断:使用导尿管插入尿道和膀胱,用以检查尿道或膀胱有无堵塞;还可以检查动物排尿后,膀胱里剩余尿液是否正常(犬正常为 0.2～0.4 mL/kg)。在机能性堵塞疾患或原发性逼尿肌松弛时,适宜的导尿管比较容易插入膀胱,如果尿道患有管径变细或歪斜损伤,导尿管插入就困难了。公犬尿道内有个体小或疏松尿的结石时,利用插入尿道管,如无太大阻力,可把结石推回到膀胱里(图 9-5)。母犬膀胱里有个体小的尿结石时,让犬站立,有时可用手挤压膀胱排尿,让个体小的结石随尿液排出体外(图 9-6)。如果动物患有前列腺疾患,如肥大、囊肿、肿瘤等,压迫尿道变的萎陷了,一般导尿管还是可以通过的。为了诊断前列腺、解剖性异常或尿结石,还可以利用超声波或尿道 X 线摄影术。

(二)视诊

视诊主要观察尿量、尿的颜色和透明度,详见尿液分析一章。

(三)触诊

1. 触摸肾脏

注意触摸 2 个肾脏的大小、形状、位置、表面情况、疼痛、两肾脏对称性等。犬的右肾一般难以触摸到,左肾稍靠后,有的犬左肾可以触摸到,且有些活动性。除太肥胖的猫,猫的左右肾脏通常都可以触摸到,但两个肾脏都有活动性,尤其是左肾脏,活动性特别大,触摸时一定要注意和粪球等类似物的区别。单侧或双侧肾脏肿大时,较易触摸到。肿大的肾脏,触摸时除感到个体大外,还感到表皮光滑紧张,肾脏感染发炎或肾盂结石时,触摸还有疼痛表现;而肾脏肿瘤或畸形肿大时,触诊无疼痛表现。触摸肾脏变小,质地变硬或表面凹凸不平,表示肾脏萎缩、机能降低或丧失,多见于多尿的猫慢性肾脏衰竭。

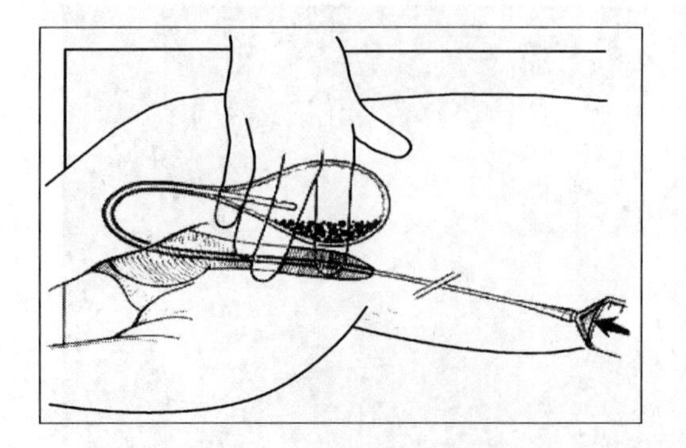

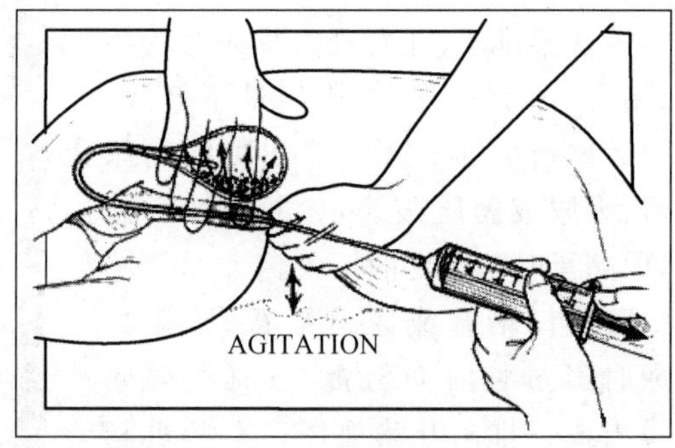

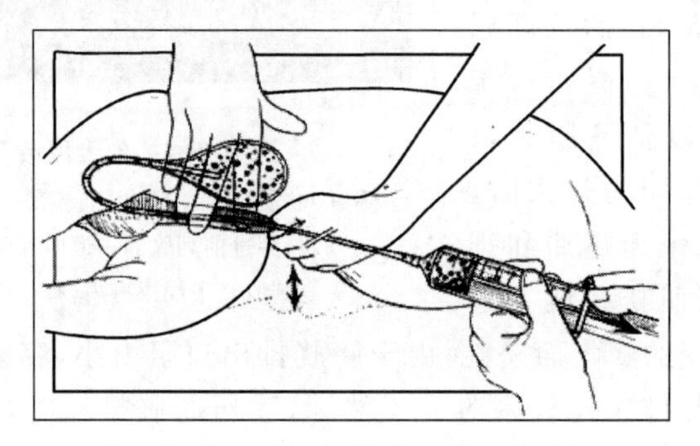

图 9-5　驱除公犬膀胱里的小结石

上左图:让公犬侧卧,向膀胱里插入带注射器的导尿管。

上右图:向膀胱里注射生理盐水,用力上下移动腹部里膀胱,使生理盐水和小结石混合。

下图:在不断移动腹部里膀胱时,抽动注射器芯,把生理盐水和小结石混合液抽出来。

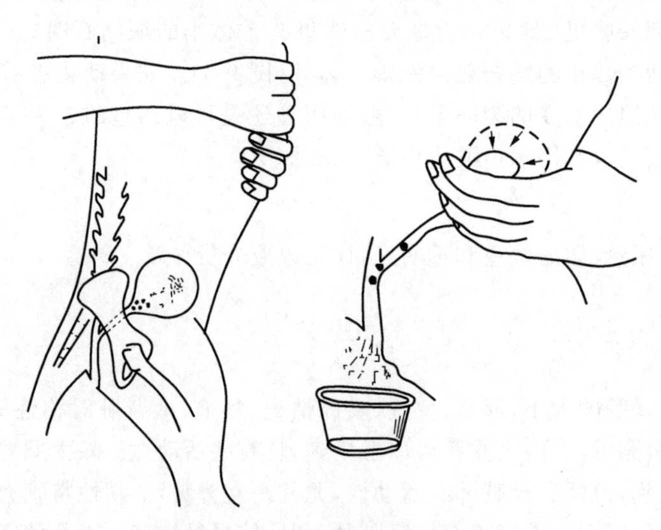

图 9-6　驱除母犬膀胱里的小结石

左图:让犬直立,促使结石下沉。

右图:用手挤压膀胱排出结石(轻轻地摇动膀胱,使结石移到膀胱颈处,用手指用力均匀地压迫膀胱,使小结石随尿流排出体外)。

2. 触摸膀胱

注意其大小、位置、形状、疼痛、壁的厚度、膀胱内肿块、摩擦感觉等。膀胱触诊时能否触摸到,与膀胱充尿膨大的程度有关,膀胱排尿后变得很小时,则难以触诊到;膀胱充斥特别多的尿液变的极大时,有时也难以触摸到,触摸时一定要注意。中等大小的膀胱,如小型犬和猫或比较瘦的犬,在后腹部耻骨前缘容易触摸到,正常膀胱表面光滑像梨样。急性膀胱炎或膀胱结石时,触摸膀胱疼痛,动物表现不安。结石个体较大,动物不紧张,腹部较松弛时,还可以触摸到结石。膀胱结石长期存在,由于结石长期刺激,使膀胱壁变厚,触摸时感觉膀胱像个肉球。不同部位尿结石引起的泌尿系统临床表现见表 9-4。手术取出尿结石后,根据其形状,大概可以辨认其成分(图 9-7)。

表 9-4 尿结石引起的临床表现

1. 尿道结石　开始无症状,以后排尿困难、尿频、急迫性失禁;显著血尿;触摸尿道结石;自然排尿可排出小的结石。
继续发展,部分或完全排尿堵塞(尿失禁溢出、无尿、触摸膀胱膨大和疼痛,膀胱破裂、腹腔增大和疼痛),肾后性氮血症(厌食、沉郁、呕吐、腹泻等)。
还可能同时并发膀胱结石、输尿管结石和肾结石症状。
2. 膀胱结石　开始无症状,以后排尿困难、尿频、急迫性失禁;显著血尿;触摸膀胱结石、膀胱壁增厚。
继续发展,部分或完全膀胱颈排尿堵塞(见尿道结石)。
还可能同时并发尿道结石、输尿管结石和/或肾结石症状。
3. 输尿管结石　开始无症状,以后显著血尿、持续腹痛;单侧或双侧输尿管结石堵塞,可引起单侧或双侧肾脏肿大,肾后性氮血症(见尿道结石)。
还可能同时并发尿道结石、膀胱结石和/或肾结石症状。
4. 肾结石　开始无症状,以后显著血尿、持续腹痛;如果整个肾脏感染了,将出现全身症状(厌食、沉郁、体温升高和多尿)。触摸患侧肾脏增大,肾后性氮血症(见尿道结石)。
还可能同时并发尿道结石、膀胱结石和/或输尿管结石症状。

尿结石手术取出后,可根据结石形态,判断结石成分,请参考图 9-7。

3. 剖腹探查

不管是泌尿系统,还是消化系统,如果怀疑腹腔内泌尿系统或消化系统有结石、肿瘤、狭窄、肠内异物、肠套叠等,而又难以确诊时,都可考虑腹腔手术进行探查和诊断治疗。

二、公犬生殖系统疾病临床检查

1. 问诊

问诊内容包括饲养管理情况,疫苗接种情况,以前患过什么病和如何治疗的,是否是近亲繁殖动物,配种生育力(性欲、配种机能、母动物产仔数多少),配种母动物妊娠后有无流产,产仔存活和死亡情况等。

2. 视诊

检查公犬包皮分泌物,可通过视诊观察,正常公犬有时也具有少量灰白色或灰黄色分泌

图 9-7　犬尿结石的不同矿物质成分所显示的不同大小、形状和表面特点

1,2. 二水体草酸钙结石　3～5. 一水体草酸钙结石　6. 二水体草酸钙结石　7,8. 胱氨酸结石　9. 尿酸铵结石，左为切面的分层纹理结构(同心层)　10,11. 尿酸铵结石(斑点犬易患此尿结石)　12,13. 磷酸铵镁结石(鸟粪石)　14. 混合尿结石，中心是一水体草酸钙结石，外围是磷酸铵镁和碳酸钙磷灰石结石　15. 混合尿结石，中心是硅酸盐结石，外围是草酸钙、硅酸盐和尿酸铵混合物结石　16,18. 硅酸盐结石　19. 磷酸铵镁结石，形状似膀胱，突出的部分为尿道端　20. 磷酸铵镁结石，形状似肾盂，突出的部分为输尿管端

物。包皮有过量分泌物时(表 9-5)，可见于性欲过强刺激引发的龟头包皮炎、前列腺肥大、前列腺炎或肿瘤，以及阴茎炎症、阴茎骨骨折、外伤、异物、肿瘤和假两性畸形。

检查睾丸大小、对称性、肿大或缩小、有无隐睾和静脉曲张。

表 9-5　公犬包皮过量分泌物的原因

1. 未去势公犬

①存在包皮水肿的：见于炎症、外伤或异物。

②不存在包皮水肿的：见于龟头包皮炎、阴茎肿瘤。

③有分泌物与触压前列腺无疼痛的：见于前列腺肥大、前列腺肿瘤。

④有分泌物与触压前列腺疼痛的：见于前列腺炎。

2. 去势公犬

①存在包皮水肿的：见于外伤或异物。

②不存在包皮水肿的：见于龟头包皮炎、阴茎肿瘤。

3. 包皮发育不全　见于假两性畸形。

3. 触诊

触诊就是触摸包皮、阴茎、阴囊、睾丸、附睾等，触诊主要是检查阴茎肿瘤、阴茎骨骨折、异物(触摸时疼痛)。之后，将阴茎推出包皮外，具体做法是一只手握住包皮，另一只手在包皮外握住阴茎，用适当力量将阴茎向外推出包皮(图 9-8)。然后检查分泌物颜色、阴茎上的炎症、粘连物、包茎、嵌顿包茎、永久性系带、阴茎和包皮黏膜、传染性性病肿瘤等。

阴茎包皮内分泌物为血色的，见于阴茎、包皮和前列腺肥大的外伤或损伤；阴茎包皮内分泌物为灰黄色的，见于龟头包皮炎、异物和前列腺炎。阴茎和包皮黏膜检查，重点是其炎症、损伤和肿瘤。在龟头包皮炎时，其黏膜显示大面积红色和凹凸不平的肿胀。在尿道球部黏膜皱褶里，注意检查有无异物刺扎在黏膜上。

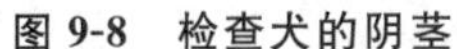
图 9-8 检查犬的阴茎

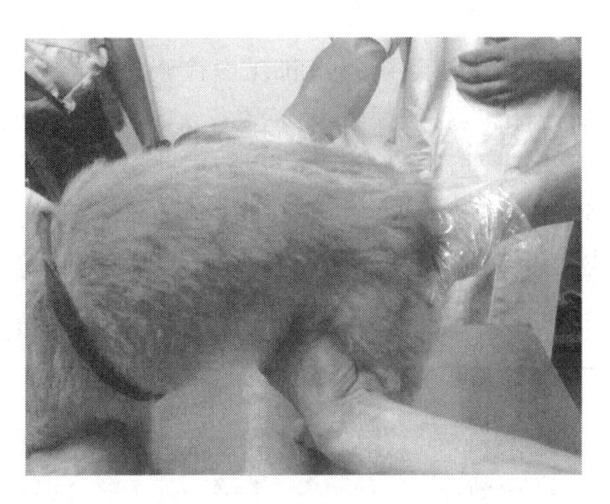

图 9-9 手指直肠检查犬的前列腺

对于没有去势的公犬，尤其是老年犬，注意检查其前列腺肥大、炎症或肿瘤。手指直肠检查前列腺(图 9-9)，正常前列腺是平滑、两侧对称和触压无疼痛。而犬前列腺炎时，触压前列腺，犬有疼痛反应；前列腺增生肥大或囊肿时，通常无疼痛反应。前列腺癌症时，表面上会出现小结、黏着和触压有痛感。当然了，如果再配合 X 线和超声波诊断前列腺疾患就更好了。

睾丸和附睾检查：检查时注意睾丸和附睾的大小、形状、温度、硬度、疼痛等。急性睾丸炎时，睾丸肿大、温度增高、触摸疼痛。公犬急性布氏杆菌感染时，睾丸和附睾肿大明显。慢性睾丸炎时，睾丸质地变硬，触摸疼痛不明显，但精液质量差，种犬配种怀胎率低或根本无生殖能力。老年未去势的公犬，易发睾丸肿瘤，触摸睾丸内可感到有结节状的团块。犬隐睾常常发生在某些品种犬，检查时只有一个睾丸。另一个睾丸可能在腹股沟管内，位于大腿根内侧，左右均可能；也可能位于腹腔内，在大腿根内侧找不到。隐睾易转变为癌症(图 9-10)。犬瘟热也能引起附睾炎。

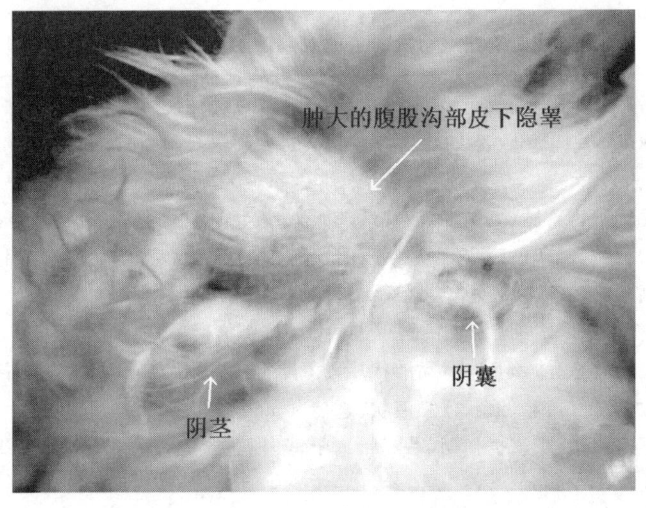

图 9-10 犬大腿根部隐睾发生癌症变化

三、母犬生殖系统疾病临床检查

1. 问诊和视诊

母犬生殖系统问诊和视诊检查主要包括绝育，第一次发情时间，以后发情配种、妊娠、分娩、产仔窝数、产仔数、存活数、以前发病情况和治疗，发情阴道分泌物（表 9-6）、分泌物颜色（表 9-7）、外阴状况（表 9-8）、腹围状况（表 9-9）、乳腺状况和乳腺瘤（表 9-10 和图 9-11）等，并诊断其出现异常时的原因。检查时还要注意子宫脱出、阴蒂肥大外露、阴道前庭肿瘤、阴道水肿或增生突出（图 9-12）、胎盘或仔犬、阴门周围皮肤炎等。

表 9-6　母犬阴道分泌物的潜在原因

1. 妊娠母犬
①妊娠期：见于流产、胎儿浸渍、类黄体素机能降低（hypoluteoidium）、妊娠出血等。
②分娩期：见于正常情况、子宫颈开张不够、子宫无力、胎盘滞留、子宫扭转、子宫脱出。
③分娩后时期：见于正常情况、子宫复旧延期、分娩后感染或出血、胎盘坏死、胎盘复旧延期。
2. 非妊娠母犬
①发情前期：见于囊肿不排卵、发情前期延长、粒膜鞘细胞瘤（granulose thecal cell tumor，卵巢瘤）、阴道脱出等。
②发情期：见于发情正常、配种损伤。
③间情期：见于子宫内膜炎、子宫蓄脓、黏液性生产后子宫炎。
④其他原因：见于继发性阴道炎、假两性同体（pseudo-hermaphroditism）、阴道肿瘤、子宫肿瘤、生殖系异物、尿阴道畸形（urovagina）。
3. 卵巢子宫切除的母犬
①卵巢子宫切除后 1～4 周：术后出血、凝血病、异物。
②卵巢子宫切除后几个月到几年：见于继发于阴道狭窄的阴道炎、异物、肿瘤、子宫残留感染、发情前卵巢残余综合征。

表 9-7　未妊娠动物的生理或病理阴道分泌物的颜色

①血色：见于子宫蓄脓、发情前期（液状）、配种损伤（液状含凝块）、发情前期延长（液状含凝块）、粒膜鞘细胞瘤（granulosa thecal cell tumoa：液状）、残留血液（液状含凝块）、副卵巢（液状）、残留卵巢（液状）、异物、阴道狭窄。
②淡血清血样色：见于子宫蓄脓、发情期（液状）、副卵巢（液状）、残留卵巢（液状）、异物、阴道狭窄。
③棕红色：见于子宫蓄脓、流产（液状或黏液状）、间情期（第 1 周、黏液状）、发情前期延长（液状）、次发情期（液状或黏液状）、副卵巢（液状）、残留卵巢（液状）、异物、阴道狭窄。
④灰白色：见于子宫蓄脓、间情期（黏液状）、阴道肿瘤（黏液状）、假妊娠（黏液状）、子宫残留肿瘤（黏液状）、子宫残留脓液（黏液状恶臭）、副卵巢（黏液状）、残留卵巢（黏液状）、异物、阴道狭窄。
⑤棕红色：见于开放的子宫蓄脓（液状或黏液状、恶臭）、异物、阴道狭窄。
⑥黄灰绿色：见于子宫蓄脓、阴道炎初期（黏液状）、子宫内膜炎（黏液状）、子宫残留脓液（黏液状恶臭）、异物（黏液状）、阴道狭窄。
⑦水样：子宫蓄脓、尿阴道畸形（液状）、异物、阴道狭窄。

表 9-8 阴道分泌物与外阴状况反映的生理和病理原因

外阴水肿			外阴水肿＋炎症	外阴无水肿
水肿明显	水肿中等	水肿较轻		
发情前期	发情期	间情期	阴道炎初期	阴道狭窄
安静发情周期	安静发情周期	子宫内膜炎	子宫内膜炎	子宫内膜囊腺体
发情周期未排卵	发情周期未排卵	副卵巢	开放性子宫蓄脓	增生
发情前期延长	间情期第 1 周	残留卵巢	子宫内残留蓄脓	阴道肿瘤或息肉
粒膜鞘细胞瘤	妊娠	产后期间	假两性同体	胎盘复旧延期
副卵巢	类黄体素机能降低	关闭性子宫蓄脓	异物	阴道异物
残留卵巢	流产	胎儿浸渍		
产仔后	产仔出血	子宫颈扩张不足		
子宫无力	副卵巢	子宫复旧延迟		
子宫扭转	残留卵巢	产后感染		
胎盘滞留	假两性同体	胎盘坏死		
假两性同体				

表 9-9 阴道分泌物与腹腔大小变化的原因

①腹围明显增大：见于妊娠 35 d 以上、妊娠晚期流产、胎儿浸渍、子宫颈扩张不足、子宫扭转、闭锁或开放性子宫蓄脓、子宫肿瘤。

②腹围轻度增大：见于妊娠 35 d 以下、假妊娠、类黄体素机能降低、流产、胎儿数目少、单个胎儿、单子宫角妊娠、子宫颈扩张不足、胎盘滞留、子宫复旧延长、粒膜鞘细胞瘤、子宫肿瘤、开放性子宫蓄脓。

③腹围变小：见于产仔初期、胎盘坏死。

④腹围正常大小：见于发情期、发情后期、次发情期、发情前期延长、交配损伤、子宫内膜炎、子宫内膜囊腺体增生、尿阴道畸形。

犬乳腺肿瘤分为乳腺良性肿瘤和乳腺恶性肿瘤，其组织类型见表 9-10。

表 9-10 犬乳腺肿瘤的组织类型

1. 乳腺良性肿瘤　有良性混合性肿瘤、复杂腺瘤、纤维腺瘤(分腺管内型和腺管周围型)、管状乳头瘤和单纯性腺瘤。

2. 乳腺恶性肿瘤

①乳腺癌：有管状腺癌(分单纯型和复合型)、乳头状腺癌(分单纯型和复合型)、乳头囊性腺癌(分单纯型和复合型)、硬结癌(分单纯型和复合型)、退行性癌、黏性癌、鳞状细胞癌、纺锤细胞癌。

②乳腺肉瘤：骨肉瘤、纤维肉瘤、复合型肉瘤。

③乳腺混合性恶性肿瘤。

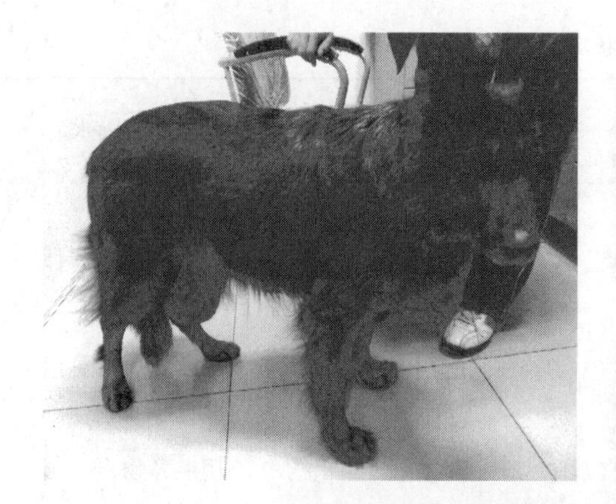

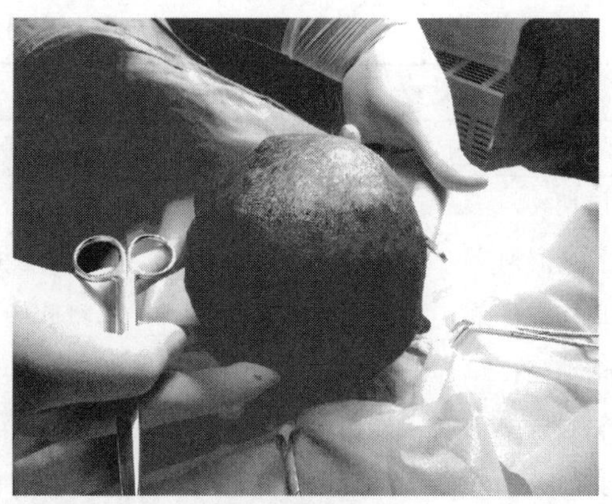

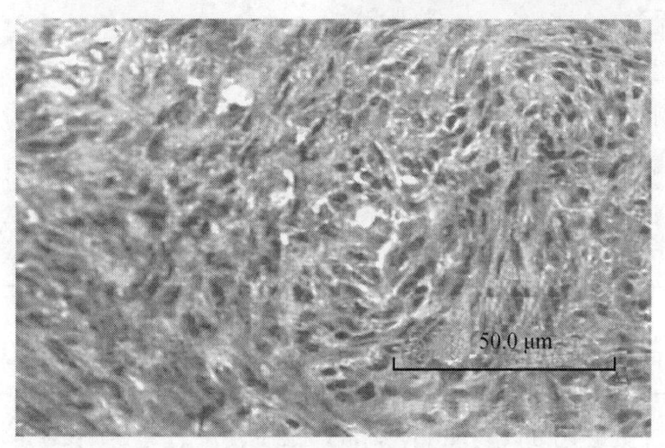

图 9-11　母犬乳腺肿瘤和病理组织切片*

* 此犬 13 岁，肿瘤手术摘除，重 1.35 kg。乳腺肿瘤经病理组织切片诊断，是良性纤维腺瘤混合小范围恶性纤维肉瘤。一般犬乳腺肿瘤 50%是良性肿瘤，而猫乳腺肿瘤只有 10%～20%是良性肿瘤。

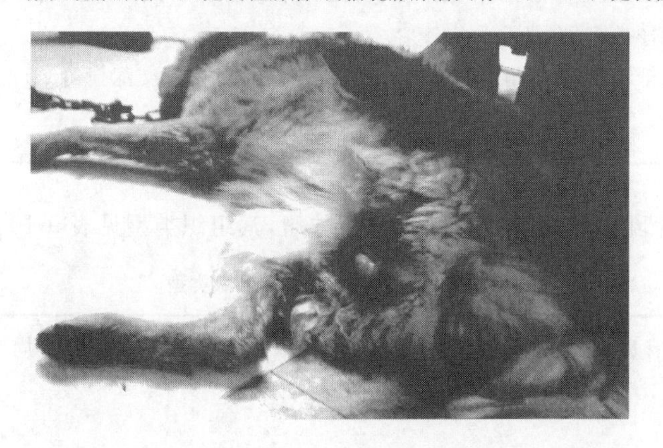

图 9-12　母犬阴道增生突出

阴道分泌物可出现在母犬的正常情况下或泌尿生殖道疾病的情况下，也可出现在绝育母犬。正常犬在发情前期、发情期、妊娠期和分娩后出现的阴道分泌物一般都是正常的；而其他时间出现的阴道分泌物，通常都是由于泌尿生殖道疾病引起。阴道分泌物临床检查的情况和原因，可参考表 9-6 至表 9-9。

2. 触诊

腹部触诊触摸子宫和卵巢，首先让犬站立在诊断台上，检查者一只手放在腹腔一侧膝关节处，另一只手在对侧用适当力量挤压腹部，用以触摸子宫的大小、质地和波动感。触诊子宫，一般比较难以进行，对于小型或比较瘦的犬猫，可进行触诊，触诊子宫有无疼痛，再配合阴道分泌物，诊断疾病如表 9-11 所示。子宫蓄脓时，在腹腔后底部，可触摸到柔软而膨大的子宫。触诊妊娠母犬，在妊娠 28 d 时，子宫直径增大 3 cm，是最易触摸到胎囊及里面的胎儿时间，胎囊触摸起来像个充满液体的球形物；胎儿较坚实，呈不规则的形状。需要警惕的是触摸不到时，不要强行触摸，即使能触摸到，也要格外小心，以免损伤胎儿，引起流产。而妊娠 35 d 时子宫肿大融合，反而使触诊困难，不易触摸到。乳腺在妊娠 35 d 时增大，临产前最后 1 周乳汁能由乳头挤出。用超声波检查，妊娠 25 d 以上便可检查出来；用 X 线检查，在妊娠 40 d 以后便可检查出来，主要显现胎儿的脊椎骨，并可测知胎儿的个数。

表 9-11　阴道分泌物与腹腔触诊有无疼痛的原因

1. 腹腔触诊无疼痛 ①子宫无增大：见于发情前期、发情期、间情期。 ②子宫增大：子宫有规律增大见于妊娠 25～30 d、类黄体素机能降低 4～5 周。子宫无规律增大见于流产、子宫蓄脓、子宫肿瘤、妊娠 40 d 以上。 2. 腹腔触诊疼痛 ①子宫无增大：见于子宫内膜炎。 ②子宫增大：见于子宫蓄脓＋腹膜炎、子宫扭转、胎盘坏死。

卵巢触摸，在正常情况下，一般都难以触摸到。在刚分娩的小型动物，有时可以触摸到卵巢；在卵巢囊肿或发生肿瘤时，相对较容易触摸到囊状物或肿瘤。

检查母犬乳房时，应让动物仰卧在诊断台上，注意检查乳头的数目、外貌、左右对称性、乳房大小、硬度、形状、发炎、坏死、脓肿、肿瘤等，必要时还得配合实验室检验。

阴道检查适于较大型母犬，可戴上消毒的手套，手指涂上灭菌的滑润油，然后插入阴道，检查阴道前庭、阴蒂、前庭球、尿道结节、尿道口、阴道狭窄、肿瘤和穹窿。绝育母犬的先天性阴道狭窄，是最多见引起阴道分泌物的原因。先天性阴道狭窄出现在阴道前庭和阴道联合处；在此联合处，如果出现先天性隔膜，使前庭和阴道隔开，此膜为处女膜闭锁。如果有阴道镜，可用阴道镜插入阴道，进行阴道、阴道狭窄、处女膜闭锁和子宫颈检查，还可以采取阴道上皮细胞和细菌进行检验。

3. 其他

母犬发生不妊、流产、早产、死产或出产仔犬死亡，其原因可能如下。

①病原微生物：布氏杆菌（用快速诊断试剂诊断）、链球菌、大肠杆菌、葡萄球菌、变形杆菌、真菌、犬瘟热、腺病毒和疱疹病毒。如果怀疑是犬瘟热和腺病毒感染引起，可用快速诊断试剂诊断。

②遗传、损伤、胎盘出血、孕激素缺乏、子宫空间小，以及子宫发炎、增生、肿瘤等，都能引起生殖障碍。

第三节 猫泌尿生殖系统疾病临床检查

猫泌尿生殖系统疾病临床检查很多都类似于犬，其个别不同点如下。

(1)猫的2个肾脏活动性比犬的大，尤其是左肾，触摸时一定注意与粪便块的区分。猫病理性肾脏肿大，多见于淋巴肉瘤、多囊性肾脏；猫慢性肾衰竭时，常常可触摸到肾脏个体变小，表面凹凸不平。

(2)猫阴茎包皮排尿口距离肛门比母猫近，但幼年时公母猫还是难以辨认。在正常时，其阴茎是向后腹侧方向的，只有在交配时才向前，性成熟公猫阴茎上有刺状突起(图9-13)；成年公猫阴茎上无有刺状突起，表示具有繁殖障碍，是缺乏雄性激素的原因。

(3)猫下泌尿道疾病较多见(表9-12)，公猫如果发生尿道结石堵塞时，触诊腹部可触摸到膨大坚实的膀胱或拍X线片可显出膨大的膀胱(图9-14)；如果未完全堵塞，膀胱虽然不太大，触诊时可能敏感疼痛。如果有猫用导尿管，可将膀胱积尿导出，还可把尿道中小的结石粒通回到膀胱里。母猫患下泌尿道疾病难以排尿时，触诊腹部可发现膀胱比正常大些，而且还有疼痛表现。

(4)猫因肛门小，一般难以实施直肠检查。

表9-12 猫下泌尿道疾病的原因

①尿结石种类：磷酸胺镁、草酸钙、磷酸钙、尿酸铵、尿酸、胱氨酸、黄嘌呤等结石，以及基质。
②尿道栓塞物：磷酸胺镁结晶、基质、基质和磷酸胺镁结晶、基质和其他结晶。
③感染：细菌、真菌、寄生虫等。
④其他原因：间质性膀胱炎、解剖性异常、肿瘤、神经性的、外伤性的、医源性等。

图9-13 猫的阴茎模式图

1. 尿道外部开口 2. 阴茎龟头和刺状突起
3. 阴茎海绵组织 4. 阴茎包皮内侧

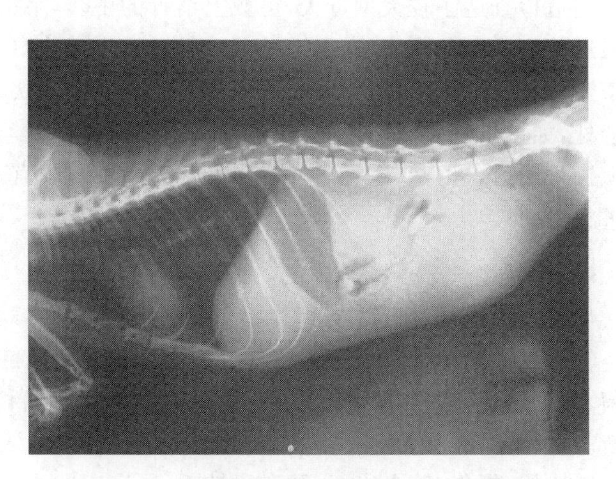

图9-14 猫尿道堵塞后的膨大膀胱X线片*

*猫膀胱膨大一般可通过腹部触诊摸到。

思考题

1. 犬猫多尿和多饮的原因是什么？
2. 为什么犬猫会有排尿困难？
3. 如何去除公母犬猫膀胱内的沙粒样结石？
4. 如何诊断犬猫泌尿系结石？
5. 母犬猫从阴道向外排分泌物，表明了什么？
6. 你能通过视诊和触诊来诊断公犬猫泌尿生殖系统疾病吗？
7. 猫下泌尿道疾病发生的原因是什么？

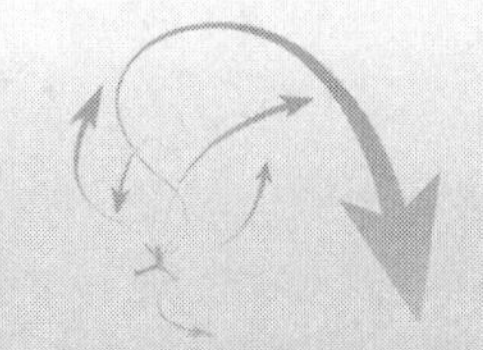

第十章 尿液分析

重点提示

1. 学会用人用干试剂条检验犬猫尿液的物理和化学性质。
2. 了解用人用干试剂条检验犬猫尿液与检验人尿液的不同点。
3. 掌握用人用干试剂条检验犬猫尿液的临床意义。

尿液分析也叫尿液检验，内容包括尿液物理性质和化学性质检验，以及尿沉渣镜检。尿液检验可用于泌尿系统疾病诊断与疗效判断；其他系统疾病诊断，如糖尿病、急性胰腺炎（尿淀粉酶）、黄疸、溶血、重金属（铅、铋、镉等）中毒；以及用药监督，如用庆大霉素、磺胺药、抗肿瘤药等，可能引起肾脏的损伤。尿液采集可通过导尿管导尿、体外膀胱穿刺和自然排尿，以及猫和小型犬体外适度用力压迫膀胱排尿，每次收集尿 5～10 mL。膀胱穿刺获得的尿液没有污染，自然排尿收集尿液注意不要污染。采集的尿液注明采集方法，最好盛在有盖的容器里，在 30 min 内检验完，以免细菌繁殖、细胞溶解等。在夏天一定要不超过 1 h，在冬天不超过 2 h 检验完。不能检验时，应冷藏在 2～8℃冰箱内，在 4 h 内检验。冷藏尿液再检验时，需加热至室温。

如果没有实验室，可购买人用检验尿液的干试剂条（图 10-1），进行目测检验尿液物理性质和化学性质。但是，人用干试剂条不适用于检验犬猫尿相对密度、尿中白细胞、尿中亚硝酸盐和尿胆素原减少尿，其原因详见本章各单项说明。

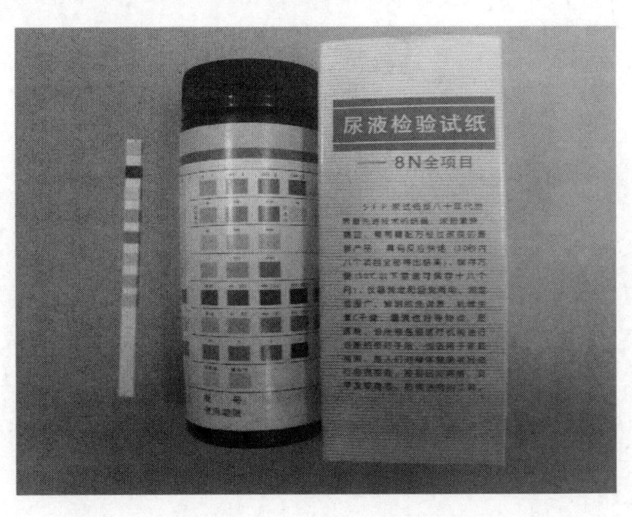

图 10-1 检验尿液的干试剂条、干试剂瓶和盛瓶纸盒

第一节 尿液物理性质检验

一、尿量

在正常情况下，正常人和动物每日的尿量(urine volume)见表 10-1。

表 10-1 正常人和动物每日的尿量 L

种类	平均	范围	种类	平均	范围
人	1.1	1.0～1.2	绵羊和山羊	1.0	0.5～2.0
奶牛	14.2	8.8～22.6	大型犬	1.0	0.5～1.5
马	4.7	2.0～11.0	犬		每千克体重 24～40 mL
猪	4.0	1.0～6.0	猫		每千克体重 16～18 mL

一般无糖尿相对密度大于 1.030，通常无多尿存在；如果尿相对密度小于 1.030，就有可能存在有生理性或病理性多尿，有时也可能存在有病理性尿减少。

1. 尿量增多(多尿)

动物每日每千克体重排尿量超过 50 mL 时为多尿，多尿有正常和非正常性 2 种。

(1)非病理性暂时尿增多(正常多尿)。

①增加水的消耗，包括灌服等强迫饮水和利尿。

②非胃肠道给液体——输液和采食多氯化钠或盐类食物。

③给利尿剂、皮质类固醇和促肾上腺皮质激素或甲状腺激素。

④寒冷、低血钾和应用咖啡因。

(2)病理性可能是永久性尿增多(非正常多尿)。

①慢性进行性肾衰竭(表 10-2)，肾失去浓缩尿能力。

表 10-2 慢性肾脏衰竭诊断方法

1. 临床检查　体重减轻、肌肉块缩小、被毛质量差、脱水。口气有氮血性溃疡和氨味。腹部触诊有肾脏形状改变、体积变小和质地变硬，有腹水。眼睛检查有视网膜出血，高血压导致视网膜脱落。
2. 实验室检验
①尿分析：尿相对密度(检验肾小管间质机能)、pH(检验机体酸碱状态)、尿蛋白(检验肾小球损伤)显微镜检验尿沉渣(检验有无感染的脓尿和细菌)。
②血清检验：尿素氮、肌酐、白蛋白、碳酸氢钠、pH 和电解质(钙、钾、钠、氯、镁)等。
③血液检验：红细胞、血细胞比容和血红蛋白都减少。
3. 影像　X 线片检查肾脏形状和大小；超声波检查肾脏和前列腺，诊断有无肾盂积水或输尿管积水和结石。

②急性肾衰竭(表 10-3)，局部缺血或肾小管疾病期间的利尿期。

③糖尿病和原发性肾性糖尿。

④尿崩症(缺乏抗利尿激素)和肾性尿崩症。

⑤肾皮质萎缩、严重肾淀粉变性、慢性肾盂肾炎、子宫蓄脓、贫血、肾上腺皮质功能亢进。整个肝脏疾患，醛固酮不能代谢的原因。

⑥大量浆液性渗出液的吸收。

⑦高钙血症，钙通过皮质类固醇抑制了抗利尿素的分泌。

表 10-3　急性肾脏衰竭分类

1. 急性肾前性氮血症　见于低血压(如休克、心脏衰竭)、出血症、严重胃肠炎缺少体液。
2. 急性肾性肾脏衰竭
①局部缺血:如肾前性氮血症时间延长、败血症、肾脏血管血栓栓塞。
②肾脏毒物损伤:如药物、己二醇、有机溶剂、重金属、农药杀虫剂、钩端螺旋体病、蛇毒液等。
3. 急性肾后性的
①肿瘤、尿结石。
②破裂性的,如膀胱破裂、尿道破裂和输尿管破裂。

2. 尿量减少(少尿)

(1)生理暂时性的少尿:尿少而相对密度高。

①减少水的饮用。

②周围环境温度高。

③过度喘息。

④训练：交感神经兴奋，减少通过肾脏的血液。

⑤各种原因的脱水。

(2)病理性的少尿:分肾前性、肾性和肾后性的,以及假性少尿。

①肾前性的:见于各种热症、休克、严重脱水、创伤、心力衰竭、肾上腺皮质机能降低等。

②肾性的:见于急性肾脏疾病、肾衰竭(由于局部缺血和肾小管疾病，尿量少而相对密度低)、慢性原发性肾衰竭(尿少相对密度低)、中毒(致急性肾小管、肾脏皮质和髓质坏死)、急性过敏性间质性肾炎等。

③肾后性:见于尿路阻塞(结石、肿瘤等)、尿道损伤(阻碍了尿流)、膀胱破裂和膀胱性会阴疝。

④假性少尿:见于前列腺肥大。

二、尿色

评价尿色(urine color)常用的名词有无色(colorless)、淡黄色(pale yellow,light yellow or straw)、黄色(yellow)、暗黄色(dark yellow)、琥珀色(amber)、粉红色(pink)、红色(red)、棕色(brown)、暗棕色(dark brown)、棕黑色(brown-black)、黄绿色(yellow-green)、粉红黄色(pink-yellow)、蓝色(blue),检验时可参考应用。

1. 正常尿色

犬猫正常尿色为淡黄色、黄色到琥珀色(高浓度尿),其变化与尿中含的内源性尿色素和尿胆素多少有关,还与饮入的水分和外源性色素多少有关,如口服复方维生素 B 或呋喃唑酮(痢

特灵)等,使尿液变黄。

2. 正常尿和病理性尿色变化

病理性尿色变化,除与疾病有关系外,也与尿液浓度、饮入的水分和外源性色素多少有关。因此,不要高估了尿色变化在临床上的意义。

①无色到淡黄色尿:正常尿或尿稀薄、相对密度低和多尿,见于肾病综合征末期、过量饮用水、尿崩症、肾上腺皮质功能亢进、糖尿症、子宫蓄脓。

②暗黄色尿:正常尿或尿少、尿浓而相对密度高,见于急性肾炎、饮水少、脱水和热性病的浓缩尿,以及阿的平尿(在酸化尿中)、呋喃妥因尿、非那西丁尿、维生素 B_2 尿等。

③蓝色尿:见于新亚甲蓝尿、靛卡红和靛蓝色尿、尿蓝母尿、假单胞菌感染等。

④绿色尿(蓝色与黄色混合):常见于绿脓杆菌感染,以及新亚甲蓝尿、碘二噻扎宁尿、靛蓝色尿、伊万斯蓝尿、胆绿素尿、维生素 B_2 尿、麝香草酚尿。

⑤橘黄色尿:见于浓缩尿,尿中过量尿胆素、胆红素、吡啶姆、荧光素钠。

⑥红色、粉红色、棕红色或橘红色尿:用眼睛就能看到尿呈红色,叫做肉眼血尿,常见于泌尿生殖系统炎症、结石或肿瘤等,如各型肾炎、肾结核、急性膀胱炎、尿道炎及其结石或恶性肿瘤等;以及全身性疾病,如白血病、充血性心力衰竭等,引起的血尿、血红蛋白尿。还有肌红蛋白尿(棕红色)、卟啉尿、刚果红尿、苯磺酞尿、新百浪多息尿、华法令尿(橘红色)、大黄尿、四氯化碳尿、吩噻嗪尿、二苯基海因尿等。

⑦棕色尿:见于正铁血红蛋白尿、黑色素尿、呋喃妥因尿、非那西丁尿、萘尿、磺胺尿、铋尿、汞尿等。

⑧棕黄色或棕绿色尿:见于胆管阻塞性黄疸、肝硬化、砷或氯仿等中毒时的胆色素尿。

⑨棕色到黑色尿(在明亮处看呈棕色或棕红色):见于黑色素尿(恶性黑色素瘤)、正铁血红蛋白尿(急性肾小球肾炎)、肌红蛋白尿、胆色素尿、麝香草酚尿、酚混合物尿、呋喃妥因尿、非那西丁尿、亚硝酸盐尿、含氯烃尿、尿黑酸尿。

⑩乳白色尿:又叫乳糜尿。见于先天性因素,有先天性淋巴管瓣膜功能异常;继发性因素有丝虫病及泌尿系脓性感染,如脂尿、脓尿和磷酸盐结晶尿等。

三、透明度

影响尿透明度(transparency)的因素有尿中晶体、红细胞、白细胞、上皮细胞、微生物、精液、污染物、脂肪和黏液等。评估尿液透明度,常用名词有清亮(clear)、轻度烟雾状(slightly hazy)、轻度混浊(slightly turbid)、云雾状(cloudy)、烟雾状(hazy)、混浊(turbid)、絮状(flocculent)、血尿(bloody)。

1. 正常

新鲜刚导出的正常动物的尿是清亮的,但马属动物(马、骡和驴)例外,马属动物的正常尿里,由于含有碳酸钙结晶和黏液呈云状,较暗。

2. 云雾状

不都是病理性的。许多尿样品存放的时间长了,就变成了云雾状,其原因可用显微镜检查尿沉渣寻找,原因如下。

(1)上皮细胞的大量存在。

(2)血液和血红蛋白：尿呈红色到棕色或烟色。血红蛋白尿常呈红色到棕色，但仍透明。

(3)白细胞大量存在呈乳状、黏稠。有时尿混浊为脓尿。

(4)细菌或真菌大量存在呈现均匀云雾状混浊，但混浊不能澄清或过滤后澄清。

(5)黏液和结晶。

①碳酸钙：出现在新鲜马尿或存放一会儿的牛尿中，尿液混浊。

②无定形的尿酸：酸性尿长期存放或较寒冷而产生，呈白色或粉红色云状。

③无定形的磷酸盐：在碱性尿中呈白云状。

四、气味

动物正常尿液的气味(odour)源自尿中挥发性酸性物质。尿液长时间存放后，尿液中尿素分解出现氨而呈氨臭味。动物新排出的新鲜尿液出现氨臭味，见于慢性膀胱炎或膀胱尿液潴留。严重糖尿病酮酸中毒时，尿液出现烂苹果味。动物农药有机磷中毒时，尿液出现蒜臭味。

五、相对密度

检验动物尿相对密度(relative density)(比重)，可用干试剂条(dry reagent strips)法，用干试剂条检验尿液相对密度，一般不够准确，犬的准确度只有69%，猫只有31%。用尿相对密度计或临床折射仪(clinical refractometer)检验尿相对密度比较准确(图10-2)。动物和人正常尿相对密度见表10-4。

图10-2 临床折射仪

表10-4 动物和人正常尿相对密度

种类	平均	范围	种类	平均	范围
犬	1.025	1.015～1.045	猪	1.015	1.010～1.030
猫	1.030	1.020～1.040	绵羊	1.030	1.015～1.045
马	1.035	1.020～1.050	人	1.020	1.010～1.030
牛	1.035	1.025～1.045			

1. 尿相对密度减小的原因

(1)尿暂时非病理性的相对密度减小。

①饮用大量的水、低蛋白质食物或食物中食盐多、利尿、输液。幼年动物因肾脏尿浓缩能力差,尿相对密度低。

②应用皮质类固醇和促肾上腺皮质激素、抗惊厥药、过量甲状腺素、氨基糖苷类抗生素。

③发情以后或注射雌激素。

(2)尿病理性相对密度减小。

1)肾病后期肾脏实质损伤超过 2/3,肾无力浓缩尿,此时尿一般相对密度为 1.003～1.015。

①尿相对密度固定在 1.010～1.012,和血浆透析液有相同的分子浓度,是由于肾完全丧失稀释或浓缩尿能力的原因。

②浓缩实验能区别相对密度降低是由于增加了饮水量,还是尿崩症。

2)急性肾炎(严重的或后期的)、严重肾淀粉样变性、肾脏皮质萎缩、慢性泛发性肾盂肾炎。

3)尿崩症:相对密度 1.002～1.006,这是由于从垂体后叶得不到抗利尿素的原因。

①给予 0.5～1.0 mL 垂体后叶注射液,立即制止住了渴和多尿。限制饮水 12 h,尿量减少,相对密度上升,但达不到尿相对密度的参考值范围。

②如果动物有尿崩症,输给任格氏液后,将出现血浆高渗而尿低渗。给健康动物输任格氏液后,血浆和尿都等渗。

4)肾性尿崩症:肾小管先天性再吸收能力差引起,抗利尿激素治疗无效。

5)子宫蓄脓(由于过量饮水)、肾上腺皮质功能亢进、水肿液的迅速吸收、泛发性肝病、心理性烦渴、长期血钙过多或血钾过低。

2. 尿相对密度增加的原因

常常是尿量少,但糖尿病时尿量多,相对密度仍然高。

(1)暂时生理性尿相对密度增加,见于减少水的饮用、周围环境温度高、过量喘气。

(2)病理性尿相对密度增加。

①任何原因的脱水:腹泻、呕吐、出血、出汗和利尿以及休克等。

②由于心脏病的循环机能障碍性水肿。

③烧伤渗出和热症、肾上腺皮质机能降低。

④急性肾炎初期,但在后期或严重时相对密度可能降低。

⑤原发性肾性糖尿和糖尿病,尿液葡萄糖每增加 1 g/dL,尿相对密度增加 0.004。

⑥任何疾病,尿中存在异常固体时,如蛋白质、葡萄糖、炎症渗出。尿中蛋白每增加 1 g/dL,尿相对密度增加 0.003。

第二节 尿液化学成分检验

检验尿液化学成分,现在常用人用干试剂条(dry reagent strips)法(图 10-1),干试剂条法最多能检验尿 pH、蛋白质、酮体、葡萄糖、胆红素、相对密度、血液、尿胆素原、抗坏血酸、白细胞和亚硝酸盐等。此法操作简单，价格便宜，可用手工操作，目测检验。干试剂条应保存在原瓶内，拧紧盖，放在室内阴凉处，不需要储存在冰箱内。

一、尿 pH

干试剂条检测的 pH 范围是 5～9，犬猫一般正常尿 pH 是 5.5～7.5，它们的肾脏有能力调节尿 pH 为 4.5～8.5。检验尿 pH，在采集尿液后，应马上检验，放置时间长了，对尿 pH 有影响，尿将向碱性变化；尿 pH 变化还与食物成分有关。

1. 酸性尿

①见于肉食动物的正常尿、吃奶的仔犬猫、犊牛和马驹、饲喂过量的蛋白质、热症、饥饿(分解代谢体蛋白)、延长肌肉活动。

②酸中毒(代谢性的和呼吸性的)，见于严重腹泻、糖尿病(酮酸)、任何原因的原发性肾衰竭和尿毒症。严重呕吐有时可引起反酸尿(paradoxical acidurial)。犬猫呕吐引起代谢性碱中毒，发病初期由于代偿原因，尿液是碱性的。呕吐严重时，引起脱水，导致血容量减少、低氯血症和低钾血症，此时尿液可能变成酸性，叫做“反酸尿”。其原因是机体脱水，肾脏为了保存体液和细胞外液 Na^+，肾小管又把 Na^+ 重新吸收回来；又由于氯缺乏，Na^+ 便和 HCO_3^- 一起被重新吸收。Na^+ 还能和肾小管分泌的 H^+ 或 K^+ 交换，而被重新吸收回来，又由于 K^+ 缺乏，被交换的 H^+ 便排入尿中，使尿变成了酸性。

③给以酸性盐类，如酸性磷酸钠、氯化铵、氯化钠和氯化钙，以及口服蛋氨酸和胱氨酸，口服利尿药呋塞米(速尿)。

④大肠杆菌感染后是酸性尿。

2. 碱性尿

①见于正常草食动物的尿、植物性食物谷类(但是如果含有高蛋白质时，可产生酸性尿)、尿潴留(尿素分解成氨)。

②碱中毒(代谢性的或呼吸性的)呕吐、膀胱炎。

③给以碱性药物治疗，如碳酸氢钠、柠檬酸钠或柠檬酸钾、乳酸钠、硝酸钾、乙酰唑胺和氢氯噻嗪(利尿药物)。

④尿保存在室温时间过久，由于尿素分解成氨而变成碱性。

⑤尿道感染，如葡萄球菌、变形杆菌、假单胞杆菌感染，它们因能产生尿素酶，分解尿素产生氨而为碱性。

二、尿蛋白

正常尿中存在微量蛋白质(少于 10～20 mg/dL)，一般检查呈阴性。正常浓稠相对密度高尿中，蛋白可达 20～30 mg/dL。过度浓稠尿液，蛋白达 100 mg/dL，也不能说明是病理性蛋白尿。尿相对密度低而含蛋白质多的尿液可能有问题。干试剂条检验蛋白范围为 10～1 000 mg/dL(有的是 15～2 000 mg/dL)。干试剂条检验尿中蛋白，对白蛋白最为敏感，对球蛋白、血红蛋白、Bence-Jones 蛋白和黏蛋白不敏感。但是，当尿中存在大量球蛋白时，即使尿中白蛋白低于敏感度，也可能呈阳性反应。当尿 pH 大于 8 时，可出现假阳性反应。

1. 生理或机能性蛋白尿

一般为暂时的,常由于肾毛细血管充血引起。

①过量肌肉活动、吃过量蛋白质、母畜发情等。

②发热或受寒、精神紧张。

③初生幼畜(诞生后几天内),犊牛、羔羊、幼犬猫等吃初乳太多。

2. 病理性蛋白尿

(1)肾前性蛋白尿:非肾疾患引起的,是低分子蛋白。

1)Bence-Jones 蛋白尿(蛋白为轻链免疫球蛋白)。

①见于多发性骨髓瘤(浆细胞骨髓瘤)、巨球蛋白血症、恶性肿瘤。

②在 pH 5 条件下,加热尿至 50~60℃,蛋白质沉淀,加热至 80℃时又溶解。

2)血红蛋白尿、肌红蛋白尿、充血性心脏病、病变蛋白尿。

(2)肾性蛋白尿。

1)原因。

①增加了肾小球通透性(见于发热、心脏病、中枢神经系统疾病和休克等)。

②由于肾小管疾患,损伤了它的再吸收。

③肾源性的血液或渗出液。

2)蛋白尿的程度不能完全反映肾脏疾病的原因和严重性,应注意区别下列情况。

①明显蛋白尿:严重的蛋白尿而无血尿,常为肾的原因,尤其是肾小球疾患。

任何原因的明显血尿,见于肾脏新生瘤,尿中可出现红细胞、白细胞,有时有瘤细胞。还有肾损伤。

急性肾炎、肾小球肾炎、肾脏疾病(尤其是重金属汞、砷、卡那霉素、多黏霉素和磺胺等化学毒物引起)、肾淀粉样变、免疫复合物性肾小球肾病。

②中等程度蛋白尿,见于肾盂肾炎、多囊肾(微量到中等程度蛋白尿)。

③微量蛋白尿,见于慢性泛发性肾炎、肾脏疾病末期,一般表现阴性到中等程度蛋白尿。

(3)肾后性(伪性或事故性)蛋白尿。尿离开肾后,如输尿管、膀胱、尿道、阴道等,由于血液或渗出物的加入引起的。

①任何原因的明显血尿,产生中等到明显的蛋白尿,常见于不适当的导尿。

②炎症渗出物:产生微量到中等量的蛋白尿,见于肾盂炎、输尿管炎、膀胱炎、尿道炎、尿石症、生殖道肿瘤。

(4)非泌尿系统引起的蛋白尿。

①来自生殖道的血液和渗出物,见于包皮和阴道分泌物、前列腺炎。

②多种原因引起的被动慢性肾充血,见于心脏机能降低、腹水或肿瘤(腹腔压力增加)、细菌性心内膜炎、犬恶心丝虫的微丝蚴、肝脏疾病、热性病反应。

③尿液碱性、污染或含有药物等,也可出现非尿蛋白性伪阳性反应。

三、尿葡萄糖

干试剂条检测尿中葡萄糖范围是 40~2 000 mg/dL,其敏感度为 40~60 mg/dL。

1. 尿糖

一般指尿中的葡萄糖。正常尿中不含有葡萄糖或仅含少量,一般检查不出来，但是如果动物高度兴奋或食入过量葡萄糖或果糖，以及食入大量含碳水化合物饲料,血糖水平超出肾阈值时，尿中就可能出现葡萄糖,详见表 10-5。但是,如果尿中葡萄糖浓度低于敏感度,而尿中存在大量半乳糖时,尿液也呈现阳性反应。

表 10-5　人和动物血糖参考值和肾阈值　　mg/dL

种类	血糖参考值	肾阈值
犬	60～100 (3.3～5.5 mmol/L)	175～220(9.5～12.3 mmol/L)
猫	70～135 (3.9～7.5 mmol/L)	200～320(11.1～17.76 mmol/L)
马	60～100	180～200
牛	40～60	98～102
绵羊	40～60	160～200
人	70～120	170～180

2. 高血糖性糖尿

(1)多数动物血糖高于 180 mg/dL,牛高于 100 mg/dL 时，就出现糖尿。

(2)糖尿病：由于缺乏胰岛素，引起了高血糖和严重时的酮血症。

(3)犬猫严重的出血性膀胱炎。

(4)猫输尿管堵塞,排尿不畅。

(5)急性胰腺坏死或炎症，引起了胰岛素缺乏。

(6)肾上腺皮质功能亢进、肾上腺嗜铬细胞瘤、注射肾上腺皮质激素或应激(尤其多见于猫)。

(7)垂体前叶机能亢进或损伤丘脑下部。

(8)脑内压增加，见于肿瘤、出血、骨折、脑炎、脑脓肿。

(9)牛、绵羊的产气荚膜魏氏梭菌 D 引起的肠毒血症。

(10)甲状腺机能亢进：由于迅速从肠道吸收碳水化合物的原因。

(11)慢性肝脏疾病、高血糖素病等。

(12)静脉输入葡萄糖。

3. 正常血糖性糖尿

①原发肾性糖尿：由于进行性毁坏肾单位，不多见。

②先天性肾性疾病:如挪威猎麋犬的慢性肾脏疾病和其他品种犬的肾脏疾病。

③急性肾衰竭:常由于药物或局部缺血引起肾小管损伤,再吸收糖能力差原因。

④范康尼综合征:也称氨基酸性糖尿,尿中也含葡萄糖。

4. 假阳性反应

当给病畜下列药物时，由于还原反应，可产生假阳性葡萄糖反应。

①抗生素：链霉素、金霉素、四环素、氯霉素、青霉素、头孢霉素。

②乳糖、半乳糖、果糖、戊糖、麦芽糖或其他还原糖类存在时有时也能出现。

③吗啡、水杨酸盐(阿司匹林)、水合氯醛、根皮甙、类固醇等。

5. 假阴性反应

在冷藏尿液会出现,故冷藏尿液应恢复到室温时再检验。尿中有维生素C时也可能出现假阴性反应。爱德士公司生产的犬猫专用8项尿试纸条,可不受维生素C的干扰。

四、尿酮体(ketonuria)

酮体是丙酮、乙酰乙酸和β-羟丁酸的总称,一般尿中不含酮体。试剂条法是用硝普酸钠(sodium nitroprusside)法原理检验尿中酮体,特别对乙酰乙酸敏感,检验范围为5～80 mg/dL(有的试剂条范围是5～160 mg/dL)的乙酰乙酸。而尿中含有高浓度丙酮时(表10-6),才能检验出来。由于酮体由3种酮类物质组成,故检出值常常低于实际尿酮体含量。尿酮体检测阳性可能出现在酮血检测阳性之前。尿中存在维生素C和头孢霉素时,可产生假阳性反应。

表10-6 用试剂条法检验尿中酮体的敏感性 mg/dL

颜色	β-羟丁酸	乙酰乙酸	丙酮
阴性	阴性	≥5	≥50或70
弱阳性	阴性	10～25	100～400
阳性	阴性	25～50	400～800
强阳性	阴性	50～150	800～2 000
特强阳性	阴性	>150	>2 000

尿酮体阳性反应,见于以下6种情况:

(1)酮血症:妊娠和泌乳的乳牛、妊娠中毒母绵羊。

①低血糖和牛尿酮体阳性反应。

②注意区别严重酮血病和由于其他原因,如动物长时间不吃食物、激烈运动、应激等,引起的轻型酮血病和轻型酮尿。

(2)犬猫糖尿病:高血糖而缺乏糖的正常利用。

(3)由于大量贮存脂肪代谢,引起持续性高热、酸中毒、高脂肪饲料、饥饿(慢性代谢性疾病)。

(4)肝损伤、乙醚或氯仿麻痹后、长时间呕吐和腹泻、传染病(由于能量不平衡引起)、产乳热。

(5)内分泌紊乱:见于垂体前叶或肾上腺皮质机能亢进、过量雌性激素。

(6)牛真胃扭转和恶性淋巴瘤。

五、血尿

尿中含有血红蛋白(hemoglobin,HGB)、肌红蛋白(myoglobin,Mb)和多量红细胞(RBC)时,用尿试剂条检验,都呈血尿(hematuria)阳性反应。检测范围血红蛋白是0.015～0.75 mg/dL,红细胞是5～250个/μL;其敏感度血红蛋白是0.015～0.03 mg/dL,红细胞是5～10个/μL。

在阳性反应时，注意区别血尿、血红蛋白尿（hemoglobinuria）和肌红蛋白尿（myoglobinuria）。在正常情况下，由于动物运动过度或母兽发情，有时也存在阳性反应。用尿试剂条检验尿潜血（occult blood）敏感性很高，但容易出现假阳性反应，因此尿潜血检验阳性反应时，还应检验尿沉渣中是否存在异常红细胞。

1. 血尿

尿中含有一定量的完整红细胞，每个显微镜高倍镜镜视野里，超过 10 个红细胞时，尿潜血检验才呈阳性。低于 10 个红细胞时，往往为阴性。尿中维生素 C 可干扰检验，出现假阴性报告。爱德士公司生产的犬猫专用 8 项尿试纸条，可不受维生素 C 的干扰。

①母畜发情期或产后，由子宫或阴道分泌物加入。尿维生素 C 超过 250 mg/L 时，会造成假阴性。

②急性肾炎、肾脓肿、肾盂炎、肾盂肾炎，肾梗塞、肾被动性充血、肾脏疾病时，红细胞明显变性。

③前列腺炎、输尿管炎、膀胱炎、尿道炎、尿道外伤、导尿引起。

④肾、膀胱和前列腺的新生瘤。

⑤尿道、膀胱或肾结石。

⑥严重传染病：炭疽、钩端螺旋体病、犬传染性肝炎。

⑦寄生虫：肾膨结线虫、犬恶心丝虫、皱襞毛细线虫。

⑧化学制剂，见于铜或水银中毒、甜三叶草中毒，磺胺、苯、六甲烯四胺等中毒。

⑨低血小板症、血友病、华法令中毒、弥散性血管内凝血。

⑩急性赘生物性心内膜炎、犬的充血性心衰竭。

2. 血红蛋白尿

由大量血管内红细胞溶解，释放出血红蛋白引起，检验试剂和血红蛋白反应，呈现阳性。

①机械性的，如导尿损伤尿道、结石、外伤等。

②产后血红蛋白尿、杆菌血红蛋白尿（溶血梭菌引起）、产气荚膜梭菌 A 型引起血红蛋白尿、钩端螺旋体病、巴贝斯虫病。

③饲喂大量甜菜渣——磷缺乏症。

④弥散性血管内溶血、血管炎症、新生幼畜溶血症、犬和猫的遗传性溶血、免疫介导性溶血、犊牛饮用大量冷水、静脉输入低渗溶液或液体、不相配的输血、马传染性贫血、紫癜病、毒蛇咬伤（溶血性蛇毒素引起）、马自体免疫性溶血。

⑤化学溶血剂（磺胺、铜、水银、砷、钛）、光过敏、严重烧伤、酚噻嗪。

⑥溶血性植物：金雀花、萨界桧、嚏根草、毛茛属植物、油菜、甘蓝、马铃薯、洋葱、大葱、旋花植物、秋水仙、橡树嫩枝、榛、霜打的萝卜和其他块根、水蜡树、女贞。

⑦引起溶血的药物，如猫对乙酰氨基酚或非那西丁中毒。

⑧脾扭转、血管瘤。

3. 肌红蛋白尿

肌红蛋白尿是肌细胞溶解产生的，尿呈棕色到黑色，潜血检验阳性，见于严重肌肉外伤、休克、马麻痹性肌红蛋白尿，毒蛇咬伤犊牛、犬和猫，心肌损伤。

六、尿胆红素

尿胆红素(bilirubinuria)都是直接胆红素,间接胆红素不能通过肾小球毛细血管壁进入尿中。检验尿胆红素的尿必须新鲜,否则检验的尿中胆红素氧化成胆绿素或水解成未结合胆红素,而检验不出来。干试条检测尿中胆红素范围是 0.5～2 mg/dL,敏感度是 0.5 mg/dL。

1. 正常

牛和犬尿中含有微量胆红素,其中公犬微量胆红素阳性率为 77.3%,母犬为 22.7%,公犬比母犬高,犬尿相对密度大于 1.040 时更多见阳性。其他动物尿中不含有任何胆红素。在尿 pH 低时,氯丙嗪等类药物的代谢物会产生假阳性反应,尿中含有大量维生素 C 和硝酸盐时,会出现假阴性反应。

2. 病理性胆红素尿

血液中含有大量结合胆红素时,胆红素才能在尿中检出阳性。一般尿中先出现胆红素,然后才有黄疸症状。尿中出现胆红素的原因有以下几种。

①溶血性黄疸(肝前性的):见于巴贝斯虫病、自体免疫性溶血等。间接胆红素不能从肾小球滤过,所以一般尿中没有胆红素。当肝脏损伤时,直接胆红素在血液中增多,尿中才出现胆红素。另外,还有糖尿病、猫传染性腹膜炎、猫白血病等,尿中直接胆红素也增多。

②肝细胞损伤(肝性的):见于犬传染性肝炎、肝坏死、钩端螺旋体病、肝硬化、肝新生瘤、毒物(牛铜中毒、犬磷和铊中毒、绵羊吃有毒蒺藜发生的头黄肿病)。

③胆管阻塞(肝后性):见于结石、胆道瘤或寄生虫等。

④高烧或饥饿有时也会引起轻度胆红素尿。

七、尿胆素原

排入肠道胆汁中的胆红素,被肠道细菌还原成尿胆素原(urobilinogen)。尿胆素原部分随粪便排出;部分吸收入血液。吸收入血液部分,有的又重新入肝脏进胆汁,另外一些循环进入肾脏,少量被排入尿中,所以正常动物尿中含有少量尿胆素原,但用试条法检验为阴性。尿胆素原在酸性尿中和在光照情况下易发生变化,所以采尿后应立刻检验。干试条检测尿中尿胆素原范围是 0.4～12 mg/dL,敏感度是 0.4 mg/dL。

1. 尿中尿胆素原减少或缺少

用尿试剂条不能检验出尿中尿胆素原减少或缺少,故尿试剂条不适用于检测尿中尿胆素原减少或缺少。尿中尿胆素原减少或缺少原因见于以下几种。

①胆道阻塞:利用检测尿胆素原可以鉴别堵塞性黄疸、肝性黄疸和溶血性黄疸。堵塞性黄疸时,尿中和粪中无尿胆素原,这时粪便呈黏土色,而正常粪便为棕色。

②减少红细胞的破坏或损伤了肠道的吸收,如腹泻。

③抗生素:尤其是金霉素等广谱抗生素,抑制了肠道细菌,妨碍了尿胆素原的形成。

④肾炎:肾炎后期,由于多尿稀释了尿胆素原。

2. 尿中尿胆素原增多

①肝炎和肝硬化:损伤的肝细胞不能有效的从门脉循环中移去尿胆素原。因影响因素较

多，其诊断价值较小。

②溶血性黄疸：过多红细胞溶解，增加了胆红素，相对地也增加了尿胆素原。

③小肠内菌系和粪便通过时间：如便秘和肠阻塞，肠道再吸收尿胆素原增多。

3. 影响检验的因素

①吲哚：与埃氏试剂反应，产生红色。

②胆汁和亚硝酸盐：与埃氏试剂反应，产生绿色。

③磺胺和普鲁卡因：与埃氏试剂反应，产生黄绿色。

④福尔马林。

⑤尿 pH 和相对密度，碱性尿和尿相对密度高时增多。

八、尿亚硝酸盐

尿中含有大肠杆菌和其他肠杆菌科细菌时，能将尿中硝酸盐还原为亚硝酸盐，故用试剂条法检验尿亚硝酸盐(nitrituria)方法来筛选尿路是否有感染。人尿亚硝酸盐：正常(－)、弱阳性(0.05 mg/dL)、强阳性(0.3 mg/dL)，一般阳性见于膀胱炎和肾盂肾炎。但是，本检验阴性也不能排除菌尿的可能性，如尿中存在不能使硝酸盐还原的球菌，或尿中无硝酸盐时，结果也是阴性。检验人尿亚硝酸盐阳性尿，表示尿中细菌含量在 10^5/mL 以上。但犬猫等动物，由于正常尿中含有维生素 C，会出现假阴性反应。因此，用检验犬猫尿亚硝酸盐来诊断泌尿系感染，一般是不适用的。现在已有试剂条可以抗维生素 C 干扰，而能准确测定尿中亚硝酸盐。

九、尿白细胞

尿中有多量白细胞，也叫脓尿(pyuria)，用人用试剂条法能检验人尿中白细胞(urine WBC)数量，是检验人白细胞酯酶来实现的，人正常尿为阴性。检验级别为 4 级：微量(15 个/μL)、小量(75 个/μL)、中量(125 个/μL)和大量(500 个/μL)。阴道污染尿可造成假阳性。但尿液相对密度高、尿高糖(≥3 g/dL)、高白蛋白(＞499 mg/dL)、维生素 C、头孢霉素、四环素、庆大霉素和高浓度草酸，以及室温 20℃以下，均可造成尿白细胞数检验偏低或假阴性。用人用试剂条检测犬白细胞酯酶敏感性差(伪阴性结果)，对猫特异性也差(伪阳性结果)，故不适宜应用人用试剂条检测犬猫尿白细胞。爱德士公司生产的犬猫专用 8 项尿试纸条，可以检测犬猫尿中白细胞数量。

思考题

1. 用人用干试剂条检验犬猫尿液与检验人尿液有什么不同？
2. 为什么检验新鲜尿液所获得的检测值比检验陈旧尿液好？
3. 犬猫尿液检验的临床意义是什么？

第十一章 神经系统临床检查

重点提示

1. 掌握犬猫神经系统临床检查应用解剖和名词意义。

2. 学习问诊、行为和精神状态、行走步态、姿势和姿势反应、脑神经等检查方法，以及异常时的临床意义。

犬猫患有神经系统疾病时，其临床检查目的是诊断神经疾病损伤神经的原因、部位和性质，其思路主要应包括以下 4 条：

①首先确定损伤的部位，是中枢神经还是周围神经的损伤。

②诊断和评估神经系统疾病或损伤的严重程度。

③判断神经系统疾病的性质，是原发性还是继发性疾病。

④找出引发神经系统疾病的原因，判断是病原微生物、寄生虫、炎症、遗传、肿瘤、畸形或其他原因引起。

神经系统疾病一般较难以诊断，所以作者在此章中多用了些笔墨和图解。

第一节 犬猫神经系统临床检查应用解剖

犬神经系统包括中枢神经系和周围神经系。

一、中枢神经系统

中枢神经包括脑和脊髓。

1. 脑

脑(图 11-1)由大脑、小脑和脑干组成。

(1)大脑：大脑分为 2 个半球，每个半球上都有向外凸的褶，叫脑回；向内陷入的褶，叫脑沟。每个半球又分为数叶，分别为额叶(位于十字沟前方)、顶叶(位于十字沟后方)、枕叶(位于包括大脑半球的后 1/3)、颞叶(位于大脑半球的腹外侧面)。每个脑回的浅层为灰质，中央为白质。灰质由 6 层神经元细胞体组成，白质内含有传入和传出大脑皮层的神经元突起。

(2)小脑：位于大脑后方，由外侧的小脑半球和中间的小脑蚓组成。

(3)脑干：包括间脑、中脑、脑桥和延髓。

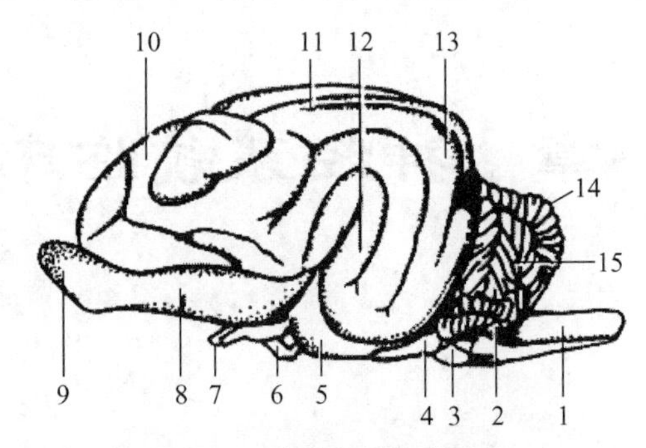

图 11-1 犬脑外侧面模式图

1. 延髓 2. 小脑绒球 3. 脑桥 4. 大脑脚 5. 梨状叶 6. 垂体 7. 视神经 8. 外侧嗅回 9. 嗅球 10. 额叶 11. 顶叶 12. 颞叶 13. 枕叶 14. 小脑蚓部 15. 小脑半球

2. 脊髓

脊髓是从脑干延伸而来的圆柱状神经组织,它们位于脊椎骨的圆柱腔内(图 11-2)。脊椎骨有 36～43 个:7 个颈椎,13 个胸椎,7 个腰椎,3 个荐椎和 6～23 个尾椎。

脊髓的中央核心是神经元细胞体组成的灰质,灰质内的神经细胞大多是运动神经元或联系神经元。灰质周围由神经纤维所形成的白质包围。每侧灰质的背侧为背角,接受进入脊髓的背侧感觉根丝;复侧为腹角,神经纤维经腹侧运动根丝出椎管。

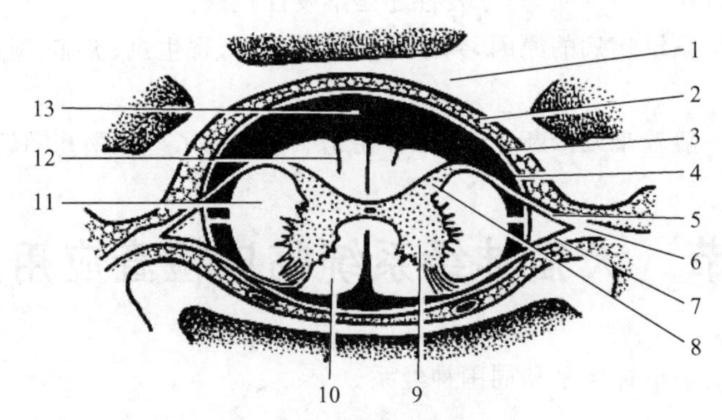

图 11-2 脊髓横切面模式图

1. 椎弓 2. 硬膜外腔 3. 脊硬膜 4. 硬膜下腔 5. 背侧根 6. 脊神经节 7. 腹侧根 8. 背侧柱 9. 腹侧柱 10. 腹侧索 11. 外侧索 12. 背侧索 13. 蛛网膜下腔

3. 神经元、上运动神经元(UMN)和下运动神经元(LMN)

神经细胞是神经系结构和功能的基本单位,又称为神经元(图 11-3)。神经元由胞体和突起组成,胞体包括细胞膜、细胞质和细胞核;突起由神经元细胞体发出,包含树突和轴突。

锥体系主要包括上、下 2 个运动神经元。上运动神经元的胞体主要位于大脑皮质体运动区的锥体细胞,这些细胞的轴突组成下行的锥体束,其中下行至脊髓的纤维称为皮质脊髓束;沿途陆续离开锥体束,直接或间接止于脑神经运动核的纤维为皮质核束。在临床上,上运动神经元损伤引起的随意运动麻痹,伴有肌肉张力增高,呈痉挛性瘫痪;深反射亢进;浅反射(如腹壁反射、提睾反射等)减弱或消失;而下运动神经元正常,病程早期肌肉不出现萎缩。

在锥体系中,下运动神经元的胞体位于脑神经运动核和脊髓前角运动细胞,它们的突起分别组成脑神经和脊神经,支配全身骨骼肌的随意运动。临床上下运动神经元受损时,由于肌肉

失去神经支配，肌肉张力降低，呈弛缓性瘫痪；肌肉又因营养障碍而萎缩；因为所有反射弧都中断，浅和深反射均消失；无病理反射。

4. 反射弧

反射弧（图 11-4）是一种对刺激的无意识反应。在临床上利用反射的诱发，来检查支配反射动作内的脊髓分节。一个反射弧包括 5 部分：感觉神经末梢、传入神经元、中枢神经元（脑和脊髓）、传出神经元和运动神经末梢。

临床上把反射强弱分为 5 级，这样有助于在检查神经缺陷或疾患时，便以区别反射的强弱。五级分法如下。

第一级：无任何反射。

第二级：弱反射（较正常反射差）。

第三级：正常反射（因动物个体差异，其正常反射也有一些不同，诊断时注意）。

第四级：过度反射（较正常反射强）。

第五级：阵挛（不断重复反射）。

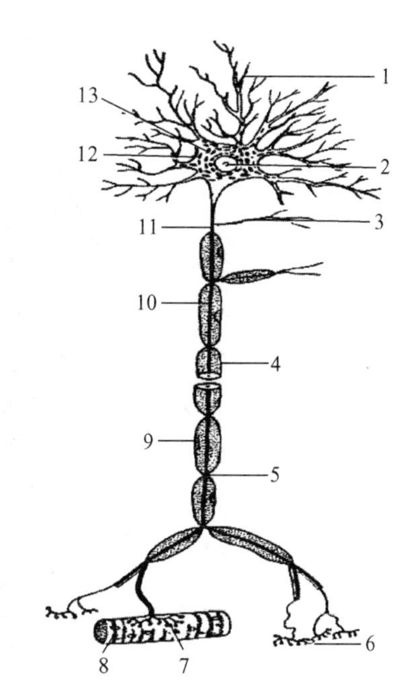

图 11-3　神经元结构模式图

1. 树突　2. 神经细胞核　3. 侧支　4. 雪旺氏鞘　5. 郎飞氏节　6. 神经末梢　7. 运动终板　8. 肌纤维　9. 雪旺氏细胞核　10. 髓鞘　11. 轴突　12. 神经细胞体　13. 尼氏体

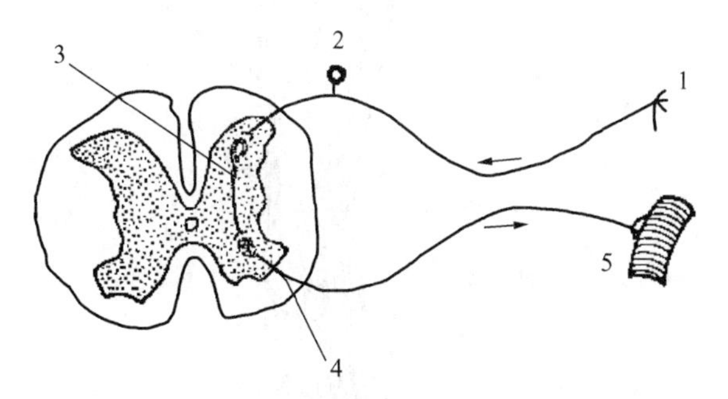

图 11-4　神经反射弧模式图

1. 感觉神经末梢（感受器）　2. 传入神经纤维和传入神经元　3. 神经中枢（反射中枢）　4. 传出神经纤维和传出神经元　5. 传出神经末梢（效应器）

第一和第二级反射一般为周围神经或负责该神经分布的脊髓节的损伤，即所谓的下运动神经元损伤。第四和第五反射通常是上运动神经元损伤，如果脊髓损伤是在负责神经分布的脊髓节上时，将会导致反射动作时，丧失抑制神经元的缓和反射作用。

二、周围神经系统

周围神经指脑和脊髓发出的神经，其末端通过末梢装置分布于全身各器官，包括由脑发出的脑神经和由脊髓发出的神经。周围神经又分为躯体神经和内脏神经，躯体神经分布于体表、

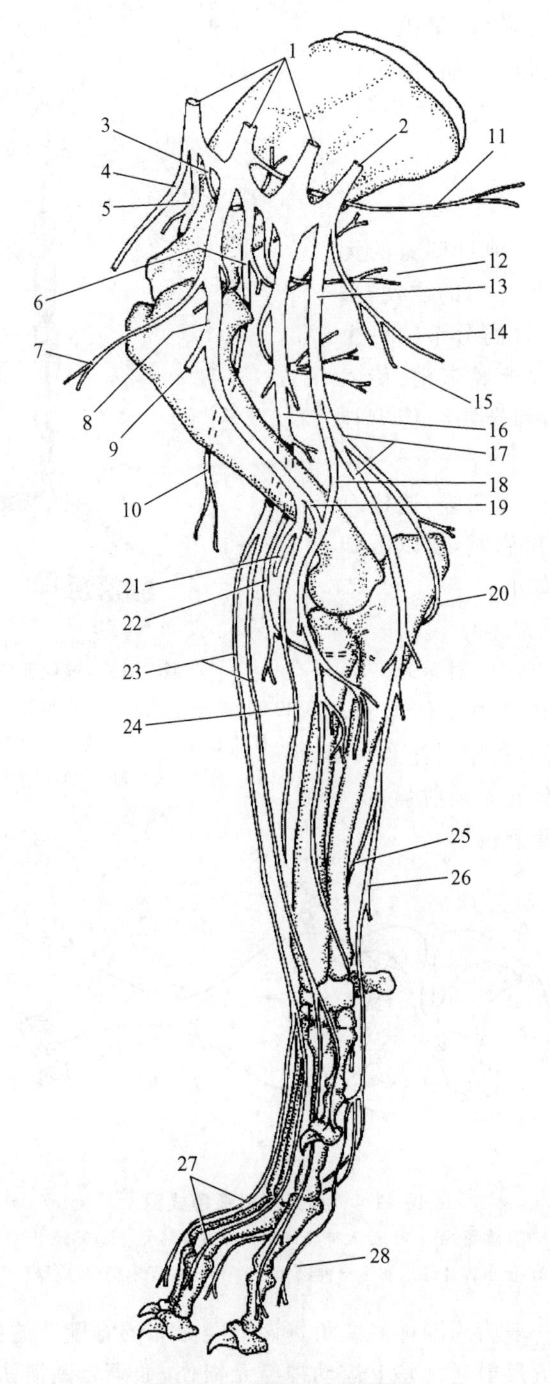

图 11-5　犬前肢内侧神经

1. 第 6～8 颈神经(C6～C8)　2. 第 1 胸神经(T1)　3. 肩胛下神经　4. 臂头肌支　5. 肩胛上神经　6. 腋神经　7. 胸肌前神经　8. 肌皮神经　9. 肌皮神经近端分支　10. 前臂前神经　11. 胸长神经　12. 胸背神经　13. 正中神经与尺神经　14. 胸外神经　15. 胸后神经　16. 桡神经　17. 尺神经　18. 正中神经　19. 肌皮神经和正中神经联合支　20. 前臂后皮神经　21. 肌皮神经远端分支　22. 桡神经深支　23. 桡神经浅支的内侧和外侧支　24. 前臂内侧皮神经　25. 尺神经背侧支　26. 尺神经掌侧支　27. 指背侧神经　28. 指掌侧神经(27 和 28 来自桡神经浅支的内侧和外侧支)

骨骼、骨骼肉和关节。由第 5、6、7、8 颈椎(C)神经腹侧支和第 1、2 胸椎(T)神经腹侧支,在腋部彼此相互联结,形成了周围神经臂神经丛。

(1)由臂神经丛分出的神经有肩胛上神经(来自 C6、C7)、肩胛下神经(C6、C7)、腋神经(C6、C7、C8)、肌皮神经(C6、C7、C8)、桡神经(C7、C8,T1、T2)、正中神经(C6、C7、C8,T1、T2)、尺神经(C8,T1、T2)、胸背神经(C8)、胸外神经和胸肌神经等,主要神经的来源、分布和作用,见图 11-5 至图 11-7 和表 11-1。

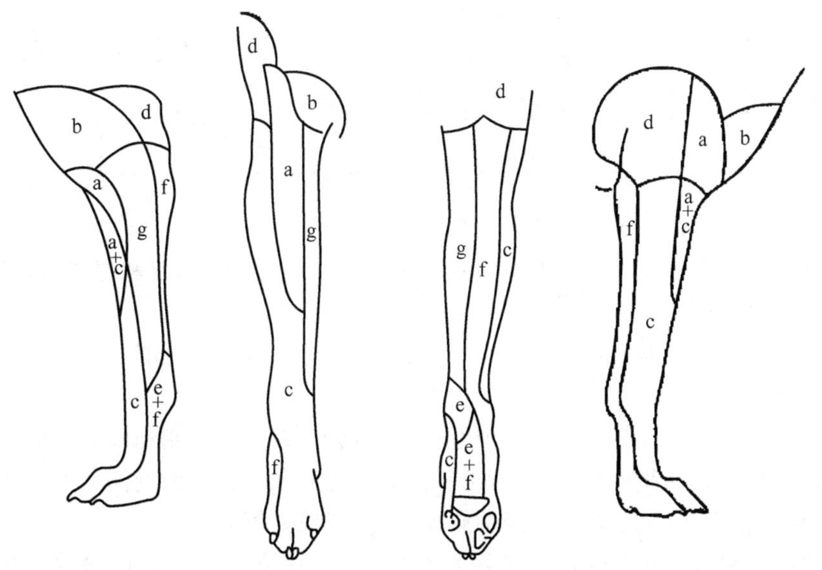

图 11-6 犬右前肢感觉神经在前肢的分布及其机能受损时与其相关的脊椎和脊髓神经

C=颈椎 T=胸椎

a. 腋神经(C6~C8) b. 臂头神经(C5~C6) c. 桡神经(C7~C8;T1~T2) d. 胸肌神经(T2~T4) e. 正中神经(含肌皮神经分支)(C6~C8;T1~T2) f. 尺神经(C8;T1~T2) g. 肌皮神经(C6~C8)

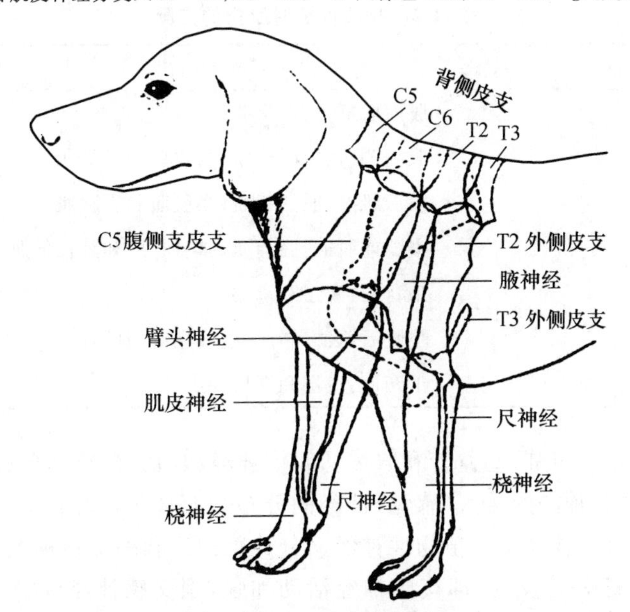

图 11-7 犬前肢皮肤神经分布区域

C=颈椎 T=胸椎

表 11-1　胸肢神经对肌肉的支配

神经名称	支配的肌肉
腋神经	肩后肌群:三角肌、大圆肌和小圆肌。功能为屈曲肩关节
肌皮神经	臂前肌群:臂二头肌(臂肌)。功能为屈曲肘关节,伸展肩关节
桡神经	臂后肌群:臂三头肌。功能为伸展肘关节
	前臂前肌群:腕伸肌和指伸肌
	爪背侧面
正中神经和尺神经	前臂后肌群:腕屈肌和指关节伸肌
	爪掌侧面

(2)盆肢神经的腰荐神经丛包括的主要神经有以下几条。

①生殖股神经:来自第 3、4 腰神经的腹支,公犬分布于包皮、阴囊和提睾肌,母犬则分布到乳房。

②股神经:主要来自第 3、4、5、6 腰神经的腹支,在髂腰肌内分出隐神经,隐神经的皮支分布于大腿、膝部、小腿、跗部和爪等各部的皮肤内侧。

③股外侧皮神经:来自第 3、4、5 腰神经腹侧支,分布在股部外侧和膝关节前面的皮肤。

④股后皮神经:起自荐神经丛,分布于肛门周围皮肤和大腿后面近侧部的皮肤。

⑤闭孔神经:来自第 4、5、6 腰神经的腹支,分布于股内侧肌群。

⑥坐骨神经:起自第 6、7 腰神经和第 1、2 荐神经的腹支,在大腿的远侧部,坐骨神经分为腓总神经(含腓浅神经和腓深神经)和胫神经。它们的来源、分布和作用分别见图 11-8、图11-9和表 11-2。

表 11-2　盆肢神经对肌肉的支配

神经名称	支配的肌肉
股神经	股前肌群:股四头肌
闭孔神经	股内侧肌群:股薄肌、内收肌和耻骨肌
坐骨神经	股后肌群:股二头肌、半膜肌和半腱肌
腓神经	小腿前肌群:胫前肌、腓骨长肌和趾长伸肌
	爪背面:浅层和深层
胫神经	小腿后肌群:腘肌、趾浅屈肌、腓肠肌和趾深屈肌
	爪跖面:浅层和深层

(3)内脏神经分布于内脏、心血管和腺体。躯体神经和内脏神经都含有传入(感觉)纤维与传出(运动)纤维。内脏神经的传入(感觉)神经的分布与躯体神经相同,其传出(运动)神经叫做植物性神经,又称自主神经系。植物性神经又分交感神经和副交感神经,它们常是支配同一器官,它们的作用一般是相反的,即交感神经活动加强,副交感神经减弱;副交感神经活动加强,交感神经减弱。但在大脑皮质的调节下,可协调整个机体内外环境的平衡。植物性神经对内脏和器官的作用见表 11-3。

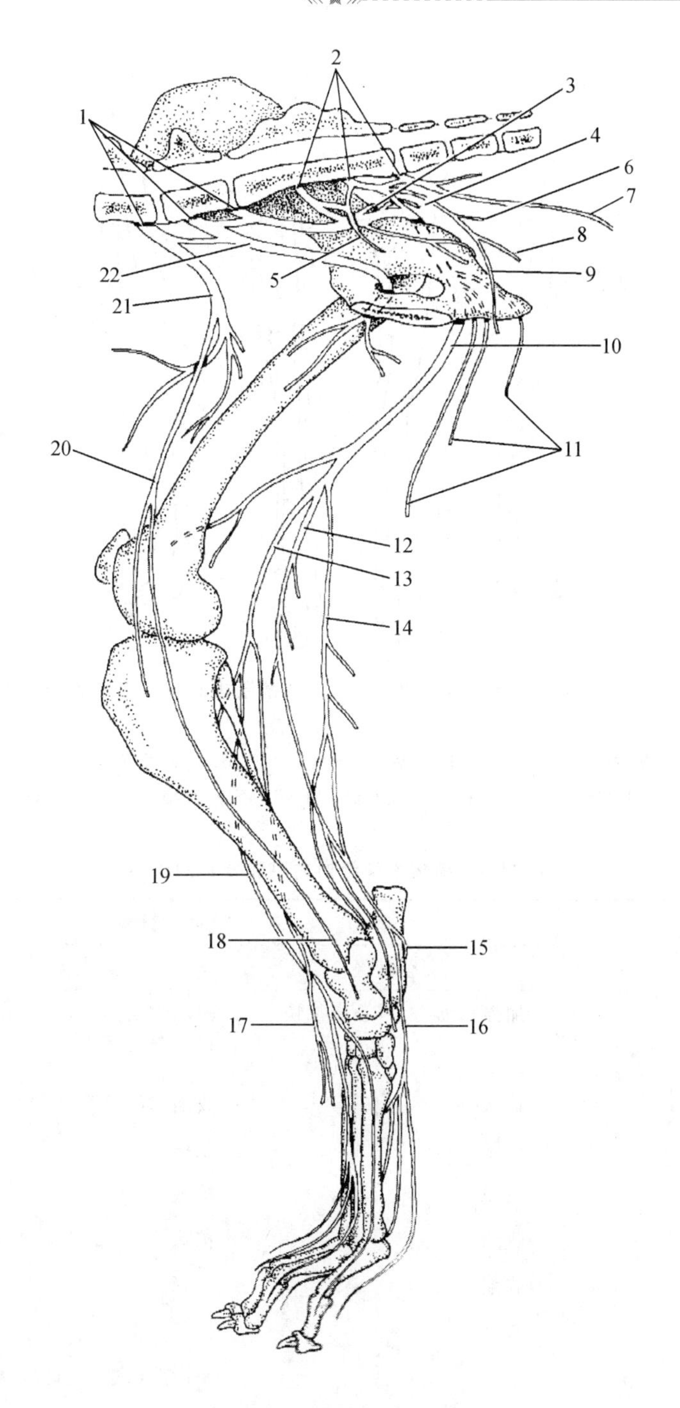

图 11-8　犬后肢内侧神经

1. 第 5～7 腰神经(L5～L7)　2. 第 1～3 荐神经(S1～S3)　3. 臀前神经　4. 臀后神经　5. 盆神经　6. 直肠后神经　7. 股后皮神经　8. 会阴神经　9. 阴部神经　10. 坐骨神经　11. 坐骨神经肌支　12. 胫神经　13. 腓总神经　14. 小腿后皮神经　15. 跖外侧神经　16. 跖内侧神经　17. 腓浅神经　18. 隐神经(后支)　19. 腓深神经　20. 隐神经　21. 股神经　22. 闭孔神经

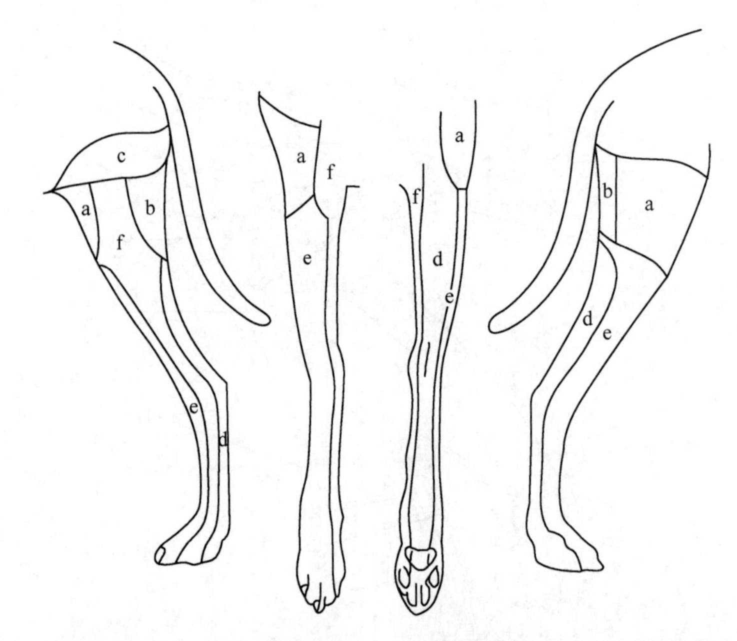

图 11-9　犬右后肢感觉神经在后肢的分布及其机能受损时与其相关的脊椎和脊髓神经

L＝腰椎　S＝荐椎

a. 股外侧皮神经（L3～L5）　b. 股后皮神经（L7～S1，S2）　c. 生殖股神经（L3～L4）

d. 胫神经（L6～L7，S1）　e. 腓神经（L6～L7，S1）　f. 隐神经（L4～L6）

表 11-3　植物性神经对内脏和器官的作用

内脏器官	植物性神经		
	交感神经	副交感神经	受体类型*
1. 心脏	加强收缩力量，心率加快	减弱收缩力量，心率减慢	β
2. 血管			
①肌肉	扩张	收缩	β
②冠状动脉	扩张	收缩	β
③外生殖器	收缩	扩张	α
④支气管	收缩	扩张	α
⑤泪腺	收缩	扩张	α
⑥前列腺	收缩	扩张	α
3. 食管		平滑肌收缩，促进蠕动	
4. 腺体			
①唾液腺	分泌和血管收缩	分泌和血管扩张	
②胃腺	可能抑制	分泌	
③小肠腺	可能抑制	分泌	
④胰腺外分泌	黏液分泌	分泌	
⑤胰腺内分泌		分泌	

续表 11-3

内脏器官	植物性神经		
	交感神经	副交感神经	受体类型*
⑥胆汁		分泌	
⑦肝脏	糖原分解		
⑧前列腺	分泌	分泌	
5. 平滑肌			
①胃	收缩或抑制	收缩或抑制	α 和 β
②肠道	抑制	蠕动加快，分泌增多	α 和 β
②幽门括约肌	抑制	收缩	
③肛门括约肌	收缩	舒张	α
6. 膀胱	内括约肌收缩，排空抑制	内括约肌舒张，排空加强	α 和 β
7. 子宫和外生殖器			
①妊娠或未妊娠	收缩(肾上腺素)		
②外生殖器	射精	阴茎和阴蒂勃起	
8. 支气管	扩张，抑制黏液分泌	收缩，黏液分泌增多	
9. 眼			
①虹膜肌	扩张(瞳孔扩大)	收缩(瞳孔缩小)	α
②泪腺	抑制	分泌	

* 受体：细胞膜结构中存在着各种能和细胞外环境中不同化学物质，或基团特异地相结合的部分或地点，叫做受体。细胞环境中的各种激素、递质和进入机体内的各种药物，首先作用于细胞膜上的受体，再影响细胞内的各种过程，受体依其功能不同，分为 α、β、H、M、N 等。

三、脑神经

脑神经(图 11-10)共有 12 对，其名称、起源、解剖路径和功能见表 11-4。

表 11-4　脑神经

脑神经名称	起源	解剖路径	功能
第Ⅰ对：嗅神经	鼻腔后嗅区	穿过筛板孔至嗅球	嗅觉
第Ⅱ对：视神经	丘脑	从视孔到视交叉和视束	视觉、瞳孔对光有反应
第Ⅲ对：动眼神经	中脑	从眼眶通过基底窦到中脑	副交感神经到瞳孔，运动神经到眼中肌、眼直肌和眼腹外斜肌
第Ⅳ对：滑车神经	中脑	从眼眶通过基底窦，横过第四脑室顶部到中脑	运动神经到眼背外斜肌，运动眼球
第Ⅴ对：三叉神经	脑桥、延髓	下颌神经卵圆孔，上颌神经圆孔，眼神经经眼眶	运动神经到咀嚼肌，感觉神经到面部，支配咀嚼和面部感觉
第Ⅵ对：外展神经	脑桥、延髓	通过基底窦到眼眶	运动神经到侧直肌和眼球外退缩肌，支配眼球运动

续表 11-4

脑神经名称	起源	解剖路径	功能
第Ⅶ对：面神经	脑桥、延髓	从颈突乳突孔穿过中耳到内耳道	运动神经到面部表情肌肉，副交感神经到泪腺，支配眨眼、动耳、流泪和缩唇
第Ⅷ对：前庭耳蜗神经	脑桥、延髓	从颈静脉孔到脑桥和延髓侧面	支配身体姿势和平衡、眼运动及听觉
第Ⅸ对：舌咽神经	脑桥、延髓	从颈静脉孔到脑桥和延髓侧面	支配感觉和喉部运动的张口反射和吞咽
第Ⅹ对：迷走神经	脑桥、延髓	从颈静脉孔到脑桥和延髓侧面	感觉与运动神经到喉部，副交感神经到内脏，支配张口反射和吞咽
第Ⅺ对：副神经	脑桥、延髓	从颈静脉孔到脑桥和延髓侧面	运动神经纤维到斜方肌和臂头肌，支配肩部和颈部肌肉紧张收缩
第Ⅻ对：舌下神经	脑桥、延髓	从舌下孔到脑桥和延髓腹面	运动神经纤维到舌肌，支配舌运动

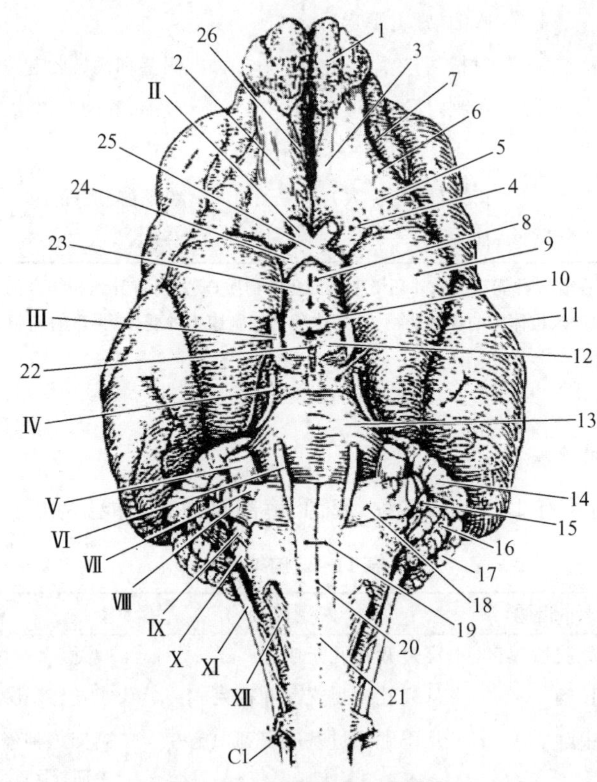

图 11-10　脑腹侧面和脑神经

1. 嗅球　2. 嗅脚　3. 内侧嗅束　4. 前穿质　5. 外侧嗅束　6 外侧嗅脑回　7. 前外侧嗅沟　8. 灰白结节　9. 梨状叶　10. 乳头体　11. 后外侧嗅沟　12. 大脑脚　13. 脑桥及其横行纤维　14. 腹侧小脑副小叶　15. 小脑小叶　16. 背侧小脑副小叶　17. 蹄系小叶　18. 菱形体　19. 延髓锥体　20. 腹正中裂　21. 锥体交叉　22. 脚间窝的后穿孔质　23. 漏斗腔　24. 视神经束　25. 视神经束交叉　26. 嗅脑内侧沟

Ⅰ. 嗅神经　Ⅱ. 视神经　Ⅲ. 动眼神经　Ⅳ. 滑车神经　Ⅴ. 三叉神经　Ⅵ. 外展神经　Ⅶ. 面神经　Ⅷ. 前庭耳蜗神经　Ⅸ. 舌咽神经　Ⅹ. 迷走神经　Ⅺ. 副神经　Ⅻ. 舌下神经　C1. 第 1 颈神经

12对脑神经按主要含的神经纤维和功能大致分为以下3类。

①传入(感觉)神经:包括嗅神经、视神经和前庭耳蜗神经3对。

②传出(运动)神经:包括动眼神经、滑车神经、外展神经、副神经和舌下神经5对。

③混合性神经(含传入和传出神经):包括三叉神经、面神经、舌咽神经和迷走神经4对。

第二节 犬猫神经系统疾病临床检查

犬猫神经系统疾病的临床检查,较全面的检查分为六大部分:问诊、行为和精神状态、行走步态、姿势和姿势反应、脊髓神经反射和脑神经反射等,其检查步骤一般也按上述的顺序进行。如果动物是在笼子里,也可先从检查脑神经开始。如果犬猫过于兴奋或焦躁,也可先将其适当保定,然后再进行检查。检查时应注意犬猫因个体不同,其反应也可能有些差异。

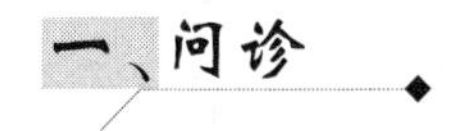

一、问诊

1. 饲养管理

缺乏营养犬易得低血糖昏迷,尤其多见于幼龄犬猫。抗凝血杀鼠药中毒,由于内出血,也可引起动物沉郁或昏迷。有无误食了有机氟的毒物?采食了有机氟毒物的犬猫,中毒后表现疯狂冲撞或抽搐。

2. 免疫史

未打过犬瘟热疫苗的犬,易得犬瘟热而表现全身或局部抽搐症状。未打狂犬病疫苗犬,如果得了狂犬病,将会疯狂咬人或其他动物。

3. 疾病史

过去曾患过什么疾病,用什么药物治疗,多大剂量,效果如何?同窝动物的健康状况。

4. 品种

品种不同易患神经疾病也不同,如北京犬、腊肠犬和西施犬易患椎间盘疾患;吉娃娃犬、查理王小猎犬和长卷毛犬易患脑积水;大丹犬和多伯曼犬易患颈椎病;巴赛特猎犬易患椎间盘疾患和颈椎病。

5. 性别

产后母犬因缺钙,有的易发生产后抽搐。

6. 年龄

如癫痫,犬原发性癫痫第一次发生时年龄为1~5岁,大型犬>15岁,第一次和第二次发作间隔时间>4周。继发性癫痫多发生于<1岁或>7岁,第一次和第二次发作间隔时间<4周。

二、行为和精神状态

行为和精神状态是中枢神经机能是否正常的一种标志,可根据动物对外界刺激的反应及其行为判定。正常的动物保持兴奋和抑制的平衡，即静止时安静自在，运动时灵活自如。此项检查可通过问诊和视诊。

行为和精神状态检查包括精神状态、感觉和行为。动物主人最了解他的犬或猫的变化，甚至是微小的变化，动物医生应态度诚恳的询问。检查时注意动物是温顺，还是害怕警觉，其变化是在开始时有反应，还是伴随着整个检查过程。除了因病躺着不能站起来，而表现出极度兴奋或疯狂外，一般脑部有损伤，其四肢会出现不同程度的瘫痪或麻痹；颈神经疾病常会伴有脑部损伤；脊椎疾病引起的活动障碍，并不会影响犬猫的神智状态。行为和精神状态描述词语可用寒战或震颤（表 11-5）、精神不振、精神沉郁、困倦、无反应、昏睡或木僵（stuper，图 11-11）、昏迷（coma，表 11-6）、焦躁不安、角弓反张（图 11-12）方向迷失、兴奋亢进（如有机氟中毒）、歇斯底里、有攻击性和好斗性（表 11-7）等描述。动物对外界环境反应差或无反应，一般脑皮质有局部或弥散性疾患。昏睡通常是是弥散性大脑病损或脑干受到压迫，使用强刺激能使其有反应或苏醒，但很快又进入昏睡。而昏迷动物则是网状（组织）细胞结构和大脑皮层的联系完全中断，即使使用强刺激，也无法使其觉醒。

表 11-5　寒战或震颤的原因

1. 全身发生寒战或震颤
①中毒，见于六氯酚、聚乙醛、有机磷、倍硫磷等。
②代谢性疾患。
③年轻动物见于犬瘟热、神经髓鞘难形成、髓鞘分离；老年动物见于老年震颤、寒战犬。
④其他神经表现病，见于小脑疾患、基底神经节疾患。
2. 局部发生寒战或震颤
①一肢发生寒战或震颤，见于单克隆神经病和多克隆神经病。
②两后肢发生寒战或震颤，见于马尾综合征、老年震颤。
③犬瘟热后遗症。

表 11-6　昏睡或昏迷的原因

①先天性或家族性疾患：见于脑积水、溶酶体储积性疾病、无脑回病。
②代谢性疾患：见于肝脑病、肾上腺皮质机能降低、糖尿病、低血糖（图 11-13）、甲状腺机能降低、尿毒症、缺氧、酸碱平衡失调、渗透压平衡失调、热射病、高脂血症。
③炎症疾患：见于犬瘟热、狂犬病、落山基斑疹热、猫传染性腹膜炎、埃利克体病、肉芽肿性脑膜脑炎，以及真菌、原虫和细菌感染性脑炎。
④毒物和药物：乙二醇、铅、巴比妥盐、毒蘑菇、酒精、大麻素、致幻剂等中毒。
⑤血管性疾患：凝血病、高血压、心肌病、细菌性栓塞、猫局部缺血性脑病、局部缺血。
⑥头盖骨外伤、维生素 B_1 缺乏、癫痫持续状态。
⑦肿瘤：原发性或转移性肿瘤。

图 11-11　病犬昏睡

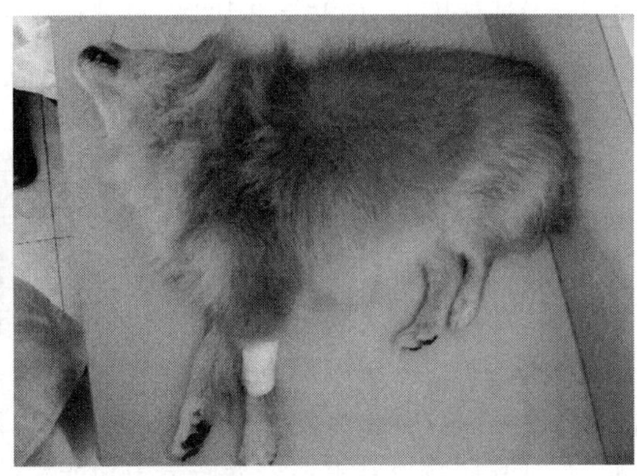

图 11-12　犬角弓反张

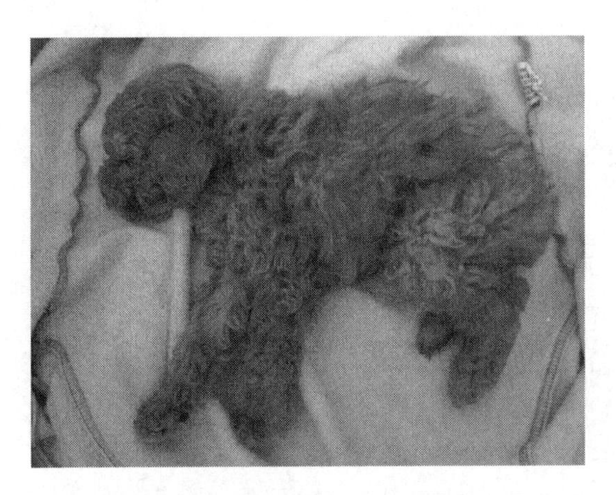

图 11-13　幼犬低血糖引起的昏睡(饲喂食物少引起,消瘦毛焦)

表 11-7　犬攻击性和好斗性的原因

1. 攻击人类
①攻击家人:在吃食、玩要玩具、休息、社会占有等,占有欲遭到挑战时;家人处罚或紧抱不放,由于惧怕、疼痛或被操纵,而攻击家人。
②攻击非家人:他人进入其领地、遭人恐吓、追打、剥夺其食物,有的犬嗜好攻击非家人。
2. 攻击其他犬
①攻击同家犬:害怕、争食或支配地位遭到挑战。
②攻击其他犬:它犬进入其领地、争夺领地或食物、惧怕、嗜好战斗犬。
3. 攻击其他动物　其他动物侵占了它的领土,保护主人,保护其幼犬或同类等。
4. 攻击人类和其他动物　见于狂犬病(图 11-14)。

三、行走步态

行走步态检查应在地面不滑地方进行,地面光滑难以获得真正检查资料。如果脊椎有轻度损伤,引起的轻度运动失调,在光滑地面检查,很可能引起跌倒进一步损伤。健康的犬猫向前走、后退或转圈时，四肢运步协调，腰部摆动灵活自如。动物瘫痪或麻痹是指患肢完全丧失感觉和运动机能；截瘫是指脊髓完全横断，损伤处以后的半截体躯发生瘫痪；轻瘫则是丧失部分感觉，再加上完全或部分运动机能丧失；轻偏瘫则是前肢和后肢的一侧性患病，引起的一侧性轻瘫，多是脑部疾患。另外，还有单肢瘫痪（单瘫）或轻瘫、后肢瘫痪或轻瘫（图 11-15）、四肢瘫痪或轻瘫。单瘫多是脊髓损伤，也见于脑部疾患。

患神经性疾病犬猫，需检查其运动功能和行走步态的协调性。四肢瘫痪动物无法检查其行走步态；后肢瘫痪犬猫，可托起后肢，对前肢行走进行检查。颈部脊髓发病，可引起前肢行走步态不稳或不对称；胸腰部脊髓炎症或损伤，可引起截瘫。犬进行性脊髓软化或急性椎间盘突出，因急性椎间盘突出多发生在胸腰部，所以后肢多出现举步不稳、步态笨拙和跌撞，甚至后肢瘫痪，有时其前肢也有表现。后肢行走功能障碍的严重程度检查，可将其尾巴提起，观察后肢步态情况而定。

图 11-14　狂犬病的狂暴型兴奋期，攻击人和动物

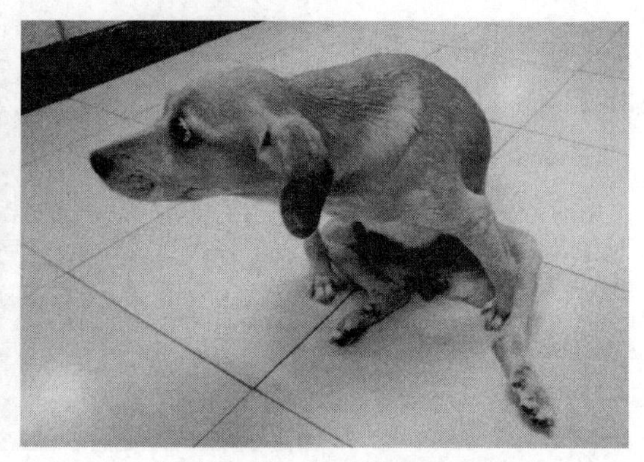

图 11-15　犬后肢瘫痪

1. 瘫痪

瘫痪若按神经系统的损伤部位，可分为中枢性瘫痪和周围性瘫痪。

(1)中枢性瘫痪：为上运动神经元损伤所发生的瘫痪，其控制下运动神经元能力减弱或丧失，致使下运动神经元机能增强引起。由于直接支配骨骼肌的下运动性神经元机能正常，故一般骨骼肌肉无萎缩，或因肢体长期不运动，而发生非用性萎缩。中枢性瘫痪即大脑皮层、脑干、延髓和脊髓腹角受损引起，临床上见于颅脑外伤、脑水肿、脑出血（图 11-16）、脑肿瘤、脑血栓、脑脓肿、各种脑炎、弓形虫病、犬瘟热（图 11-17）、狂犬病（图 11-18）、先天性髓鞘形成不全、先天性后躯麻痹、脊椎裂、重症肌无力等。患中枢性瘫痪时，皮肤反射、肛门反射等都减弱或消失。

(2)周围性瘫痪：为下运动性神经元损伤引起的瘫痪，由于脊髓腹角或脑神经运动核的下运动神经元损伤，或因为外伤引起周围神经损伤所致。由于直接支配骨骼肌的下运动性神经元机能降低或丧失，向肌肉传送神经营养冲动发生障碍，所以肌肉迅速发生萎缩。周围性瘫痪即脊髓腹角细胞、脊髓腹根，以及与肌肉联系的周围神经干等受伤引起，见于椎骨骨折或关节脱位，脊髓的炎症、肿瘤、脓肿、畸形或椎间盘突出，周围神经损伤性麻痹、蜱传热、B 族维生素缺乏症等。周围性瘫痪时，下运动性神经元或损伤的周围神经所支配的区域皮肤反射减弱或消失，体躯其他部位皮肤反射仍正常。

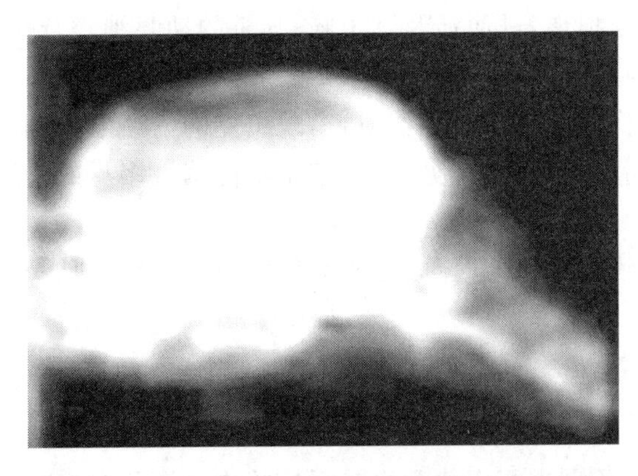

图 11-16 外伤性脑出血昏迷的 X 线片(顶部出血)

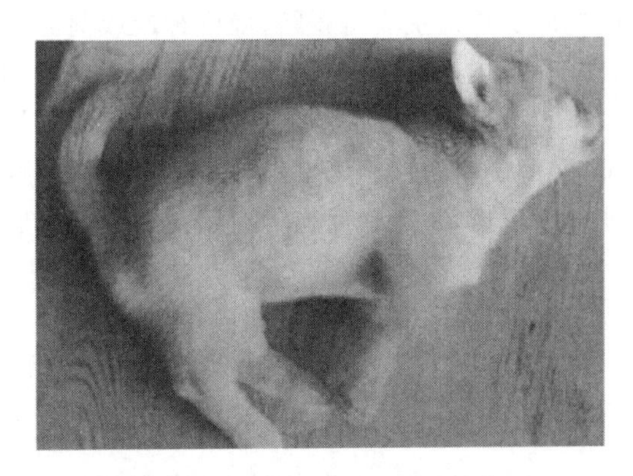

图 11-17 犬瘟热后期倒地抽搐

图 11-18 狂犬病前期精神抑郁、后躯软弱、举动异常

2. 共济失调

共济失调分为静止性共济失调和运动性共济失调。静止性共济失调表现动物站立时,头部摇晃,身体偏斜或左右摆动,四肢分开,关节屈曲,力图保持平衡,见于小脑或前庭传导路受到损伤。运动性共济失调表现为动物运动时,其步幅、运动强度和方向均发生异常改变,动作缺乏协调性、节奏性和准确性。临床可见运动时,后躯踉跄,身体摇晃,步样不稳,动作笨拙,四肢高抬着地用力,犹如涉水样步伐,严重的难以准确地接近食盆或水盆去吃食或饮水。共济失调根据其损伤部位不同分为 4 种。

①脊髓性运动共济失调:也叫本体感受性共济失调。表现为动物运步时左右摇晃,但头不歪斜。主要是由于脊髓背根或背索受损伤,肌肉、肌腱、关节的感受器所发出的冲动,不能由背根传入脊髓,或不能沿背索上行到延髓的薄束核和楔束核,再上传到丘脑,使肌肉运动失去中枢神经的精确调节引起。

9 月龄以下的幼犬,若出现共济失调、四肢轻瘫或后躯轻瘫,其和脊椎有关的先天性疾病有:脊髓神经管闭合不全、脂肪贮存性疾病、球状细胞脑白质障碍和阿富汗犬脑白质障碍,以及犬瘟热脊髓炎和脊髓损伤。

老年犬若出现共济失调、四肢轻瘫或后躯轻瘫,见于椎间盘疾病、脊髓出血、脑膜炎、纤维软骨性梗塞、脊髓病、犬瘟热脊髓炎和脊髓肿瘤等。

②前庭性运动共济失调:临床明显表现是头向前歪向损伤的一边,常伴有眼球震颤,捂眼

时失调加重。主要是迷路、前庭神经或前庭核受损伤，进而涉及到中脑、脑桥的动眼神经、滑车神经和外展神经的原因，严重的还出现晕厥和呕吐。

③小脑性运动共济失调：主要见于小脑损伤。小脑单侧损伤时，出现患侧的前后肢失调明显，患病动物常向患侧偏斜或跌倒；小脑两侧同时损伤时，可见痉挛，运步不协调。多见的是迈步伸展过度，重踏地面，有个性特征的生气勃勃性的步伐。

④大脑性运动共济失调：动物表现虽能直线行走，但身体向健侧倾斜，严重的可倾斜跌倒，见于大脑皮质的额叶或颞叶损伤。

四、姿势和姿势反应

在检查动物行走步态有轻微不足或较差时，还需进行姿势和姿势反应检查。姿势和姿势反应检查良好，表明犬猫中枢和周围神经系统所有主要部分都完好。否则，即可判定有疾患存在。姿势和姿势反应主要用于诊断脊髓内上行或下行神经束、较高脑中枢、皮肤触压接受体，以及肌肉、肌腱和关节内的伸缩接受体等，复杂的神经系统缺陷或病损。姿势和姿势反应共有 6 种。

(一)手推车式检查(wheelbarrowing)

方法是两手握住犬膝关节前部的膝褶或后肢，抬起后肢，强迫动物用前肢向前行走或后退。正常动物以对称并交换均匀地移动前肢，并将头部很自然地伸长(图 11-19)。

(1)当动物的脑部、颈脊神经或前肢周围神经有损伤时，都会发生起步缓慢，不对称运动，并伴有患肢掌背的磕碰跌撞，有时患肢伸展过度。如果这些部位病损严重，头部会下沉弯曲，鼻子有时会触地支撑。

(2)颈部肌肉患有神经肌肉性疾患时，颈部就会有一定程度的弯曲，头颈部难以正常伸展。

(3)颈部脊髓、低位脑干或者小脑异常时，动物出现步态紊乱，步距长短不整。

(二)单足跳检查(hopping)

手推车式检查抬起后肢后，再抬起一只前肢，让另一只前肢着地，承起全身体重，然后让动物朝各个方向移动，观察此腿的运动强度和灵活性。让另一只前腿重复前一只动作，并比较它们的反应和不同。如果单肢能撑起体重，并且反应正常，表明其机体感觉机能无损伤。如果不能撑起体重、共济失调、运动过度或胡乱运动，则表明机体感觉或大脑有问题。当动物患有对侧大脑感觉运动皮质存在轻微病损，或患有神经肌肉性疾病时，一般还能勉强运动，但当整个机体体重都由检查肢承担时，动物就会瘫倒在地(图 11-20)。

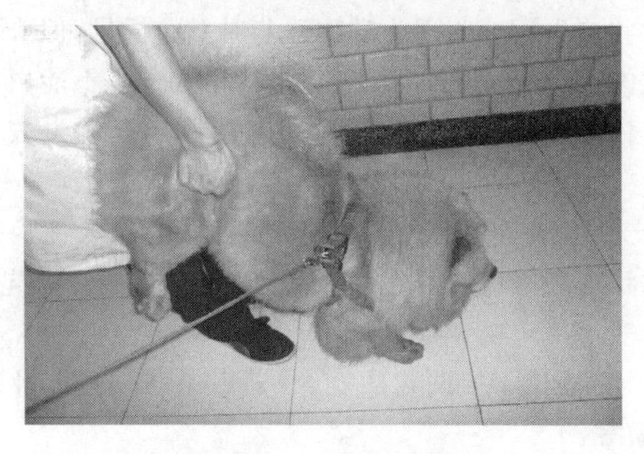

图 11-19　手推车式检查

图 11-20　单足跳检查

(三)一侧前后肢站立和行走检查(hemistanding and hemiwalking)

将动物同一侧前后肢握住抬起,让对侧前后肢站立和强迫行走进行检查,正常动物会尽力用另一侧两肢维持体态平衡和垂直站立。当脑部一侧感觉运动皮质有损伤时,同侧前后肢站立和行走运动正常,而对侧前后肢站立和行走运动表现异常,可出现运动无力或运动过度性痉挛和跌撞。当发生一侧颈部脊髓损伤时,损伤的同侧站立和行走运动出现异常,如站立姿势扭捏无力,丧失行走能力或瘫倒等,而对侧可能正常。检查完一侧后,再检查另一侧(图 11-21)。

如果有的犬不配合检查,尤其是大型犬,也可抬起对角的前后肢检查,用以观察脑部或颈部的病患情况。

(四)后肢伸肌及后肢运动检查

将动物抬起使四肢离开地面,然后将后肢下放着地,观察后肢着地时支撑体重时的表现;再驱使动物向前和向后移动,检查两后肢功能的力度和协调的对称性,为后肢伸肌检查。正常动物两后肢功能的力度和协调的对称性均好。若两后肢支撑体重软弱无力,表明腰部或荐部脊神经或肌肉有病损(图 11-22)。

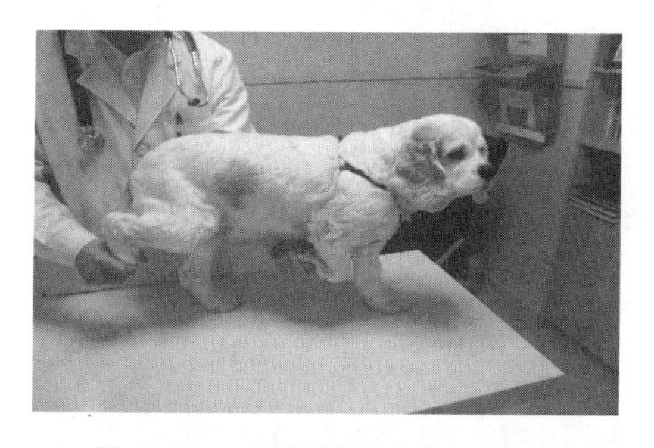

图 11-21　一侧前后肢站立和行走检查

图 11-22　后肢伸肌及后肢运动检查

在后肢伸肌反应检查异常的基础上,再提起一只后肢,让一只后肢着地,然后强迫其向前行走和后退;另一后肢也进行同样检查。检查后比较两后肢的反应,某侧伸肌软弱并表现单独支撑体重时无力,表明同侧腰部或荐部脊神经或肌肉有病损。

(五)脖子强直反应检查

用两只手放在头的左右侧颊部,用力向前上方牵引,正常动物反应是伸展两前肢所有关节。如果颈椎、颈神经或颈骨骨髓患有疾患,感觉系统出现故障,动物就不会伸展腕关节或指关节,也可能两关节都不伸展。腕关节和指关节屈曲,就会让足背负重。同样的反应也可在支配动物前肢的运动神经,或控制这部分运动神经的脊髓白质发生病变时出现(图 11-23)。

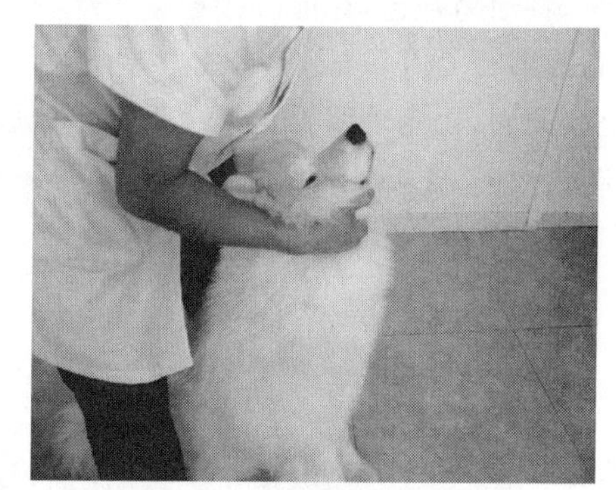

图 11-23　脖子强直反应检查

(六)自体感受检查(preprioception)

用手将动物的任何一只足关节弯曲,让其足背着地支撑,用以观察恢复正常的时间,四肢足可轮流实验(图 11-24)。正常动物一般在 1～3 s 内恢复正常。患有周围神经机能障碍或脊髓疾患时,可能会丧失自体感受机能(图 11-25)。使用过止痛或镇静药物的动物,不能进行此实验。

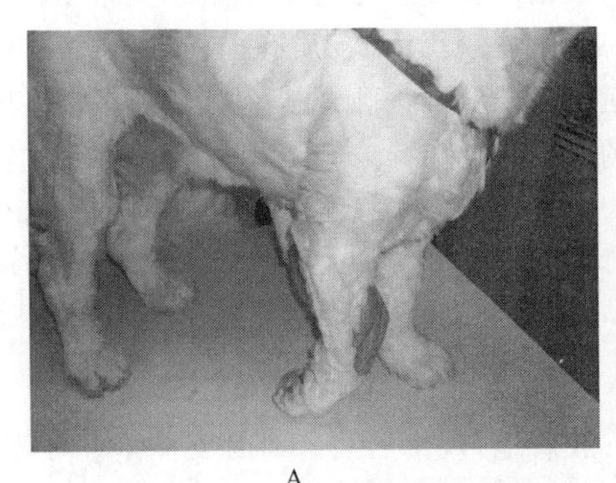

A

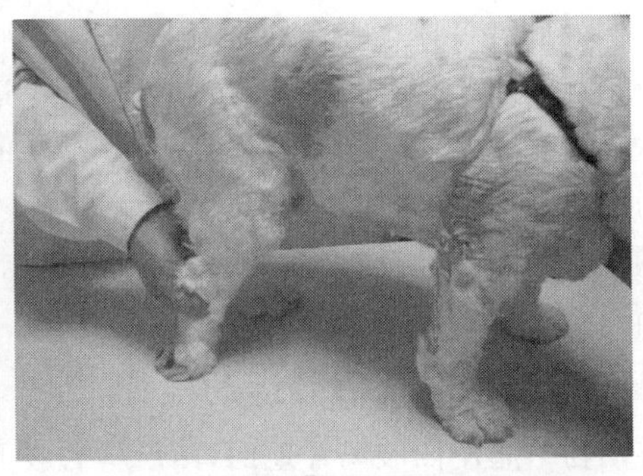

B

图 11-24　自体感受前肢(A)和后肢(B)检查

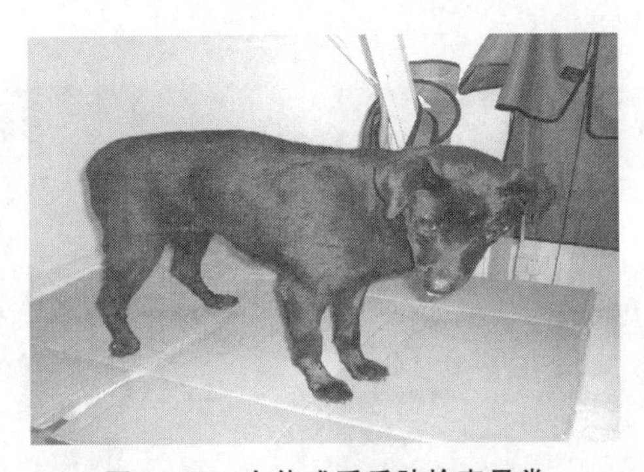

图 11-25　自体感受后肢检查异常

此黑犬被汽车撞后 7 d 检查,右后肢足关节屈曲后,不能自行调整。X 线拍片检查脊椎骨,未见明显异常。经治疗 20 多天后,已能自己调整所有弯曲关节了。

(七)触桌反应检查

将动物抱起,让前肢接近桌子缘,视觉正常动物,在足部未接触桌子缘前,前肢就踏上桌子面,表明视力好,否则表明视力差;将两眼蒙上,让两前肢接触桌子缘,正常动物立刻将前肢踏上桌子面,否则表明感觉系统受损。后肢也可做同样反应检查(图 11-26)。

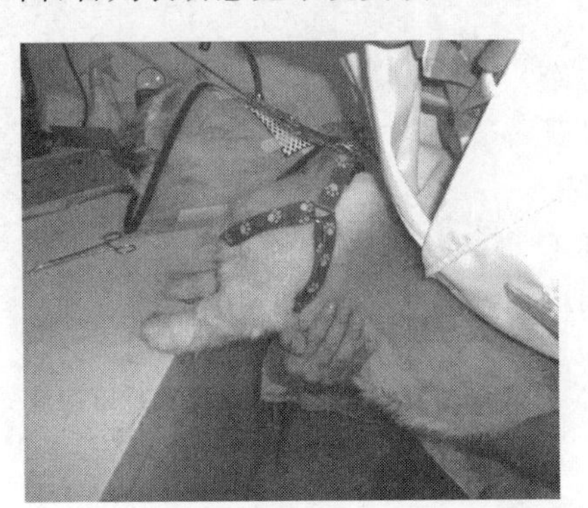

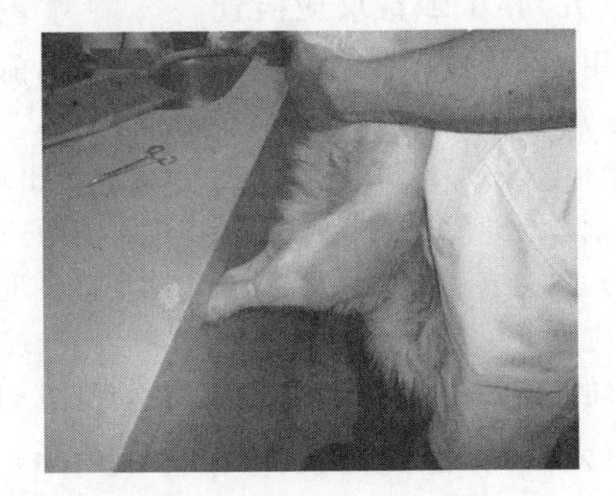

图 11-26　触桌反应检查

左图:前肢正常;右图:因腰椎扭伤而后肢无反应(不能将后肢踏上桌子面)。

五、脊神经反射检查

脊神经反射检查是检查感觉和运动神经反射弧的完整性，其反应有以下3种情况。

①正常反射：表明感觉和运动神经都是完好的。

②反射减弱或消失：表明感觉和运动神经反射反应部分或完全丧失，为下运动神经元问题。

③反射增强：表明来自大脑和脊髓的正常反射传出途径损伤，出现了异常，为上运动神经元问题。

脊神经反射检查内容包括动物肌肉张力、脊髓反射和皮肤感觉。肌肉张力和脊髓反射检查，在动物侧卧和尽可能放松的状况下进行较好。检查肌肉张力、肌腱和伸屈肌反射时，最好设法安慰动物给以配合很重要。具体检查项目如下。

(一)疼痛反射检查

动物疼痛时通过收缩、躲闪、嘶叫或龇牙咬人来表现，从刺激到反应形成一个反射弧(图11-27)。

1. 皮肤疼痛反射检查

皮肤疼痛反射是给皮肤以刺激时，皮肤发生的收缩反应。皮肤疼痛反射最好在胸腰部进行，因为胸腰部含有丰富的来自脊神经的感觉神经。刺激冲动传到相关的脊髓神经节，再沿脊髓白质传到颈椎8(C8)内脊髓，当皮肤对刺激有反应时，表明从刺激部位到C8段的脊髓白质是完好的。这种刺激有时需要强烈刺激才能获得。动物发生严重脱水或局部肌肉萎缩时，将不会出现皮肤刺激反射。

2. 腋窝上部疼痛检查

手指插入腋窝上部触压，注意有无肿块或疼痛，如果有肿块或疼痛，提示患有臂神经丛神经纤维瘤(图11-28)。

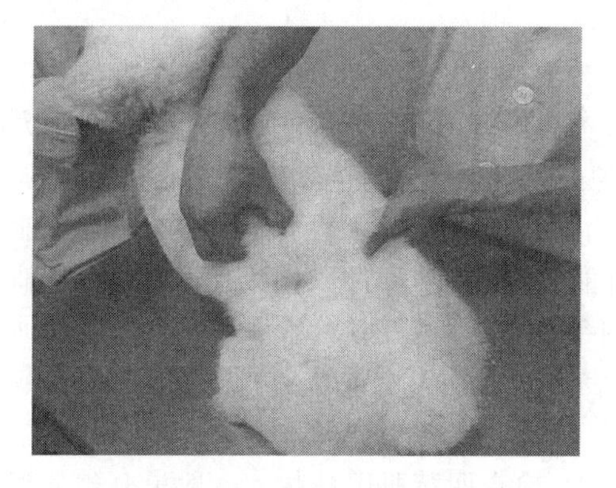

图11-27　掐腰部皮肤疼痛反射检查

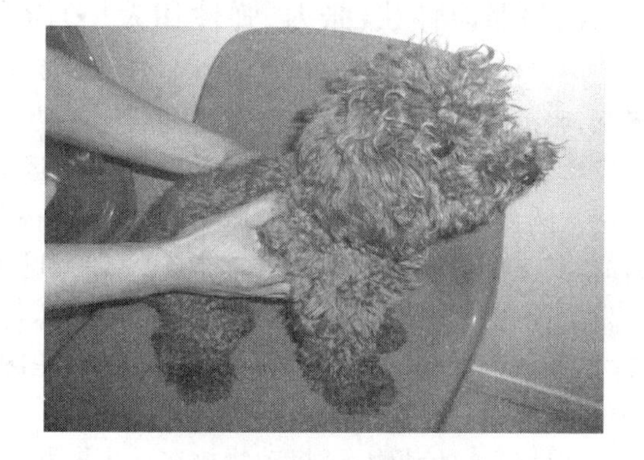

图11-28　腋窝上部疼痛检查

3. 肛门或会阴反射检查

刺激肛门或会阴，观察肛门括约肌的收缩和尾巴的反应。此反射由荐尾脊髓1～3(S1～S3)神经节的荐尾神经分支阴神经支配。荐尾神经损伤，甚至腰部脊髓神经损伤，都可引起肛门或会阴反射减弱或消失，肛门和阴门扩张或不能收紧，以及膀胱机能障碍，膀胱括约肌紧张度降低，体外挤压膀胱容易排尿。而荐尾脊髓2～3(S2～S3)以上损伤，膀胱括约肌紧张度增加，体外挤压膀胱不容易排出尿液。

4. 脊椎疼痛反射检查

将个体小的动物放在诊断台上站立，个体大的动物让其站立在地面上即可。检查者站在患病动物一侧或身体后边，伸展两只手的四指，放在脊柱两侧，用两个拇指按压脊椎。按压从第一颈椎开始，一直按压到尾根部。按压先轻后重，如果哪个脊椎发生疾患，便会疼痛，引起患病动物抗拒、鸣叫或撕咬。一般脊椎疾患多发生在胸腰连接处，因此按压此处时应多加注意（图 11-29）。

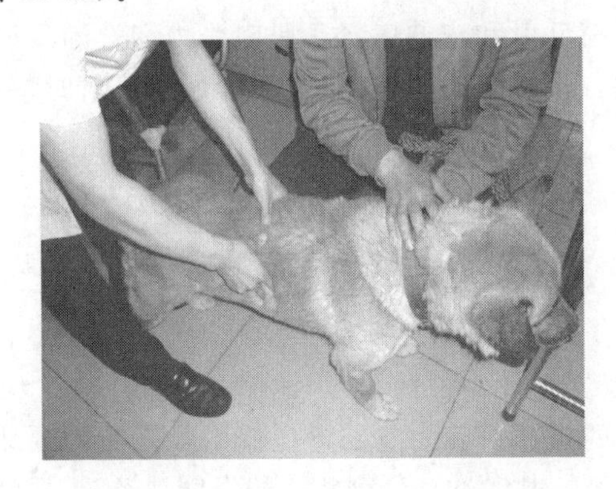

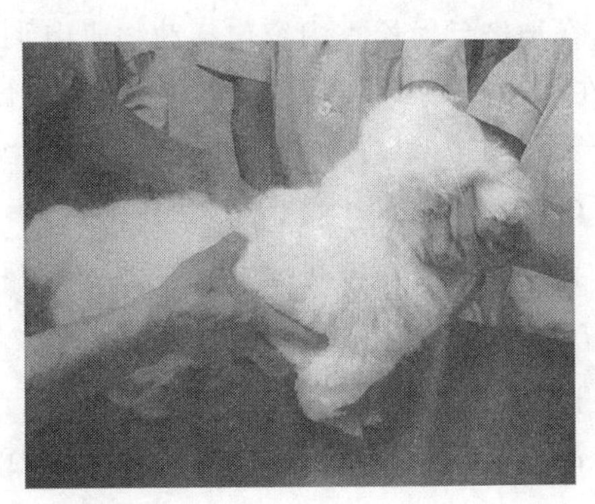

图 11-29　脊椎疼痛反射检查

左图：大犬在地面上　右图：小犬在诊断台上

（二）层反射检查

用尖锐物体触扎动物背部脊椎任何一侧的皮肤，或者用止血钳钳夹皮肤，便可激发层反射，正常反应会在刺激点上产生皮下肌肉收缩。检查从后方向前方进行，层反射缺失时，表明反射点之后的椎间患有疾患（图 11-30）。

（三）肌肉性状（张力、弹性和大小）检查

用手按压肌肉，来诊断肌肉的张力。动物肌肉张力检查可分为张力减弱、张力正常和张力增强，张力增强也可认为是痉挛。痉挛程度又可分为轻微的、中等的和强直性的。肌肉张力减弱发生于下运动神经元（LMN）疾患，而当上运动神经元（UMN）发生疾患时，肌肉张力增强或痉挛。然而，有些动物发生 UMN 疾患时，肌肉张力也可能正常而无痉挛发生。LMN 功能正常时，其支配的肌细胞机能也正常。LMN 损伤机能丧失，其支配的肌肉细胞发生退化，临床上发生神经性肌肉萎缩变小。肌肉弹性诊断，可用手拉直任何一侧肢，放手后观察此肢的回收能力，回收好的，其弹性正常；不回收或回收差的，表明其弹性无有或减弱；肌肉张力丧失或减弱的，其弹性也没有或减弱。

四肢瘫痪的动物，可将动物放在一个网状支架上，检查四肢肌肉性状。一般患有颈部神经或前肢鹰嘴到臂神经丛的神经损伤时，整条腿呈现强直性伸展，每当扶起移动时，整个躯体和腿部感到强直，张力过强时，可使动物无法站立。动物患有多发性神经炎时，可发生四肢瘫痪，还可能伴有散发性神经肌肉病患，此时腿上部肌肉张力减弱或消失，让动物站立，因腿上肌肉无张力，无法支撑体重而弯曲。

（四）前肢屈曲反射检查

向前肢掌部给予刺激时，将会引起肩部、肘部、腕部和指间的屈肌反射运动，这些运动由第

6 颈椎至第 2 胸椎(C6～T2)神经的腹侧支形成的臂神经丛,其神经丛包含的 8 支神经中的 5 支(腋神经、肌皮神经、正中神经、桡神经和尺神经)共同支配。正常和上运动神经元损伤的动物,刺激掌部时会引起肘部的屈肌反射或反射增强;屈肌反射减弱或消失,则表明支配这部分屈肌反射的神经组织有损伤(图 11-31)。

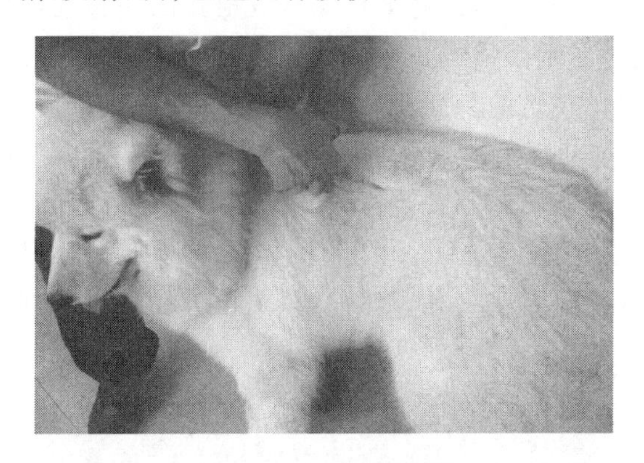

图 11-30 层反射检查

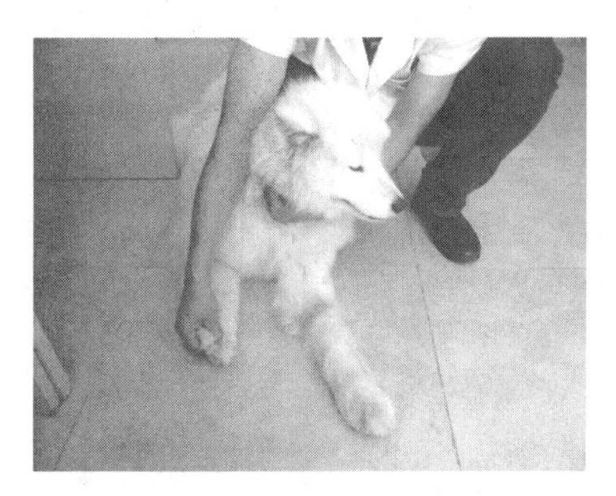

图 11-31 前肢屈曲反射检查

(五)臂三头肌和臂二头肌反射检查

正常犬在安静侧卧放松时,轻击臂三头肌和鹰嘴之间肌腱,便可引起轻微的肢伸展。此反射是由颈椎 7～8(C7～C8)和胸椎 1～2(T1～T2)脊神经节发出的桡神经支配。臂二头肌反射通过指压或叩诊臂二头肌末端,或肘关节前上方内侧肌肉获得,叩打时即可见肘部有较轻收缩,也可把手指放在臂二头肌上,用以感知其肌肉收缩。此反射通过来自颈椎 6～8(C6～C8)脊神经节发出的肌皮神经支配。当臂二头肌和臂三头肌反射弧环节损伤时,这些反射消失或不太明显;而当上运动神经元疾患时,臂二头肌和臂三头肌反射亢进(图 11-32、图 11-33)。

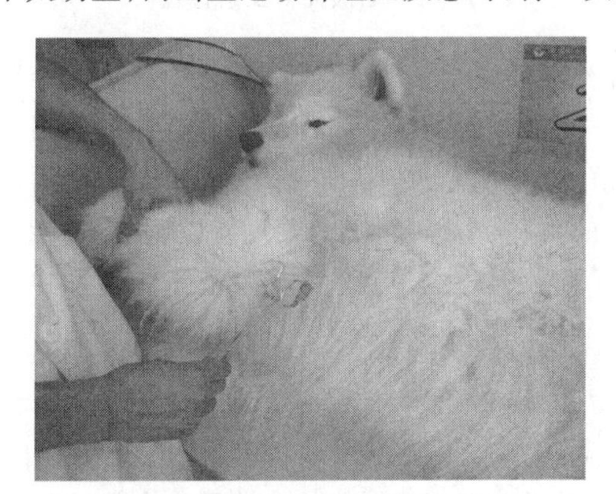

图 11-32 臂三头肌反射检查

图 11-33 臂二头肌反射检查

(六)联动伸肌反射检查

正常健康安静侧躺卧着的动物,刺激其某一肢的掌部或蹠部,只可看到此肢的屈肢反射。当上运动神经元发生疾患时,由于下运动神经元作用,此时刺激安静侧躺卧着动物的某一肢掌部,在刺激肢屈肌反射的同时,还可看到对侧肢的联动伸肌反射(肢伸展),此检查用以诊断上运动神经元病变(图 11-34)。

此检查用于前肢,还叫前肢回缩反射检查:刺激掌部整个前肢屈曲,属于正常。如果减弱或消失，表明颈椎6～胸椎1(C6～T1)损伤，LMN失能。单前肢反射增强或亢进，表明外周神经损伤；两前肢反射增强或亢进，表明脑部至颈椎6(C6)损伤，都是UMN失能。

(七)后肢屈曲反射检查

刺激正常动物四肢任何部位的屈肌，将引起屈肌反射，以此来诊断其发射弧的完整性，以及由刺激引起反应的相关中枢神经系统的状况。如用手掐或止血钳夹压后肢的趾部刺激时，正常和患有上运动神经元疾患的动物，膝关节将出现弯曲。屈肌反射由来自腰椎6～7(L6～L7)和荐椎1(S1)脊髓神经节的坐骨神经支配。屈肌反射缺失或弱小，表示该反射系某部分有损伤。出自腰椎段坐骨神经末梢运动部分异常，常会引起膝关节、跗关节、跖关节的屈肌和股部、踝部及跖部伸肌失能、张力减退而瘫痪，甚至肌肉发生萎缩；跗关节的伸肌和屈肌都丧失机能。由坐骨神经麻痹引发的瘫痪，动物行走时常由脚背来踏地。然而，只要股神经还正常，此肢就能支撑起机体(图11-35)。

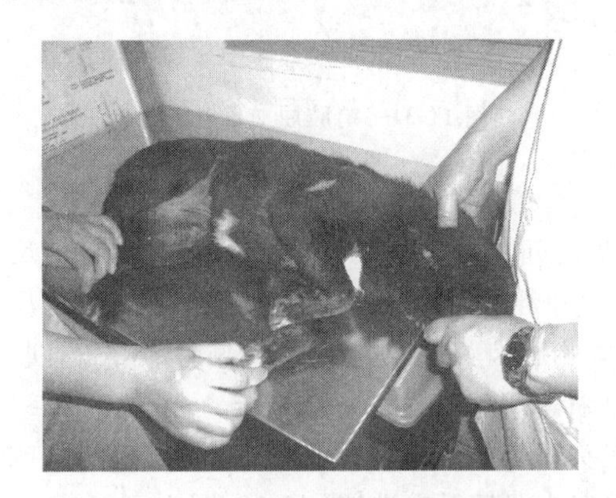

图11-34　掐一掌部的联动伸肌反射检查

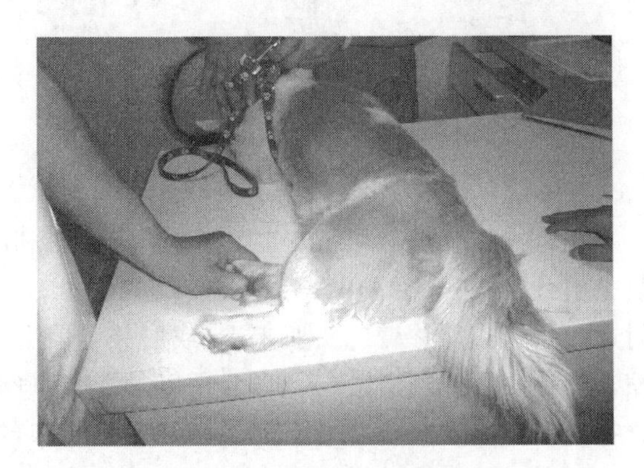

图11-35　后肢屈曲反射检查

犬的脚背边缘和脚底部分，分别由腓神经和胫神经的感觉神经支配，后肢上中部由股神经的一个分支(隐神经)支配，隐神经由腰椎4～6(L4～L6)脊髓神经节发出。坐骨神经可能因为骨盆骨或组织损伤而损伤，从而导致坐骨神经支配的肌肉机能丧失，脚掌背面、侧面和底面的痛觉丧失。如果隐神经机能仍然完好，给予其支配的大腿、小腿、跗部内侧皮肤以刺激，仍能看到隐神经支配的大腿内侧缝降肌和股薄肌的伸缩反应，但膝关节、跗关节和跖关节都无伸缩反应。

(八)膝反射检查

膝反射是检查动物的肌腱反射，它是可信度最高的后肢反射。让动物侧卧，检查肢朝上，让其尽可能放松的情况下，用小锤或钳柄，轻敲其膝关节韧带的正中央，正常反应会快速伸展膝关节。正常反应的程度因品种不同而异，大型犬膝反射比小型犬要敏感，老龄犬一般不敏感。此反射是由腰椎4～6(L4～L6)脊神经节发出的股神经支配。其反应强度分为5级：0级，无反应；1级，反应减弱；2级，正常；3级，反应增强；5级，发生阵挛。当反射弧部分发生病损时，即下运动神经元受损，将会出现膝反射减弱或消失，以及肌肉紧张度降低或松弛。股骨骨折而无神经损伤时，也可能不出现反应。膝反射检查一侧减弱或消失，表明股神经的损伤。膝反射检查两侧都减弱或消失，表明腰椎(L4～L6)受损；而当上运动神经元发生疾患时，即腰椎4(L4)以前的脊髓受损，其发射增强或发生阵挛(图11-36)。

(九)腓肠肌反射检查

让动物侧卧,用小锤或大镊子把叩打腓肠肌腱,正常反应是肌腱随着跗关节屈曲而轻微的伸展。其临床诊断意义同膝反射检查(图 11-37)。

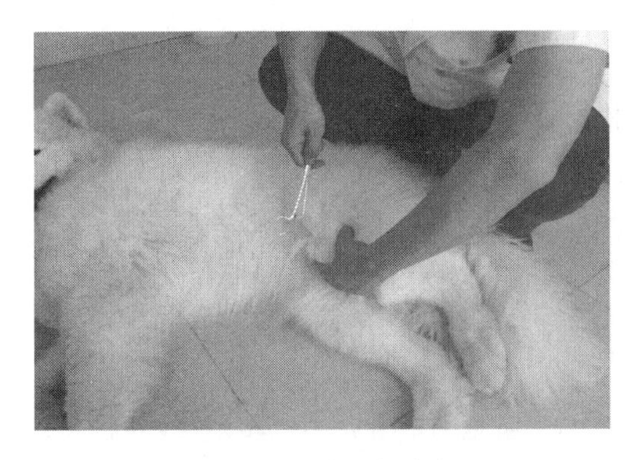

图 11-36 膝反射检查

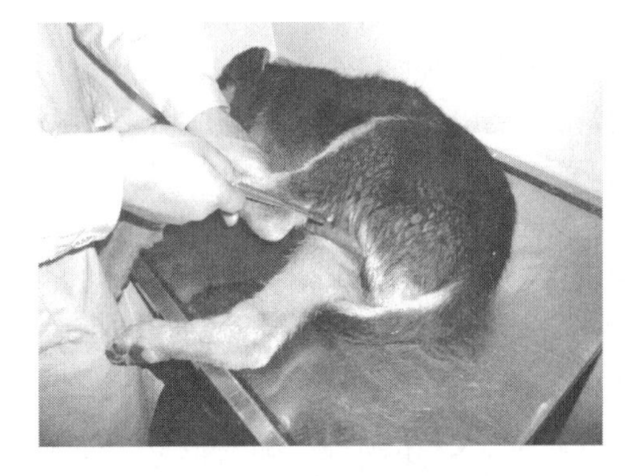

图 11-37 腓肠肌反射检查

六、脑神经检查

对动物进行脑神经(CN)检查时,可先从动物的行为、注意力、听力、姿势平衡、步样、转圈等活动能力进行(表 11-5),当发现异常或缺陷时,应对脑神经进行全面系统的检查。脑神经第Ⅱ和Ⅳ对发生病损时,其反应表现在对侧;其他脑神经则表现在同侧。12 对脑神经检查如下。

1. 第Ⅰ对脑神经——嗅神经

此神经是传入(感觉)神经。检查方法是用有刺激性的物质放在鼻子前,引起反应的便是正常;无反应的是异常。可用罐头食品检查,也可用酒精棉球来检查,但有的犬对酒精比较反感,检查时注意。

2. 第Ⅱ对脑神经——视神经

此神经是传入(感觉)神经。检查方法是首先检查双眼,在其视野内投掷一块食物或一玩具,让犬追逐;然后将两只眼睛轮流用布蒙上一只,再重复让它追逐食物或玩具。正常犬 3 种检查均可追逐食物或玩具。还有在眼前拍手惊吓,可引起正常动物眨眼;用手电照眼睛,可引起瞳孔缩小。犬猫霍纳氏综合征(Horner's syndrome)表现为单侧瞳孔缩小,眼球内陷、第三眼睑突出和上眼睑下垂。发生的原因可能是交感神经受到了损坏,其损坏部位有丘脑下部,或是胸椎 1~2(T1~T2)脊神经节前性的或脊神经节性的。

3. 第Ⅲ对脑神经——动眼神经、第Ⅳ对脑神经——滑车神经、第Ⅵ对脑神经——外展神经

3 对脑神经均为传出(运动)神经。这 3 对神经共同支配眼睛的运动,在中脑或脑桥发生疾患时,便可出现收缩性或扩散性的单眼或双眼斜视。病情更严重发展,如果使头部从左向右,或是从右向左移动时,引起的眼球运动就消失了。

4. 第Ⅴ对脑神经——三叉神经

此神经是一对同时具有很多感觉和运动神经机能的神经。其感觉机能可以通过轻轻触诊角

膜、眼睑、睫毛或两鼻孔之间的鼻端黏膜来检查。霍纳氏综合征的上眼睑下垂，也是三叉神经损伤的一个症状。这对神经的运动机能与咀嚼肌有关，三叉神经受损伤，可能引起下颌下垂和采食困难，严重的可引起同侧的咬肌和眼睛外侧部分肌肉萎缩，但吞咽机能正常，不受影响。

5. 第Ⅶ对脑神经——面神经

面神经支配面部小部分肌肉的运动和感觉机能。对动物进行恐吓威胁、刺激眼睑或角膜，正常动物出现眨眼反应，面神经麻痹时则无眨眼反应。同时，面神经麻痹时，还表现患侧脸颊和嘴唇松缓下垂，吃的食物停留在患侧上下颌骨之间。猫面神经机能障碍时，还会发现其胡须不能向前移动。支配泪腺的副交感神经与面神经有关，因此面神经疾患，有些动物还会发生角膜结膜炎，角膜结膜炎可通过 Schirmer 氏泪液试验诊断。面神经的感觉成分检查，可用阿托品滴在动物的舌头上检查，正常动物有反应，没有反应的，表明面神经有损伤。

6. 第Ⅷ对脑神经——前庭耳蜗神经

此神经又称位听神经，此神经是传入(感觉)神经，负责听觉和平衡觉。在动物视线外制造适当声音，例如拍巴掌，听力正常动物就会有警觉反应；此神经异常者，因听不到声音而无警觉反应。年龄大的动物，白色被毛蓝眼睛猫(遗传听力差)，一般也无警觉反应。动物自发的眼球震颤，尤其是双侧眼球震颤，提示前庭耳蜗神经有损伤。

另外，利用动物纠正其异常姿势反应，也可检查此神经。把动物摆成一个异常姿势，正常动物很快纠正过来，此神经损伤的异常动物则无纠正异常姿势反应。

7. 第Ⅸ对脑神经——舌咽神经和第Ⅹ对脑神经——迷走神经

此 2 对神经都是混合神经，它们的损伤只影响动物的吞咽，而不影响其采食。其表现为动物见食物后，能吃入口中，但只在口内衔着，不能咽下。舌咽神经的单侧损伤，一般不会完全丧失吞咽机能。正常动物刺激喉头人工诱咳时，有轻微咳嗽反应。而迷走神经异常时，即使患有喉头炎，做人工诱咳也无反应。

8. 第Ⅺ对脑神经——副神经

此神经是传出(运动)神经。副神经的外侧支分布于臂头肌、斜方肌和胸头肌，因此副神经损伤时，可引起这些肌肉张力降低，甚至萎缩。

9. 第Ⅻ对脑神经——舌下神经

此神经是传出(运动)神经。舌下神经分布于舌肌，一侧舌下神经损伤，舌头一般偏向正常一侧，同时还可以影响采食和吞咽。舌头两边损伤或任何部位损伤严重时，不但可以影响舌头的运动，而且还会严重地影响其采食和吞咽机能。

表 11-8　脑神经检查

脑神经	检查方法	正常反应	异常反应
第Ⅰ对:嗅神经	挥发性物质	用鼻吸气、畏缩和舐鼻	无反应
第Ⅱ对:视神经	威胁	眨眼	无眨眼
	光照眼睛反射	瞳孔有直接或间接反应	无反应
第Ⅲ对:动眼神经	光照眼睛反射	瞳孔有直接或间接反应	无直接反应，有间接反应
	用一目标物检查	眼睛有反应	眼睛对物体置正中、上侧或下侧检查视力减弱

续表 11-8

脑神经	检查方法	正常反应	异常反应
第Ⅳ对：滑车神经	观察	正常眼睛运动	眼球背中斜视
第Ⅴ对：三叉神经	观察	能闭合口腔	下颌下垂，不能闭合口腔
	触诊颞肌和咬肌	肌肉张力正常	肌肉松弛或萎缩
	角膜或眼睑反射	眨眼	无眨眼
第Ⅵ对：外展神经	观察	正常眼睛位置	眼睛正中斜视
第Ⅶ对：面神经	观察	面部左右上下对称	嘴唇下垂
	角膜和眼睑反射	眨眼	无眨眼
	恫吓	眨眼	无眨眼
第Ⅷ对：前庭耳蜗	拍掌恫吓	害怕反应	无反应
神经	上下和水平移动		
	头部	眼球正常震颤	无反应或少有震颤
	观察	头部正常姿势	头部倾斜
	纠正反应	正常纠正	无法纠正
第Ⅸ对：舌咽神经	饲喂食物	可吞咽	无吞咽反应
第Ⅹ对：迷走神经	饲喂食物	可吞咽	无吞咽反应
	压迫眼球心脏反应	心搏徐缓	无反应
	刺激喉头反应	轻微咳嗽	无反应
第Ⅺ对：副神经	触诊颈部肌肉	肌肉有张力	肌肉无张力，甚至萎缩
第Ⅻ对：舌下神经	把舌头拉出口腔	舌头回收口腔	无回收舌头反应

第三节　猫神经系统检查

猫个体小、胆小又神经质，神经系统检查时不愿配合或合作，因此检查较为困难。检查时如果出现异常反应，也可能并不是神经系统疾患，而仅仅是猫拒绝检查，表现出来的不正常反应。所以，在临床上检查猫神经系统时，应该给以特别注意。

猫神经系统检查也可借用犬神经系统检查的方法，其检查的临床意义也基本相同，不过检查时需注意区别出现异常反应的真伪，应去伪存真，设法抓住实质，真正做到真实诊断。

附表　脑脊髓液正常与疾病时的变化

疾病名称	物理外貌	红细胞（$\times 10^{12}$）	白细胞（$\times 10^{9}$）	细胞型	蛋白质/(g/L)
正常	清亮无色彩	有或无	＜0.025	小淋巴细胞	犬 0.15～0.33 猫＜0.36
细菌性脑炎	烟雾到云样	N 到中多	较多	中性粒细胞	＞1.0

续附表

疾病名称	物理外貌	红细胞($\times10^{12}$)	白细胞($\times10^{9}$)	细胞型	蛋白质/(g/L)
病毒性脑炎(如犬瘟热)	清亮到轻度混浊	N	0.01～0.10	淋巴细胞 单核细胞	0.3～5.0
猫传染性腹膜炎	烟雾到云雾样	N到较多	较多(1.0)	中性粒细胞 单核细胞	1～5
真菌性脑炎	清亮到云样	N到较多	少到多0.15～0.50	中性粒细胞(早期)或多种、嗜酸性粒细胞 吞噬细胞吞噬真菌	由少到多0.5～1.0
原生动物感染(新孢子虫感染)	清亮	N到稍多	增多	多种细胞和嗜碱性粒细胞	N到多
寄生虫感染	清亮到黄色	N到稍多	稍多到多	多种细胞和嗜酸性粒细胞	较多到多
立克次氏体	清亮无色	N到稍多	N到较多	中性粒细胞 单核细胞	N到多
脑肿瘤	清亮无色到轻度混浊	N到多	增多<0.05	中性粒细胞 瘤细胞	N或稍多0.5～1.0
蛛网膜下出血	混浊、浊血、棕色或黄色	很多	增多	中性粒细胞	增加
变质性脑软化	清亮	N	N或稍多	淋巴细胞 单核细胞	增加
脊髓受压迫	清亮或黄色	N	N或稍多	淋巴细胞	0.5～20

注:N表示正常。

思考题

1. 为什么要掌握犬猫神经系统临床检查应用解剖和名词意义?

2. 你能对犬猫进行行为和精神状态、行走步态、姿势和姿势反应、脑神经等检查,并了解出现异常时的临床意义吗?

3. 猫进行神经系统临床检查时,为什么比较犬更难?

第十二章　骨骼、关节和肌肉系统临床检查

重点提示

1. 熟悉犬猫骨骼、关节和肌肉系统临床检查应用解剖及其特点。
2. 学会问诊、视诊、触诊和他动运动诊断犬猫骨骼、关节和肌肉系统疾患。

犬猫骨骼、关节和肌肉系统疾患，在临床上可以说是经常发生，尤其是老年犬猫骨骼、关节和肌肉系统疾患发生率更高，本系统疾病的发生还与其供应血管和神经有关，在临床上也较难诊断，所以多占了些篇幅，运用了较多图解。

第一节　犬骨骼、关节和肌肉系统临床检查应用解剖

一、骨骼

1. 全身骨骼

全身骨骼主要由头骨、椎骨、肋骨、前肢骨、后肢骨、盆腔骨和尾椎骨等组成(图 12-1 和图 12-2)。

2. 头骨

头骨主要由 9 块骨头组成：下颌骨、切齿骨、鼻骨、上颌骨、颚骨、额骨、颞骨、顶骨岩部和枕骨髁，详见图 12-3。

二、关节

1. 关节的种类和构造

关节主要有 3 种，具体如下。

①滑膜关节：也叫可动关节，是较能自由活动的关节。滑膜关节一般都由关节腔、滑液膜、滑液、关节软骨组成(图 12-4)；因其机能有别，有的滑膜关节内还有半月板、脂肪垫(fat pads)和关节内韧带等。半月板是一种纤维软骨，见于犬膝关节及颞骨和下颌关节。

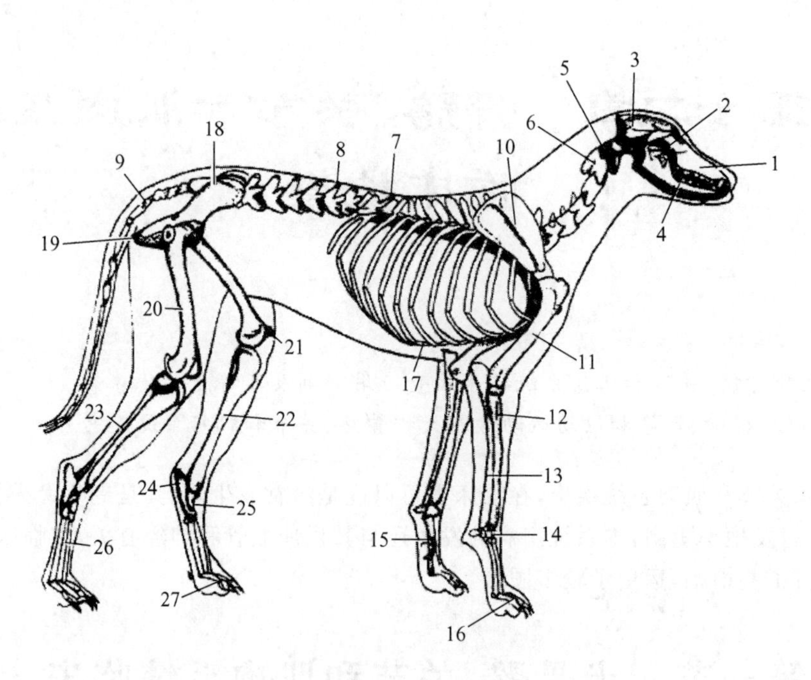

图 12-1　犬全身骨骼

1. 上颌骨　2. 颧骨　3. 顶骨　4. 下颌骨　5. 寰椎　6. 枢椎　7. 胸椎　8. 腰椎　9. 尾椎骨　10. 肩胛骨　11. 肱骨　12. 桡骨　13. 尺骨　14. 腕骨　15. 掌骨　16. 指骨　17. 胸骨　18. 髂骨　19. 坐骨　20. 股骨　21. 髌骨　22. 胫骨　23. 腓骨　24. 跟骨　25. 距骨　26. 跖骨　27. 趾骨

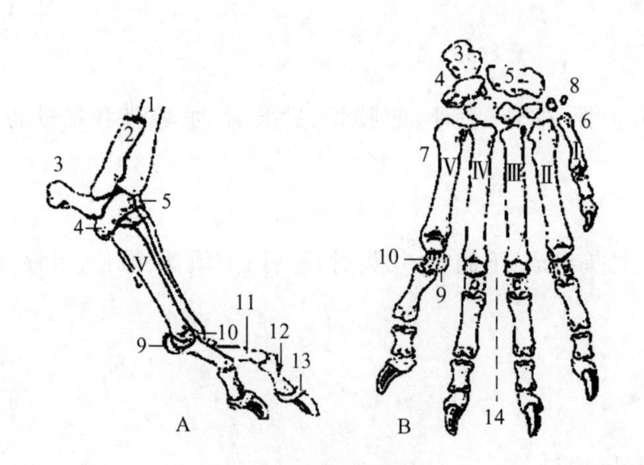

图 12-2　犬右前肢掌指骨

A. 外侧面　B. 背侧面

1. 桡骨　2. 尺骨　3. 副腕骨　4. 尺侧腕骨　5. 中间桡腕骨　6,7. Ⅰ～Ⅴ为第 1～5 掌骨　8. 籽骨　9. 近侧籽骨　10. 背侧籽骨　11～13. 第 1、2、3 指节骨　14. 前掌骨轴

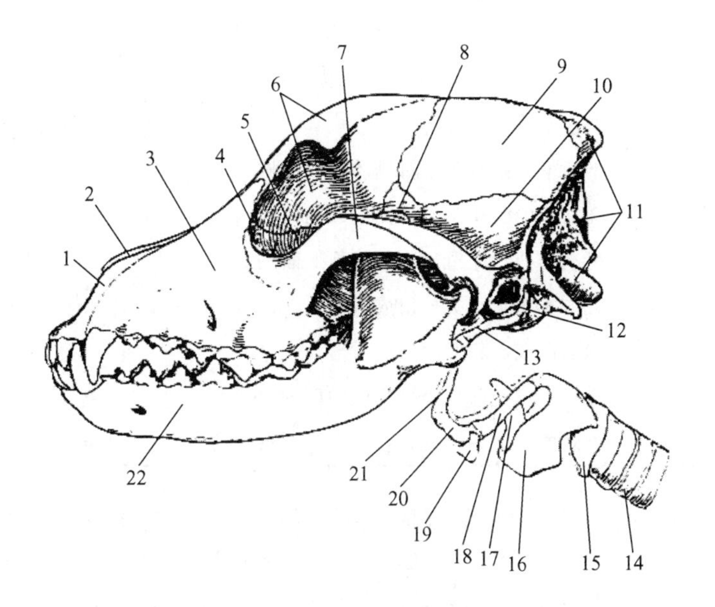

图 12-3　犬头部骨骼和喉部

1. 切齿骨　2. 鼻骨　3. 上颌骨　4. 泪骨　5. 颚骨　6. 额骨　7. 颧骨　8. 蝶骨翼　9. 顶骨骨
10. 颞骨　11. 枕骨　12. 鼓舌软骨　13. 茎突舌骨　14. 气管　15. 环状软骨
16. 甲状软骨　17. 会厌软骨　18. 基舌骨　19. 甲状舌骨　20. 角舌骨
21. 上舌骨　22. 下颌骨

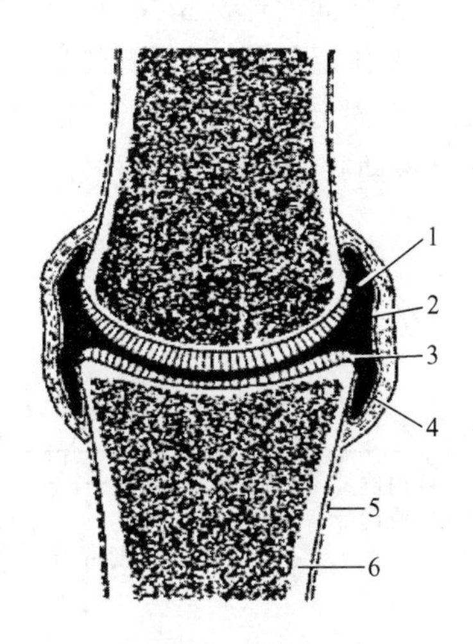

图 12-4　关节的构造

1. 关节腔　2. 滑液膜　3. 关节软骨　4. 关节囊的纤维层
5. 骨膜　6. 骨密质

滑膜关节依据其表面形状可分为8种基本类型，详见表12-1。

表12-1　滑膜关节的8种基本类型

关节类型	关节表面形状	关节名称
平面型	呈扁平状	肋骨与脊椎横突间的关节
球窝型	半球形的凸状头与对侧的凹面结构	肩关节、髋关节
椭圆型	椭圆形的凸状头与对侧的凹椭圆结构	桡骨与腕骨间的关节
铰链型(hinge)	可动的凹状面滑过沟状的凸形面	肱骨与尺骨间的关节
复合型(composite)	关节有多个小关节组成	跗关节、腕关节
髁型(condylar)	圆形凸起与相对的凹面	膝关节
滑车型	扁平稍微凸起与扁平稍微的凹面	桡骨与尺骨间关节
鞍型	相对的两面，一面凸形，一面类似马鞍的凹形	指(趾)间关节

②纤维性关节及软骨关节：这些关节是不能活动的，如头盖骨缝间、舌骨的韧带联合等。

③玻璃软骨关节和纤维软骨关节：玻璃软骨关节见于成长中的动物，玻璃软骨连接长骨的骨骺与骨干，当骨骼发育成熟时，玻璃软骨骨化停止生长。纤维软骨关节见于骨盆联合及下颌骨联合。

2. 四肢关节

四肢关节分前肢关节和后肢关节。

(1)前肢关节：有肩关节、肘关节、腕关节和指关节。

①肩关节：是肩胛骨肩盂与肱骨头之间的球窝型关节，能向各个方向活动，但主要是伸和屈运动。肩关节囊是松弛的滑膜囊，纤维层较薄，而两侧的肩关节囊壁稍微厚些，故叫内外侧盂肱韧带。它穿越关节四周的肌肉，有固定关节的作用。肱骨横韧带把臂二头肌的起点腱固定在沟内(图12-5)。肩关节内侧有腋动脉、腋静脉和臂神经丛。

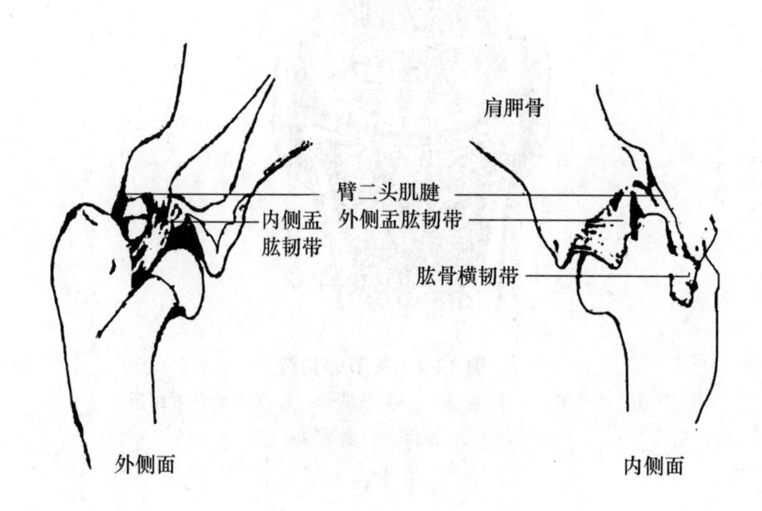

图12-5　左侧肩关节的外侧面和内侧面

②肘关节：是个复合关节，由肱骨远端、桡骨近端和尺骨的滑车切迹组成。包括肱骨和桡骨关节、肱骨和尺骨关节及桡骨和尺骨近侧关节，但桡骨和尺骨近侧关节并不负重。肘关节囊向远端深入桡尺骨之间一段距离，关节腔内各部之间相通。关节囊两侧增厚，形成了内外侧副韧带。臂二头肌与臂肌肌腱掩盖着内侧韧带的远侧部分。骨间韧带把桡骨和尺骨连接起来(图 12-6)。当关节屈曲时，关节腔便会于鹰嘴窝的区域内向后张开。前肢浅静脉，也称头静脉(cephalic vein)，穿过肘关节前面，位于其表面，头浅静脉常用于静脉输注液体。

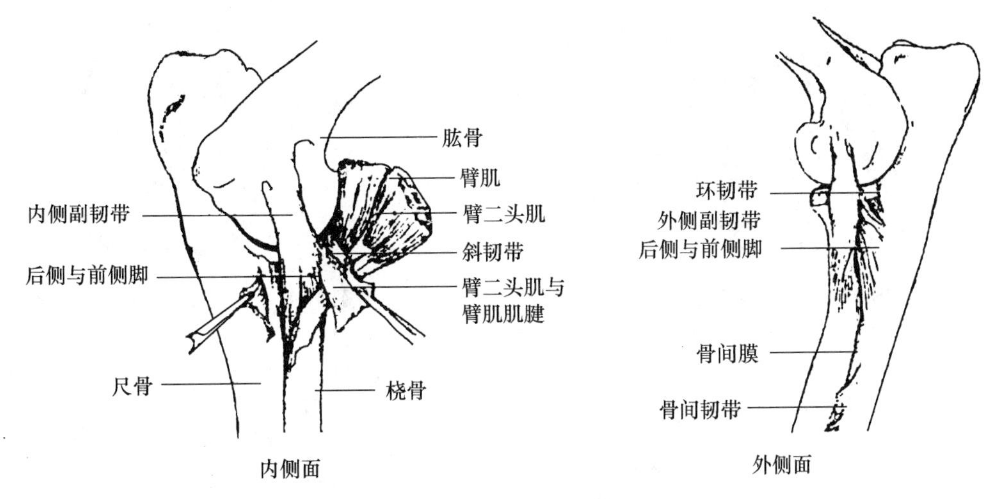

图 12-6　左侧肘关节的内侧面和外侧面

③腕关节：是由前臂骨远端、腕骨和掌骨近端构成的复关节(图 12-7)，包括三个关节：前臂腕关节(桡骨、尺骨和腕骨之间的关节)、腕骨间关节(近列和远列腕骨间关节)和腕掌骨间关节(腕骨远端和掌骨近端间关节)。前臂腕关节腔和腕骨间关节腔不相通；而腕骨间关节腔和腕掌骨间关节腔之间相通。前臂腕关节活动性最大。

腕关节囊的背侧和掌侧面纤维层都明显地增厚，在纤维层的背侧面上有几条沟，用于容纳伸肌腱。在腕关节背侧沟可摸到三条伸肌腱，由内到外分别是腕桡侧伸肌腱、肢总伸肌腱和指外侧伸肌腱。在关节囊内有许多韧带连接各个骨骼。前肢浅静脉位于腕关节的前内侧，其副浅静脉，也称副头静脉(accessory cephalic vein)，穿越腕关节的背侧中央。

④指关节：包括掌指关节、近指节骨间关节和远指节骨间关节(图 12-8)，3 个关节都有内外侧韧带。

(2)后肢关节：有髋关节、膝关节、胫腓关节、跗关节和趾关节。

①髋关节：由髋骨的髋臼和股骨头形成的球窝关节(图 12-9)。髋关节主要有伸屈运动，并有轻微的内收、外展和旋内、旋外运动。髋臼边缘有环形纤维软骨形成的髋臼唇，它有加深髋臼的作用。

髋关节有 2 条主要韧带：一条是股骨头韧带，也叫圆韧带，此韧带是一条强大的胶原纤维束，从髋臼窝伸延到股骨头小窝，其表面附有滑膜。另一条是髋臼横韧带，连接于髋臼切迹之间，并延伸到髋臼唇。

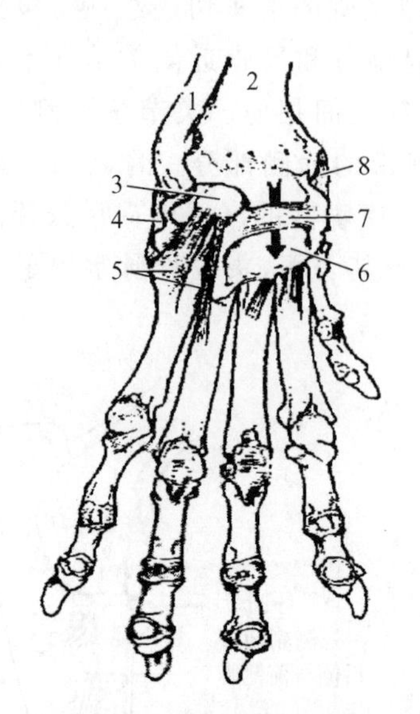

图 12-7　犬腕关节(掌侧)

1. 尺骨　2. 桡骨　3. 副腕骨　4. 外侧副韧带　5. 副腕骨韧带　6. 掌侧腕深韧带　7. 屈肌环韧带　8. 内侧副韧带(箭头指腕管)

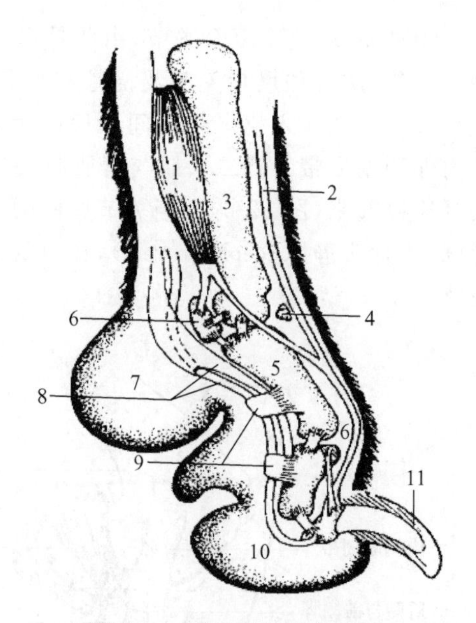

图 12-8　犬前掌指的横切面

1. 骨间中肌　2. 伸肌腱　3. 掌骨　4. 背侧籽骨　5. 近指节骨　6. 近籽骨　7. 掌肉垫　8. 屈肌腱　9. 韧带　10. 指肉垫　11. 爪

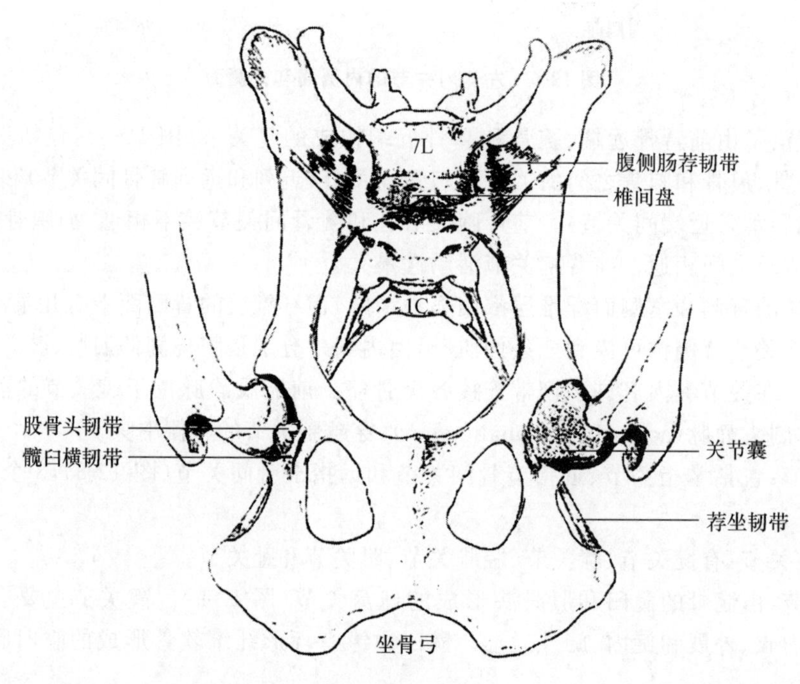

图 12-9　髋关节

②膝关节:膝关节有股骨远端的滑车沟、胫骨结节、膝盖骨肌腱和膝盖骨构成(图 12-10)。膝盖骨的关节囊由 3 个滑膜囊组成:股骨胫骨内关节、股骨胫骨外关节(图 12-11)和股骨膝盖骨关节,3 个关节相互连通。膝关节内含有内侧半月板和外侧半月板。

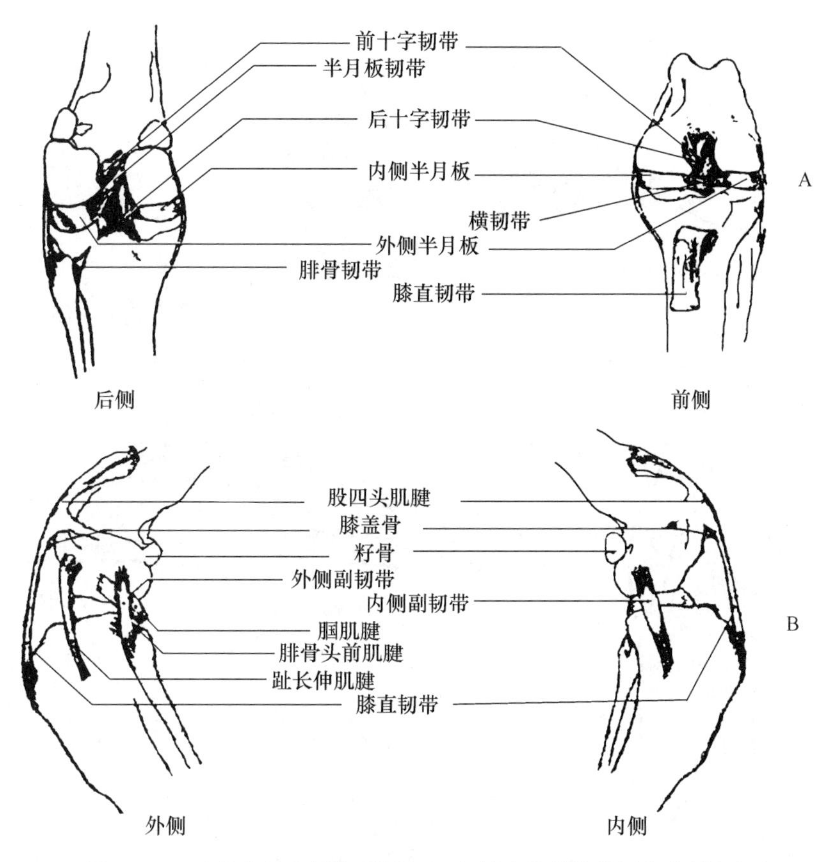

图 12-10　膝关节的前侧和后侧(A),左侧膝关节的外侧和内侧(B)

膝关节的股胫韧带包括内外侧副韧带和前后十字韧带。内侧副韧带连接股骨和胫骨,并和内侧半月板相融合。外侧副韧带连接股骨和腓骨头。前十字韧带自股骨外髁的后内侧,斜经髁间窝到胫骨的髁间前区,与后十字韧带呈十字交叉。后十字韧带自股骨内髁的前外侧面到胫骨腘肌切迹的内侧缘。

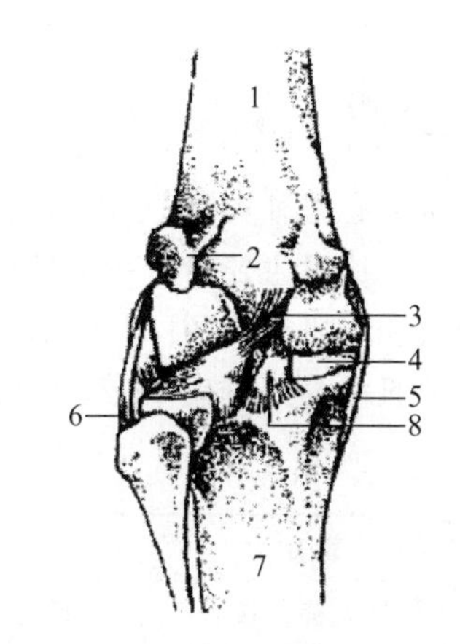

图 12-11　犬左股骨胫骨关节(掌侧)

1. 股骨　2. 腓肠肌内籽骨　3. 前交叉韧带　4. 内侧半月板　5. 内侧副韧带　6. 外侧副韧带　7. 胫骨　8. 后交叉韧带

③胫腓关节:是近端腓骨头与胫骨外髁和远端腓骨外髁与胫骨远端外侧面之间的关节。两骨之间有一层纤维组织膜相连,叫小腿骨间膜。

④跗关节:是复合型关节。由远端腓骨与胫骨和跗跖骨形成的小腿跗关节、跗骨间近侧及远侧关节、跗跖关节(图 12-12)。关节囊内滑膜层形成多个滑膜囊,其中位于胫骨和距骨间的胫距囊最大。

⑤趾关节:包括跖趾关节、近趾节间和远趾节间关节。其构造与前肢指关节类似。

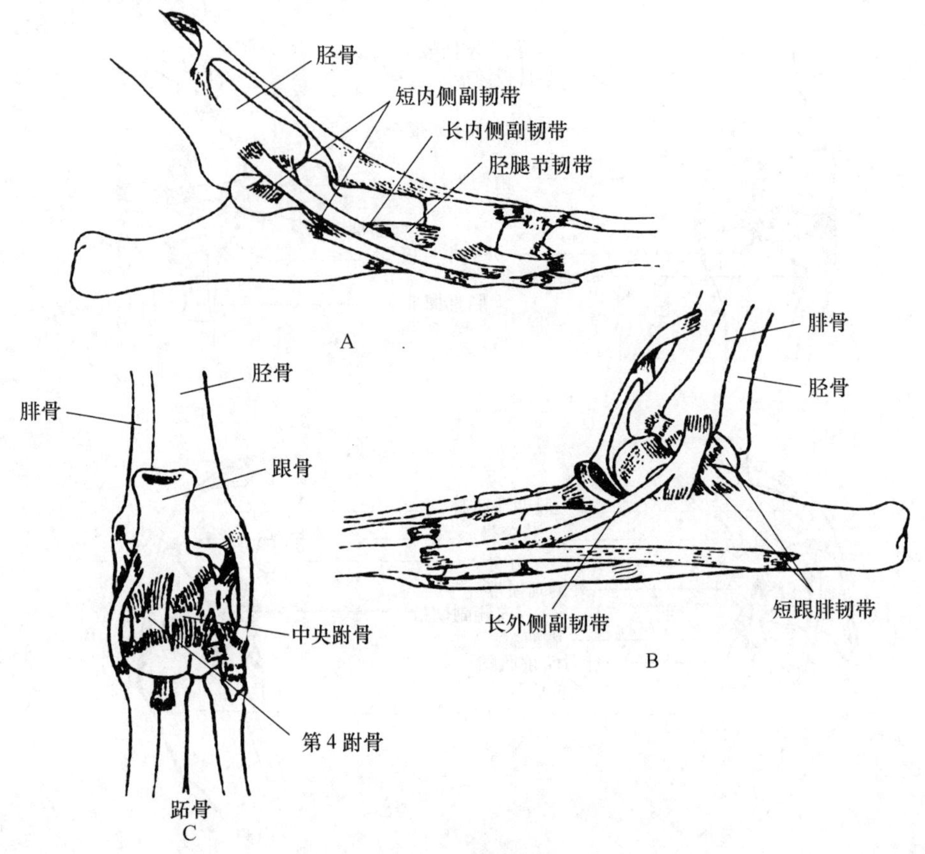

图 12-12　跗关节

A. 跗关节内侧　B. 跗关节外侧　C. 跗关节后侧

三、肌肉

动物肌肉有三种类型:平滑肌,主要分布在内脏和血管;心肌,是心脏肌肉;骨骼肌,主要附着在骨骼上。这里主要给出了犬的体表骨骼肌(图 12-13)、前肢伸肌和屈肌模式图(图 12-14)和后肢伸肌和屈肌模式图(图 12-15),并将与前肢和机体连接的肌肉、作用于前肢的肌肉、作用于后肢的肌肉分列于表 12-2、表 12-3 和表 12-4。

表 12-2　前肢和机体连接的肌肉

肌肉名称	起始点	终止点	支配神经	主要作用
臂头肌	颞骨乳突和枕脊	肱骨脊	副神经	牵引前肢向前,伸展肩关节和侧头颈
斜方肌	第 3 颈椎至第 9 胸椎棘上韧带	肩胛冈	副神经	提举和外展前肢
菱形肌	项脊和前 7 个胸椎棘突	肩胛骨前缘邻近面	颈神经和胸神经背支	固定肩胛骨和提举前肢
背阔肌	胸腰筋膜	肱骨大圆肌粗隆	胸背神经	屈曲肩关节,向后拉前肢

续表 12-2

肌肉名称	起始点	终止点	支配神经	主要作用
下锯肌	后 5 个颈椎横突和 7 个肋骨下半部	肩胛骨的锯肌面	颈神经副支和胸长神经	支持躯干和协助吸气
胸浅肌	前 3 个胸骨节	大结节脊	胸肌前神经	不负重时内收前肢,负重时阻止前肢外展
胸深肌	胸骨腹侧	肱骨小结节和大结节	胸肌后神经	前肢前踏并固定,伸展肩关节,不负重时拉前肢向后

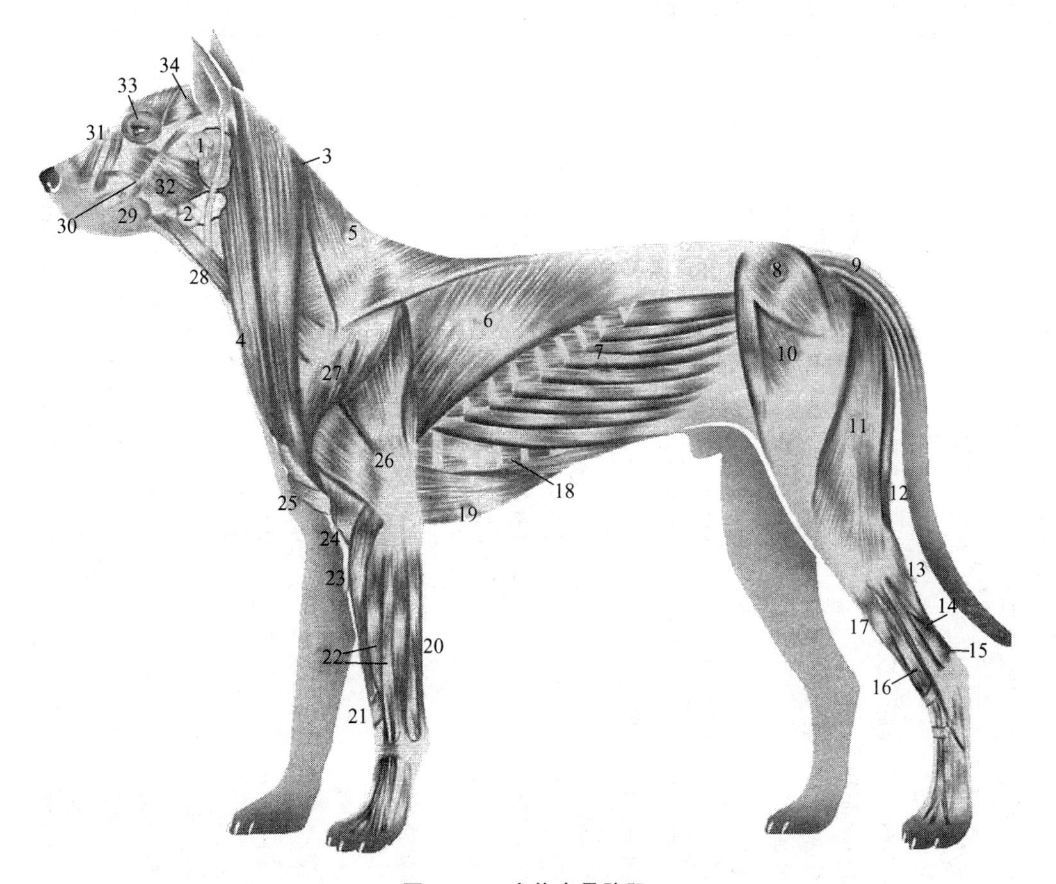

图 12-13　犬体表骨骼肌

1. 腮腺　2. 下颌腺　3. 臂头肌　4. 胸头肌　5. 斜方肌　6. 背阔肌　7. 腹外斜肌　8. 臀中肌　9. 尾部肌肉　10. 股阔筋膜张肌　11. 股二头肌　12. 半腱肌　13. 腓肠肌　14. 趾浅屈肌　15. 跟腱　16. 趾长伸肌　17. 胫骨前肌　18. 肋间外肌　19. 胸浅后肌　20. 腕尺侧屈肌　21. 腕桡侧伸肌　22. 指总伸肌和指外侧伸肌　23. 腕桡侧伸肌　24. 臂二头肌　25. 胸浅前肌　26. 臂三头肌　27. 三角肌　28. 胸骨舌骨肌和胸骨甲状肌　29. 口轮匝肌　30. 颧肌　31. 鼻唇提肌　32. 咬肌　33. 眼轮匝肌　34. 颞骨肌

表 12-3　作用于前肢的肌肉

对关节作用	肌肉名称	起始点	终止点	支配神经	主要作用
伸展肩关节	刚上肌	冈上窝	肱骨内外结节	肩胛上神经	负重时固定肩关节，运步时稍有伸展肩关节作用
屈曲肩关节	三角肌	肩峰部起于肩峰，肩胛部起于后角	肱骨三角肌隆起	腋神经	屈曲肩关节和外展肩关节
	小圆肌	肩胛骨下部后缘	肱骨上外侧	腋神经	协助三角肌作用
	大圆肌	肩胛骨后缘上部	肱骨大圆肌粗隆	腋神经	屈曲和内转肩关节
内收肩关节	肩胛下肌	肩胛下窝	肱骨内侧肌结节	肩胛下神经腋神经	内转肩关节
	喙臂肌	肩胛喙突	肱骨大圆肌粗隆	肌皮神经	内收和屈曲肩关节
外展肩关节	冈下肌	冈下窝	肱骨外结节	肩胛上神经	外展肩关节
伸展肘关节	臂三头肌	长头：肩胛后缘 外头：肱骨三角肌粗隆 内头：肱骨内侧中央	尺骨鹰嘴	桡神经	伸展肘关节并能屈曲肩关节
	肘肌	肱骨掌侧尺骨窝	尺骨鹰嘴	桡神经	作用同臂三头肌
	筋膜张肌	肩胛后缘侧面	尺骨鹰嘴内	桡神经	协助肘关节屈曲
屈曲肘关节	臂二头肌	肩胛结节	桡骨粗隆和尺骨	肌皮神经	屈曲肘关节，伸展腕关节，防治肩关节过度屈曲
	臂肌	肱骨掌侧肘部	桡骨粗隆	桡神经和正中神经	屈曲肘关节
伸展腕关节	腕桡伸肌	肱骨外侧上髁	第 2 和 3 掌骨	桡神经	伸展腕关节和屈曲肘关节
	姆长外展肌	桡骨外缘	第 1 掌骨上端	桡神经	协助腕桡伸肌伸展腕关节
屈曲腕关节	腕尺伸肌	肱骨外侧	副腕骨 4 掌骨近侧	桡神经	屈曲腕关节，负重时有伸展肘关节作用
	腕尺屈肌	肱骨内上髁	副腕骨	尺神经	屈曲腕关节
	腕桡屈肌	肱骨内上髁	第 2 和 3 掌骨近端	正中神经	屈曲腕关节，负重时有伸展肘关节作用
伸展指关节	指总伸肌	肱骨外上髁	第 2～5 指的远指节骨	桡神经	伸展指关节和腕关节，屈曲肘关节
	指外侧伸肌	外上髁	第 3～5 指的指节骨近端	桡神经	伸展 3～5 指节骨的各关节
屈曲指关节	指浅屈肌	肱骨内上髁	第 2～5 指的中指节骨近端	正中神经	屈曲 3～5 指节骨的各关节
	指深屈肌	肱骨内上髁尺骨近侧 3/4 桡骨中内 1/3	第 1～5 指的远指节骨	正中神经尺神经	屈曲各个指骨

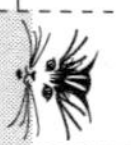

表 12-4 作用于后肢的肌肉

对关节作用	肌肉名称	起始点	终止点	支配神经	主要作用
伸展髋关节	臀浅肌	臀筋膜和尾筋膜	第 3 转子	臀后神经	伸展髋关节,外展后肢
	臀中肌	髂骨臀肌面和髂脊	大转子	臀后神经	伸展和外展髋关节
	臀深肌	髂骨体和坐骨脊	大转子前	臀前神经	伸展和外展髋关节
	股二头肌	荐结节韧带和坐骨结节	膝盖骨、膝直韧带、胫骨体和跟结节	坐骨神经	伸展髋、膝、跗关节，后部肌纤维屈曲膝关节
	半腱肌	坐骨结节	胫骨体内侧和跟结节	坐骨神经	伸展髋关节和跗关节屈曲膝关节
	半膜肌	坐骨结节	股骨后内唇和胫骨近端	坐骨神经	伸展髋关节和膝关节
	股方肌	坐骨后部腹侧面	转子窝远侧	坐骨神经	伸展髋关节,外展肢
屈曲髋关节	髂腰肌	腰椎、髂骨前腹面	小转子	腰神经腹支、股神经	屈曲髋关节
	股阔筋膜张肌	髋结节、臀中肌腱膜	股外侧筋膜	臀前神经	屈曲髋关节,伸展膝关节
	缝匠肌	髂骨嵴和髂腹侧前棘	膝盖骨和胫骨前缘	股神经	屈曲髋关节、前部伸和后部屈膝关节
内收髋关节	耻骨肌	耻前韧带和髂耻隆起	股骨后内唇远端	闭孔神经	内收后肢
	股薄肌	骨盆联合	股骨前缘跟结节	闭孔神经	内收后肢、屈膝关节、伸髋和跗关节
	内收肌	整个骨盆联合	股骨粗糙面外唇	闭孔神经	内收后肢、伸髋关节
外展髋关节	闭孔外肌	耻骨和坐骨腹侧面	转子窝	闭孔神经	外旋后肢
	闭孔内肌	耻骨和坐骨背侧面	转子窝	坐骨神经	外旋髋关节
	孖肌	坐骨外侧面	转子窝	坐骨神经	外旋后肢

续表 12-4

对关节作用	肌肉名称	起始点	终止点	支配神经	主要作用
伸展膝关节	股四头肌	髂骨和股骨近部	胫骨粗隆	股神经	伸展膝关节，股直肌屈曲髋关节
屈曲膝关节	腘肌	股骨外髁	胫骨近 1/3 后面	胫神经	屈曲膝关节和内旋小腿
伸展跗关节	腓肠肌	股骨内外髁上粗隆	跟结节	胫神经	伸展跗关节和屈曲膝关节
	比目鱼肌	腓骨小头	跟结节	胫神经和腓神经	伸展跗关节
屈曲跗关节	胫骨前肌	胫骨嵴和外侧髁	第 1 和 2 跖骨	腓神经	屈曲跗关节
	腓骨长肌	胫骨外髁和腓骨近端	第 4 跗骨和跖骨近端	腓神经	屈曲跗关节
伸展趾关节	第 3 腓骨肌	股骨远端伸肌窝	跗骨和跖骨近端	腓神经	伸展趾关节
	趾长伸肌	股骨伸肌窝	第 2～3 趾远节骨伸肌窝	腓神经	伸展趾关节和屈曲跗关节
	趾外侧伸肌	腓骨上部	第 5 趾	腓神经	伸展趾关节和屈曲跗关节
屈曲趾关节	趾浅屈肌	股骨外髁上粗隆	跟结节和第 2～5 趾中节	胫神经	屈曲趾和膝关节、伸展跗关节
	趾深屈肌	胫骨近侧 2/3 和腓骨近侧及骨间	远趾节骨基部跖面	胫神经	屈曲趾关节和伸展跗关节

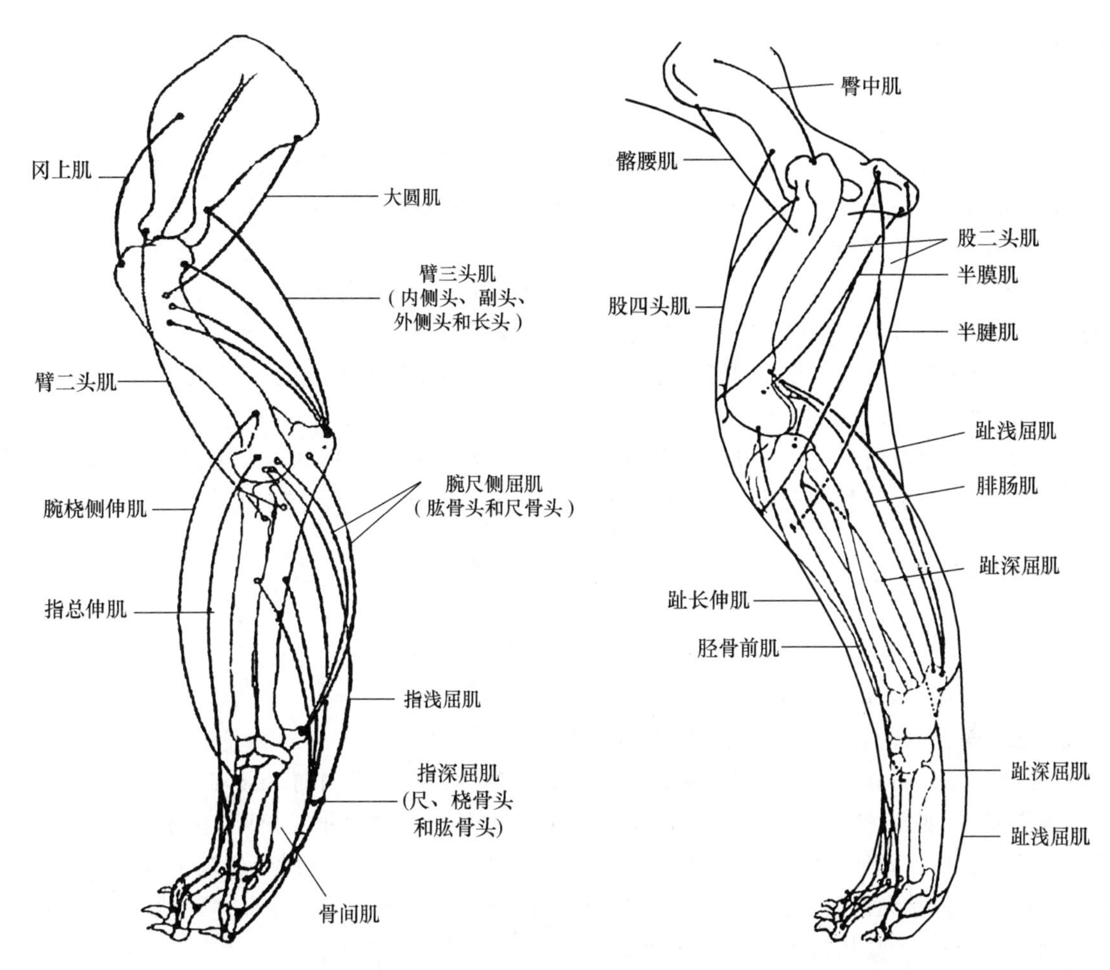

图 12-14　犬前肢左侧主要伸肌和屈肌模式图　　　图 12-15　犬后肢左侧主要伸肌和屈肌模式图

第二节　犬骨骼、关节和肌肉系统疾病临床检查

犬骨骼、关节和肌肉系统疾患主要临床表现是跛行。跛行不是病名，而是四肢行走机能障碍的综合症状。跛行除主要由四肢和指(趾)病引起外，有些传染病、寄生虫病、产科病和内科病也可以引起跛行。本章主要讲骨骼、关节和肌肉系统疾患引起的跛行。

跛行诊断是个比较复杂艰难的工作，因为动物不像人类那样，能够叙说它的不适感觉和疼痛，所以动物医生只能根据搜集到的病史和现在症状，经过综合分析和判断，进行诊断和治疗，或者治疗诊断。

犬骨骼、关节和肌肉系统临床检查主要采用问诊、视诊、触诊和他动运动(人为活动)，叩诊和听诊一般不大使用。

一、问诊

问诊时注意询问以下内容：

(1)患病动物饲养管理情况。饲喂什么食物？近期洗澡情况？有无外出和与其他动物掐架等？如大型犬由于生长过快而出现跛行；近期洗澡着凉而发生的脊椎疾病。幼犬，尤其是大型幼犬，由于饲喂过量钙，有试验表明，食物中含钙量达3.3%以上可使幼犬生长缓慢，四肢发生弯曲。

(2)什么时候出现的跛行？是突然发生，还是慢慢发生的？跛行发生有多长时间了？现在或过去有没有受伤，如车撞(图12-16)或从高处摔下来等？

(3)跛行什么时候最严重？是活动刚开始严重，以后逐渐减轻？还是活动刚开始减轻，以后逐渐加重？还是跛行是连续性的？

(4)患病动物以前得过什么疾病？有无跛行？是如何治疗的？用的什么药物？效果如何？

(5)同窝或一起饲养的动物有无同样疾病？如果有同样疾病，可能是遗传性疾病。

二、视诊

1. 站立视诊

需从头到尾观察动物两侧。

①观察时注意动物的精神状态、外观和形态。

②站立姿势：站立时观察前肢和后肢是否一致？异常情况有足内向、足外向、肢下部变窄、肢下部变宽、O型肢和X型肢等。结构异常易引起骨骼和韧带紧张或松弛，导致动物跛行。犬腕部的过度伸展，见于肾上腺皮质机能亢进和类风湿性关节炎，这是由于引起关节韧带过度松弛的原因。通常犬前肢承担60%的体重，当两后肢疼痛时，其犬头颈伸直，两前肢后撤。而当两前肢疼痛时，犬高抬头颈，两后肢前伸。

③左右前肢和左右后肢是否大小粗细一致？它们的对称关节是否大小一致？肌肉有无萎缩(图12-17)？也可通过左右对比检查一侧肌肉情况。站立时，四肢是否是平均承担体重？各个关节，尤其是腕关节和跗关节是否能以正常姿势承受体重？肌肉异常多由神经机能异常或长久不活动引发。关节疾病可由多种原因引起(表12-5)。

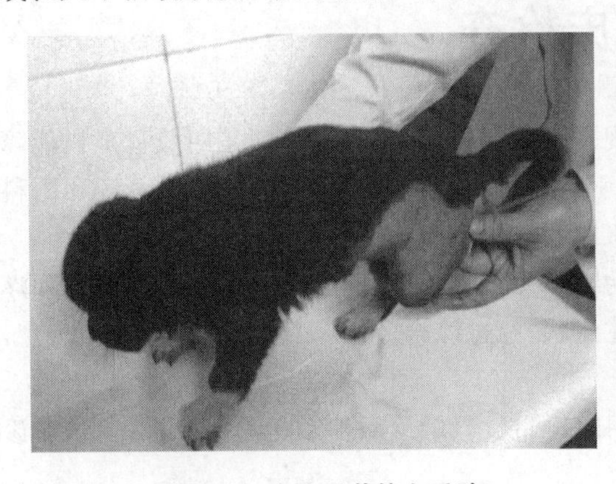

图12-16　车撞后截掉左后肢

图12-17　犬右后肢股四头肌萎缩

(视诊或触诊均可发现，行走时患肢抬不起来)

表 12-5　犬猫关节疾病的分类和原因

1. 炎症性关节疾病 (1)感染性关节疾病：细菌性、立克次氏体性、螺旋体性、真菌性、支原体性、原虫性等。 (2)非感染性关节疾病。 ①侵蚀性的：风湿性关节炎、猫慢性进行性多发性关节炎、格力猎犬侵蚀性多关节炎、骨膜增生性关节炎。 ②非侵蚀性的：自身免疫介导性非侵蚀性多关节炎、慢性炎性多关节炎、浆细胞-淋巴细胞滑膜炎、多系统红斑狼疮关节炎。 2. 非炎症性关节疾病　退行性关节炎、骨瘤、外伤等。

2. 走动和跑动视诊

主要目的是确定患肢、跛行种类和程度。在一个平整宽敞无障碍的地方，让犬主人来回牵着犬走动，仔细观察犬走动步态是否正常？有无跛行？四肢是否平均分担其体重？有无四肢环形运动、伸展过度、颤抖、共济失调？四肢有无交叉或不对称运动？有无某肢或指(趾)拖拉着行走或指(趾)尖向内或向外？头部有无表现出随着四肢走动，出现上下移动或左右摇动？

头部的上下移动表示前肢疾患，患肢着地时头高举；健肢着地时头向下，头颈还摆向健肢侧，这都是为了减轻疼痛。后肢疾患时，其臀部的上下左右移动类似于头部。前肢环形运动表示动物不愿屈曲肩关节。肢伸展过度、颤抖、共济失调、指(趾)交叉或拖拉着行走，一般表示是神经疾患引起的跛行(详见神经系统临床检查章节)。

有的动物在走动时不显跛行，如果让其跑动，便可观察到轻微性跛行。如果有跛行，有的将跛行程度分为 4 级；也有分为 3 级的(表 12-6)。

表 12-6　跛行程度分级(4 级或 3 级)

方法	等级	跛行特征
4 级分法	1 级	动物行走时，跛行勉强可以看见，跑动时表现明显
	2 级	跛行明显可见，但仍然可以承受体重
	3 级	行走时偶尔可以承担体重，站立时可承担体重
	4 级	行走时完全不能承担体重
3 级分法	1 级(轻度跛行)	站立时负重或有时减重，行走时有轻度跛行，奔跑时跛行加重
	2 级(中度跛行)	站立时患肢不能完全负重，上部关节屈曲，行走时跛行明显
	3 级(重度跛行)	站立时患肢几乎不着地，行走时三条腿跳跃行进

3. 跛行的种类

临床上根据动物四肢在运动时的异常状态，将跛行分为悬跛、支跛和混合跛行 3 种。

①悬跛：是指患肢从指(趾)离开地面，到再重新到达地面阶段所出现的机能障碍。其特点是患肢“抬不高和迈不远”。由于抬不高和迈不远，以健肢为基点，患肢的步幅距离在健肢前变短，叫做“前方短步”。悬跛见于关节的伸屈肌肉、附属器官、分布在肌肉上的神经、关节囊、关节屈侧皮肤、某些淋巴结和滑膜等发生炎症或疾患时。

②支跛：是指患肢从指(趾)着地、负重和离地阶段所出现的机能障碍。其特点是患肢“负重时间缩短和避免负重”。由于这样，以健肢为基点，患肢的步幅距离在健肢后变短，叫做“后方短步”。支跛由四肢下部骨骼、关节、腱、韧带、指(趾)等负重时疼痛引起。臂三头肌或股四头肌有炎症或其神经有损伤时，以及四肢上部负重较大的关节有病损时，也可出现支跛，如犬累-卡-佩氏病。

③混合跛行：是指患肢既有悬跛又有支跛的跛行。临床上诊断时，注意区分是以悬跛为主的混合跛行，还是以支跛为主的混合跛行。混合跛行见于同时发生引起支跛和悬跛的原因，或在四肢某部位疾患，在负重时有疼痛，在运步时也有疼痛。

4. 特殊跛行

临床上有时看到特殊跛行，具体如下。

①间歇性跛行：动物在运步时一切正常，突然出现跛行，三条腿行走，很快又变的正常了。多见于观赏性小型犬的髌骨脱位。

②黏着步样：动物运步时表现缓慢而短步，多见于小型观赏犬的类风湿性关节炎、破伤风等。

③部位跛行：由于某部位疼痛引起的跛行，有时以其部位名来命名，如指(趾)跛行、肩关节跛行、膝关节跛行等。

三、触诊

因为跛行多由于四肢疾患引发，所以四肢触诊诊断是很重要的。如果检查前肢跛行，其方法是从指部开始，顺序是指部→指关节→掌部→腕部腕关节→前臂部→肘关节→臂部→肩关节→肩胛部；后肢顺序是趾部→趾关节→跖部→跗关节→胫部→膝关节→股部→髋关节→髂部。检查时应通过触摸、先轻后重按压、滑动检查、他动运动等手法，仔细地寻找出异常的部位或疼痛点。检查时应和对侧同一部位进行反复对比比较，以便检查出真正的异常。

检查指(趾)部时，分开每一个指(趾)，看看有无红肿、小结、破损；触压其骨骼和关节，检查有无疼痛、肿大、发热或捻发音等。

检查病肢和关节时，首先是人为地触摸和按压，然后进行屈曲、伸展、外展、内收和旋转等他动运动，要特别注意对每个关节进行分离单独进行。例如在检查膝关节时，若不小心触动到疼痛的跗关节，引起动物的疼痛反应，千万别误认为疼痛反应是膝关节，而不是跗关节。检查需反复进行，一定要和对侧进行对比。因为在正常情况下，骨骼肌肉系统两侧是对称的，通过对比才能发现异常。

以下是对几个主要关节、肌肉和骨骼的检查。

(一)腕关节或跗关节、肌肉和骨骼检查

首先观察关节有无肿胀，然后触诊关节内有无积液，小腿和前臂肌肉和骨骼有无发热、肿胀、疼痛和捻发音(图 12-18、图 12-19)。

1. 关节积液

一般是特发性、非糜烂性的多发性关节炎或其他免疫性关节炎。

2. 骨骼疼痛

在年轻犬可能是全骨炎或肥大性骨营养不良；在老年犬则可能是肥大性骨关节炎，因此病与肺部疾病有关，故也称肺性肥大性骨关节病。

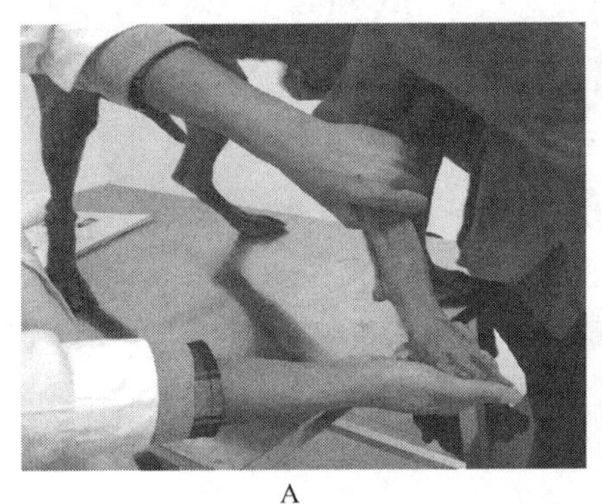

A

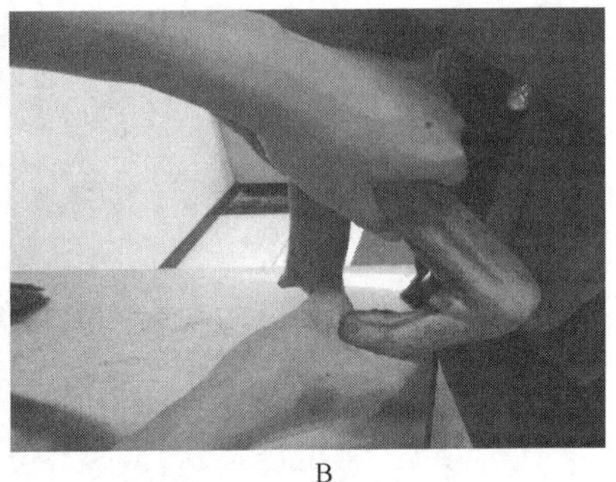

B

图 12-18 腕关节的伸展(A)和屈曲(B)检查

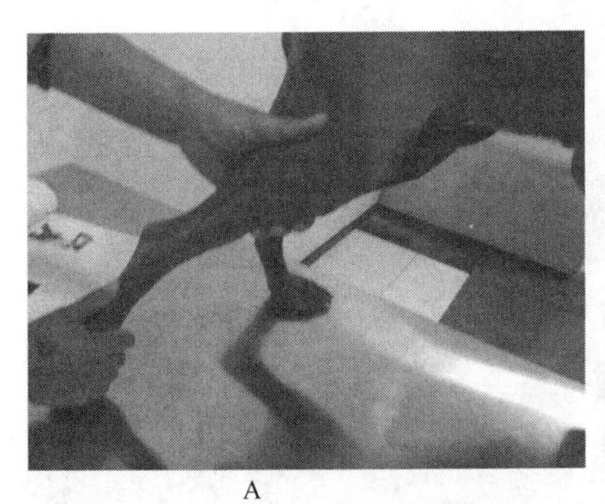

A

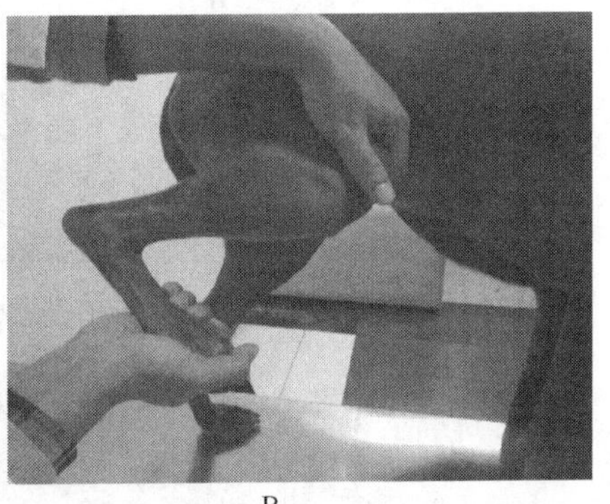

B

图 12-19 跗关节的伸展(A)和屈曲(B)检查

3. 其他

退行性关节病、骨折或脱臼可能引起关节捻发音、关节屈曲或伸展时疼痛，其原因可能是感染、外伤、变性或肿瘤引起，而肿瘤最易引发骨骼肿胀和疼痛。

(二)肘关节、桡骨和尺骨检查

主要是检查有无发热、肿胀、疼痛和捻发音。除用手进行触诊外，还要进行屈曲和伸展肘关节(图 12-20)，检查有无疼痛和捻发音，并对桡骨和尺骨进行检查(图 12-21)。

(三)肩关节检查

活动肩关节的可活动范围，包括肩关节的屈曲、伸展、外展和内收。伸展肩关节是左手固定住肩胛骨，右手握住前臂部，用力向前推。屈曲肩关节是左手压在肩胛部，右手握住前臂部向后上方抬举(图 12-22)。

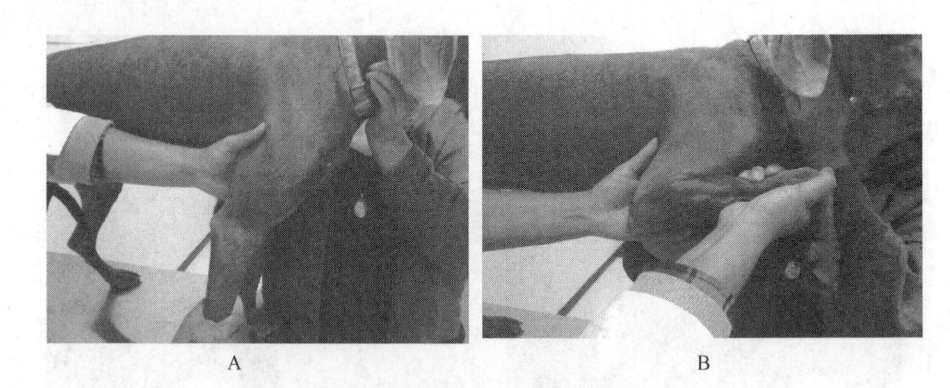

图 12-20　肘关节的伸展(A)和屈曲(B)检查

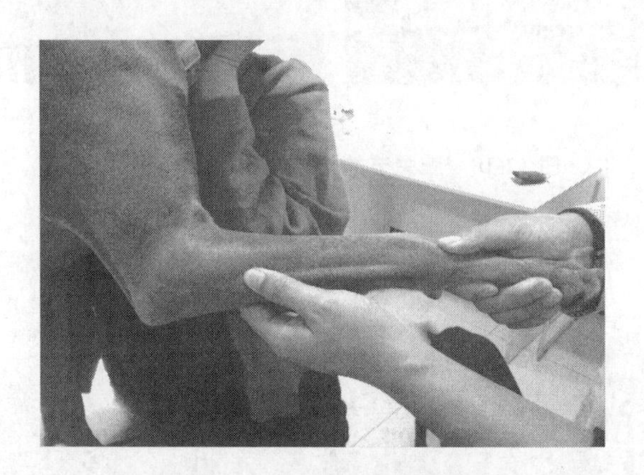

图 12-21　桡骨和尺骨触诊检查

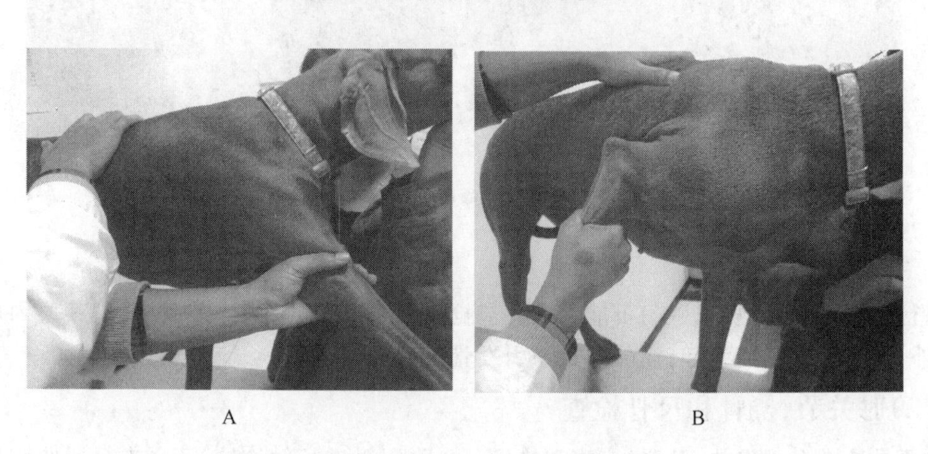

图 12-22　肩关节的伸展(A)和屈曲(B)检查

(四)膝关节检查

主要诊断膝关节的十字韧带情况。方法是一只手的拇指和食指分别放在股骨的外侧上髁和膝盖骨上,另一只手的拇指和食指分别放在腓骨头和胫骨脊近端上,两只手都握紧,并向相对方向移动,注意膝关节内的活动程度,此法叫做抽屉症状试验(drawer signe test)(图12-23)。触诊膝盖骨,伸展和屈曲膝关节(图 12-24),把膝盖骨轻轻向内侧推,再触诊股骨,检

查有无异常。

1. 膝关节前十字韧带断裂

表现出前抽屉阳性症状，其特征是用手握住股骨固定时，胫骨可以往前拉出的症状。

2. 膝盖骨内侧脱

可自然发生或人为方式使其脱臼，脱臼时其后腿抬起，不能着地，行走几步，又自然恢复。此病多见于观赏小型犬。

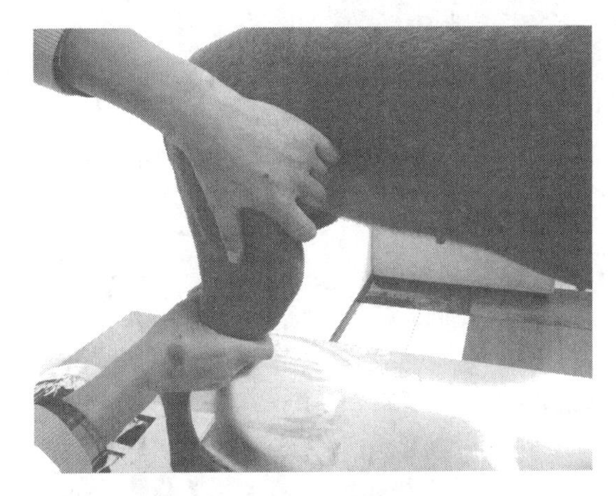

图 12-23　膝关节十字韧带稳固性检查(抽屉症状试验)

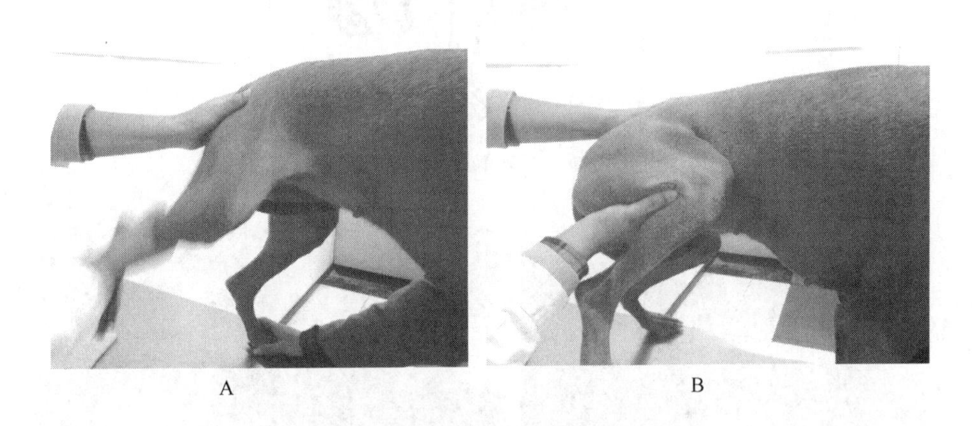

A　　　　B

图 12-24　膝关节的伸展(A)和屈曲(B)检查

(五)髋关节活动性检查

其方法一种是让动物站立伸展和屈曲髋关节(图 12-25)；另一种是让动物侧卧，一只手抓住荐部，另一只手握住髋关节后部，向后推并外展，注意有无捻发音或突然爆裂音。

(1)髋关节活动时，出现捻发音表示有退行性关节疾病、骨折或脱臼。髋关节脱臼时，患肢比正常肢短，行走出现前背走向，患肢呈外旋转方向(图 12-26)。

(2)髋关节发育不良或松弛时，髋关节外展试验呈阳性。其做法是握住膝关节后部外展，当股骨头缩进髋臼窝时，出现弹响声，即表示呈阳性(图 12-27)。

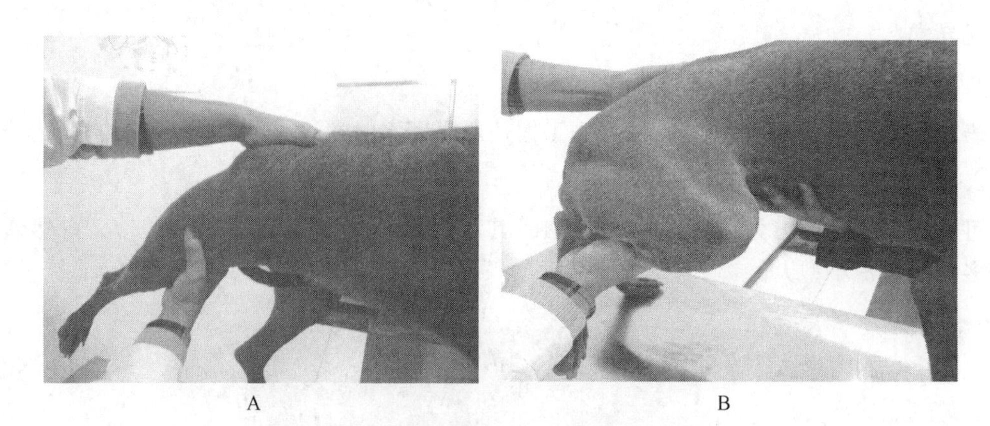
A B

图 12-25 髋关节的伸展(A)和屈曲(B)检查

图 12-26 髋关节脱臼(外旋转)

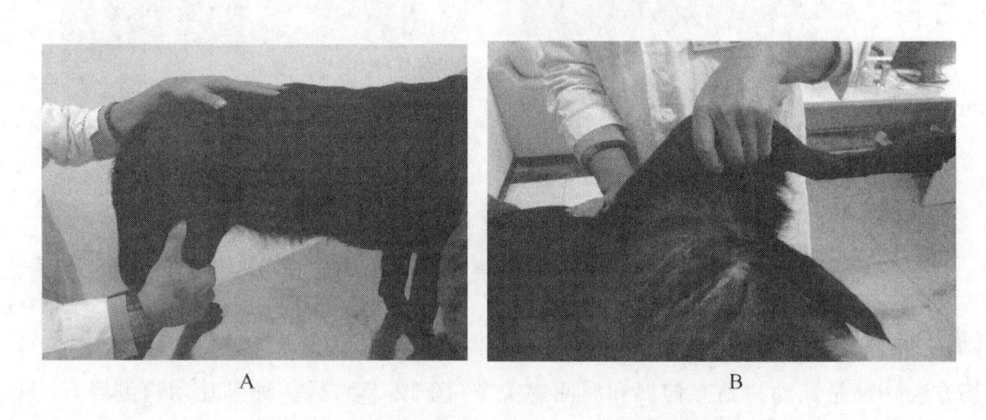
A B

图 12-27 髋关节发育不良(A)或松弛(B)检查

(六)活动脊柱

1. 颈部活动

方法是后昂头颈或下压头部(图 12-28)。如果出现疼痛,可见于脑膜炎、颈椎椎间盘疾病、外伤或肿瘤等。

2. 双拇指施压胸腰椎

可从肩胛上部开始，一直施压到腰荐部。施压时先轻后重，如有疼痛表现，可见于胸腰椎椎间盘疾病、肿瘤、感染、骨折等疾患(详见神经系统临床检查)。

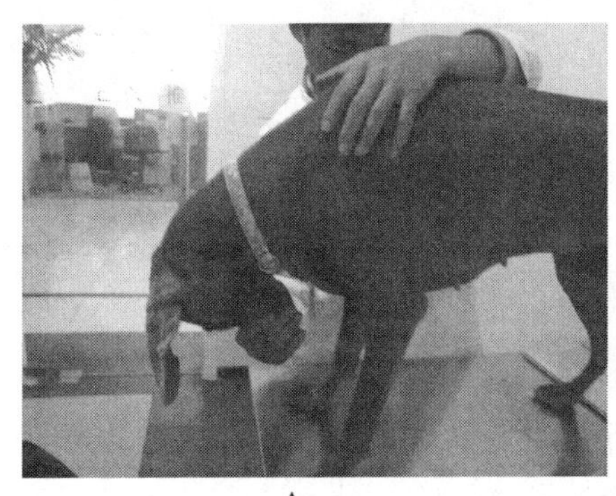
A

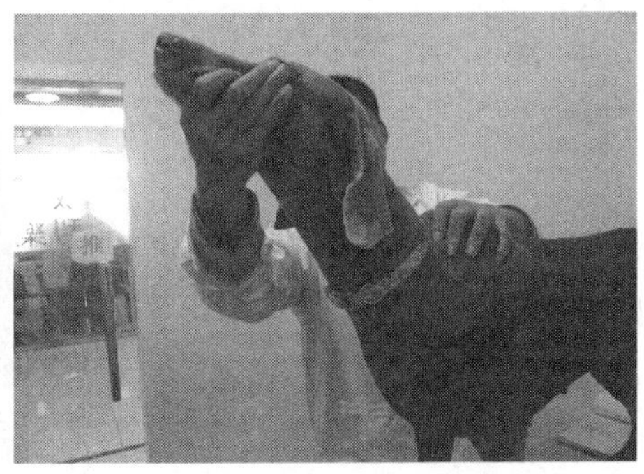
B

图 12-28 颈椎的屈曲(A)和伸展(B)检查

四、叩诊和听诊

叩诊和听诊一般不大适用于此系统检查。

第三节 猫骨骼、关节和肌肉系统疾病临床检查

猫的骨骼和肌肉系统虽然与犬多少有些不同，但并不影响按照犬的临床检查方法进行。但是，通常猫难于和动物医生合作，因此在对猫进行骨骼和肌肉系统疾病临床检查时，有时可能较难进行，尤其是让猫在地上有目的的活动进行跛行检查，一般是不行的，只能让其在室内自由活动观察。用手操作检查时，一定要把猫保定好，而强有力地保定往往又难于检查出真实的病患，所以在对猫进行骨骼、关节和肌肉系统临床检查时，应特别注意，认真鉴别猫的反应是病患反应，还是抗拒检查反应。

思考题

1. 什么叫跛行？跛行有几种？它们的特点是什么？
2. 犬猫关节疾病有几种？其原因是什么？
3. 什么叫他动运动？如何对前后肢关节和脊椎进行检查？

第十三章　皮肤系统临床检查

重点提示

1. 了解犬猫皮肤的结构。
2. 了解顶泌汗腺和汗腺的不同，以及其各自的作用。
3. 熟悉犬猫皮肤疾病病因复杂、诊断困难、治愈较难的原因。
4. 学习犬猫瘙痒性与非瘙痒性皮肤疾病的鉴别诊断。

皮肤和被毛约占成年动物体重的12%，是动物机体最大的组织器官。皮肤最主要的机能是动物机体和外界环境之间物理、化学、热量、微生物和机械作用的屏障，皮肤还能反映触感、压力、冷热和疼痛。因此，皮肤和被毛被人们一直当作衡量动物健康与否、采食情况和食物质量好坏的指标。在临床上皮肤疾病也相当多见，虽然一般不致于丧命，但诊断和治疗起来相当棘手，不易痊愈，又易复发。所以，应当对皮肤疾病给以足够的重视。

第一节　犬猫皮肤系统临床检查应用解剖

犬猫皮肤系统包括皮肤、被毛、鼻端、趾部肉垫、乳腺等部分。

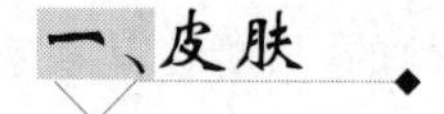

一、皮肤

皮肤由表皮、真皮和皮下组织组成（图13-1、图13-2）。

1. 表皮

表皮为复层扁平上皮组成，由表及里无被毛动物表皮分为5层；有被毛动物表皮分为4层，缺少透明层。

①角质层：很厚，由非常扁平的角质化细胞紧密排列构成。

②透明层：很薄，是一层嗜酸性、折光性较强的波形带，由数层扁平无核的细胞构成。此层只有在有被毛动物的趾部肉垫和鼻端才有，其他部位无有。

③颗粒层：由数层梭形细胞构成，胞质内含有粗大的嗜碱性透明角质颗粒。

④棘细胞层：细胞个体大，多边形，胞核圆形或椭圆形。

⑤基底层：表皮最深层的一层立方或柱状细胞，胞质少，核卵圆形。

2. 真皮

真皮是致密结缔组织两者交合处。真皮与表皮互相凹凸嵌合，两者交合处呈波浪状。真皮又分浅层的乳头层和深层的网状层。

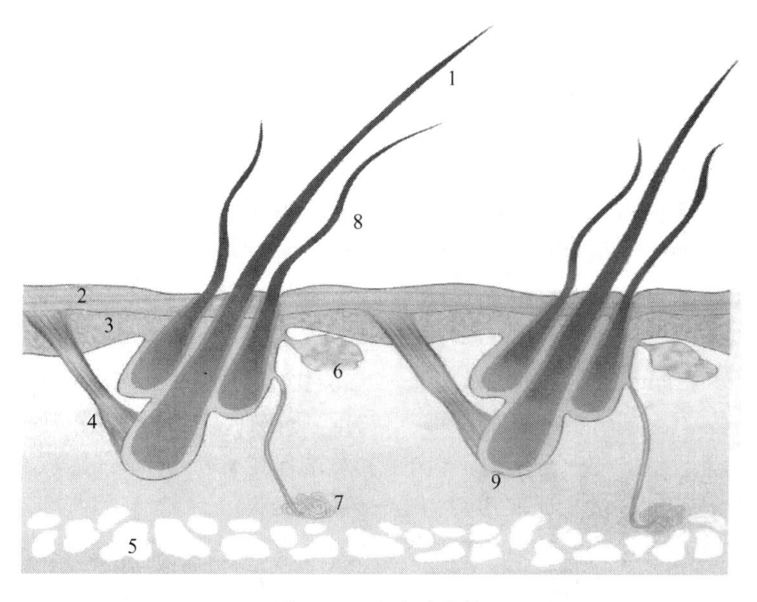

图 13-1　犬皮肤结构

1. 主被毛　2. 表皮　3. 真皮　4. 立毛肌　5. 皮下组织的脂肪
6. 皮脂腺　7. 顶泌汗腺　8. 绒毛　9. 毛囊

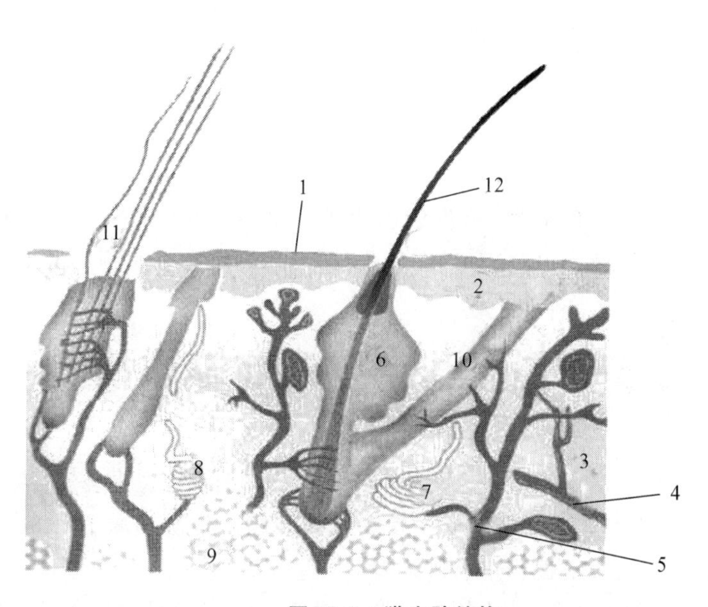

图 13-2　猫皮肤结构

1. 表皮　2. 真皮　3. 皮下组织　4. 毛细血管　5. 神经　6. 毛囊　7. 顶泌汗腺
8. 皮脂腺　9. 皮下脂肪　10. 立毛肌　11. 次级绒毛　12. 绒毛

①乳头层:此层纤维细密,细胞成分较多,血管丰富和神经,还有触觉小体。此层向表皮突出的部分为真皮乳头。

②网状层:其特点是纤维束粗大,纤维排列多与皮肤表面平行,并交织成网。

3. 皮下组织

皮下组织由疏松结缔组织构成,含有大量脂肪组织和顶泌汗腺(apocrine sweat gland),也曾叫过大汗腺。顶泌汗腺属于顶浆分泌腺。

二、被毛

犬猫被毛有多种颜色。露出皮肤外的部分为毛干，皮肤内的部分为毛根，毛根末端的膨大结构为毛球，毛球底部向内凹陷，嵌入的组织形成毛乳头。

①毛囊：包绕于整个毛根，由表皮和真皮结缔组织向内陷入形成。

②皮脂腺(sebaceous gland)：位于毛囊附近，导管很短，通于毛囊。

③顶泌汗腺、外分泌汗腺(eccrine sweat gland)或部分(局部)分泌汗腺(merocrine sweat gland)、尾巴腺(tail gland)：顶泌汗腺以前叫大汗腺，顶泌汗腺位于皮下组织，它分泌乳状液，使犬或猫具有犬臭或猫臭；外分泌汗腺或部分(局部)分泌汗腺也位于皮下组织，不过只在趾部肉垫和鼻端才有，此汗腺分泌水分，使趾部肉垫和鼻端保持柔软不干燥，鼻端还有小水珠；尾巴腺位于尾巴基部背面，此区域呈卵圆形，并有大量的皮脂腺。

④立毛肌：起始于毛囊的结缔组织鞘，斜形伸向真皮层。

⑤被毛：有主被毛、绒毛和防卫被毛。特殊被毛有口鼻处的触毛和眼处的睫毛。

三、乳腺

乳腺是一种变化的皮肤腺体，位于腹中线两侧，犬有4～6对，呈对称或不对称性排列。犬乳头上有很多乳头孔。

四、皮肤颜色

犬猫的皮肤颜色因品种不同而异，依皮肤内黑色素细胞多少，以及细胞内黑色素颗粒数目、大小和分布而定，一般呈淡褐色，也有可能从灰色到黑色，或者不同颜色的斑块。

第二节 犬皮肤系统疾病临床检查

犬猫皮肤疾病在临床诊治上很重要，据国外有人大概统计，犬皮肤疾病发病率为20%～25%，猫为6%～7%，一般在夏季闷热季节多发。发病的原因依次递减为外寄生虫性→细菌和真菌感染性→过敏性→内分泌性→皮肤肿瘤等。

我国中医大夫常说：内不治喘，外不治癣。癣一般就是指皮肤病，“外不治癣”就是说皮肤病不好治疗痊愈，而且还容易复发。

一、皮肤疾病难以诊断和治疗的原因

(1)首先是难以确诊病因，因为引起皮肤疾病的病因很多。

①病毒性的：如犬瘟热引起的趾垫和鼻端龟裂(图13-3)、伪狂犬病引起的多处皮肤损伤。

②细菌性的：如葡萄球菌、假单胞菌、大肠杆菌、变性杆菌、链球菌、厌氧菌等引发的皮肤疾患。

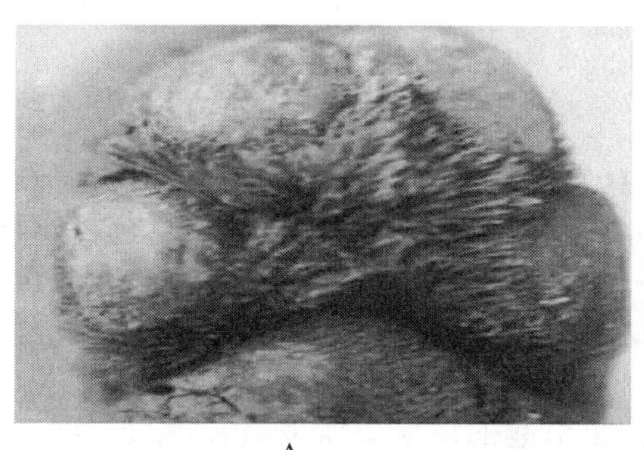

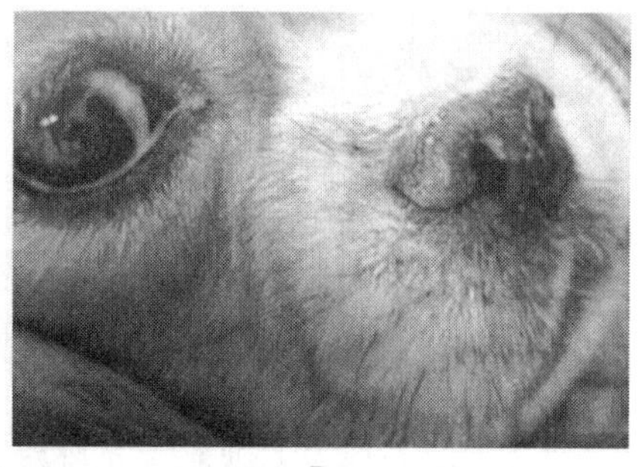

A B

图 13-3 犬瘟热引起的趾垫(A)和鼻端龟裂(B)

③真菌性的:如犬小孢子菌、石膏样小孢子菌、须毛癣菌、马拉色菌等引起的皮肤疾患。

④寄生虫性的:如螨虫、蠕形螨、虱子、跳蚤、蜱、利什曼原虫、钩虫、犬恶心丝虫幼虫等引起的皮肤疾患。

⑤过敏性的:多种食物、花粉、尘螨、疫苗过敏(图 13-4),以及遗传性过敏、接触性过敏、跳蚤过敏性皮炎等。

图 13-4 疫苗注射后过敏引起的嘴唇肿胀

⑥免疫介导性的:如幼犬蜂窝织炎、特发性无菌肉芽肿和脓性肉芽肿、皮肤药物反应。

⑦自身免疫性的:如各种天疱疮、全身红斑狼疮、斑秃。

⑧内分泌性的:如肾上腺皮质机能亢进、犬甲状腺机能减退、绝育或未绝育的公母犬猫(性激素原因)。

⑨先天性和遗传性的:如先天性稀毛症、犬家族性皮肌炎、家族性趾垫角化过度、灰猎犬特发性秃股综合征等。

⑩肿瘤性和非肿瘤性的:如多种皮肤和乳腺肿瘤、毛囊囊肿、局限性钙质沉着。

⑪营养性的:如维生素 A、维生素 B_2、生物素、锌、碘等缺乏引起。

⑫物理和化学性的:如创伤、冻伤、烧伤、电伤、酸和碱损伤等。

⑬中毒性的:如华法令中毒、铊中毒、碘中毒等。

⑭其他:如色素异常、皮肤角化、皮质溢、肉芽肿、日光性皮炎、胼胝、痤疮等。

(2)皮肤疾病绝大多数症状类似,较难区分是什么原因引发。

(3)难以区分是原发性皮肤疾病,还是继发性皮肤疾病;皮肤疾病往往是由多种原因引起,这样给诊断和治疗带来困难,故难诊断治愈。

(4)皮肤疾病病因种类多,症状表现类似。但是,不同病因引发的皮肤疾病,治疗用药物不同。在治疗选用药物上,如果选用的药物不对病因,对皮肤疾病就不起作用。因此,现在用于治疗皮肤和耳朵疾病的药物,多为多种药物混合剂,如治疗耳炎药物,既含有治疗真菌、细菌和螨虫感染的药物,又有抗过敏和止痒等的药物。

二、皮肤疾病的原发性和继发性

皮肤上的病变可能是原发性的，也可能是继发性的，还有一些病变既可能是原发性的，也可能是继发性的，如皮肤上的痂皮，可能是原发性落叶天疱疮产生，也可能是继发于细菌性脓皮症。

(一)原发性皮肤疾病症状

(1)红斑(erythema)，为毛细血管充血或扩张引起的皮肤斑状发红，压之褪色。出血斑是血液外渗到周围组织引起，压之不褪色。直径小于 3 mm 的出血斑，叫瘀点(petechia)，大于 3 mm叫瘀斑(ecchymosis)，见表 13-1。血液流入体表皮肤和黏膜下，称为紫癜，紫癜也分为瘀点和瘀斑。

表 13-1　犬猫瘀点和瘀斑发生的原因

1. 血小板减少
(1)血小板生成减少。
①药物引起：见于阿苯哒唑(犬)、硫唑嘌呤(犬和猫)、化学治疗药剂(犬和猫)、氯霉素(犬和猫)、雌激素(犬)、灰黄霉素(猫)、加氯芬那酸(犬)、苯巴比妥(犬)、保泰松(犬)、甲氧苄啶-磺胺嘧啶(犬)。
②感染引起：见于埃利克体、猫白血病毒、猫免疫缺乏性病毒、散发性组织胞浆菌病。
③全骨髓萎缩。
④骨髓纤维变性。
⑤免疫介导性疾病：见于抗巨核细胞免疫介导性病。
(2)血小板破坏增多，如免疫介导性血小板减少(IMT)。
①原发性的：特发性血小板减少性紫癜(ITP)、系统性红斑狼疮(SLE)。
②继发性的：感染、肿瘤、疫苗注射，药物有磺胺(犬)、头孢菌素(犬)、金盐(gold salts，犬)、左旋糖酐(犬)、甲巯咪唑(猫)、丙硫氧嘧啶(猫)。
(3)血小板消耗增多。
①弥散性血管内凝血。
②血管炎：由立克次氏体、钩端螺旋体、埃利克体、猫传染性腹膜炎病毒引起。
③肿瘤、炎症、免疫介导疾病、药物反应。
2. 血小板病(thrombopathia)
①遗传性的：见于波斯猫的 Chediak-Higashi 综合征、Otterhound 犬的血小板病、美国科克猎犬的 δ-储存减少病(delta-storye pool disease)，其他血小板病患犬猫有 Besset 犬、Spitz 犬、家养短毛猫，以及灰科利犬的周期性红细胞生成减少。
②获得性的：见于药物的如阿司匹林、头孢金素、乙酰普马嗪；全身性的如尿毒症和肝脏疾病；血液性的如免疫介导性血小板减少、骨髓-淋巴增生病、多发性骨髓瘤的血蛋白异常。
3. 血管疾病　见于血管炎、肾上腺皮质机能亢进、血蛋白异常。

(2)斑疹(macules)，皮肤上出现局限的、与周围组织平齐、大小不一、直径≤2 cm 的颜色改变斑块，如红斑疹、白斑疹、黑斑疹、血斑疹等。

(3)斑块(plaques)，皮肤上出现局限的、直径>1 cm 的颜色改变的斑，如华法令中毒时皮肤上的出血斑。多由丘疹扩大或融合而成。

(4)丘疹(papules),皮肤上用手可触摸到的直径≤1 cm的隆起,呈红色或粉红色。一般由炎性渗出、增生或过敏性皮肤病引起。介于斑疹和丘疹之间的、稍隆起损伤叫斑丘疹(maculopapule);丘疹顶部有小水疱,叫丘疱疹(papulovesicle);丘疹顶部有小脓疱,叫丘脓疱疹(papulopustule)。

(5)斑片(patchy),多个丘疹聚集直径>1 cm的皮肤隆起。

(6)脓疱(pustules),局限性的隆起脓肿,周围有红晕,可发生在表皮或毛囊内,见于葡萄球菌感染、毛囊炎、粉刺等。

(7)表皮环状圈(epidermal rings),丘疹、水泡、大疱、脓疱顶部破损后,形成的环状区域。脓皮症时多见。

(8)水疱(vesicles),皮肤上直径≤1 cm,内含清亮液体的圆形隆起,易破裂。

(9)大疱(bullas),皮肤上直径>1 cm的水泡,如天疱疮和类天疱疮。

(10)风疹(rubella),也称风团(wheal),皮肤上几分钟至几小时发生和消失的局限性、水肿性突起表现。风疹和荨麻疹反应有关,多为过敏反应。

(11)血管性水肿(vascular edema),皮肤组织疏松部位的风疹,多见于眼睑和唇部。

(12)结节(nodules),皮肤上圆形而坚硬的突起,直径>1 cm,突起延伸到真皮或皮下组织。

(13)肿瘤(tumor),皮肤上与表皮、真皮、皮下组织和皮肤附属物有关的较大肿块(图13-5),直径>2 cm,可能还发生溃疡。一般分良性肿瘤和恶性肿瘤。良性肿瘤和恶性肿瘤一般区别见表13-2。

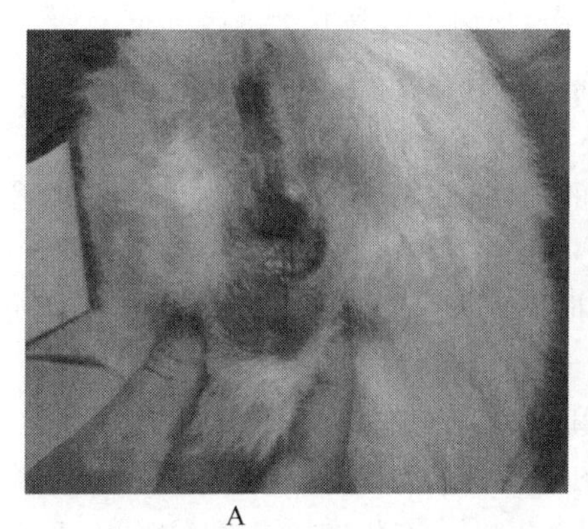
A

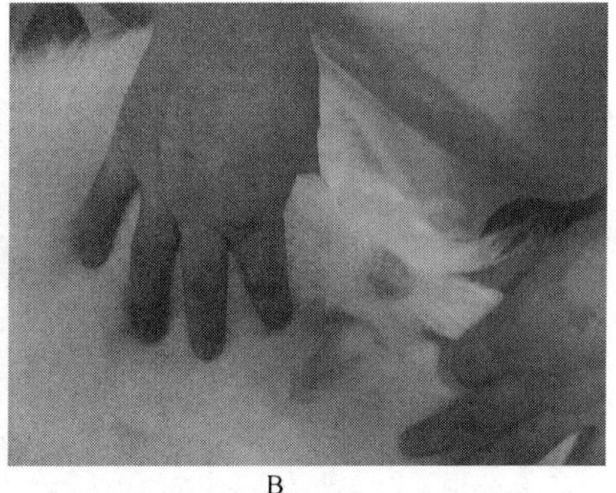
B

图13-5 同一犬的肛门下肿瘤(A)和尾根上肿瘤(B)

表13-2 良性肿瘤和恶性肿瘤的一般区别

区别项目	良性肿瘤	恶性肿瘤
生长速度	生长速度缓慢,很少有坏死和出血	生长速度较快,常伴有坏死和出血
生长方式	外生性或膨胀性生长,常有包膜形成	浸润性或外生性生长,无包膜,与周围组织界线不清
转移与复发	无转移,手术摘除后无复发	常有转移到其他组织,手术后常可复发
对机体影响	肿瘤个体小,对机体只起局部压迫或阻塞作用	一般个体较大,对组织器官破坏严重,并发生转移瘤,甚至引发恶病质而死亡

(14)囊肿(cysts),上皮组织的腔隙,内含黏稠液体分泌物或固体物质,触诊表面平滑,具有波动或坚实感,如肘后黏液囊肿(图 13-6)。

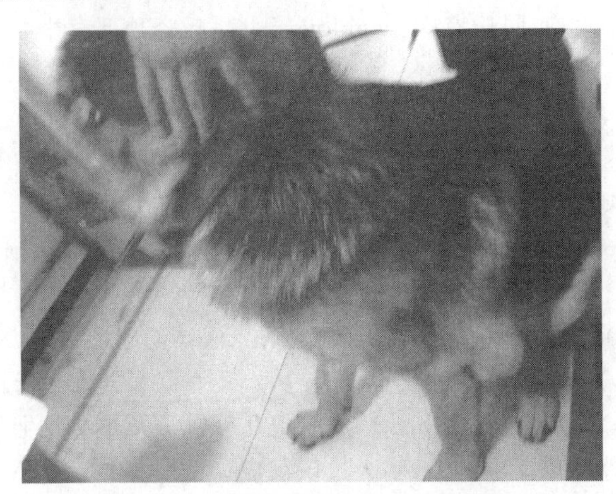

图 13-6　犬肘后黏液囊肿(左前肢肘后)

(二)继发性皮肤疾病症状

(1)黑色素沉着(melanin deposition),表皮和/或真皮黑色素增加沉着,如炎症、皮肤真菌感染、肿瘤、内分泌疾患等。

(2)表皮脱落或抓伤(excoriations),是动物自我搔抓、摩擦或其他损伤引起的糜烂或溃疡,如蚤虱叮咬和螨虫寄生引起的瘙痒。表皮脱落为细菌感染敞开了大门。

(3)疤痕(scars),是由新生结缔组织替代损伤的皮肤或黏膜的组织区域。伤疤表面平滑,无表皮、毛囊和皮脂腺。

(4)糜烂(erosions),是皮肤表皮或黏膜较浅的损伤,其表面因浆液渗出而湿润,痊愈后不留下伤疤,如天疱疮综合征。

(5)溃疡(ulcers),为皮肤和深层真皮及黏膜损伤缺失,使皮下组织暴露于外,痊愈后多留下伤疤,如深皮脓皮症、猫口腔嗜酸性肉芽肿。

(6)龟裂或裂沟(fissure),也叫皲裂,为表皮和/或真皮的线形裂隙,表皮过度角化,甚至剥离,如犬瘟热的鼻端和趾垫龟裂(fissured pads,图 13-3)。落叶状天疱疮鼻端和趾垫也干裂。

(7)皮肤苔藓化(lichenification, hyperpigmentation),皮肤增厚并色素沉积,表皮纹理明显加深,似象皮症,如跳蚤过敏瘙痒抓啃、慢性炎症或马拉色菌性皮肤感染引起。

(8)胼胝(callus),皮肤由于摩擦而形成的苔藓化斑,多发生在骨骼的体表突出部位,如肘头处。

(9)色素改变(pigmentation change),多以黑色素变化为主,可能与母犬子宫和卵巢变化有关。

(10)低色素化(hypopigmentation),皮肤色素消失或减少,多因色素细胞被破坏,色素生产减少或停止有关,见于慢性炎症过程。

(11)角化不全(hypokeratosis),表皮里的棘细胞经过正常角化变为角化细胞,角化层角化细胞堆积较薄的,称为角化不全。

(12)角化过度(hyperkeratosis)和厚皮,角化层角化细胞堆积过厚的,如犬瘟热的趾垫和鼻端皮肤层厚、变硬和龟裂。厚皮是指角化过度超过一定压力范围的区域皮肤。

(13)浸渍(maceration),为皮肤变白,甚至起皱。由于长期浸水或潮湿引起,浸渍处皮肤易脱落或继发感染。

(三)原发性或继发性皮肤疾病症状

(1)脱毛症(alopecia),被毛脱落(表 13-3)。

表 13-3 脱毛的原因

1. 遗传性脱毛
①生下来无毛:先天性无毛、模型下脱毛。
②后期脱毛:毛囊发育异常、色稀性脱毛、皮脂性腺炎。
2. 感染性的脱毛 见于细菌脓皮症、真菌性皮炎、蠕形螨病(图 13-8)、疥螨病。
3. 内分泌性的脱毛 见于甲状腺机能降低、肾上腺皮质机能亢进、生长激素机能亢进、性激素平衡失调(如绝育等)。
4. 可能是免疫介导性的脱毛 见于药物反应、注射反应、自身免疫反应、簇状脱毛。
5. 其他脱毛 见于肿瘤、瘢痕脱毛、修剪后脱毛、被毛生长终期排出脱毛、中毒脱毛等。
6. 瘙痒引起的脱毛。

①原发性脱毛症:可由真菌(图 13-7)或细菌感染、螨虫感染、绝育、内分泌疾患等引起。

②继发性脱毛症:可由动物自我损伤或外伤引起。

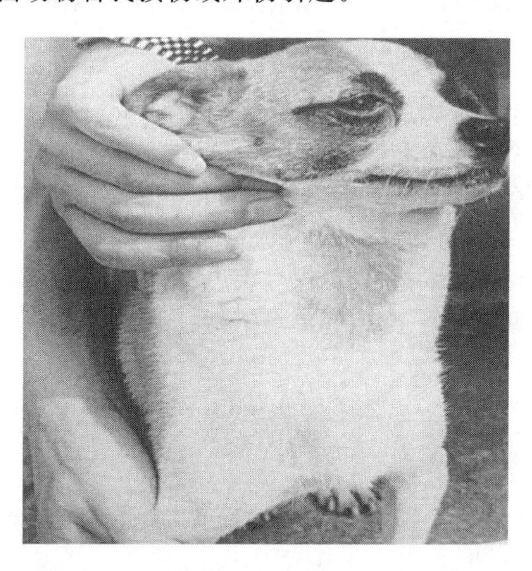

图 13-7 犬小孢子菌引起的圆形脱毛(也叫钱癣)

(2)鳞屑(scales),表皮角化细胞堆积而成角质片,分为 2 种。

①原发性鳞屑:原发于跳蚤过敏、螨虫、皮脂腺炎、内分泌疾患、皮肤角化异常等。

②继发性鳞屑:继发于慢性炎症或表皮屏障缺损。

(3)痂皮(crusts),由原发性或继发性皮肤损伤引起,损伤处渗出物和他物(浆液、黏液、血液、脓液、药物、上皮细胞、鳞屑、杂物或细菌等)干燥后,贴附于皮肤表面。

(4)毛囊管型(follicular casts),在毛囊开口处,分泌的角蛋白集聚黏附在毛干部的管型,

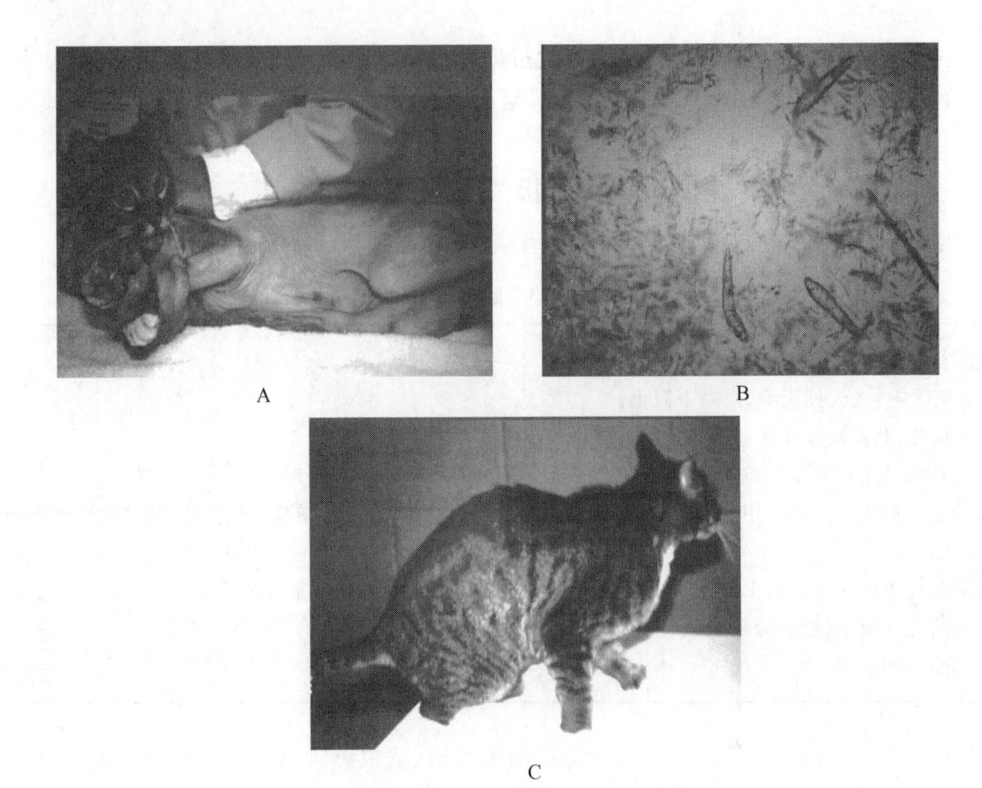

图 13-8 猫蠕形螨病脱毛(A)和刮皮屑放大镜看到的蠕形螨(B)及治愈后的本猫(C)

分为两种。

①原发性毛囊管型:见于皮肤炎、皮脂溢、毛囊发育异常。

②继发性毛囊管型:见于真菌和螨虫感染性皮肤病。

(5)黑头粉刺(comedones),在毛囊内充满了角化细胞核的皮脂分泌物,使毛囊膨大发黑,分为有两种。

①原发性黑头粉刺:见于猫痤疮、内分泌性疾患、角化异常、雪纳瑞犬粉刺综合征。

②继发性黑头粉刺:见于毛囊感染、蠕形螨感染、皮肤真菌病等。

三、皮肤病诊断

(一)问诊

询问皮肤疾病患动物主人很主要,因为通过询问,有些皮肤疾患可以得到初步诊断。询问内容如下。

1. 皮肤病史

①此动物以前得过皮肤病没有?如果得过皮肤病,当时诊断的是什么皮肤病?用什么药物治疗的?治疗效果如何?

②同窝动物得过同样皮肤病没有?本动物父母得过同样皮肤病没有?用以诊断是否为先天性或遗传性皮肤病。

2. 皮肤疾病现病史

在了解皮肤病现病史前,先知道患病动物的品种、年龄、性别、体重、病程长短、有无瘙痒、

治疗情况、周围环境、饲喂食物等。

①品种:品种不同易患皮肤疾病不同,如犬易患过敏性皮肤病的品种有拉布拉多寻回猎犬、金毛寻回猎犬、拳师犬、德国牧羊犬、各种㹴犬等;沙皮犬易患疥螨病和皮褶炎;大耳朵品种犬易患耳炎。无毛品种犬猫,如中国冠毛犬、墨西哥无毛犬、斯芬克斯猫等,都是正常秃毛动物。

②年龄:如幼犬易患寄生虫性、感染性、先天性和免疫介导性皮肤病;青年犬易患过敏性、免疫介导性、皮肤角化异常等多发病;中年和老年犬易患肿瘤性、代谢性、内分泌性皮肤病;过敏性皮肤病 70%以上易发生在 6 月龄至 3 岁期间。

③性别:公犬或去势犬的对称性脱毛;母犬或绝育犬的对称性脱毛等。

④病程长短:有人总结皮肤病病程长短的倾向是急性皮肤病多是寄生虫性、感染性(细菌或真菌)和免疫介导性的;逐渐加重性皮肤病多是代谢性、内分泌性或肿瘤性的;间歇性或时好时坏性皮肤病多是寄生虫性、感染性、过敏性或免疫介导性的。过敏性皮肤疾患多有季节性倾向,多在春季和秋季发生。

⑤瘙痒:具有瘙痒的皮肤病多见于外寄生虫性、细菌或真菌感染性、过敏性、老年代谢性或肿瘤性等。但是,皮肤病往往是多个病原引起,不要受局限病因干扰,如凡是能引起皮肤损伤的皮肤病,其损伤处都有细菌感染。

⑥皮肤病治疗情况:如果在其他动物医院诊断治疗过,一定要询问他院诊断的是什么皮肤疾病?用什么药物治疗的?治疗时间多长?治疗效果如何?用以避免重复应用同样药物,疗效不佳。当然了,兽医最好再仔细检查,找出病因,针对病因用药,这样疗效才更好。

⑦周围环境:家中饲养了多少犬猫?家中有无跳蚤?住楼房还是住平房?通常住楼房的动物,牵遛时不乱走乱跑或不外出的动物,患跳蚤感染或过敏性皮肤病的较少。又如动物睡在地毯上过夜,早晨起来后瘙痒加重;改换他处睡觉,早晨起来后不见瘙痒了,表明地毯上的尘螨引起了过敏反应性瘙痒。另外,还要询问和其他动物接触情况,如有没有旅游、参加展览会、和别的动物接触等,用以诊断是否由于接触而被感染。动物接触患有真菌、疥螨、耳螨、跳蚤等感染的动物或人,极易被它们感染。夏秋季犬常到草地活动,易被蜱叮咬。

⑧饲喂食物:经常饲喂什么食物?皮肤病发病前调换过食物没有?用以诊断是否为食物过敏性皮肤病,或营养缺乏引发的皮肤和被毛异常(表 13-4)。

表 13-4 营养缺乏引发的皮肤和被毛异常

1. 蛋白质和能量缺乏　可引发皮肤角化异常、丢失正常毛色、继发细菌或真菌感染、伤口愈合延迟、褥疮溃疡、被毛易脱落。
2. 必需脂肪酸缺乏　可引发干性皮质溢和过量鳞屑、脱毛、被毛粗糙发干、被毛生长不良、红皮病、趾间渗出。
3. 锌缺乏　可引发脱毛、皮肤溃疡、皮炎、甲沟炎、足垫病、被毛生长缓慢、颊部边缘溃疡、皮肤有角化过度斑,容易继发细菌或真菌感染。
4. 铜缺乏　可引发被毛正常颜色丢失、被毛粗乱、被毛变稀、脱毛。
5. 维生素 A 缺乏　可引发皮肤皮脂溢(多见于科克猎犬)、皮肤角化疾病、下颌部粉刺、鼻端和趾间角化过度病、耳边缘皮质溢或皮炎、光化角化病、皮肤肿瘤、桑纳瑞犬粉刺综合征、皮脂腺炎、层状鳞癣。
6. 维生素 E 缺乏　可引发盘状红斑狼疮、全身红斑狼疮、红斑性天疱疮、脂膜炎秃毛、黑粉刺症、真菌性皮炎、耳边缘血管炎。

⑨其他：还应询问当前动物是否还患有其他疾病？都用什么药物治疗过？治疗时间长短等。用以诊断药物过敏或药物的副作用，如长期应用肾上腺皮质激素（如地塞米松），引起的对称性机体脱毛。

（二）视诊

皮肤疾患的临床症状多在体表，一般都容易观察到。但中长毛犬猫就难以观察到了，所以检查时应将被毛扒开，仔细检查皮肤有无病变。在天暖和时，如果发现皮肤有病损，最好把中长毛动物的被毛用推子推去或剪去，这样既能清楚地看到全身各处的皮肤疾患，也便于进行外用药物治疗。

对于初诊皮肤疾患动物，除问诊外，应彻底检查所有区域的皮肤、皮肤与黏膜结合部、趾爪部、乳腺等处，有无损伤病变。最好能把检查的结果描绘在一个动物轮廓草图上，以便对整个机体皮肤病的情况有个整体了解，便于复诊时观察和检查疗效。皮肤和被毛的质量，如干燥性、油腻性、敏感性、被毛密疏、颜色等，都应做好详细的记录。

视诊时注意项目如下。

1. 皮肤病变分布

皮肤疾患的分布可能是局部的、大片的、广泛的、多病灶的，或者开始是局部的，以后逐渐或迅速扩散，总之是变化多端。有下列多种情况。

①皮肤病呈对称性或双侧性发生：多见于过敏性、内分泌性（如肾上腺皮质机能亢进）、或免疫介导性的疾患。

②皮肤病呈不对称性：多见于病毒性、细菌或真菌感染性，外寄生虫性皮肤病，接触性过敏等。

③皮肤病的易发部位：真菌性皮肤病易发生在面部、躯干、爪部、胸腹部、会阴部等；疥螨感染易发生在肘部、耳廓、眼周、跗关节和胸腹部（图 13-9）；过敏性皮炎，如食物过敏等，易发生在面部、爪部、胸腹部、会阴部；耳螨易发生在躯体背部，以及引发外耳炎；细菌性脓皮症多见于躯体的各个部位，如金黄色葡萄球菌感染（图 13-10）；甲状腺机能减退多见于口鼻背侧、颈部、肋部和尾根部；落叶天疱疮多见于面部、趾垫、甲床和躯体（图 13-11）。

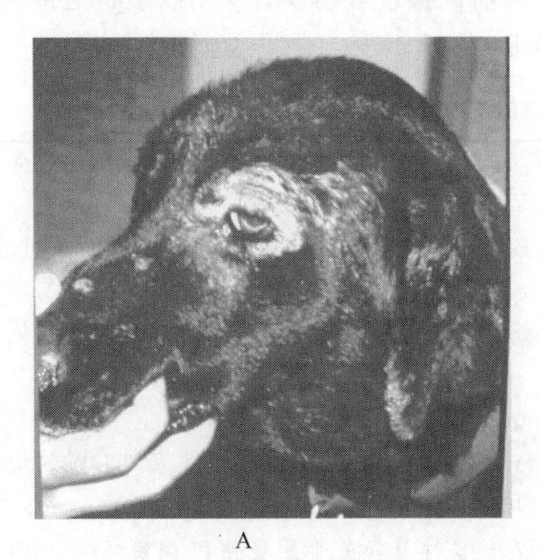
A

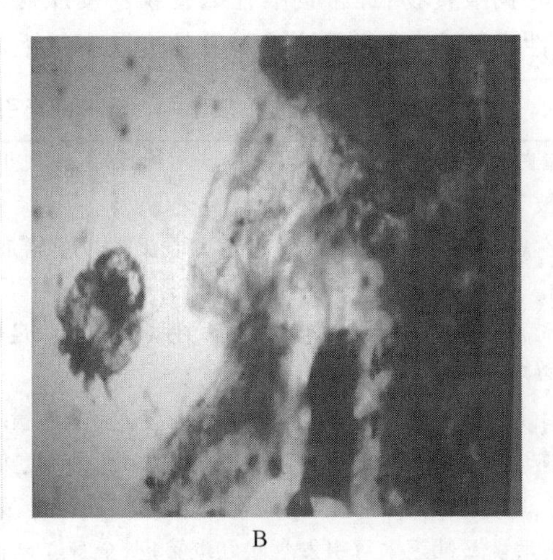
B

图 13-9 疥螨感染(A)和刮皮屑放大镜下可看到的疥螨(B)

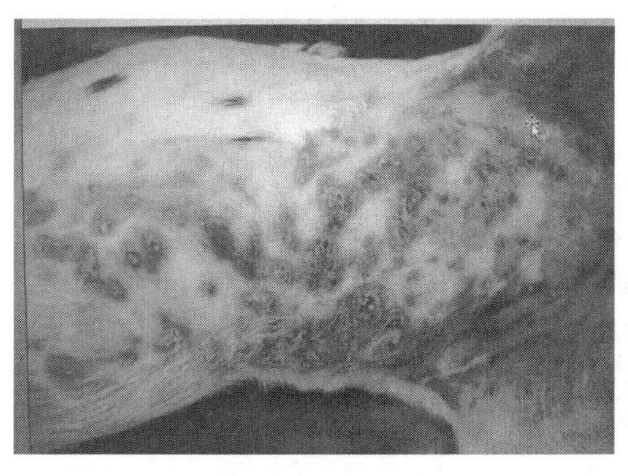
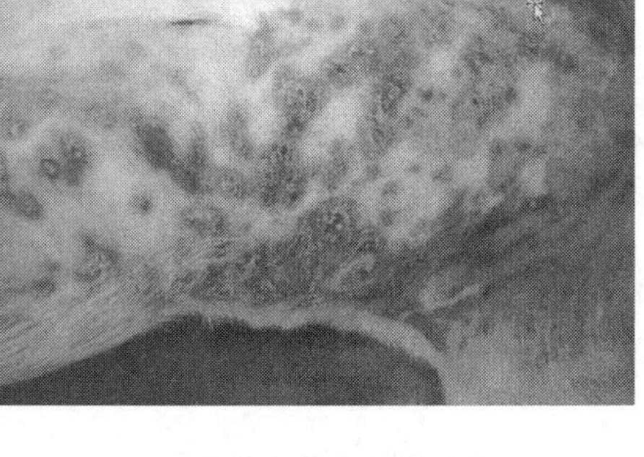

图 13-10 金黄色葡萄球菌感染

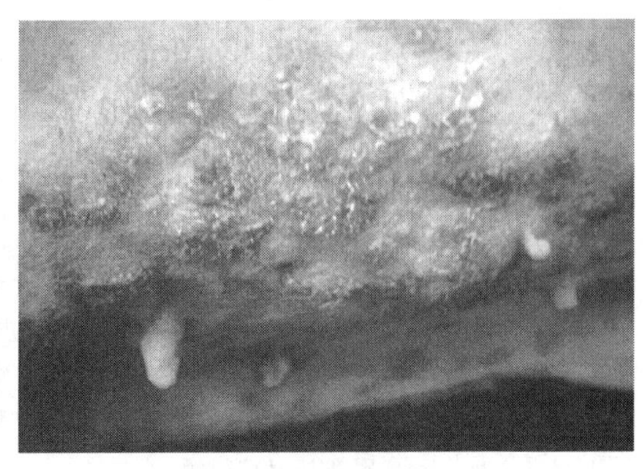

图 13-11 犬落叶天疱疮(腹部)

2. 皮肤疾病的鉴别诊断

皮肤疾病的临床症状表现多种多样,既是同一临床症状表现,也会出现在多种原因引起的皮肤病上,因此临床上进行病因确诊还是有一定难度的。但是,有的学者还是喜欢把皮肤病分成几大类,以便尽量缩小其鉴别诊断的范围,主要分类如下。

①瘙痒性皮肤疾病详见表 13-5、表 13-6。

表 13-5 犬瘙痒性皮肤疾病

1. 犬跳蚤过敏性皮炎(1、5、6) 常发生在体两侧、后半身、腰荐背侧、大腿后部、腹股沟部和腋窝处等。症状表现为秃毛、丘疹、斑点、红斑、苔藓化、色素沉着、表皮脱落和纤维脓性结节。

2. 犬疥螨病(1,图 13-12) 常发生在腹部、耳边缘、面部、肘部及体两侧。症状表现为斑点、丘疹、红斑、秃毛、痂皮、表皮脱落。

3. 蠕形螨病(1,图 13-13) 常发生在眼眶周围、口角联合处、前肢及全身。症状表现为秃毛、红斑、痂皮、毛囊堵塞、色素沉着、继发脓皮症。严重的全身感染有一种臭脚样气味。

4. 脓皮症(1) 常发生在腹股沟、腋窝、腹侧、趾间、压迫点和全身。症状表现为多形状、脓疱、痂皮、丘疹、红斑、秃毛、靶样损伤、融合蜀黍红疹项圈样、色素沉着。

5. 特异性皮炎(atopic dermatitis,1、6) 常发生在脸部、眼眶周围、耳、腕和跗后部、足背、外耳炎、腋窝和全身,并有继发感染。症状表现为红斑、秃毛、表皮脱落、缺少原发性损伤、苔藓化、色素沉着。此皮炎也被认为是一种遗传性皮炎,多由环境中花粉、尘螨或真菌等因子引起的过敏所致,具有一定季节性,西高地白㹴犬、拉布拉多犬、沙皮犬、贵宾犬和大麦町犬等品种易发。最初症状多出现于 6 月龄至 3 岁的犬。

6. 马拉色菌皮炎(1、5、6,图 13-14) 常发生在颈腹侧、腹股沟部、皮褶处、脸部、足部和腹侧。症状表现为红斑、渗出性或干性、秃毛、苔藓化、色素沉着。

7. 皮脂溢(1、5、6) 常发生在全身、耳、嘴下。症状表现为多形状、鳞屑、痂皮、秃毛、红斑块。

8. 舐肢端性皮炎(1) 常发生在前腕部、掌部、桡骨部、跖部、胫部、尾巴、膝部、髋部等。症状表现为坚硬无毛斑块、中心无规则溃疡、高色素性晕轮。

9. 食物过敏(2、图 13-15) 常发生在脸部、耳部 、足部和全身。症状表现为多形状、红斑、秃毛、表皮脱落、缺少原发性损伤。

10. 接触性皮炎(2) 常发生在无毛区域、足底、生殖部、腹股沟区、腋窝和全身。症状表现为红斑、渗出、苔藓化、色素沉着、丘疹。

续表 13-5

11. 药物疹(2,图 13-16) 常发生在任何部位、局部或全身、脸部、耳部和阴囊。症状表现为多形状、红斑、丘疹、融合性靶样损伤。
12. 幼犬内寄生虫移行性皮肤病(3) 常发生在面部、足部(图 13-17)、全身。症状表现为红斑、秃毛、表皮脱落、缺少原发性损伤。
13. 肉食螨病(cheyletiellosis,2、5) 常发生在胸背部、全身。症状表现为大鳞屑、痂皮、秃毛、红斑。
14. 恙螨病(2、5、6) 常发生在腹部、腿部和全身。症状表现为红斑、鳞屑、痂皮、丘疹、秃毛。
15. 表皮坏死溶解性皮炎(3) 常发生在足垫、面部、皮肤与黏膜结合处、生殖部、腹股沟区。症状表现为黏附的痂皮、溃疡、表皮脱落、红斑、足垫沟裂。
16. 精神性瘙痒(3) 常发生在腕部、跗部、足部(1 只或多只,多见于前肢)、肛门周围、全身。症状表现为红斑、秃毛、表皮脱落、缺少原发性损伤。
17. 虱病(3、5、6,图 13-18) 常发生在背侧、全身。症状表现为鳞屑、痂皮、丘疹、秃毛。
18. 剪短尾性神经瘤(3) 常发生在剪短尾处。症状表现为红斑、秃毛、表皮脱落。
19. 小杆线虫皮炎(rhabditic dermatitis,4、5、6) 常发生在腹侧、腿部和腹股沟处。症状表现为红斑、丘疹、秃毛、鳞屑、痂皮。
20. 表皮角质层下脓疱性皮炎(subcorneal pustular dermatosis,4) 常发生在全身,尤其是面部和耳部。症状表现为多形状、丘疹、脓疱、水泡、痂皮、秃毛。
21. 无菌性嗜酸性脓疱病(4) 常发生在全身、腹侧。症状表现为红斑、丘疹、脓疱、秃毛、鳞屑、痂皮、蜀黍红疹。

注:1=多见;2=少见;3=不常见;4=罕见;5=地方性发生;6=季节性发生。

表 13-6 猫瘙痒性皮肤疾病

1. 跳蚤过敏性皮炎(1) 常发生在颈部、背侧、腰荐部、大腿根和中部、腹股沟处、耳部、全身。症状表现为粟疹性皮炎、红斑、秃毛、嗜酸性红斑块。
2. 嗜酸性红斑块(1、5、6) 常发生在腹下、大腿中部、全身。症状表现为隆起、溃疡、嗜酸性秃毛红斑块,见继发于过敏(原发性跳蚤过敏性皮炎)。
3. 耳痒螨性蜜蜂螨病(otodectic acariasis,1) 常发生在头部、耳朵(图 13-19)、颈部、罕见全身感染。症状表现为外耳炎、表皮脱落、粟疹性皮炎。
4. 食物过敏(2) 常发生在头部、颈部、耳部 、全身。症状表现为红斑、表皮脱落、秃毛、缺少原发性损伤、粟疹性皮炎。
5. 自身诱导性瘙痒性脱毛(特异性皮炎、食物过敏、跳蚤过敏,2) 常发生在大腿后部和侧部,以及腹下和会阴,呈对称性发生。症状表现为秃毛、毛残茬、红斑、丘疹,而皮下无异常。
6. 自身诱导性精神性脱毛(2) 脱毛呈对称性,常发生在胸部背侧呈条状,以及大腿后部和侧部,腹下、会阴和前肢。症状表现为秃毛、毛残茬和皮下无异常。
7. 肉食螨病(2、5) 常发生在胸部背侧和全身。症状表现为大片鳞屑、痂皮、皮脂溢、粟粒性皮炎。
8. 蚊叮性过敏(3、5、6) 呈对称性发生。常发生在鼻端、鼻背部、眼眶周围、耳廓、足垫边缘。症状表现为丘疹、痂皮、秃毛、糜烂、渗出。
9. 虱病(3、5、6) 常发生在背侧和全身。症状表现为鳞屑、痂皮、秃毛。
10. 猫疥螨(3、4) 常发生在头部、耳朵、颈部、全身,部分呈现两侧对称。症状表现为红斑、丘疹、痂皮、表皮脱落和秃毛。
11. 皮肤真菌病与瘙痒(3) 常发生在头部、耳朵、颈部、全身。症状表现为红斑、秃毛、毛茬、粟疹性皮炎、色素沉着。

续表 13-6

12. 特异性皮炎(atopic dermatitis,2、6) 常发生在头部、耳朵、颈部、全身。症状表现为粟疹性皮炎、红斑、表皮脱落和秃毛。
13. 药物疹(2) 常发生在任何部位、局部或全身、脸部、耳部。症状表现为多形状、红斑、丘疹、融合性靶样损伤。
14. 落叶状天疱疮(4、5、6) 呈对称性发生。常发生在面部、鼻背部、耳朵、趾间、乳头或全身。症状表现为痂皮、水脓疮、秃毛。

注:1=多见;2=少见;3=不常见;4=罕见;5=地方性发生;6=季节性发生。

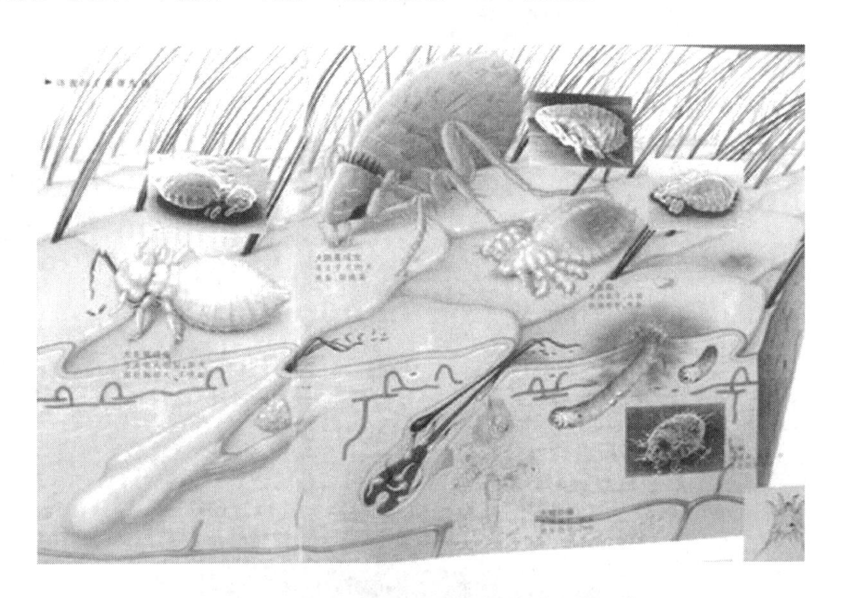

图 13-12 跳蚤、虱子、疥螨和蠕形螨感染示意图

图 13-13 犬蠕形螨感染(皮肤增厚、红斑、鳞屑和色素沉着)

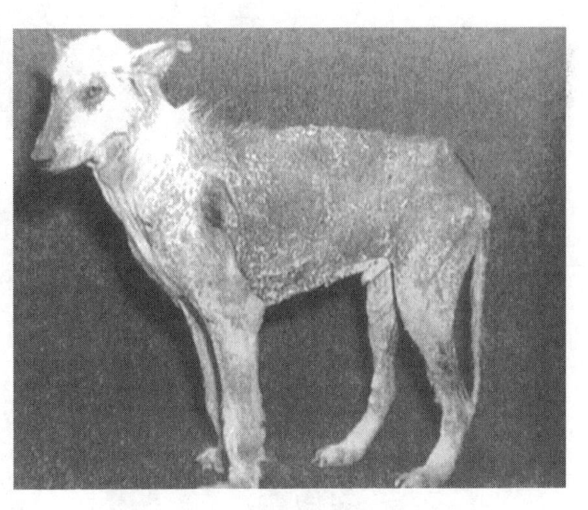

图 13-14 马拉色菌性皮炎(全身脱毛、苔藓化和色素沉着)

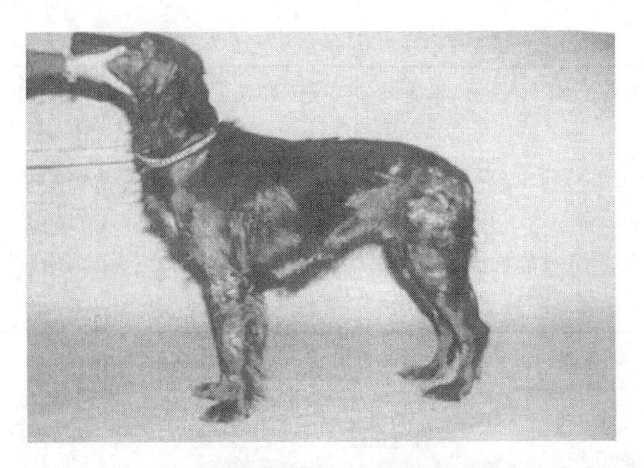

图 13-15 食物过敏性皮炎(头部、四肢和体侧脱毛、红斑、表皮脱落)

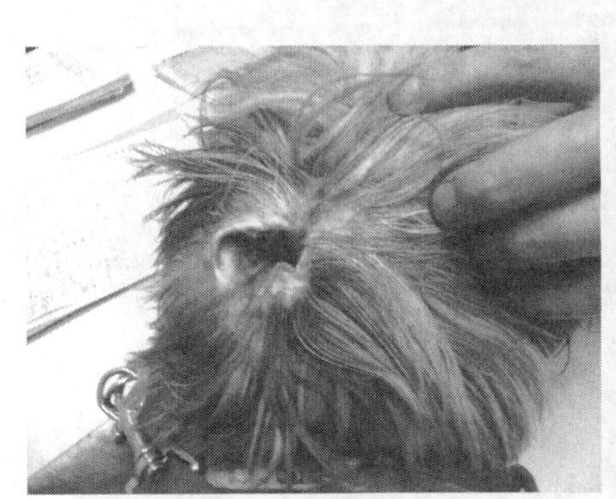

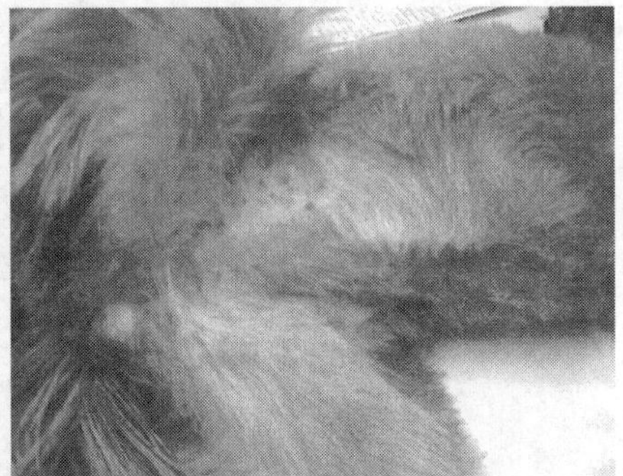

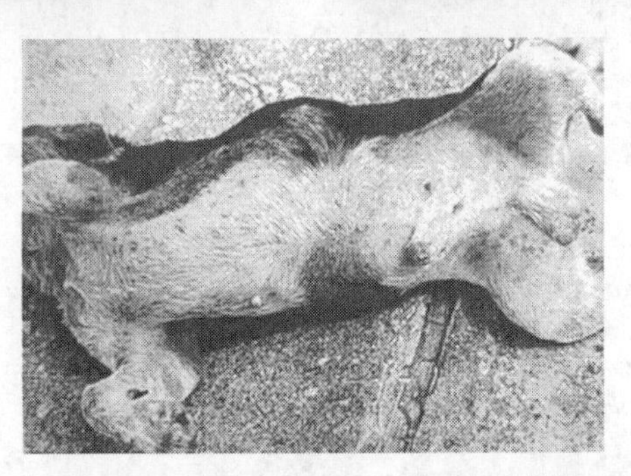

图 13-16 药物过敏性皮炎(全身皮肤充血和许多红斑)

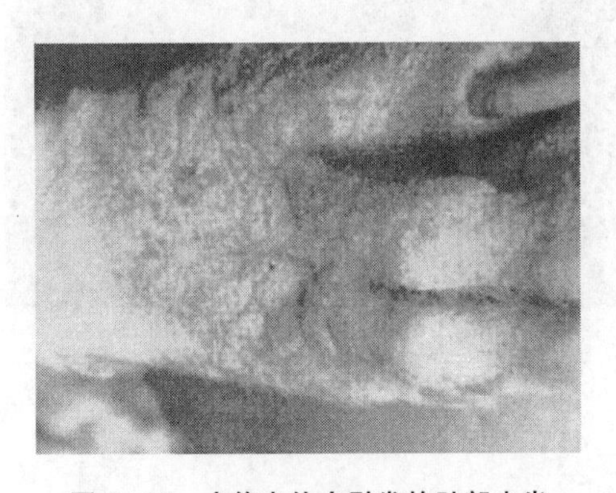

图 13-17 犬钩虫幼虫引发的趾部皮炎

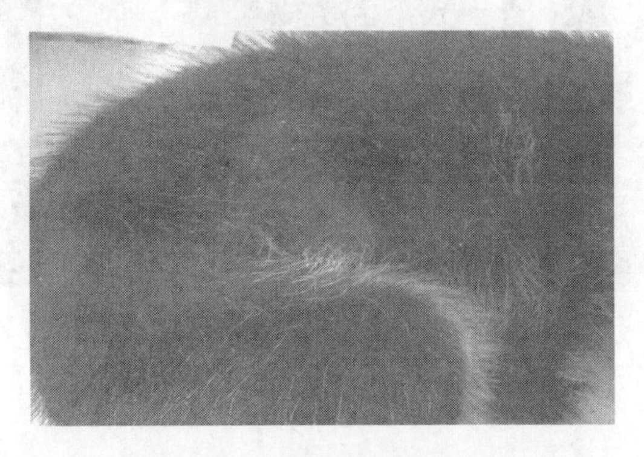

图 13-18 被毛上的白点是虱子

②非瘙痒性脱毛症：多见于真菌感染、蠕形螨病、浅表性脓皮症、剪毛后脱毛、肾上腺皮质机能亢进(图 13-20)、甲状腺机能减退(图 13-21)、性激素性脱毛症、先天性脱毛等。

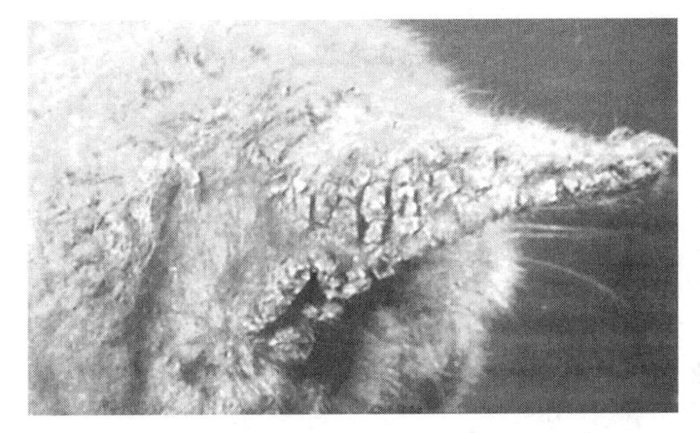

图 13-19　猫耳痒螨性皮肤病

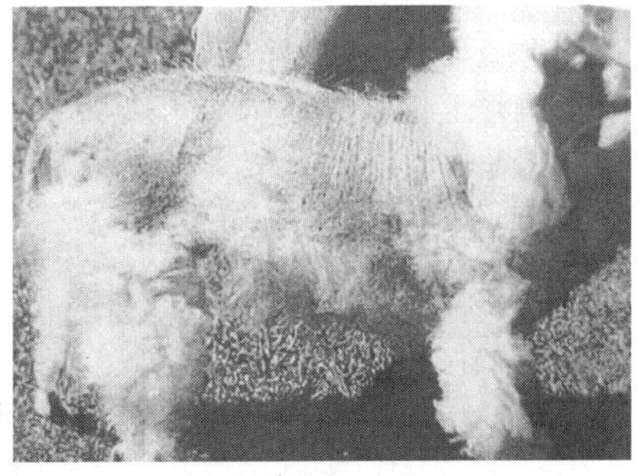

图 13-20　肾上腺皮质机能亢进性机体对称性脱毛和色素沉着

③爪部皮炎(图 13-22)：多见于细菌性爪部皮炎、皮肤真菌病、蠕形螨病、天疱疮、肿瘤等。

④犬猫皮肤和黏膜上的溃疡与糜烂的鉴别诊断见表 13-7。

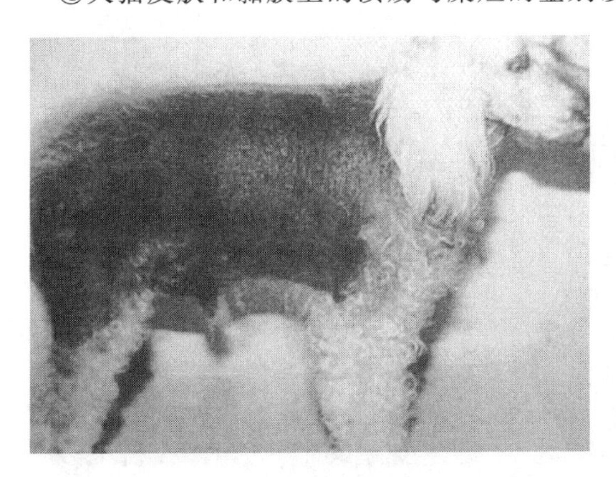

图 13-21　甲状腺机能减退性机体对称性脱毛

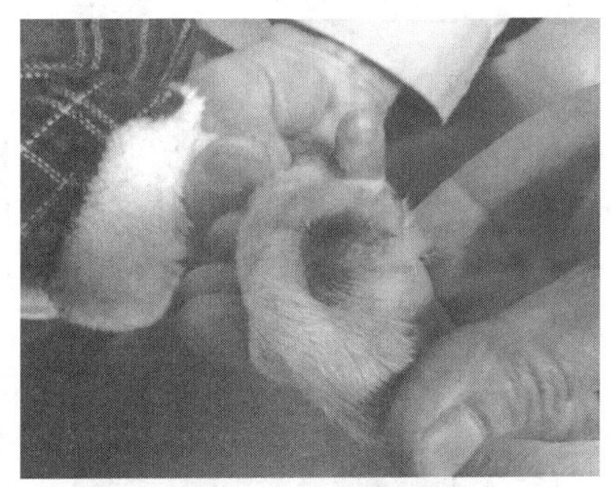

图 13-22　爪部皮炎

表 13-7　犬猫皮肤和黏膜上的溃疡与糜烂的鉴别诊断

1. 犬皮肤和黏膜上的溃疡与糜烂的鉴别诊断
(1)感染性的。
①细菌脓皮症：表皮性的见于摩擦糜烂、急性湿性皮炎(创伤性脓性皮炎)；深层性的见于毛囊炎或疖病(包括创伤性脓性毛囊炎)。
②口腔细菌感染，包括需氧菌和厌氧菌。
③真菌：见于酵母菌感染，包括马拉色菌、厚皮菌和念珠菌。呈现全身或皮下发病。
④寄生虫：见于蠕形螨病。
(2)代谢性的：见于局限性皮内钙质沉着(肾上腺皮质机能亢进)、氮血症或肾脏衰竭、坏死溶解性移动性红斑或代谢性表皮坏死。
(3)肿瘤性的：见于鳞状上皮细胞癌、亲上皮性淋巴瘤。
(4)物理和化学性的：见于阳光性损伤、温度性损伤(冷冻或烫伤)、药物反应、尿渍伤(urine scald)。

续表 13-7

(5)免疫介导性的或自身免疫性的:见于盘状红斑狼疮、团状天疱疮、大疱类天疱疮、眼色素层皮肤综合征(uveo-dermatologic syndrome,图 13-23)、多种自身免疫性表皮下水大疱病。 (6)其他:见于皮肤真菌病、中毒性表皮坏死溶解或多形状性红斑、科利犬特发性溃疡、节肢动物咬伤。 2. 猫皮肤和黏膜上的溃疡与糜烂的鉴别诊断 (1) 感染性的。 ①病毒性的:见于杯状病毒、疱疹病毒(图 13-24)。 ②细菌性的:见于非典型分枝杆菌病。 ③真菌性的:见于皮下和全身真菌病(隐球菌病和孢子丝菌病)。 (2)代谢性的:见于氮血症或肾脏衰竭。 (3)肿瘤性的:见于鳞状上皮细胞癌、纤维肉瘤、淋巴瘤。 (4)物理和化学性的:见于温度性损伤(冷冻或烫伤)、药物反应。 (5)免疫介导性的或自身免疫性的:见于叶状天疱疮、中毒性表皮坏死溶解或多形状性红斑。 (6)其他或特发性的:见于无痛性溃疡、嗜酸性斑(feline eosinophilic plaque)、节肢动物咬伤、颈背部特发性溃疡。

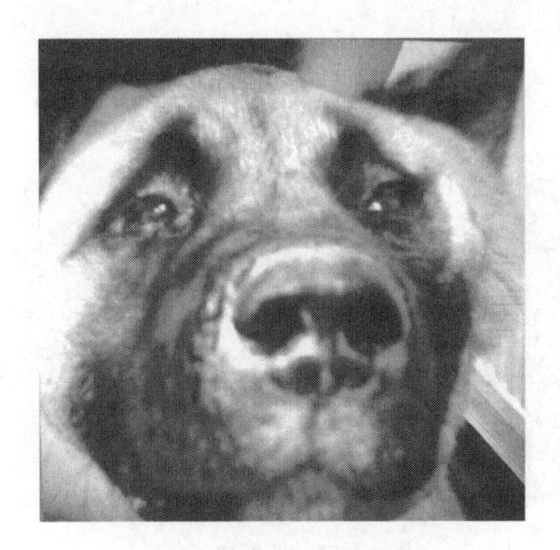

图 13-23　眼色素层皮肤综合征

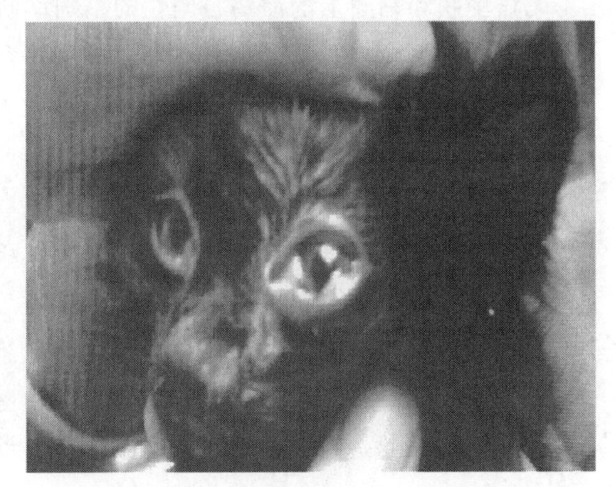

图 13-24　猫疱疹病毒引发的眼周皮炎

(三)触诊

犬猫皮肤触诊包括被毛、皮肤和乳房。检查时注意分布位置、形态、密度、硬度、特性、颜色、有无破溃等。

1. 触诊被毛

触诊被毛检查结构是否有异常？是否有干燥或过度油腻？犬猫患有皮脂漏时,皮肤会有过度油腻和鳞屑。

2. 触诊皮肤

①触诊皮肤检查是否有疼痛躲闪表现？是否有结节或团块？脓肿团块触压时,有疼痛反应。良性肿瘤团块,一般触压无疼痛反应。

②检查前后肢的趾间,看看有无肿胀、发炎、破损等。趾间囊肿时,表现肿胀、发炎、疼痛,甚至破损。

③捏起背部皮肤，检查皮肤弹性，如果捏起的皮肤皱褶较长时间不恢复，表明皮肤弹性降低，见于严重机体脱水(图 13-25)，正常沙皮犬皮肤弹性也降低。正常老年犬皮肤弹性也比成年犬低一些，检查时需注意区别。

3. 触诊乳房

检查乳房有无肿块？用手挤压乳头检查有无异常分泌物。乳房炎常发生于分娩后 3 周内，表现为红肿热痛，挤出的乳汁也异常。乳房肿瘤有大有小，检查时应仔细辨别是乳腺，还是肿瘤肿块。

图 13-25　犬腹泻严重脱水后皮肤弹性降低(背部皮褶不消失)

(四)叩诊和听诊

对于皮肤疾病检查，叩诊和听诊检查意义不大。

第三节　猫皮肤系统疾病临床检查

猫的皮肤比犬薄些，口鼻处有触毛，全身还有一种单独从大毛囊长出的“tylotrich hairs”，这种毛可能是接受机械刺激的感受器。

猫的许多皮肤疾病与犬相同，但猫易患嗜酸性肉芽肿或溃疡，如：

①猫嗜酸性斑(feline eosinophilic plaque)，可发生于全身任何部位，多发生于腹部和股内侧，病变处非常瘙痒。

②猫嗜酸性肉芽肿(feline eosinophilic granuloma，图 13-26)，也叫线形肉芽肿(linear granuloma)，发生于全身任何部位，多发生于股后侧、下颌、嘴唇和口腔，无痛无痒。

③无痛性溃疡(indolent ulcer)，也叫嗜酸性溃疡(eosinophilic ulcer)，多发生于上唇，呈单侧或双侧发生，无痛无痒。

以上 3 种嗜酸性肉芽肿或溃疡，通常与潜在的过敏有关，如跳蚤叮咬、食物和遗传过敏等。

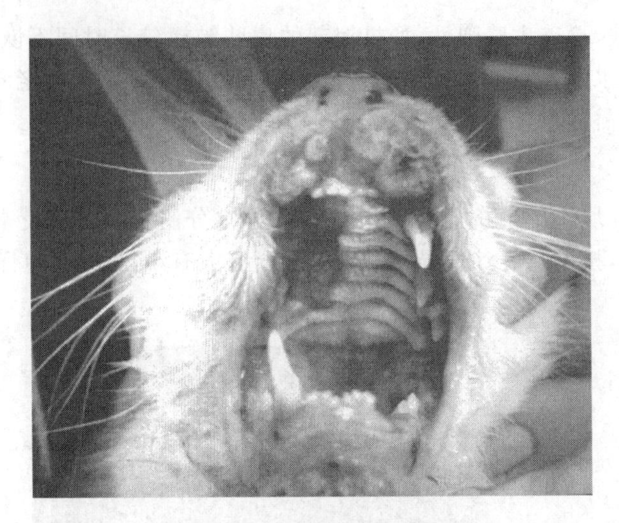

图 13-26　猫嗜酸性肉芽肿

思考题

1. 犬猫的顶泌汗腺有什么作用?
2. 为什么犬猫皮肤疾病难诊断、难治愈、易复发?
3. 临床动物医生如何锻炼自己提高诊断、治疗和预防犬猫皮肤疾病的能力?

第十四章　犬猫疾病快速检测诊断试剂

重点提示

1. 了解犬猫疾病快速检测诊断试剂的种类。
2. 了解我国已能生产的犬猫疾病快速检测诊断试剂的种类。

第一节　犬猫疾病快速检测诊断试剂简介

犬猫疾病快速检测诊断试剂有许多种，现在还在不断研究制造更多新品种，每种犬猫疾病快速检测诊断试剂都有详细的使用说明，说明内容主要包括原理、使用范围、提供的材料、注意事项、操作步骤、检测结果判断、保存和稳定性等。使用前需详细阅读使用说明，并严格按使用说明操作，测得数据才能正确。犬猫疾病快速检测诊断试剂一般能较准确地检测疾病，但是，也会发生极低的错误结果，通常还应结合其他临床检查。一个确切的临床诊断，不应该只建立在一个单一检测结果上，而应该建立在所有临床和实验室诊断综合判断上。现在犬猫疾病快速检测诊断试剂有的是国外厂商生产，我国上海快灵生物科技有限公司也已能够生产多种犬猫疾病快速检测诊断试剂（图 14-1），这些犬猫疾病快速检测诊断试剂基本上都是干式试剂，不需要任何仪器，在诊断室或任何地方便可进行检测，非常简便。

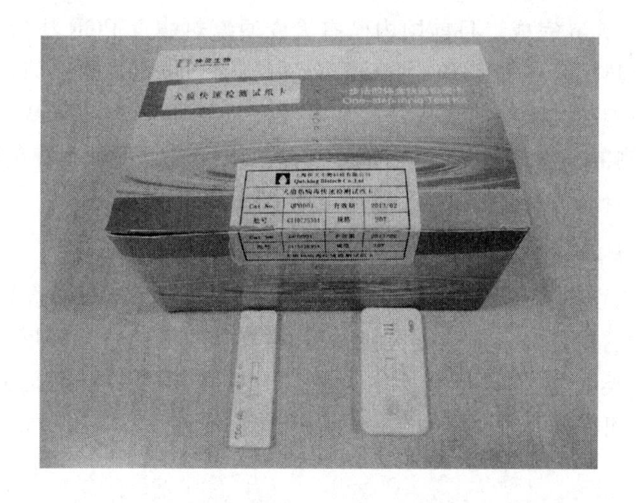

图 14-1　犬猫疾病快速检测诊断试剂盒和两个检测板

第二节 常用犬猫快速检测诊断试剂

1. 犬细小病毒抗原(CPV Ag)感染快速检测试剂*

国内多采用胶体金快速诊断试条,其特点为快速、简便、准确和灵敏度高,用试条检验粪便中犬细小病毒抗原,来诊断犬细小病毒性肠炎和心肌炎,一般只需 5～10 min 即可检测完。目前国内已有犬粪便细小病毒聚合酶链式反应(PCR)法检验。

爱德士犬细小病毒快速检测试剂,可检测犬肠细小病毒 1 型及 2 型(CPV-1、CPV-2、CPV-2a 和 CPV-2b)抗原,敏感性高达 100%,特异性达 98%。独特的强阳性、弱阳性半定量检测,帮助动物医生更加了解动物病情。此试剂不受细小病毒疫苗注射干扰的影响。

用犬细小病毒快速检测试剂检验猫粪便中犬细小病毒抗原,如果显示为阳性,表示猫体内有犬细小病毒,但一般并不引起猫发病,故不需治疗。

作者曾遇一个 3 月龄幼犬,打疫苗前,用 CPV 感染快速检测试剂检验弱阳性,间隔半个月又曾作 2 次,都是弱阳性。但此犬精神、体温、呼吸和脉搏,吃喝及拉屎撒尿均正常。血液常规检验项目也都在正常范围内。和动物主人协商决定打疫苗,打疫苗后未见任何异常反应。

2. 犬细小病毒抗体(CPV Ab)快速检测试剂*

犬细小病毒病是由犬细小病毒引起的一种死亡率很高的传染病,在世界各地都有发生。检测犬细小病毒抗体能够显示犬的健康状况,以及疫苗接种后表明其接种效果。此监测是一种快速、定量检验犬血液中犬细小病毒免疫球蛋白质(IgG)抗体的固相免疫学反应。该检测只是初步结果,还可配合其他诊断方法,更进一步来证实其免疫结果。检测可在 20 min 左右完成,然后判断结果。

3. 犬瘟热病毒抗原(CDV Ag)快速检测试剂*

本试剂可检验犬类眼部分泌物(或结膜)、鼻液、唾液、尿液、血清或血浆中的犬瘟热病毒抗原。检测可在 5～10 min 完成。目前国内已有犬粪便瘟热病毒 PCR 法检验。

另外,还有犬瘟热病毒(CDV)和犬腺病毒(CAV)感染快速检测试剂。此试剂是利用免疫色谱分析法,定性检测犬类眼结膜上皮细胞和鼻腔上皮细胞中的犬瘟热病毒抗原和犬腺病毒抗原。为了提高检测的准确性,用两个棉签分别刮取眼结膜上皮细胞和鼻腔上皮细胞,都浸入反应缓冲液,然后混合缓冲液,再进行实验。一般 10 min 即可出结果。

4. 犬瘟热病毒抗体(CDV Ab)快速检测试剂*

犬瘟热是一种死亡率很高的犬类传染病,全世界各地广泛流行。检测犬瘟热抗体是为了检查犬类的健康状况,也是为了检验疫苗接种后,犬类获得免疫抗病程度的大小。该检测是一种快速、定量检验犬类血清、血浆或全血中犬瘟热 IgG 抗体的固相免疫学反应。此监测仅提供初步检测结果,还可结合其他诊断方法来证实其免疫状态。本监测 20 min 左右进行结果判断。

5. 犬冠状病毒抗原(CCV Ag)快速检测试剂*

本试剂是以快速诊断试纸,以免疫色谱分析法定性,用以检测犬类粪便中的犬冠状病毒抗

原。在检测 5～10 min 后判断结果。检测超过 20 min 后看结果，准确性差。现已有“犬细小病毒/冠状病毒抗原检测试剂”，可同时诊断犬的 2 种疾病。

6. 犬腺病毒 1 型抗原(CAV-1 Ag)快速检测试剂*

犬腺病毒 1 型引起犬传染性肝炎(ICH)，其检验方法同犬瘟热病毒和犬腺病毒抗原的检测方法，检验眼内分泌物、血浆或血清。目前国内已有犬粪便腺病毒 1 型聚合酶链反应(PCR)法检验。

7. 犬腺病毒 1 型抗体(CAV-1 Ab)快速检测试剂

此检测方法用以诊断犬是否感染了犬腺病毒 1 型-犬传染性肝炎，或注射疫苗后产生抗体的情况。

8. 犬腺病毒 11 型抗原(CAV-11 Ag)快速检测试剂*

利用血清或呼吸道分泌物，来检测犬腺病毒 11 型抗原。此病毒也是引起“犬窝咳”的病原。检验方法和判断结果参看其说明。

9. 犬副流感病毒抗原(CPIV Ag)快速检测试剂*

利用呼吸道分泌物或血清来检测犬流感病毒抗原。现在已有了“犬传染性呼吸道病-3 抗原快速检测试剂条”，可监测犬瘟热病毒、犬腺病毒和犬副流感病毒。

10. 犬流感病毒抗原(CIV Ag)快速检测试剂

利用犬鼻分泌物进行检测。检验犬鼻分泌物能完全阻断产生假阳性，获得准确结果。

11. 犬轮状病毒抗原(RV Ag)快速检测试剂*

利用犬粪便中存在犬轮状病毒抗原进行检测，是快速、准确性高的检测方法。

12. 犬钩端螺旋体抗体(CLEPT Ab)快速检测试剂

有材料介绍以色列研制了犬钩端螺旋体抗体快速检测试剂，用以检验犬是否感染了钩端螺旋体病。

13. 犬布鲁氏杆菌抗体(Brucella Ab)快速检测试剂

利用血液、血浆或血清检验犬布氏杆菌抗体，2 min 即可出结果。用以检验犬是否暴露过布鲁氏杆菌或感染了布鲁氏杆菌，此监测是一种普查方法。

14. 犬布鲁氏杆菌抗原(Brucella Ag)快速检测试剂

利用犬流产时的分泌物来检测犬布鲁氏杆菌抗原，检验犬是否患了布鲁氏杆菌病。

15. 犬结核病(TB)快速检测试剂

利用拭子取咽喉病料，利用 PCR 法检验。也有用注射过敏反应检测犬结核病的。

16. 犬心丝虫抗原(CHW Ag)快速检测试剂

采用 ELISA 方法，专门检测犬心丝虫抗原，监测可使用含抗凝剂的全血、血浆或血清，其敏感度可达 99%，特异性可达 100%。检验只需 8 min 即可得到结果。

现在已有犬心丝虫抗原、犬型埃立克体抗体、血小板型/马型埃立克体抗体和犬莱姆病抗体四合一快速检验试剂(ELISA 方法)，8 min 即可出结果。心丝虫抗原准确率达 98%，特异性高达 100%；埃立克体抗体准确度高达 98.9%，特异性高达 98.2%；莱姆病抗体准确度高达

95%，特异性高达99.9%。

17. 利什曼原虫抗原(Leishmania Ag)快速检测试剂*

利什曼原虫抗原快速检测试剂特异性高达96%，快速，可定性是否感染了利什曼原虫。

18. 弓形虫抗体(Toxoplasma Ab)快速检测试剂*

利用血清进行检验弓形虫抗体。弓形虫感染动物后，动物机体先产生免疫球蛋白M(IgM)，这种球蛋白在机体内3周左右消失：感染1周左右开始产生IgG，这种球蛋白可在机体内存在几年，甚至十几年。根据这两种球蛋白生产的试剂，检测时IgM和IgG都是阳性，说明动物正处在弓形虫急性感染期：如果只有IgG为阳性，证明此动物以前感染过弓形虫。

最新的快速弓形虫IgG检测试剂使用血清检验，在15 min内便可出结果。

19. 弓形虫抗原(Toxoplasma Ag)快速检测试剂*

利用血清或粪便进行检验弓形虫抗原，诊断是否感染了弓形虫。

20. 爱德士犬胰腺炎(SNAP CPL)快速检测试剂

采用独特设计的ELISA方法，利用血清检测犬胰腺的特异性脂肪酶，10 min即可出结果。其特异性高达96%。可确诊症状不明显的胰腺炎。

21. 犬过敏检测——犬免疫球蛋白E(IgE)快速检测试剂

常见的犬皮肤病、腹泻等，可能是由于程度不同的过敏反应引起。犬过敏时，其血液中会针对过敏原，产生特异性免疫球蛋白E(IgE)，严重的可见血液中IgE量增多。因此，检验血清或血浆(可用EDTA或肝素抗凝)中IgE，一般IgE需要超过10 μg/mL，才能判断犬是否处于严重的过敏反应状态。检测可在10～15 min完成，灵敏度91%，专一性81%。犬过敏监测试剂只限定应用于犬，不适用于猫或其他动物。应用过抗敏药物，将影响检测结果，因此用药的犬应在停药后至少2周再进行监测。

22. 犬特定过敏原晶片快速检测试剂

采用最新生物科技法——蛋白质微阵列生物晶片检测法，能快速检测并分析引起过敏的特定过敏原，从而积极有效地避开导致宠物过敏的各种物质，并能提供犬的特异性IgE，只需血清0.1 mL。当前可监测常见的62种过敏原。

23. 犬猫贾第鞭毛虫抗原(Giardia Ag)快速检测试剂*

利用粪便检验贾第鞭毛虫抗原，8 min即可出结果，其敏感度高达96%，特异性达99%。检测精确度高，容易操作，8 min即可出结果，还不因为注射疫苗造成假阳性。

24. 猫细小病毒抗原(FPV Ag)快速检测试剂*

试剂利用免疫色谱分析法，快速检测猫粪便中的猫细小病毒抗原。猫细小病毒是引起猫泛白细胞减少病(猫瘟)的病原，用以诊断猫泛白细胞减少病。此检测可在5～10 min完成，不要超过10 min。

25. 猫细小病毒抗体(FPV Ab)快速检测试剂

猫细小病毒抗体快速检测试剂用以诊断猫是否感染了猫细小病毒，或注射疫苗后抗体产生的情况。

26. 猫白血病毒抗原(FeLV Ag)快速检测试剂*

利用猫唾液来检测猫白血病抗原,其敏感性可达100%,特异性达99%。利用猫血液也可以检测。

猫白血病毒(FeLV)和免疫缺乏病毒(FIV)二合一快速检测(ELISA方法)试剂是利用二合一快速检测试剂检验猫白血病抗原和猫免疫缺乏病(猫艾滋病)抗体。猫白血病抗原敏感性达97.6%,特异性达99.1%。猫艾滋病抗体敏感性高达100%,特异性达99.5%。10 min可出结果,不受疫苗干扰,可作为疫苗注射前是否感染两病的筛选。

27. 猫传染性腹膜炎病毒抗原(FIPV Ag)快速检测试剂*

利用猫的粪便、腹水或胸水,快速检验引起猫传染性腹膜炎的猫冠状病毒(FCV)抗原。

28. 猫冠状病毒抗体(FCV Ab)快速检测试剂

利用ELISA方法检验猫血清或血浆中猫传染性腹膜炎和其他猫冠状病毒抗体,在20~30 min内出结果。检测敏感度可达99%,特异性达98%。检验阳性表明猫已暴露过冠状病毒,此猫可能或没有感染猫传染性腹膜炎(FIP)。此检测可作为一种普查方法,检验阳性的需要进一步确诊是否感染了FIP。母源抗体和注射过猫传染性腹膜炎疫苗的,检测也出现阳性结果。

29. 猫杯状病毒抗原(FCV Ag)快速检测试剂

利用猫的眼、鼻、口腔分泌物进行检验,用以诊断猫杯状病毒病抗原。

30. 猫杯状病毒抗体(FCV Ab)快速检测试剂

猫杯状病毒抗体快速检测试剂用以诊断猫是否感染了杯状病毒病,或注射疫苗后抗体产生的情况。

31. 猫流感病毒抗原(FInV Ag)快速检测试剂

最近在东南亚和北欧地区发现猫感染猫流感病毒,通过研究制成了猫流感病毒抗原快速检测试剂,用猫鼻涕液检验诊断猫是否感染了猫流感。有人认为猫流感病毒就是猫杯状病毒,也有人认为猫流感是由猫流感病毒和猫疱疹病毒引起的。

32. 猫疱疹病毒抗体(FHV Ab)快速检测试剂

猫疱疹病毒抗体快速检测试剂用以诊断猫是否感染了疱疹病毒病。猫疱疹病毒感染主要发生在群养猫,主要表现是结膜角膜炎、上呼吸道病和流产,年幼猫发病比成年猫更严重。

33. 猫心丝虫抗原(FeHW Ag)快速检测试剂

采用ELISA方法,利用抗凝血液检验猫心丝虫抗原,10 min可出结果。其敏感性高达87.5%,特异性高达100%。

34. 狂犬病病毒抗原(RV Ag)快速检测试剂*

利用唾液或脑组织液检测狂犬病病毒抗原。目前国内已有犬唾液病毒PCR法检验。

35. 狂犬病病毒抗体(RV Ab)快速检测试剂

检验犬猫血液中狂犬病抗体滴度,用以表明此犬或猫是否暴露过狂犬病病毒或本身是否带有病毒,是一种普查方法。

36. 胆汁酸(BA)检测试剂

用于检测肝功能、肝-门静脉分流,以及肝脏疾病的治疗效果和药物剂量调整的指标。当检验肝脏酶指标正常时,而胆汁酸指标异常,可能还存在隐蔽型肝脏疾病。

37. 甲状腺素(T_4)检测试剂

用于检验甲状腺功能的亢进或减退,也用于监测甲状腺疾病时,药物治疗的效果和剂量调整的指标。猫甲状腺亢进可能会发生心力衰竭,因此麻醉前必须检验甲状腺功能。

38. 皮质醇(Cortisol)检测试剂

用于检测肾上腺皮质功能亢进[也叫库兴氏综合征(Cushing's syndrome)]或肾上腺皮质功能减退[也叫阿狄森氏病(Addison's disease)],协助肾上腺皮质刺激试验,以及高或低剂量的皮质醇抑制试验。还能监测肾上腺皮质功能亢进或减退,用于药物治疗效果和剂量的调整。

39. 犬类风湿因子(CRF)检测试剂

在 3 min 内快速检测犬类风湿因子,用于诊断犬类风湿关节炎。

40. 犬和猫排卵快速检测试剂

为了及时配种受孕,检测犬和猫排卵时间非常重要,本试剂能及时检测到它们的排卵时间,其试验操作需要严格按说明进行。

41. 犬和猫妊娠检测试剂

用此试剂检验妊娠动物的促黄体生成素(LH)水平,用以诊断是否妊娠,其具体操作见试剂说明。

42. 犬血型检定卡

美国 Dmslaboratories 公司生产。当犬红细胞膜上含有 DEA1.1 抗原时,会和检定卡上的 DEA1.1 单克隆抗体相结合而产生凝集反应,被检血样为 DEA1.1 阳性($DEA1.1^+$);不产生凝集反应的,被检血样为 DEA1.1 阴性($DEA1.1^-$)。检验只需 200 μL 的 EDTA 二钠抗凝全血,3 min 就能出结果。阴性和阳性对比明显,易于判断结果。犬血样为 DEA1.1 阳性的,只能给血样为 DEA1.1 阳性的犬输血。犬血样为 DEA1.1 阴性的,可以给血样为 DEA1.1 阴性的犬输血,也可以给血样为 DEA1.1 阳性的犬输血。

43. 猫血型检定卡

美国 Dmslaboratories 公司生产。当猫红细胞膜上的 A、B、AB 抗原中,某种抗原与检定卡上的抗体相结合,产生凝集反应来判断血型。如果 A 抗原与检定卡上抗体相结合,被检血样为 A 型。如果 B 抗原与检定卡上抗体相结合,被检血样为 B 型。如果 A、B 抗原都与检定卡上抗体相结合,被检血样为 AB 型。检验只需 150 μL 的 EDTA 二钠抗凝全血,3 min 就能出结果。阴性和阳性对比也比较明显,容易判断结果。如果在临床上使用猫血型检定卡检测血型时,难以判定血型,最好再做配血试验,用以确定血型是否相配,然后再决定输血。血型相配的才能输血。

44. 犬猫等皮肤真菌诊断试剂

本试剂只依赖其颜色变化,无需菌落鉴定。通常 1～3 d,有的需 3～6 d,便可得出皮肤真菌的诊断结果。

另外，美国 Dmslaboratories 皮肤癣菌快速诊断试剂(Rapid Vet-D)为确诊犬猫此病提供了有效的方法。在 24～72 h 内出结果，可检验犬小孢子菌、毛癣菌属和表面癣菌属，准确率可达 97.7%。

45. 犬猫细菌菌种和耐药性鉴定快速诊断试剂

本试剂能快速、准确和可靠的诊断出菌种与其耐药性，便于临床上选择应用抗生素进行治疗。

注：凡试剂后注有 * 的，我国“上海快灵生物科技有限发司”都有生产。

思考题

1. 为什么要了解犬猫疾病快速检测诊断试剂的种类？
2. 你在犬猫疾病诊断上应用犬猫疾病快速检测诊断试剂吗？

第十五章 临床应用操作技术和治疗方法

重点提示

1. 学会常用的犬猫临床应用操作技术。
2. 不断总结应用犬猫临床应用操作技术的经验。
3. 要求不断提高犬猫临床应用操作技术的技能。

第一节 临床应用操作技术

一、经口给药物或营养物

经口给药物或营养物包括液体药物、水分、片剂、胶囊、膏剂、钡餐和营养物。经口给药物时一定要特别注意，严防药物误入气管，引起极严重后果。另外，操作前一定要洗手，防止因接触具有传染性动物或物质引发其他动物感染发病。

图 15-1 口服液体药物或水分

1. 口服液体药物或水分(图 15-1)

给犬猫口服液体药物或水分，可用注射器将液体吸入注射器管内。保定好动物，使动物头部稍抬起，然后将注射器嘴插入动物口腔颊部，最好插到臼齿间。第一次稍给些液体，等动物吞咽后，以后慢慢地一次一次地将药物注入口腔，每次注入药物后，等动物吞咽后再注入。每次注入量，小型动物量要小些，大型动物量可大些。

口服的液体一定要适口性好，无异味或刺激性，犬猫一般喜欢带甜味的液体或儿童用口服药液。

2. 口服药片或胶囊(图 15-2)

①大型犬：抬起头部，鼻尖朝上，左手抓住上颌，右手稍拉下颌，使口张开，然后将药片或胶囊投入舌根部，闭上嘴巴不让张开，并用手从喉部向下摩擦其颈腹部，或向鼻孔吹风，使动物将药物咽下。

②小型犬或猫：将动物保定好后，用左手拇指和其他四个手指分开，从上颌掐住颊部，用力

使其颊部肌肉夹在上下臼齿之间，使动物张开口。然后用钝头镊子夹着药片或胶囊送到舌根部，撤除镊子，闭上嘴再摩擦其颈腹部，或向鼻孔吹风，让其吞下药物。老实的犬猫，将嘴张开后，也可用手将药片送入舌根部，然后闭上嘴，让其吞下药片。此操作一定要严防被动物咬伤，操作不熟练者，不要试操作。

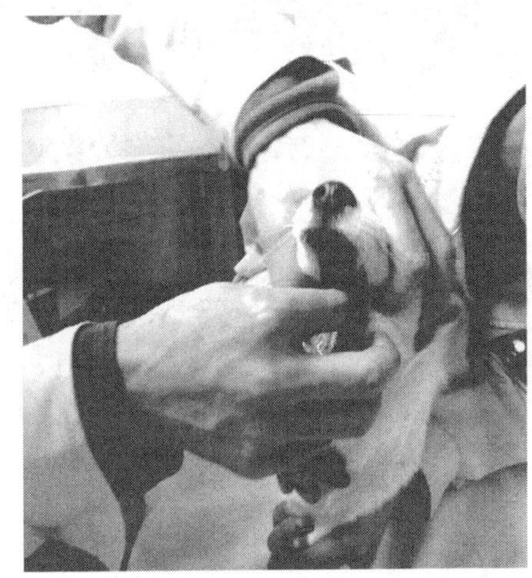
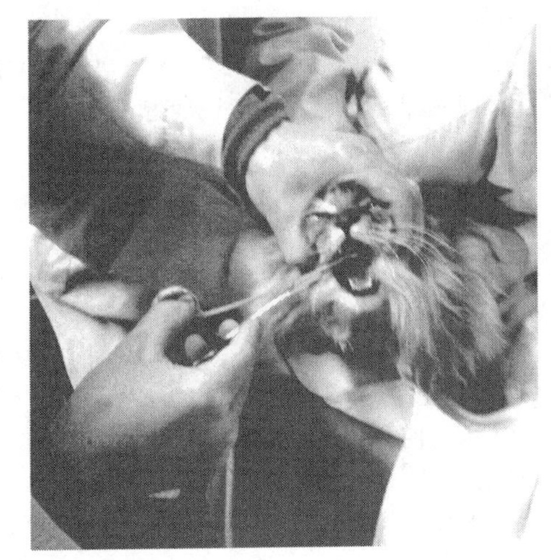

图 15-2　口服药片或胶囊

3. 饲喂营养膏或营养食物

可先将少量营养膏或营养食物抹入口内，动物感到好吃后，即可饲喂。营养膏涂在鼻端，动物会用舌舔食。犬猫商品粮或营养食物可用豆浆机打成稀粥样，再用注射器饲喂。

对于凶猛的犬猫，经口给药或营养食物时，一定要注意保定好后再给，以免伤害人或动物。也可将固体药物包在可口的食物中饲喂。

二、注射给药或采集血液

注射给药临床上常用的有皮下注射(SC)、肌肉注射(IM)、静脉注射(IV)、皮内注射(ID)和腹腔注射(IP)。另外，还有为了血气检验而采集动脉血液。操作时一定要注意消毒，最好使用一次性适宜注射器和用具，以防注射部位感染，或腹腔注射时引发腹膜炎。肌肉注射时，要选好部位，避免损伤神经。

1. 皮下注射

注射部位可选择在犬猫的胸背部两侧区域或颈部，多次注射时，可在左右前后部位轮流注射。注射前先将药液吸入注射器，再将注射器内空气排出后，用左手拇指与食指和中指将皮肤捏起，使其形成一个皱褶区域，右手持注射器将针头从皱褶区域基部刺入，在确保针尖在皮下，没有误入血管后，将药液注入皮下(图 15-3)。注意不要将针头穿透皮肤皱褶，将药液注入体外。

2. 肌肉注射

注射部位大型犬多选择在股四头肌或大腿前部，背最长肌(图 15-4)或前肢的臂三头肌；猫或小型犬多采用背最长肌和臂三头肌部位注射。注射时动物站着、卧着、躺着和怀抱保定均可。先将药液吸入注射器内，选好注射部位后，用 70%酒精溶液消毒。排出注射器内空气后，手持注射器呈 45°～90°角，将针头刺入肌肉，回拉注射器活塞，如无血液进入注射器，便可注入药液;如有血液进入注射器,应另选部位进行肌肉注射。注射后应轻轻按摩注射部位肌肉,这有助于减少疼痛和药物扩散。

每个注射部位,大型动物可注射 3～5 mL,小型犬猫可注射 2 mL。

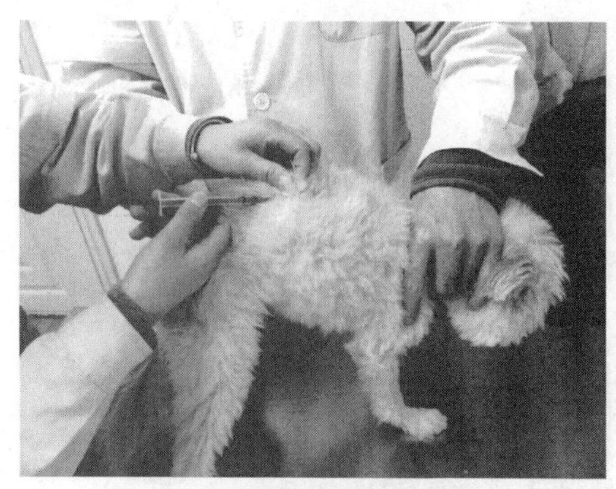

图 15-3　皮下注射

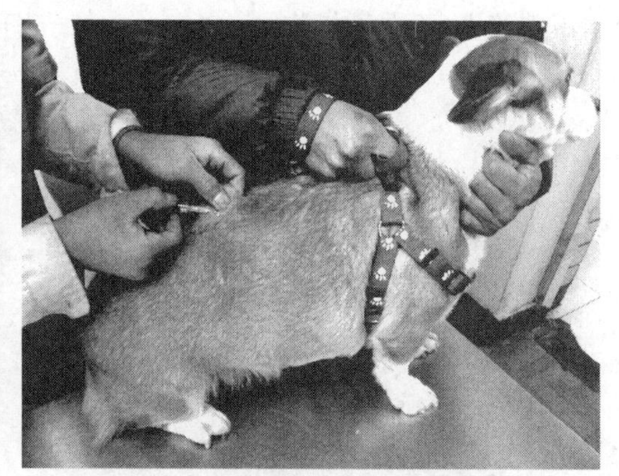

图 15-4　背最长肌肌肉注射

3. 静脉注射和输液

注射部位可选择头静脉、股静脉、隐内侧静脉、隐外侧静脉和颈外静脉(参见图 15-3),犬猫一般多选择前肢头静脉注射或输液(图 15-5),颈外静脉输液针头不易固定,但脉管较粗,易于采血,尤其采多量血液时。

(1)前肢头静脉注射:头静脉位于前肢肘关节和腕关节之间的背部。头静脉注射前,先选好位置,如果被毛较长看不清脉管,可剪去局部被毛。助手保定好动物,局部消毒,用手拇指压迫头静脉上方,或用猴皮筋或自行车的气密芯勒紧头静脉上方,使头静脉瘀血胀大变粗,然后针头斜面朝上,以 20°～30°的角度刺入皮肤,再刺入头静脉,有回血时,即可采集血液;如果是向静脉内注射药液或输液,再将针头深入静脉 0.5～1 cm。

①静脉注入药液:针头扎入头静脉后,如果是向静脉内注射药液,再回抽注射器活塞,等有血液进入针筒,确保针头在脉管里,即可撤除压迫脉管。以左手握住动物前肢,并固定注射器和针头,右手持注射器,以中等速度将注射器内药物注入静脉。注射时如果局部出现肿胀,就是针尖刺破静脉,出现漏出药液现象,需再调整针头,确保针头在静脉时,才能再注入药液。注射完药液后,抽出针头,直接用消毒过的干棉花球压迫注射部位,或用胶布粘住止血,一般压迫1 min以上。

②头静脉输液(图 15-6):用静脉输液针头刺入静脉,等针头进入头静脉并深入静脉后,接上已排出空气、准备好的输液管和液瓶,进行输液一小会儿,如果局部无肿胀,即可用胶布固定静脉输液针头和输液管,固定好后,调好输液速度,便可静脉输液了。如果因输液引起局部肿胀,说明针头已穿透脉管,需再一次调整扎入静脉的针头,或在另一前肢输液。

③套管式静脉留置针:为了便于在短时间内进行多次输液、注入药液或采血,可采用套管式静脉留置针,一般可留置 2～3 d,也可长达 5 d,但留置时间长了,易引发感染,应用时需注意。

根据犬猫个体大小,选择套管式静脉留置针型号。犬用套管式静脉留置针,一般用于头静脉和股静脉的是 18～20 G,猫和小型犬是 20～22 G(表 15-1)。然后以头静脉注射方法,将套管式静脉留置针刺入头静脉(图 15-7),并将套管式静脉留置针完全推入静脉内,将硬针从软针内抽出,在有血液流出确认软针在静脉内后,将静脉留置针肝素帽接在软针头上。在套管针

插入皮肤处涂少量抗生素软膏，并用消毒纱布覆盖，再用胶布将软针固定在前肢上，露出静脉留置针肝素帽(图 15-8)，以便注射用或采血。固定完后，即可通过静脉留置针肝素帽向静脉内注入药液(图 15-9)、输液或采血了。每次输液、注入药液或采血后，一定要通过静脉留置针肝素帽(图 15-10)，再向软针内注入肝素溶液抗凝血；不经过软针给药时，也要每经 8～12 h 向软针内注入肝素溶液抗凝血。

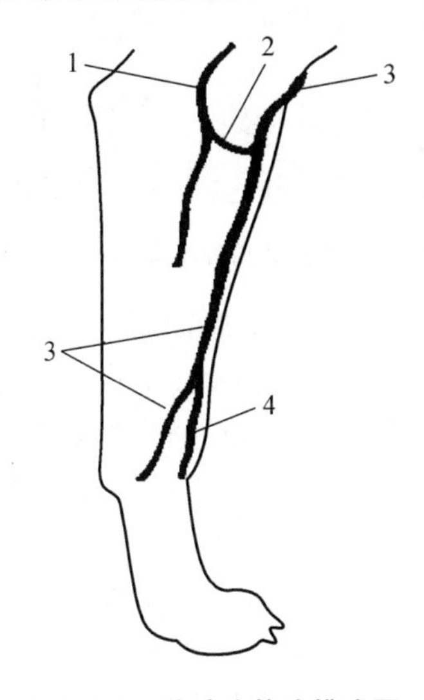

图 15-5　前肢头静脉模式图

1. 臂静脉　2. 正中静脉　3. 头静脉　4. 副头静脉

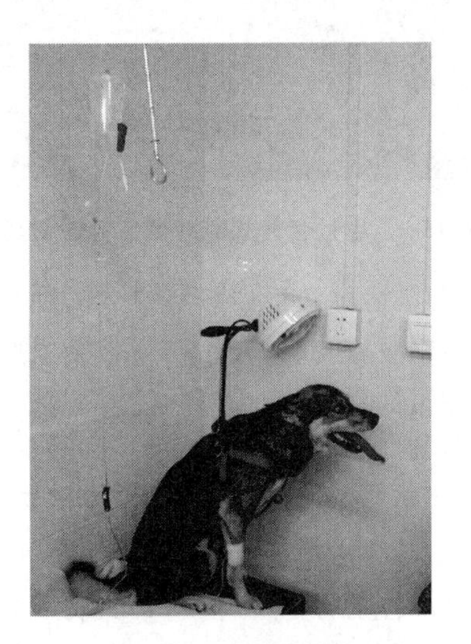

图 15-6　头静脉输液

表 15-1　套管式静脉留置针规格(国际标准)

项目	规格					
	14 G	16 G	18 G	20 G	22 G	24 G
导管长度(*L*)/mm	45	45	38 或 45	32	25	19
导管管路尺寸(*D*)/mm	2.2	1.7	1.2	1.0	0.8	0.7
规格色标	橙色	中灰色	绿色	粉红色	深蓝色	黄色

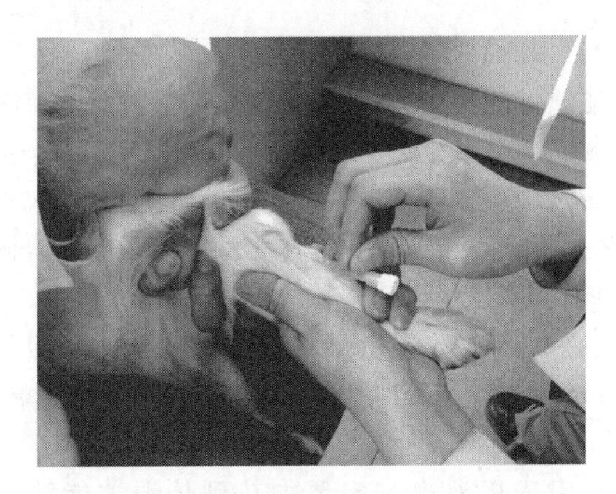

图 15-7　套管式静脉留置针刺入头静脉

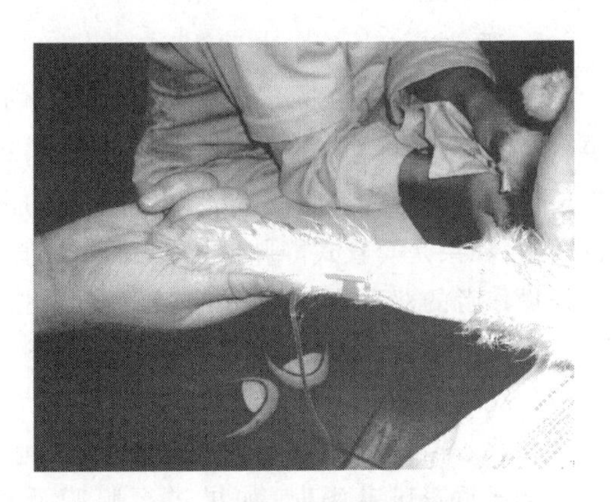

图 15-8　固定后套管式静脉留置针

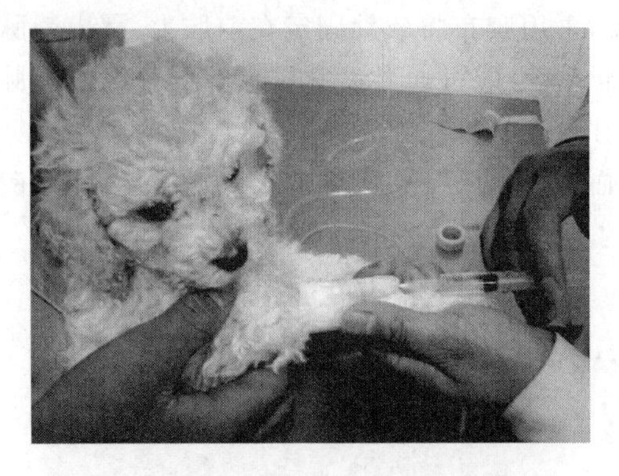

图 15-9　通过套管式静脉留置针注射药物

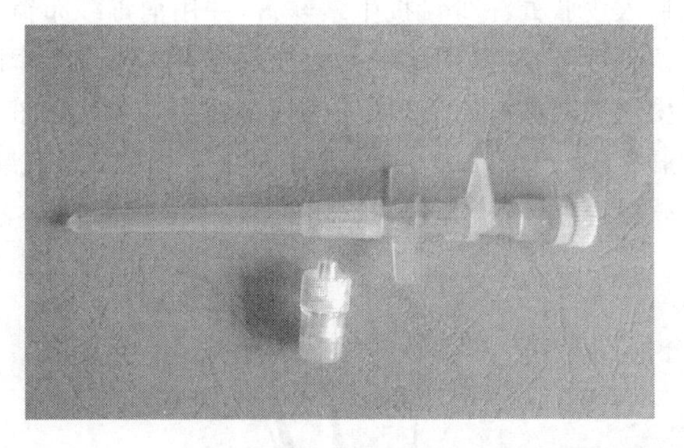

图 15-10　24 G 套管式静脉留置针(上)和肝素帽(下)

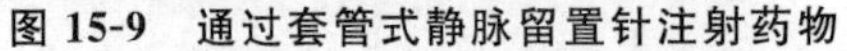

(2)隐静脉注射:让动物侧卧,助手站在动物背部,左手握住前肢,肘部压在颈部;右手紧握上方的后肢膝关节,或用松紧带勒紧此部,使隐静脉暴露。操作者站在动物腹侧,消毒局部,左手握住跗部,右手像头静脉注射方法一样,将针头刺入隐静脉。其后操作类似头静脉注射。

(3)股静脉注射:也让动物侧卧,一个助手像隐静脉注射保定一样,不过右手握住下后肢跗部;另一个助手后拉上后肢,暴露下后肢内侧大腿部的股静脉。操作者站在动物腹侧,消毒局部,第二助手压迫股静脉上方,使股静脉胀大。操作者左手握住跗关节上部,右手持注射针头,像头静脉注射方法一样,将针头刺入股静脉。

(4)颈外静脉注射:一般让动物正卧或站立在手术台上,大型犬可让其蹲在地板上,太闹难于保定的动物,可尝试给些镇静药物。助手一只手握住动物前肢,另一只手握住动物下颌高抬,使颈部伸展充分暴露。操作者以食指确定颈外静脉位置,然后在颈部上 1/3 和中 1/3 之间,左手拇指压迫颈外静脉,使其暴露明显。右手持注射针头,像头静脉注射方法一样,将针头刺入暴露的颈外静脉,再进行采血或注入药物。

4. 皮内注射

主要用于皮内检测或局部浸润麻醉,其部位选择以皮内注射的目的而定。首先将动物保定好,然后用左手拇指和四指将皮肤绷紧,右手持注射器以针尖面朝上,与皮肤呈 5°～10°角刺入皮内,此时可经皮肤看到针斜面。一般注入药液 0.05～0.1 mL,注射后若能触摸或看到内含液体的水泡,即为注射入皮内了。

5. 腹腔注射或放出腹腔液体

其目的主要用于通过腹腔注入液体、严重肾脏衰竭时腹膜透析、放出腹腔积液或腹腔灌洗等,位置通常选择在肚脐后 1～2 cm 处。将动物侧卧保定,入针处皮肤剃毛消毒,然后用静脉注射针头或套管式静脉留置针,在消毒过的白线上或旁边刺入腹腔,将针头朝后方向再深入推进一些,如果是套管式静脉留置针,抽出套管内的硬针即可。此操作一定要严格消毒所用器械以及操作者的双手,严防引发腹膜炎,以及扎破脏器和引发出血。

①腹腔输液:在脱水严重或其他情况下,尤其是幼小动物,其静脉难于输液时,可考虑腹腔输液。腹腔输液一定要把所输注的液体加热到和动物体温相等时才可以输注,尤其是在冬季,更应如此。输注完后,注意局部消毒,严防感染。

②严重肾脏衰竭时,如果进行腹膜透析,所用透析液也一定要加热到体温才能注入腹腔。

③放出腹腔积液：最好使用套管式静脉留置针，因为将管内硬针抽出后，其套管头是钝的，不易刺破内脏，其内径相对也大，容易放出腹腔内积液。

6. 动脉采血

临床上为了进行血气检验，需采集动脉血液。动脉采血多在股动脉（图 15-11）或足背动脉，其抗凝剂使用肝素锂，市场上有含有肝素锂抗凝剂的动脉采血仪器，专用于血气检验采集动脉血液。动物保定相同于股静脉注射保定方法。首先在股静脉旁边触摸到搏动的股动脉，再将股动脉置于食指和中指之间，消毒局部，用含有肝素锂的注射器，以 60°～90°角刺入皮肤，再刺入股动脉，采集 1～2 mL 血液。将针头从股动脉拔出后，推出针头内一点血液，立刻把血液注入血气仪内进行检验；如果想稍后检验，必须迅速将针头扎入橡胶块或塑料块内，以防血液与空气接触。检验前还必须把针头内血液推掉一些后，再进行检验。

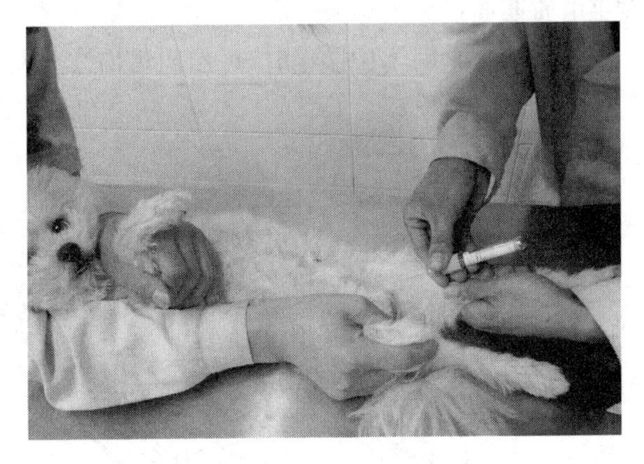

图 15-11 股动脉采血

采血拔出针头后，必须迅速用消毒纱布直接施压于采血针孔处，至少施压 5 min 以上，直至不出血为止。

如果此处难以采到动脉血液时，可采足背动脉血液。足背动脉位于后肢跗关节背侧稍内。让动物正卧或侧卧，握住胫骨下端，使后肢伸展保定。触摸到足背动脉后，局部消毒，以和皮肤呈 15°～30°角刺入皮肤和动脉，采集血液。血液采集后，其血液和皮肤局部处理相同于股动脉采血。

三、导尿管插入

犬猫利用导尿管导尿，主要是为了采集尿液样品检验，疏通被堵塞尿道，手术后滞留导尿管排尿，注入药物或钡剂，以便 X 线检查等。

1. 犬导尿管插入

首先得选用导尿管，公犬根据体重可选用 3.5～12 福伦持（French，每个 French 管直径等于 0.33 mm）橡胶或聚乙烯导尿管，母犬选用 5～12 号福伦持金属、橡胶或聚乙烯导尿管。

①公犬导尿管插入（图 15-12）：首先让公犬站立，选择适当大小的导尿管，测量从阴茎龟头到膀胱的长度，并在导尿管上标出。然后让动物侧卧，将阴茎推出包皮，用外科清洗液清洗外露阴茎，再用氯已定消毒阴茎。操作者消毒双手或戴上无菌手套，取无菌导尿管，再用无菌滑润剂涂布（如红霉素软膏）在导尿管外，将导尿管徐徐插入尿道，直到有尿液流出。有些犬当导尿管通过阴茎骨或前列腺时，稍有阻力，一般稍用力即可通过。如果导尿管已进入膀胱，仍无有尿液流出，可用 20 mL 注射器接上导尿管轻轻外抽尿液。操作完后，轻轻拉出导尿管。

操作时注意消毒，不易粗暴，以免引发尿道感染或损伤。

②母犬导尿管插入（图 15-13）：首先选择适当大小的导尿管，然后让动物站立、正卧或侧卧在操作台上，抬起或将尾巴拉向一侧，消毒母犬外阴部。助手保定好动物，操作者消毒双手

后，左手食指涂无菌滑润剂后，伸入阴道，沿阴道底部前进，触到尿道结节(距阴门 2～4 cm)，其尿道结节下即是尿道外口。右手持导尿管在左食指下徐徐插入，避开刚入阴道底部的阴蒂窝，当导尿管到达尿道结节后，左手食指稍压导尿管头，右手便可推进导尿管进入尿道。此时左手食指可检查一下导尿管是否进入尿道。如果未进入尿道，可再次操作插入尿道。导尿管进入膀胱后，便有尿液流出。操作时注意事项同于公犬。如果阴道太小，难以插入食指时，可在手电筒照明下插入导尿管。

如果动物太闹无法操作时，可向阴道内注入 0.3 mL 局麻药物，如 0.5%的利多卡因。

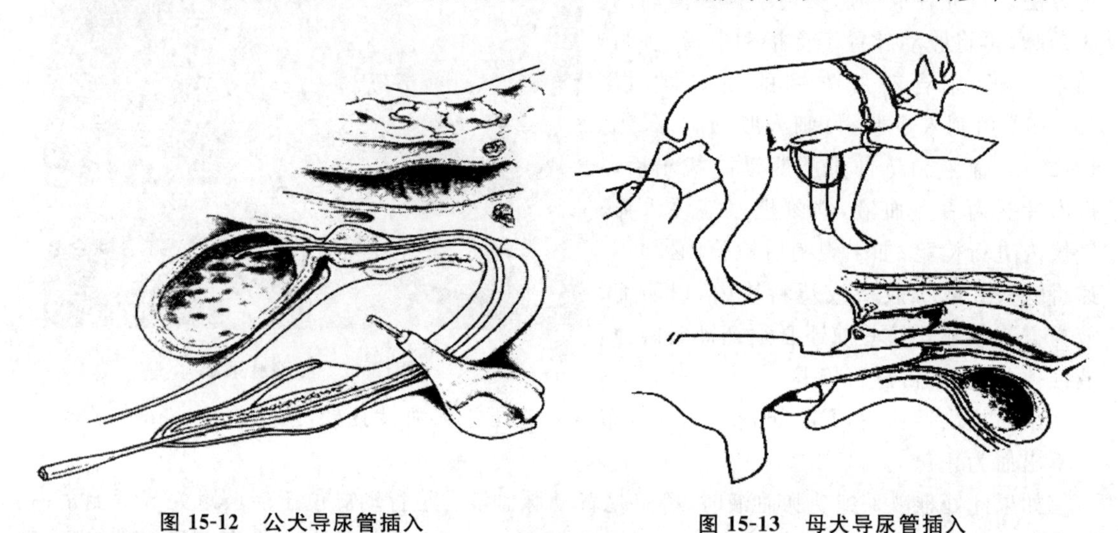

图 15-12　公犬导尿管插入　　　　图 15-13　母犬导尿管插入

2. 猫导尿管插入

首先选用导尿管，公母猫都选用 3.5 福伦持导尿管。导尿操作时，如果猫太闹不予配合，可给以安定或镇静剂。

①公猫导尿管插入(图 15-14)：公猫易患尿道堵塞，需用商品猫用导尿管疏通，商品猫用导尿管外有无菌包装，打开包装即可使用。助手让猫侧卧，后退包皮，让阴茎龟头露出，外科消毒包皮龟头局部，操作者消毒双手或戴上消毒手套，导尿管外涂上无菌滑润剂，然后将导尿管徐徐插入尿道，直到有尿液流出，或将堵塞物推回膀胱内。

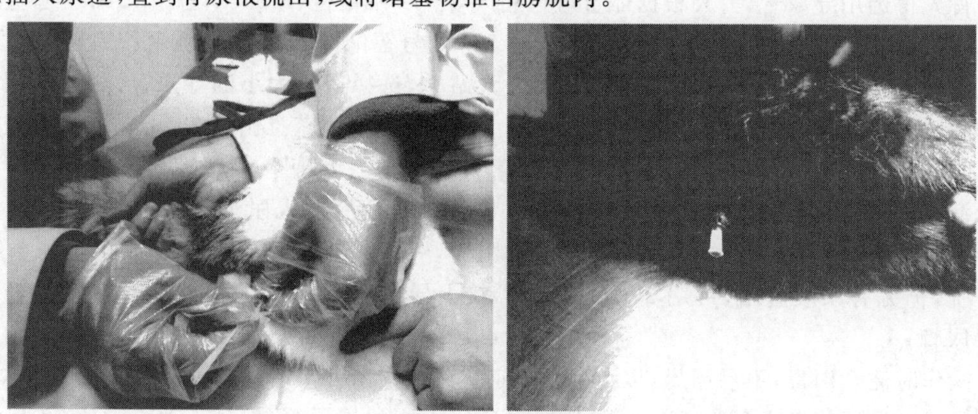

图 15-14　公猫插入导尿管和导尿管插入后的固定

如果尿道堵塞物难以推回膀胱内，可用注射器吸 2～3 mL 生理盐水，接上导尿管轻轻注入，以便把堵塞物冲入膀胱。注入生理盐水不易用力过大，以免损伤尿道。疏通尿道后，即可排除膀胱内积尿。如果需冲洗膀胱时，可向膀胱内注入生理盐水冲洗，冲洗后再将冲洗液排出。

如果需要让导尿管在膀胱内滞留时，可在适当位置将导尿管缝在皮肤上，并给猫戴上项圈，以防猫撕咬导尿管。

②母猫导尿管插入(图 15-15)：助手保定动物正卧或侧卧在诊疗台上，正卧时两后肢悬于诊疗台边缘后方。冲洗消毒外阴部，操作者消毒双手，左手撑开阴唇，右手持导尿管徐徐推入阴道，尿道结节距阴门 0.7～1.0 cm。导尿管沿阴道底部推进，当进入尿道时会有些阻力，并有尿液流出；如果无有阻力，说明未插入尿道，此时勿用力猛插，以防穿透阴道。未插入尿道时，可稍后退导尿管，再重新试一次。

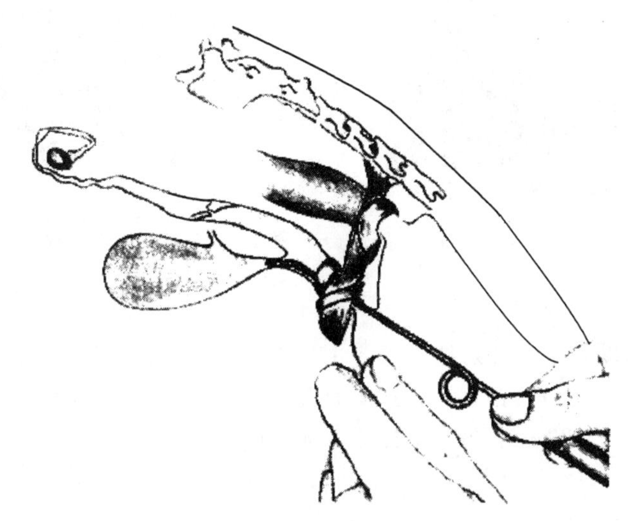

图 15 - 15　母猫导尿管插入

四、肛门囊挤压技术和插导管

犬猫肛门左右各有一个肛门囊，位于肛门周围 4 点钟和 8 点钟的位置。肛门囊壁上有腺体，其分泌物排入囊内，然后通过管道排入肛门腔。当肛门囊发炎或管道堵塞，肛门囊内分泌物排不出去时，犬感到肛门处痒痛，常常在地上磨蹭肛门、舔舐和肛门微微肿胀。在不严重的情况下，可通过挤压肛门囊排出内容物。猫极少发生肛门囊内内容物滞留。

1. 肛门外挤压肛门囊排除法(图 15-16)

让动物站立在诊断台上，助手或主人保定好动物，操作者用块卫生纸堵在肛门上，然后用拇指与食指和中指，分别按在肛门周围 4 点钟和 8 点钟的位置，用力挤压肛门囊，其内容物便挤排入肛门腔和卫生纸上。肛门囊内内容物极其腥臭，挤压时一定要用卫生纸堵在肛门上，否则挤到手上极难洗刷去。肛门外挤压肛门囊内内容物排除法操作简便，但不易将肛门囊内内容物挤压排除干净，最好还是用肛门内挤压排除法，才能将肛门囊内内容物排除干净。

2. 肛门内挤压肛门囊排除法(图 15-17)

让动物站立在诊断台上,并保定好。操作者戴上塑料或手术手套,在食指上涂上滑润剂,然后深入直肠 2~3 cm,在肛门两侧 4 点钟和 8 点钟位置,分别挤压两侧肛门囊。将肛门囊置于肛门内食指和肛门外拇指之间,用力挤压,即可将肛门囊内内容物排除,挤压几次,使其排除干净。挤压完一侧后,再挤压另一侧肛门囊。因戴有手套,肛门囊的内容物不会沾染在手上。

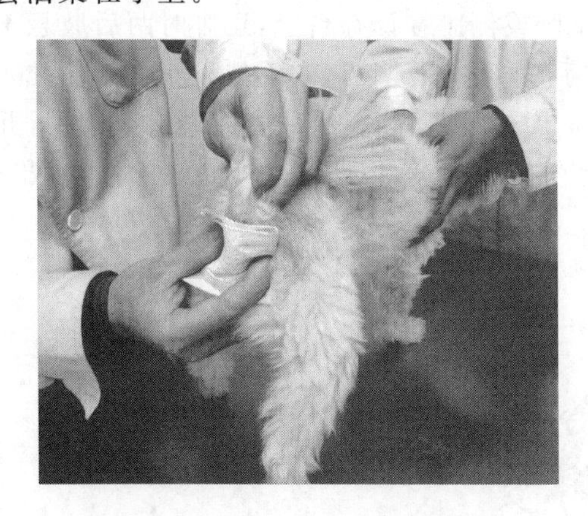

图 15-16 肛门外挤压肛门囊排除法

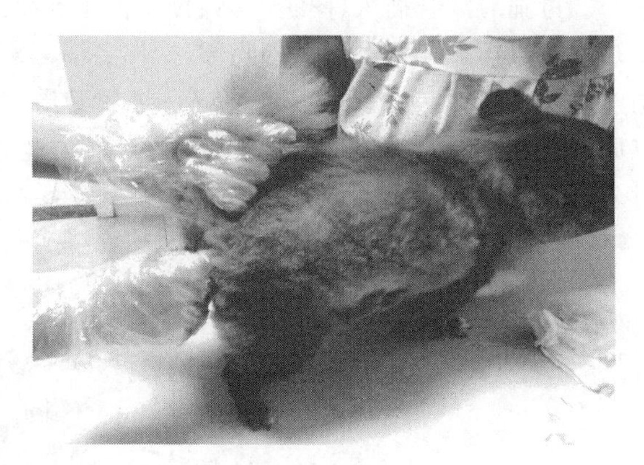

图 15-17 直肠检查并挤压肛门囊内分泌物

3. 肛门囊注入法

让动物保定在诊断台上。注射器吸入 3~5 mL 药液,接上 22 号套管针的外套管,掰开肛门,在 4 点钟或 8 点钟的位置,找到肛门囊排泄管的外口,将套管针的外套管徐徐插入 0.5~0.8 cm 深,注入药液 1~2 mL。另一侧操作方法相同。

五、灌肠

犬猫是肉食动物,它们的小肠和大肠都较短。在犬猫发生直肠便秘时,为了软化硬粪便,需要用温肥皂水灌肠,也可加入些甘油灌肠,一般每千克体重可灌入 5~10 mL 液体;动物脱水时,也可抬高后躯,通过直肠灌入液体,补充体液;直肠内灌入钡剂,用于 X 线诊断一些肠道疾患等。临床上通常要用温热液体灌肠,尤其在冬天更应这样。但是,在夏天动物中暑时,为了降低体温,一定要用冷液体灌肠。

1. 给犬灌肠(图 15-18)

让犬站立或侧卧保定,将要灌肠用的液体盛在输液袋或瓶内,操作者戴上手套,将剪去头的静脉输液管涂上滑润剂,再徐徐插入肛门,大型犬插入 5~10 cm,小型犬插入 2~5 cm。如果难于插入肛门,可一边插入输入管,一边输入液体,这样使插入输入管容易些。也可剪一段输液管,涂上滑润剂,再徐徐插入肛门,用 20 mL 注射器吸上液体,接上输液管,注入肛门内。如果是补充体液,可不断地向肛门内注入液体。注入肛门的液体可能由于动物努责而排除,操作者可轻轻捏压肛门,使注入液体难以外流。中型或大型犬有时可灌入 1 L 液体。

2. 给猫灌肠

将猫正卧或侧卧保定在诊断台上,操作者戴手套,用一段涂上滑润剂的输液管,再用

20 mL 注射器吸上液体，接上输液管，插入肛门内 2～5 cm，注入液体。注入液体不易太快，以免引起猫呕吐。一只成年猫可灌注 150～200 mL 液体。

直肠便秘积存粪便时，可不断输注液体，滋润坚硬粪便；用一只手拇指和四指分开，在体外不断多次轻轻捏压粪便，使其变软，分成小块，自动随注入液体排出体外。

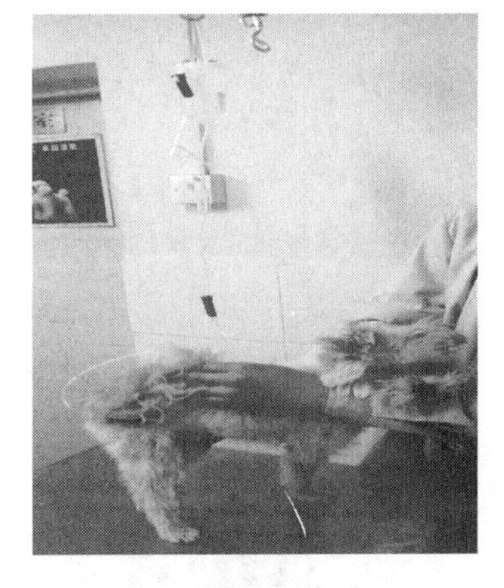

图 15-18　给犬灌肠

六、眼睛的处治

眼睛的处治分为以下几项。

1. 眼药水的使用方法

让动物站立、正卧或动物主人怀抱保定，使其嘴部向上抬起，用左手食指和拇指撑开上下眼睑，露出眼球；用右手持眼药水瓶，于眼球中上方 2～3 cm 处，挤压出 2～3 滴药液于眼球上即可(图 15-19)。

2. 眼药膏的使用方法

将动物像眼药水使用样保定。用左手食指和拇指撑开上下眼睑，露出眼球；用右手持打开盖的眼药膏管，并挤出适当卷曲量，将眼药膏置于下眼睑的小囊袋内(图 15-20)，再让眼睑闭合，轻轻按摩上下眼皮，使眼药膏在眼内均匀分布。此操作一定要谨慎，严防损伤眼球。

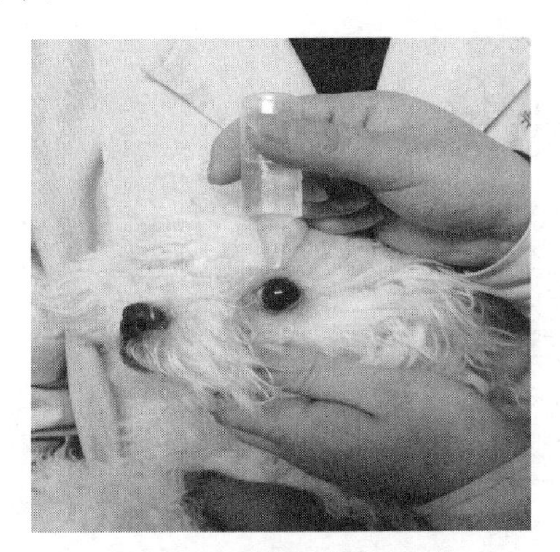

图 15-19　眼药水的使用方法

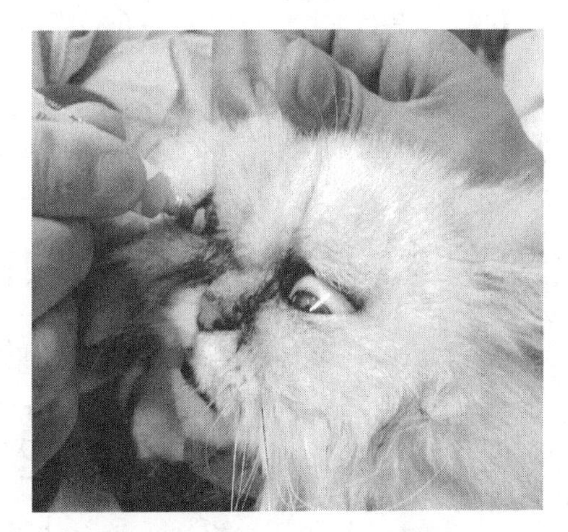

图 15-20　眼药膏置于眼小囊袋内

3. 鼻泪管疏通(图 15-21)

当鼻泪管堵塞不通时，可在局麻 3～5 min 后或镇静情况下，用 20～25 号鼻泪插管或磨钝针头(猫用 23～25 号)，接上盛有生理盐水的注射器，冲洗鼻泪管(图 15-22)。如果鼻泪管是通的，生理盐水则从鼻孔流出；不能流出时，表示鼻泪管堵塞不通。但是，短头犬，如北京犬、巴哥犬等，即使未发生鼻泪管堵塞，有时生理盐水冲洗时也可能从鼻孔流不出来。因此，短头犬时常可以看到内眼角下的泪腺。当鼻泪管疏通后，再用眼药水灌冲一下鼻泪管。

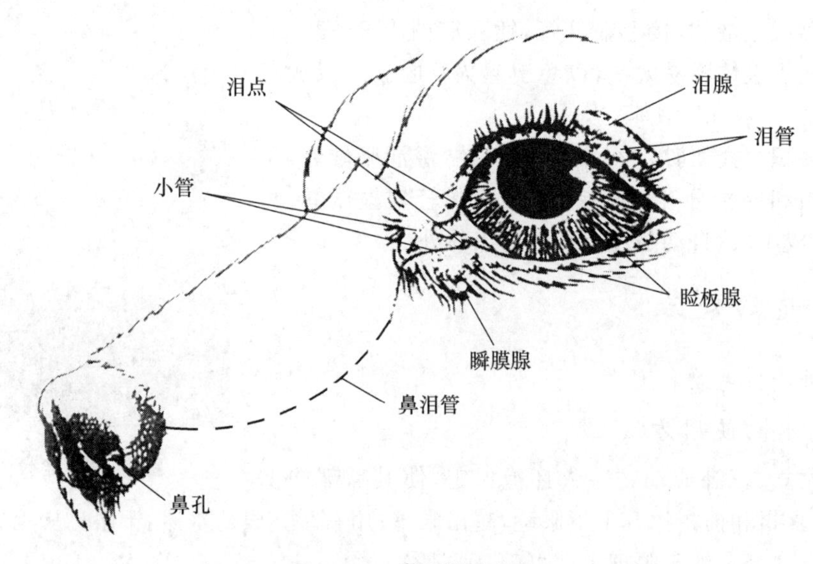

图 15-21　鼻泪器官结构

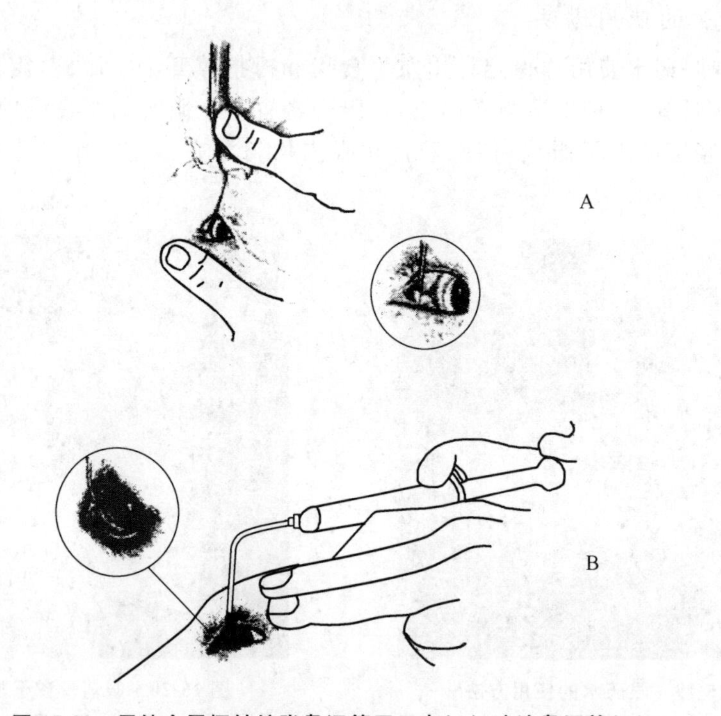

图 15-22　用钝金属探针扩张鼻泪管开口点(A),冲洗鼻泪管(B)

七、牙齿保健

犬猫幼年以吃动物肝脏或肌肉为主的,由于肝脏和肌肉中钙少磷多,动物成年后易发生牙齿疾患。犬猫以饲喂软食或粥样食物为主,极易发生牙垢和牙石;短头品种犬猫,如北京犬、巴哥犬、日本狆、波斯猫等,也易发生牙齿疾患;而年老的犬猫,几乎都有不同程度的牙齿疾患。对来检查或诊治疾病的所有犬猫,都应进行口腔牙齿的检查。大部分犬猫在自然状态下即可

进行检查,如果难以检查时,可给予镇静或麻醉,然后检查。

让动物站立、侧卧或主人怀抱着保定,打开口腔检查有无牙垢、牙石、牙齿松动、裂齿和齿龈炎。牙垢和牙石多发生在上臼齿。一般具有严重的较大牙石或牙垢,可用左手或右手拇指指甲猛抠下来;抠不下来的,可用止血钳一点一点地夹下来(图 15-23),但一般难以清除干净。如果有刮牙器和其他牙用器械,可能清除的更干净些。当前不少动物医院具有超声波洗牙机,在动物麻醉状态下,将牙垢和牙石清除掉,清除完后,用生理盐水冲洗口腔中的碎颗粒。发现特别松动的牙齿,也可以拔出。清除牙垢和牙石后,如果发现有齿龈炎,可用药物进行治疗。

八、鼻胃插管

鼻胃插管分猫鼻胃插管和犬鼻胃插管。

1. 猫鼻胃插管(图 15-24)

主要用于给猫灌注食物。将猫正卧保定在手术台上,如果猫不配合操作,需用镇静药物镇静,然后抬高将要插管的鼻孔,用 2%利多卡因 1 mL 灌注。用 5 福伦持幼儿专用饲喂管或红色橡胶管,管长 60～80 cm。将猫颈部伸展,用此管测量一下从鼻端到食道后部或胸部的长度,并在管上做上记号。鼻胃插管前部涂上无菌滑润剂,将此管顶端沿鼻腔腹侧插入鼻孔,因腹侧腔道较大易入。如果插入 1～2 cm 遇阻,可能是插入了背侧腔道,应立即拔出,重新再试插入。当管子进入食道时,猫可能有数次吞咽或轻微作呕动作出现。管子进入食道后,一直插到标记的记号处,然后用吸有生理盐水的注射器,接上鼻胃管,慢慢地注入生理盐水,若无咳嗽发生,则说明鼻胃管插入了食道;若发生咳嗽,说明鼻胃管误入了气管,需赶紧抽出,重新再试插入食道。

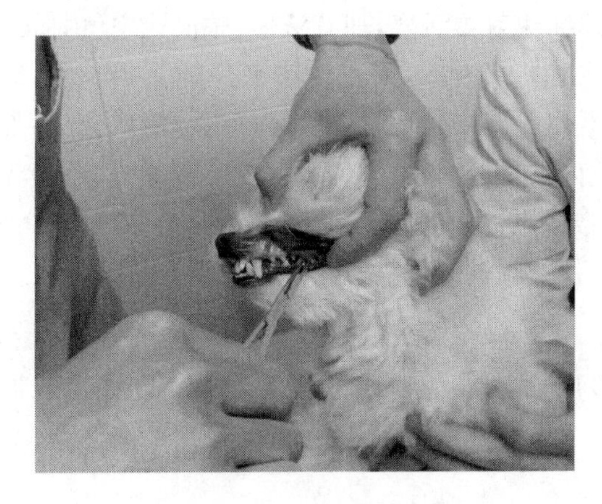

图 15-23　用止血钳去牙石

图 15-24　猫鼻胃插管

插入鼻胃管后,在鼻孔上侧附近,缝一个环绕鼻胃管的结,用以固定鼻胃管,将鼻胃管上拉,通过两耳间,在额部用胶布固定,再把鼻胃管固定在颈背部,最后戴上项圈,以防猫弄脱鼻胃管。如果有 X 线机,最好拍个 X 线片,用于确定鼻胃管在食道内。千万要警惕:如果将鼻胃管误插入气管,再灌注食物,必然引起动物死亡。

猫鼻胃管内径较小,难以灌注食物时,可将猫商品粮用豆浆机打成食浆,通过网过滤后灌服。现在猫的胃瘘管多用人的尿瘘福氏导管,其管内径较大,固定于皮肤上,易于灌注食物。

2. 犬鼻胃插管

主要用于灌注食物或排放胃内气体。犬中毒时洗胃多用口腔插入较粗胃管，便于灌注液体和排出液体。

因犬个体差异较大，除选用较大较长的福伦持幼儿专用饲喂管或红色橡胶管外，其操作过程基本上相同于猫鼻胃插管方法。

九、穿刺

穿刺是利用套管针或注射用针头刺入体腔内，用以排出体腔内液体或气体为目的的一种诊断和治疗的方法。这里的穿刺只描述胸腔穿刺、腹腔穿刺、膀胱穿刺、心包穿刺和关节穿刺。

1. 胸腔穿刺

主要为了诊断和放出胸腔内积液、脓液和气体。犬用20～22号针头及延长管，猫用23号针头及延长管。动物站立、正卧或侧卧保定，太闹的动物可以给以镇静药物镇静。穿刺部位在第7或第8肋间，如果怀疑胸腔积液时，穿刺点选择在腹侧入针；怀疑是气胸时，应在背侧入针。具体操作像做外科手术，局部剃毛消毒，穿刺点选择在肋骨前方，因肋骨后方有血管和神经。如果有三通旋塞(图15-25)，使用三通旋塞最好，如果没有三通旋塞，可用注射器接上针头的延长管，在针头扎入胸腔后，立即抽注射器活塞，如有液体、脓液或空气抽出，注射器抽满后，用止血钳夹住针头延长管，卸下注射器，排出注射器内液体、脓液或空气，然后再接上针头延长管，松开止血钳，继续抽吸胸腔内液体、脓液或空气。如此反复操作，直至无液体、脓液或气体抽出为止。如果是气胸，抽出一定量后，让动物侧卧，还能抽出更多气体。如果是液体或脓液，需测量其抽出量。此操作严禁污染和胸腔进入气体。

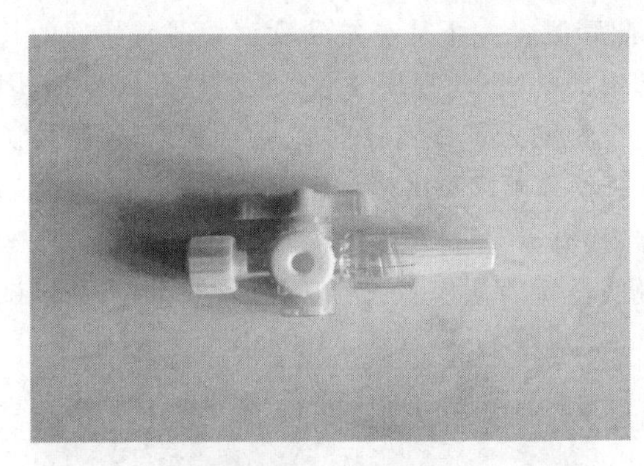
图15-25　三通旋塞

2. 腹腔穿刺

主要是为了排出腹腔内的积液或脓液，向腹腔内注入药物或液体。其操作方法见腹腔输液。

3. 膀胱穿刺

膀胱穿刺(图15-26)主要使用在膀胱积尿无法疏通尿道时，或为了获得尿样品而穿刺。一般情况下，不易采用，因为易引发膀胱破裂或腹膜炎。将动物仰卧或侧卧确切保定，触诊膀胱大小和位置，固定膀胱于耻骨前缘，选择适宜位置，母犬在白线上或旁边，公犬在阴茎旁边，剪毛消毒穿刺点。用22号针头穿刺，排出或用注射器吸出尿液。如有血液排出，检查其是陈旧血液还是新鲜血液。如果是新鲜血液，那是穿破了血管，需抽出针头，再行穿刺；如果是陈旧血液，一般是因膀胱积尿太多且时间长引发膀胱黏膜出血引起。临床上时常见到尿道堵塞时间长了，膀胱胀大，尿道疏通后或抽出的尿液是棕色的。

4. 心包穿刺

主要用于心包积液的排出。将动物站立或左侧躺卧保定，在体躯右侧第 4～6 肋间，稍低于肋骨和肋软骨连接处，剪毛消毒。操作者消毒双手后，犬用 20～22 号针头及延长管，猫用 23 号针头及延长管，接上注射器，缓慢刺入直至心脏，在前进过程中应不断回抽注射器活塞，直到有液体抽出。抽满注射器管后，用止血钳夹住延长管，排出液体后，再继续抽出液体，直到到抽不出液体为止。使用套管针穿刺更好，在抽出液体后，抽出内针，再将套管向前推进一点，即可抽心包内液体。

心包穿刺时，如果出现动物骚动不安，可能是刺到心肌，应稍微回抽针头。如果有血液抽出，需重新操作。

5. 关节穿刺

主要用于关节内积液、积脓等。让动物正卧或侧卧保定，最好实施镇静或全麻醉。操作者首先选择关节肿大，而又触压波动最明显的地方，也就是积液较多的地方。然后剪毛消毒，用 22 号针头刺入液体腔，用注射器抽出液体或脓液，抽完液体或脓液后，进行彻底消毒。

第二节 临床应用治疗方法

一、雾化疗法

将药物溶解在液体内，通过雾化器将其形成水雾并喷射出来，让动物吸入气管和支气管内，达到湿润气管和支气管黏膜，起到局部治疗作用（图 15-27）。雾化疗法适用于急性、慢性气管或支气管炎症、肺炎、严重的干咳或喘息等。因是局部用药，其副作用较小。

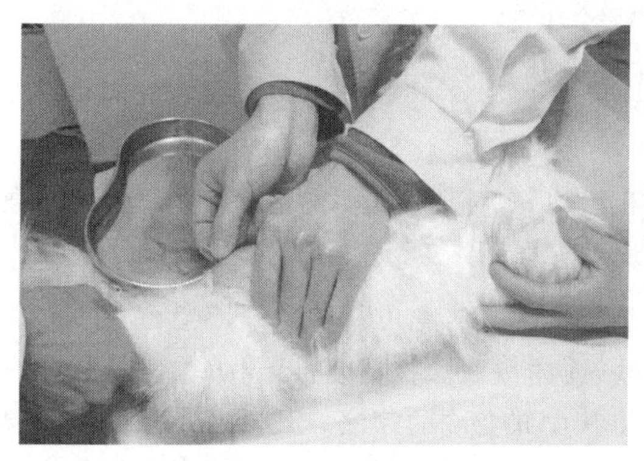

图 15-26 猫膀胱穿刺

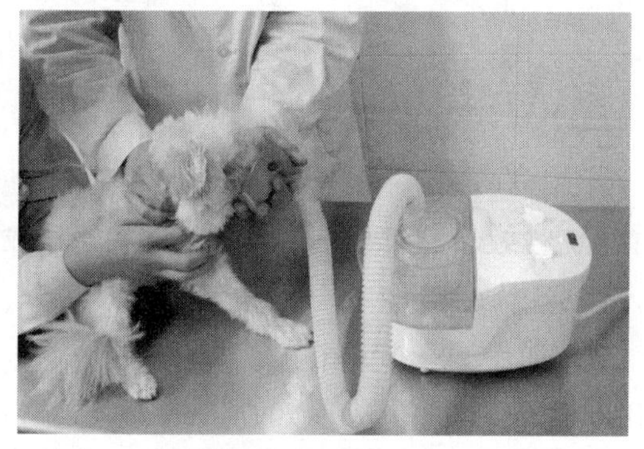

图 15-27 雾化疗法

现在临床上多用喷射雾化器进行雾化疗法，如用庆大霉素、卡那霉素或多黏菌素 B 等抗生素，加入 5～10 mL 生理盐水中，倒入喷射雾化器中，打开电开关，等喷出水雾后，让动物吸入，进行细菌感染性雾化疗法。也可添加肾上腺皮质激素，如可的松、地塞米松等，以及麻黄碱，对咳嗽或喘息等进行治疗。

在肺水肿时，可应用12%酒精溶液5～10 mL做雾化疗法，每天2次。

二、氧气吸入疗法

在动物患有急性肺脏、心脏、贫血或一些中毒等危重疾病，引发机体缺氧时，其表现为呼吸加快、呼吸困难、心搏增速和可视黏膜发绀，此时应给予动物氧气吸入疗法。在动物手术过程中，为了确保手术成功，也需要吸氧。氧气吸入疗法的用具包括面罩(图15-28左图)、鼻部导管、气管插管等。此外，还有用于幼犬猫的小型保温箱，也可用塑料瓶自己制作面罩，或饮水纸杯制成面罩应用(图15-28右图)。为了防止呼吸道黏膜干燥，吸入氧气湿度需要适宜，一般湿度是40%～60%，临床上让氧气通过水瓶即可。氧气吸入量为50～100 mL/(kg·min)。

长期使用高浓度氧气能引起氧气中毒，其表现为肺瘀血、水肿和渗出液；年轻动物可发生晶状体后纤维组织增生，短期应用氧气吸入疗法不会发生中毒。因此，应用氧气吸入疗法时适当控制氧气流量很主要。

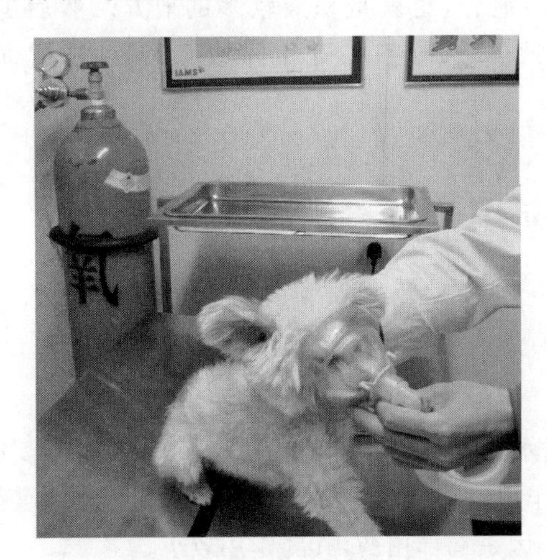

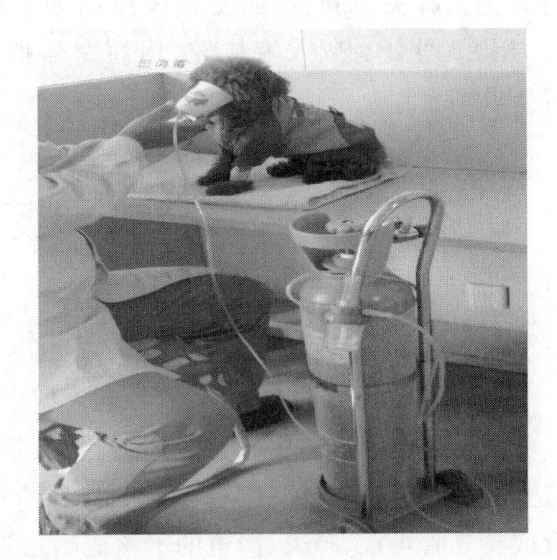

图15-28　氧气吸入疗法

三、物理疗法

物理疗法就是利用物理方法，如热、冷、按摩和运动等，对某些疾病的治疗。物理疗法多数都有刺激性效果，主要是直接对骨骼肌肉系统或皮肤有作用。

1. 冷物理疗法

冷物理疗法就是利用冷水浴，冷空气吹向皮肤，或向皮肤涂抹蒸发性液体(如酒精)，或直接用冷物质(如冰块或冷水)和皮肤接触等方法，使其皮肤变冷的疗法。其原理是降低组织温度，减少局部血流，减少血管内液体外渗，降低水肿发生程度，减少疼痛感和痉挛性。一般应用于急性发病的第1天，如急性扭伤、急性腰椎病、急性肿胀或水肿、日射病和热射病等。冷物理疗法每次治疗时间为15～20 min，根据需要每天可进行数次。日射病和热射病冷物理疗法，应从头部开始，用以保护大脑不受损伤，根据体温降低情况，冷物理疗法时间也可以延长。如果使用冰块冷物理疗法，注意不要使动物过于冰凉。

2. 热物理疗法

热物理疗法是利用电暖宝、贮水式电暖宝(图 15-29)、湿热布、红外线等,使其局部变热的方法。其原理是使局部血管扩张,血流增快,全身肌肉松弛,并有镇静作用。主要应用于亚急性或慢性疾患,如急性扭伤、急性腰椎病、急性肿胀或水肿,第 1 天用冷物理疗法,2 d 后改用热物理疗法;此外,还用于亚急性或慢性腰椎病、关节炎、关节僵硬、肌肉痉挛等。热物理疗法每天 1～2 次,每次 15～30 min。热物理疗法时要特别注意其温度,严防烫伤局部皮肤。如果热具太热时,可在热具和皮肤之间垫块布,等热具变得不太热时,再撤去垫布。

图 15-29 电暖宝(左侧)和贮水式电暖宝(右侧)

3. 按摩

按摩是利用手指对局部皮肤和软组织,进行的推拿、摩擦和揉捏等方法,从而获得治疗效果。按摩常使用于热物理疗法的病症,并和热物理疗法轮换使用,其作用可改善局部血液循环,促使肿胀或水肿消失,松弛局部缩紧或痉挛的组织,还具有镇静和减轻疼痛的作用。

在进行按摩时,应用推拿方法应和静脉血流的方向一致。用力而快速的推拿、按摩和揉捏,具有刺激作用,对慢性疾患效果较好;轻微而缓慢的推拿、按摩和揉捏,具有促进血液流动,减轻疼痛和缓解肌肉紧张作用。每次按摩 15～20 min,根据需要每天可按摩数次。

4. 运动

让动物运动或被动性运动,可以增强心血管和呼吸的能力,骨骼和肌肉的机能,改善其局部活动范围,增强耐力,纠正行走共济失调。运动有走动、奔跑、游泳和被动运动等方式。被动运动有人为拉动四肢运动和电刺激活动。

运动需根据动物的机体状况,如心脏和肺脏呼吸的安全耐受力以及不同的疾患,选择不同的运动方式,决不能强迫进行,如被动运动多适用于四肢麻痹。运动时间可采取由短到长,运动范围可由小到大,运动强度可由弱到强。每天可运动 2～3 次,根据需要也可增加运动次数。

? 思考题

1. 为什么要学习和熟练犬猫临床应用操作技术?
2. 你的犬猫临床应用操作技术如何?打算今后如何去做?

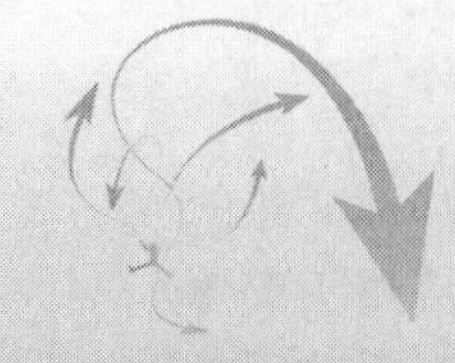

第十六章 犬猫先天性疾患

重点提示

1. 了解犬猫先天性疾患的类型和重点病症。
2. 掌握犬猫先天性疾患的临床诊断和治疗方法。

犬猫先天性疾患包括遗传性和非遗传性 2 种。遗传性先天性疾患是指有血统关系的动物,其机体的异常结构和生理机能等,由上代或隔代传给了下代;非遗传性先天性疾患是指动物生下来就有的疾患,无遗传性。犬猫先天性疾患非常多,犬有近 300 个,猫有 180 个左右,而许多疾患还非常难以诊断。不过,很多先天性疾患都具有临床症状表现,掌握了这些临床症状,就能诊断出不少犬猫先天性疾患。当然,也有一些犬猫先天性疾患需要实验室检验才能确诊。为了让大家了解和掌握诊断犬猫先天性疾患,现参考国内外资料,整理和编写如下。

第一节 犬先天性疾患

一、机体外观疾患

1. 连体(conjoined twins)

连体是 2 个胚胎或胚胎部分连在一起了,其连接可能是整体也可能是部分,如头部、胸部或腹部(常叫相似双胞胎);另外,仅一部分联合的有双脸、两个头或双尾等。

2. 疝(hernia)

(1)膈疝、腹膜心包疝和胸膜腹膜疝(diaphragmatic,peritoneopenicardial and pleuroperitoneal):腹膜心包疝比胸膜腹膜疝更多见,其临床表现取决于进入疝囊内组织的多少。多见于魏玛拉犬和德国牧羊犬。

(2)裂孔疝(hiatal):膈-食管韧带有缺陷,使食管和胃结合处向前进入胸腔。多见于短头品种犬和中国沙皮犬。

(3)腹股沟疝(inguina):腹股沟环和白线的腱膜形成有缺陷而致。多见于巴赛特猎犬、凯恩㹴犬、巴桑吉犬、北京犬、西高地白㹴犬。

(4)脐疝(umbilical):脐孔未能正常闭锁,随着年龄长大,腹腔压力增大,使网膜或小肠进入缺孔而形成。多见于万能㹴犬、巴桑吉犬、北京犬、指示犬、魏玛拉犬。

3. 漏斗状胸(pectus excavatum)

胸骨生入胸腔,肋骨腹部末端扭转,进入移位胸骨节的背侧。多见于多种品种犬。

二、骨骼和关节疾患

1. 软骨发育不全(achondroplasia)

(1)附件软骨发育不全(appendicular):骨骺板软骨生长无规则和不足。多见于巴赛特猎犬、达克斯猎犬(Dachshund)、小型贵妇犬、苏格兰㹴犬。

(2)中轴软骨发育不全(axial):胎儿的软骨营养不良。多见于贵妇犬、苏格兰㹴犬。

2. 无尾(anury)

缺少一个到全部尾椎骨。多见于科克猎犬、英国斗牛犬。

3. 骨骼囊(bone cyts)

在长骨的骨骺或骨干区域,可见单个或多个充满液体的空间。多见于多伯曼平斯彻犬。

4. 短趾(brachydactyly)

其外侧趾短小,机能差。多见于多种品种犬。

5. 短尾[brachury (short tail)]

正常的长尾动物发生。多见于比格犬、科克猎犬、英国斗牛犬、观赏格里芬犬。

6. 腕关节不完全脱臼(carpal subluxation)

只发生在腕桡关节,两侧均可发生,在幼犬 3 周龄刚开始走路时出现。多见于拉布拉多寻回犬和爱尔兰赛特犬。

7. 软骨外生骨疣(cartilaginous exostosis)

X 线片检查可见长骨、肩胛骨、髂骨、颈胸椎骨、跖骨和趾骨局部软骨骨瘤过度生长突出。多见于德国牧羊犬、阿拉斯加雪橇犬、约克夏㹴犬。

8. 颈椎局限性钙质沉着(cervical calcinosis circumscripta)

钙质沉着块贴附在第 4~5 颈椎突肌肉下的腱上。多见于大丹犬。

9. 颈椎易动性(摆动综合征)[cervical vertebral instability (wobbler syndrome)]

在第 3~7 颈椎的脊髓管上下变狭窄时,畸形的脊髓可发生神经机能病。在巴赛特猎犬可能还有第 2~3 颈椎畸形。多见于巴赛特猎犬、多伯曼平斯彻犬、英国牧羊犬、狐狸㹴犬、大丹犬、爱尔兰赛特犬、罗德西亚脊背犬、圣班纳德犬。

10. 软骨发育不良(矮小症)[chondrodysplasia (dwarfism)]

由于损伤了软骨内骨骼的生长,使前肢发育不良,其爪部向侧向偏变歪。多见于阿拉斯加马拉穆特犬、设得兰牧羊犬、拉布拉多寻回犬。

11. 颅下颌骨病(craniomandibular osteopathy)

由于头骨和下颌骨增生,使下颌活动受到限制。多见于西高地白㹴犬、苏格兰㹴犬、凯恩㹴犬、拉布拉多寻回犬、大丹犬、多伯曼平斯彻犬、英国斗牛犬、拳师犬。

12. 颅裂(cranioschisis)

头盖骨软处发生裂沟,缺陷常发生在颅顶,或出现永久性囟门。多见于科克猎犬。

13. 复肢(dimelia)

某肢出现双肢。多见于多种品种犬。

14. 缺肢畸形(ectromelia)

前肢仅存肩胛骨。多见于指示犬。

15. 肘部发育不良(见肘突未结合在一起)[elbow dysplasia (see ununited anconeal process)]

见本节35条内容。

16. 肘关节脱位(elbow luxation)

在胚胎时未能形成关节内韧带。多见于约克夏㹴犬、波士顿㹴犬、小型贵妇犬、英国斗牛犬、博美犬、巴哥犬。

17. 骨垢发育异常(epiphyseal dysplasia)

其特点是骨骺处发生松脱缺陷,使后肢活动异常,出现摇摆步伐。多见于比格犬和贵妇犬。

18. 头骨孔发育异常(foramen magnum dysplasia)

其特点是枕骨发育异常,头骨孔增大,小脑和脑干突压,可发生脑水肿。多见于吉娃娃犬、科克猎犬和斯凯㹴犬。

19. 髋骨发育异常(hip dysplasia)

由于原发性肌肉群和骨骼之间生长发育不一致,引起髋股关节畸形。本病多发生在犬5月龄左右时。多见于大型和巨型犬,也见于科克猎犬和设得兰牧羊犬。

20. 累-卡-佩三氏病(无菌性股骨头坏死)[Legg-Calve-Perthes disease (aseptic femoralhead necrosis)]

其特点是股骨头的骨小梁增多,由于缺血出现无菌性坏死。多见于小型品种犬,如曼彻斯特㹴犬、北京犬、贵妇犬、巴哥犬、雪纳瑞犬、硬毛狐狸㹴犬。

21. 腰荐关节发育不良(狭窄)[lumbosacral malarticulation (stenosis)]

由于腰荐关节不完全脱臼、狭窄或椎关节强硬,使腰荐部受压引起。多见于德国牧羊犬。

22. 黏多糖沉积症(mucopolysaccharidosis)

本病表现为骨骺发育不良、长骨生长变短、骨发育不全、变性性关节病、肝脏肿大、大舌和眼角膜混浊。多见于小型平斯彻犬、Pllot猎犬、杂交品种犬。

23. 牙样突发育异常(骨与第2颈椎不愈合)[odontoid process dysplasia (nonunion with C2)]

本症使寰-枢椎不完全脱臼,其症状为从颈部疼痛到四肢瘫痪。多见于吉娃娃犬、北京犬、博美犬、贵妇犬、约克夏㹴犬。

24. 骨质疏松(osteoporosis)

由于异常的骨骼钙吸收引起,幼犬常呈现出游泳状。其X线片骨密度仍然是一致的。多见于达克斯猎犬。

25. 全骨炎(内生骨疣)[panosteitis (enostosis)]

动物的长骨,如尺骨、肱骨、桡骨、股骨和胫骨,在其生长发育阶段成骨细胞过度生长形成的新骨。X线片显示骨的营养孔区域模糊。在6～12月龄时可出现间歇性肢跛行。多见于德国牧羊犬、巴赛特猎犬和其他品种犬。

26. 髌骨脱臼(patellar luxation)

由于改变了维持正常髌骨中部、单侧或双侧的结构而引起,明显出现症状多在4～6月龄时。多见于观赏和小型品种犬。

27. 多趾(polydactyly)

后趾的第1趾出现双趾。多见于多种品种犬。

28. 桡骨发育不全(radial agenesis)

幼年犬的桡骨单侧或双侧缺乏完整发育,难于固定腕部,使其爪部发生偏离。多见于多种品种犬。

29. 桡骨发育不良(桡骨早熟停止发育)[radial dysplasia (premature closure of radius)]

在腕骨端的桡骨由于生理性早熟,其骨一侧还继续生长发育,而另一侧则停止了生长发育,结果使腕骨和掌骨向不生长发育侧形成畸形角度。由于近端桡骨停止了生长发育,使桡骨头与肱骨分离。多见于多种品种犬。

30. 短脊骨(short spine)

由于异常生长发育使脊柱变短、驼背和脊柱外突,临床上可见肩部变高,背部对尾部明显地松脱。多见于格力猎犬和日本柴犬。

31. 肩胛关节脱位(shoulder luxation)

肩胛关节脱位在3～4月龄时第一次发生,但严重的个体可在较早年龄犬发生中等程度的肩胛关节脱位。如果发现肩部有弯曲和转动,可用X线片来确诊肩胛关节脱位。多见于吉娃娃犬、格里芬犬、卡瓦乐王查尔斯猎犬、小型平斯彻犬、小型贵妇犬、博美犬、硬毛狐狸㹴犬。

32. 脊骨裂开(spina bifida)

脊椎弓有缺陷未融合。多见于比格犬、英国和法国斗牛犬、波士顿㹴犬、巴哥犬。

33. 并趾(syndactyly)

指(趾)融合在一起,只单指(趾)存在。多见于多种品种犬。

34. 尺骨发育不良(尺骨早熟停止发育)[ulnar dysplasia (premature closure of ulna)]

在腕骨端的尺骨由于生理性早熟,停止了向长度生长,而此时桡骨仍然生长,其结果桡骨出现了弓形和扭转,尺骨类似于弓弦。多见于多种品种犬。

35. 肘突未结合在一起(肘部发育不良)[ununited anconeal process (elbow dysplasia)]

由于尺骨发育不良,不能和桡骨单侧或两侧正常的融合,使肘关节松弛和停止生长,以及出现滑膜炎,从而促使关节进行性发生变化,进一步发生关节炎。多见于德国牧羊犬、拉布拉多寻回犬、巴赛特猎犬、法国斗牛犬、大丹犬、斗牛獒犬、大比利牛斯山犬、爱尔兰猎狼犬、魏玛纳犬、纽芬兰犬。

36. 脊椎异常(vertebral anomalies)

在锥体右侧和左侧发育不对称，或者不能融合，可使锥体的一侧变短或出现畸形，一般多见于胸部第7～9脊椎；在相邻的2个或多个椎体不能完全分段时，可发生椎体阻断或融合；由于永久性脊索矢状分裂，引起椎体的矢状分裂，导致蝴蝶状椎体出现，脊椎异常常出现压迫脊髓。多见于波士顿㹴犬、英国和法国斗牛犬、博美犬、巴哥犬、德国短毛指示犬、约克夏㹴犬。

三、心血管系统疾患

1. 主动脉狭窄(aortic stenosis)

主动脉狭窄最常发生在瓣膜下，有的其纤维软骨组织脊位于主动脉瓣下，其瓣膜处或瓣膜上主动脉狭窄少见。多见于纽芬兰犬、拳师犬、德国牧羊犬、德国短毛指示犬、金毛寻回犬、罗德维尔犬。

2. 心房异常(atrial anomalies)

心房异常很少单独发生，它常常与其他心脏异常同时存在；另一个心房异常是有三个心房，它是右心房永久性胚胎欧氏瓣存在的结果。多见于拳师犬和其他品种犬。

3. 心内膜纤维弹性组织增生症(endocardial fibroelastosis)

其特点是心内膜的弹性和胶原纤维增生，左侧心房和心室一般不发生。多见于多种品种犬。

4. 二尖瓣畸形(mitral valve malformation)

指二尖瓣环扩张，瓣膜小叶异常，改变了索腱和乳头肌肉。多见于大丹犬、德国牧羊犬、英国斗牛犬、吉娃娃犬、斗牛㹴犬、金毛寻回犬、纽芬兰犬。

5. 动脉导管未闭(patent ductus arteriosus)

胎儿时的正常动脉导管，出生后2～3 d即关闭；如果不关闭则为动脉导管未闭。多见于贵妇犬、博美犬、科利犬、德国牧羊犬、设得兰牧羊犬、英国斯波灵格猎犬、荷兰狮毛犬(Keeshond)、马耳他犬、比熊犬、约克夏㹴犬。

6. 长久性心房停顿(persistent atrial standstill)

长久性心房停顿心搏缓慢，阿托品对其无效。对患有此症状的犬，需植入永久性起搏器。多见于英国斯波灵格猎犬。

7. 右侧永久性主动脉弓(persistent right aortic arch)

主动脉起源于右侧第四动脉弓，由于动脉韧带通过可使食管堵塞。多见于德国牧羊犬、爱尔兰赛特犬、大丹犬。

8. 肺动脉狭窄(pumonic stenosis)

是指右心室和肺动脉干之间出现的狭窄或堵塞。虽然狭窄可出现在肺动脉瓣膜上、瓣膜或瓣膜下，但肺动脉狭窄多见于瓣膜发育不全。多见于比格犬、英格兰斗牛犬、吉娃娃犬、狐狸㹴犬、萨摩依犬、小型雪纳瑞犬、荷兰狮毛犬、獒犬、拳师犬、纽芬兰犬。

9. 房室束狭窄(希斯氏束)[stenosis of atrioventricular bundle (bundle His)]

在犬出生的几个月期间,某单个房室束狭窄并处于昏厥状态。多见于巴哥犬。

10. 法乐氏四联症(tetralogy of Fallot)

本症包括心室隔膜缺损、右心室外排血流受阻、右心室肥大和主动脉右位骑跨在缺损的心室间隔上。多见于荷兰狮毛犬、英国斗牛犬。

11. 三尖瓣发育异常(tricuspid valve dysplasia)

其幅度异常,包括瓣膜尖、索腱、乳头肌和室组织异常;由于瓣膜不完全,使右心房和右心室增大。多见于大丹犬和魏玛拉犬。

12. 心室提前兴奋综合征(ventricular preexcitation syndrome)

它是一个分离出来的异常,其发生与先天性解剖异常有关。多见于多种品种犬。

13. 心室隔膜缺损(ventricular septal defect)

一般是单一缺陷,缺陷位于隔膜高处的三尖瓣和主动脉瓣下。多见于英国斗牛犬、英国斯波灵格猎犬、荷兰狮毛犬。

四、造血和淋巴系统疾患

1. 全身水肿(anasarca)

患病动物全身皮下水肿和液体蓄积。多见于英国斗牛犬。

2. 凝血蛋白性疾病(coagulation protrin disorders)

①凝血因子Ⅰ(factor Ⅰ)缺乏:患病动物血纤维蛋白原异常或低纤维蛋白原血,有轻度鼻出血和跛行。但其手术或外伤可能有威胁生命性出血。多见于圣班纳犬、维兹拉犬、俄国猎狼犬。

②凝血因子Ⅱ(factor Ⅱ)缺乏:是凝血酶原疾患,有出血倾向。常常表现出鼻和齿龈出血。多见于英国科克猎犬、拳师犬。

③凝血因子Ⅶ(factor Ⅶ)缺乏:一般没有出血,但患病个体有创伤或手术时出血时间延长现象。多见于比格犬、小型雪纳瑞犬、阿拉斯加雪橇犬、拳师犬、斗牛犬。

④凝血因子Ⅸ[factor Ⅸ (hemophilia B)]缺乏:是与动物性别有关的出血性疾患。常见的症状有断脐带和断尾时,以及切除悬趾时过多出血,其他的典型表现有关节出血、换牙出血以及自发的血肿形成等。多见于多种品种犬。

⑤凝血因子Ⅷ[factor Ⅷ (hemophilia A)]缺乏:是临床上最常见的遗传性出血疾患的一种,其出血倾向类似于凝血因子Ⅸ缺乏。多见于多种品种犬。

⑥凝血因子Ⅷ[factor Ⅷ (von Willebrand's disease)]缺乏:由于与凝血因子Ⅷ相关的抗原(von Willebrand's 因子)缺陷或缺乏有关,引起了临床上最常见的遗传性出血,出血倾向类似于凝血因子Ⅷ缺乏。多见于多种品种犬。

⑦凝血因子Ⅹ(factor Ⅹ)缺乏:患病动物是纯合(同型)基因,常常产出死胎,或由于胸腔或\和腹腔大量出血,在头几周内死亡。而杂合体幼龄动物具有轻度到严重的出血倾向。多见于美国科克猎犬、杰克拉塞尔㹴犬。

⑧凝血因子Ⅺ(factor Ⅺ)缺乏：此种因子严重缺乏特点是具有很少的出血素质，但外伤或手术后可引发大出血。多见于英国斯波灵格猎犬、大比利牛斯山犬、魏玛纳犬、凯利蓝㹴犬。

⑨凝血因子Ⅻ(factor Ⅻ)缺乏：此种缺乏与出血素质无关联。缺乏动物易于病原微生物感染和/或形成血栓。多见于标准和小型贵妇犬、德国短毛指示犬。

3. 红细胞疾患(erythrocyte defects)

(1)丙酮酸激酶缺乏(pyruvate kinase deficiency)：表现未成熟的红细胞破坏，呈现中到严重程度性贫血，出现红细胞再生，网织红细胞多达15%～50%。多见于贝森吉犬、比格犬、西高地白㹴犬、凯恩㹴犬。

(2)口形红细胞症(stomatocytosis)：口形红细胞和多染性红细胞增多，在阿拉斯加雪橇犬常与常染色体隐性传递性软骨发育不全有关。多见于阿拉斯加雪橇犬、小型雪纳瑞犬、荷兰猎鸟猎犬。

(3)家族性非球形红细胞性贫血(familial nonspherocytic anemia)：可见明显的红细胞再生反应、肝脾肿大、骨髓纤维化和骨硬化。多见于小型贵妇犬。

(4)非球形红细胞溶血性紊乱(nonspherocytic hemolytic disorders)：表现轻度贫血和红细胞的多染性。多见于比格犬、贵妇犬。

(5)果糖磷酸激酶缺乏(phosphofructokinase deficiency)：表现原发性溶血性紊乱，并有适当的骨髓反应，网织红细胞增多10%～30%。多见于英国斯波灵格猎犬、美国科克猎犬。

(6)葡萄糖-6-磷酸盐脱氢酶缺乏(glucose-6-dehydrogenase deficiency)：一般无贫血或多染性红细胞增多。多见于魏玛纳犬。

(7)细胞色素 b_5 还原酶缺乏(cytochrome b_5 reductase deficiency)：可能没有贫血、结膜发绀和运动耐力降低。多见于多种品种犬。

(8)椭圆形红细胞增多症(elliptocytosis)：是由于减少了红细胞膜蛋白，蛋白链4.1缺乏引起。受损的红细胞机械稳固性差，结果导致再生溶血性贫血。多见于杂种犬。

(9)红细胞增加渗透性脆性(increased osmotic fragility)：可能没有贫血、多染性红细胞增多、异形红细胞增多和运动诱导的体温升高。多见于英国斯波灵格猎犬。

(10)高钾性红细胞(high-poterassium erythrocytes)：无贫血发生，但增多了红细胞和血清钾成分(伪高钾血症)。多见于秋田犬、日本杂种犬。

(11)家族性小红细胞血症(familial microcytosis)：无有贫血，但小红细胞增多了。多见于秋田犬。

(12)周期性红细胞生成症(cyclic hematopoiesis)：常常周期性出现血细胞减少。多见于银灰色科利犬。

(13)选择性钴胺素(维生素 B_{12})吸收不良(selective cobalamin malabsorption)：动物常常有中等程度贫血，血液检验可见非再生性巨原红细胞、过多分叶核中性粒细胞、恶病质和痴呆。多见于巨型雪纳瑞犬。

(14)家族性大红细胞血症和造血异常(familial macrocytosis and dyshematopoiesis)：动物无贫血，血液检验可见大红细胞和过多分叶核中性粒细胞增多，以及正常红细胞渗透压性脆性。多见于小型和观赏贵妇犬。

4. 淋巴水肿(lymphedema)

原发性淋巴水肿是由于淋巴系统的异常发育。淋巴管道可能发育不全、发育不良或过

度发育;淋巴结可能正常;淋巴细胞生成过少或缺乏。其表现特点一个或多个肢端出现发软、可凹陷的无疼痛性水肿,一般是后肢。有时可见腹腔或胸腔出现渗漏液。多见于英国斗牛犬、老英国牧羊犬、德国牧羊犬、苏俄牧羊犬、拉布拉多寻回犬、大丹犬、贵妇犬、比利时牧羊犬。

5. 高铁血红蛋白血症(methemoglobinemia)

其原因是由于烟酰胺腺嘌呤二核苷酸(NADH)-高铁血红蛋白血还原酶缺乏。患病动物表现明显的发绀,棕色黏膜和棕黑色血液,血液遇氧气也不能变成红色,还有运动不耐性。多见于苏俄牧羊犬、英国赛特犬。

6. 血小板机能不全性紊乱(thrombasthenic thrombopathia)

固有的血小板疾患。其缺陷表现为血小板畸形、大血小板增多和血小板膜糖蛋白Ⅱ和Ⅲ减少,血小板不能执行正常凝血收缩,不能正常积聚反应的腺苷二磷酸、胶原和凝血酶。多见于水獭猎犬、大比利牛斯山犬。

7. 血小板紊乱(thrombopathia)

固有的血小板疾患。患病动物表现出血小板质和量的典型缺陷,包括鼻和齿龈出血及斑点,具有异常纤维蛋白原受体的暴露,以及损伤了致密颗粒释放的特点。多见于巴赛特猎犬、狐狸犬。

8. 胸腺鳃囊肿(thymic branchial cyst)

是由胚胎时胸腺组织前身的鳃裂上皮遗留物引起,囊肿发生在胸腺或颈部皮下组织。多见于多种品种犬。

五、消化系统疾患

1. 肛门缺损(anorectal defect)

有肛门闭锁、部分发育不全、直肠阴道瘘、直肠前庭瘘、无阴道裂和直肠尿道瘘,最常见的是无肛门孔。多见于多种品种犬。

2. 短颌(brachygnathia)

上颌比下颌较长。多见于多种品种犬、波路赛尔斯格里芬犬、达克斯猎犬、沙皮犬。

3. 腭裂-唇裂复合症(cleft palate-cleft lip complex)

唇裂常常是唇或鼻孔下单一的缺陷。腭裂可分为口腔上腭皱褶裂、软腭不完全融合或通过裂腭的口鼻瘘。多见于短头品种犬、比格犬、科克獚犬、达克斯猎犬、设得兰牧羊犬、雪纳瑞犬、拉布拉多寻回犬、德国牧羊犬。

4. 环咽肌迟缓失能(cricopharyngeal achalasia)

环咽肌失能,部分甲状腺咽肌松弛,使食物团从咽部移到食管顶部。多见于观赏犬品种。

5. 异常出牙(dentition,abnormal)

异常出牙包括无牙、缺少一个或更多牙齿、保留脱落牙齿、增多牙齿、牙齿密度增大和形状异常等。多见于多种品种犬。

6. 软腭延长(elongated soft palate)

由于异常的口咽机能,使其不耐运动和热。多见于短头品种犬、艾芬品犬(affenpinscher)、松狮犬。

7. 小肠病(enteropathy)

由于小肠黏膜机能缺陷,使其发生间断性腹泻,动物体重增加缓慢,甚至体重减轻。多见于沙皮犬。

8. 食管憩室(esophageal diverticula)

食管憩室多发生在胸腔入口前和膈前。胸腔入口前的周期性出现食管憩室,可见于正常多数年轻英国斗牛犬。多见于多种品种犬。

9. 小肠淋巴管扩张(lymphangiectasia,intestinal)

小肠淋巴系统形成异常,导致蛋白丢失性肠病。多见于多种品种犬、挪威Lundehunde犬。

10. 小肠异常(intestinal anomalies)

小肠先天性异常,包括某肠段闭锁或重叠,如果不进行外科手术纠正,动物难以生存。多见于多种品种犬。

11. 美克耳氏憩室(Meckel's diverticulum)

回肠的囊状或附属物,它们是从未闭合的卵黄蒂衍生而来。多见于多种品种犬。

12. 自发性食管扩张(megaesophagus,idiopathic)

其特点是食管的运动系统紊乱,引起在咽和胃之间的食物异常或不能下咽。多见于大丹犬、德国牧羊犬、爱尔兰赛特犬、达克斯猎犬、小型雪纳瑞犬、硬毛狐狸㹴犬、拉布拉多寻回犬、沙皮犬。

13. 小唇(microcheilia)

口裂变小。多见于雪纳瑞犬。

14. 腮腺膨大(parotid salivary gland enlargement)

患病动物的腮腺增大,口腔流涎过多。多见于达克斯猎犬。

15. 突颌(prognathism)

上颌比下颌较短。多见于短头品种犬。

16. 幽门狭窄(幽门内壁增生)[pyloric stenosis (antral pyloric hypertrophy)]

可能是胃肠分泌过多促胃液素激素引起。促胃液素由胃壁G细胞产生,它对幽门环形光滑肌有很强的营养作用。多见于拳师犬、波士顿㹴犬。

17. 选择性钴胺素吸收不良(selective cobalamin malabsorption)

由于回肠黏膜传递含有钴化合物的传递者缺陷,引起钴吸收不良。多见于大型雪纳瑞犬、边境科利犬。

18. 小麦过敏性小肠病(wheat-sensitive enteropathy)

由于小肠黏膜机能缺陷,造成对小麦谷蛋白食物过敏。多见于爱尔兰赛特犬。

六、肝脏和胰腺疾患

1. 胆管闭锁(biliary atresia)

由于胆管未发育完全,使肝脏和十二指肠之间不能完全连通。多见于多种品种犬。

2. 与铜有关的肝脏病(copper-associated hepatopathy)

由于铜随着年龄的增长而逐渐蓄积在肝脏溶酶体里,并呈现出慢性活动性肝炎。只有伯灵顿㹴犬的纯合子逐渐把铜蓄积在肝脏里;而在其他品种犬,肝脏蓄积铜可能与活动性肝病有关。多见于伯灵顿㹴犬、西高地白㹴犬、多伯曼平斯彻犬。

3. 胆囊异常(gallbladder anomalies)

先天性异常包括只有 3 个叶或 2 个叶胆囊。两个分开的胆囊,其胆囊管联合成一个共同的管道。胆囊小管是从肝脏、胆囊或共同胆管衍生出来的额外小管。小梁性胆囊是从肝脏小梁管派生出来的。多见于多种品种犬。

4. 肝脏囊肿(hepatic cyst)

囊肿可能起源于肝脏实质或管道。大多数起源于管道,这是由于一个或多个原发性小胆管未能与胆管联通,此后发展成囊肿。多见于凯恩㹴犬和其他品种犬。

5. 肝门静脉的小血管发育异常(hepatoportal microvascular dysplasia)

其异常是在显微镜下可见肝脏内许多小血管支路,但可能临床上不出现症状,或者也可能引起类似于先天性门系统静脉支路症状。多见于凯恩㹴犬。

6. 肝脏内动脉门脉瘘管(intrahepatic arterioportal fistulas)

由于共同胚胎原基未能分化,使门脉压升高和通过许多门脉系统侧枝使支路畅通,从而产生腹水。多见于多种品种犬。

7. 胰腺发育不全(pancreatic hypoplasia)

此症使胰腺外分泌腺细胞减少,但内分泌的胰岛仍然正常。多见于德国牧羊犬、多伯曼平斯彻犬、爱尔兰赛特犬、比格犬、拉布拉多寻回犬、圣班纳犬。

8. 肝门系统静脉支路(portosystemic venous shunts)

(1)肝脏内门系统静脉支路(intrahepatic portosystemic venous shunts):胎儿时期的一些静脉管道仍然残留着,而且还开放着;另外,还可能存在一些大的肝脏内开放的静脉,这些静脉起源于胎儿静脉,经历肝脏后进入左侧肝静脉,然后进入后腔静脉。多见于多伯曼平斯彻犬、金毛寻回犬和拉布拉多寻回犬、爱尔兰赛特犬、萨摩依犬、爱尔兰猎狼犬、澳大利亚牧牛犬。

(2)肝脏外门系统静脉支路(extrahepatic portosystemic venous shunts):其支路是门静脉和后腔静脉通道,或者是门静脉和奇静脉通道(这些通道出生后应闭锁)。生后幼犬完全没有门静脉通过肝脏是不常见的。多见于小型雪纳瑞犬、马耳他犬、贵妇犬、约克夏㹴犬、达克斯猎犬。

9. 尿素循环酶缺乏(urea cycle enzyme deficiency)

主要是缺乏尿素循环的精氨琥珀酸合成酶,导致无能力处理内源性氨,临床上发生肝性脑病。多见于金毛寻回犬、比格犬。

七、耳朵疾患

1. 耳聋(deafness)

听力减弱或丧失,先天性耳聋是最多见的。可能是一只耳朵或两只耳朵部分或完全耳聋,单侧耳聋最常见。使用电诊断仪检验耳聋的程度轻重,报告脑干反应潜力,阻断测听术是最常用的方法。听力丧失多继发于内耳螺旋器官变性、发育不全或发育异常。

多见于秋田犬、美国斯塔福德郡㹴犬、澳大利亚牧牛犬和牧羊犬、边境科利犬、澳大利亚牛犬、比格犬、波士顿㹴犬、拳师犬、牛头㹴犬、Catahoula leopard 犬、美国科克猎犬、科利犬、斑点犬、达克斯猎犬、多伯曼平斯彻犬、阿根廷 Dogo 犬、英国赛特犬和斗牛犬、猎狐犬猎犬、狐狸㹴犬、德国牧羊犬、大丹犬、比利牛斯山犬、伊比赞猎犬、杰克罗素㹴犬(Jack russell terrier)、库瓦兹犬、马耳他犬、小型平斯彻犬、小型贵妇犬、老英国牧羊犬、蝴蝶犬、指示犬、罗德西亚脊背犬、罗特维尔犬、圣班纳犬、雪纳瑞犬、苏格兰㹴犬、西里汉姆㹴犬、挪威 Dunkerhound 犬、设得兰牧羊犬、什罗郡㹴犬、西伯利亚哈士奇犬、美国猎狐犬、西高地白㹴犬。

2. 外耳道畸形(external ear canal malformation)

外耳道发育不完全,可能较短、弯扭或闭锁。多见于短头品种犬。

3. 耳廓畸形(pinna malformation)

某品种犬耳朵发生异常,例如正常耳廓增大、变小或无有。多见于德国牧羊犬、硬毛㹴犬、科利犬、爱尔兰赛特犬。

八、内分泌和代谢系统疾患

1. 肾上腺增生(adrenal malformations)

其结果是缺乏一种 17-羟化酶,此酶是考的松合成的必需酶。临床表现为动物生长缓慢,缺乏糖皮质激素。多见于大丹犬。

2. 尿崩症(diabetes insipidus)

此病可能起源于下丘脑垂体神经部或肾脏源性的。起源于下丘脑垂体神经部的尿崩症最多见,其幼犬的表现常常是有限性的多尿和多饮水。多见于小型贵妇犬、德国牧羊犬、波士顿㹴犬、挪威猎鹿犬、雪纳瑞犬、德国短毛指示犬。

3. 糖尿病(diabetes mellitus)

此病可能在早期 2~6 月龄变得明显。其胰腺损伤包括 β 细胞萎缩,以及一些非炎性腺泡细胞萎缩。患病动物常常表现生长缓慢、多尿和多饮水、排软便或腹泻。多见于荷兰狮毛犬、金毛寻回犬、惠比特犬、西高地白㹴犬、阿拉斯加雪橇犬、标准贵妇犬、老英国牧羊犬、多伯曼平斯彻犬、小型雪纳瑞犬、平斯彻犬、舒柏奇犬、德国牧羊犬、拉布拉多寻回犬、芬兰狐狸犬、曼彻斯特㹴犬、英国斯普瑞格猎犬、松狮犬和杂种犬。

4. 异常 β 脂蛋白血症(dysbetalipoproteinemia)

其缺陷是不能合成脱脂脂蛋白,表现为腹部不适和发作癫痫。多见于小型雪纳瑞犬。

5. 糖原贮积病(glycogen storage disease)

原因是淀粉-1,6-葡萄糖苷酶缺乏,其表现为严重的低血糖症。多见于德国牧羊犬。

6. 高乳糜微粒血症(hyperchylomicronemia)

原因是脂蛋白酯酶缺乏,表现为腹部不适和癫痫发作。多见于小型雪纳瑞犬。

7. 肾上腺皮质机能降低(hypoadrenocorticism)

其降低导致肾上腺糖皮质激素缺乏,或糖皮质激素和盐皮质激素都缺乏。其原因可能是先天性肾上腺发育不全,结果可引起幼犬早期死亡,但死因难以诊断。多见于许多品种犬。

8. 甲状腺机能降低(hypothyroidism)

为甲状腺发育不全、甲状腺激素循环传递异常、激素生成障碍、先天性甲状腺刺激激素缺乏或严重碘缺乏引起。其结果可引起幼犬早期死亡,但死因难以诊断。多见于大型雪纳瑞犬、苏格兰猎鹿犬。

9. 新生仔犬低血糖(neonatal hypoglycemia)

起病可发生在哺乳期间,此时由于糖原或蛋白物质贮存不当,或因未成熟的肝脏酶系统;也可能发生在断奶后,由于各种原因引起的难于采食到食物。其表现为消瘦、无精神,甚至昏迷。多见于观赏品种犬。

10. 垂体侏儒(pituitary dwarfism)

原因为缺乏生长激素,有时是其他肾上腺-垂体激素缺乏。症状包括成比例性肢和躯干短小、突颌、智力改变、永久齿发育晚,以及幼犬被毛滞留时间长,脱毛后变秃,免疫性能差。多见于德国牧羊犬、观赏平斯彻犬、魏玛纳犬、狐狸犬、卡雷利亚熊犬、大型雪纳瑞犬。

11. 原发性甲状旁腺增生(primary parathyroid hyperplasia)

先天性缺陷犬多在 2 周龄出现症状,表现为生长迟钝、肌肉软弱、多尿和多饮。多见于德国牧羊犬。

12. 尿素循环缺陷(瓜氨酸血症)[urea cycle defect (citrullinemia)]

源于尿素循环精氨琥珀酸合成酶缺乏,表现有呕吐、癫痫发作和精神改变。多见于金毛寻回犬、比格犬。

九、眼睛疾患

1. 异常眦上皮肤(aberrant canthal dernis)

皮肤生长在内眼角的球结膜和睑结膜上。多见于许多品种犬。

2. 眼睑发育不全(agenesis of the eyelid)

眼睑缺少不同的边缘,常常在上眼睑颞部缺少 1/3。多见于多种品种犬。

3. 缺少虹膜(aniridia)

虹膜完全或近于完全缺少。多见于多种品种犬。

4. 无眼畸胎(anophthalmos)

完全缺少眼球。多见于多种品种犬。

5. 前眼色素层囊肿(anterior uveal cysts)

由虹膜后面色素上皮引起,偶尔由睫状体引起。多见于波斯顿㹴犬、金毛寻回犬。

6. 无晶状体(aphakia)

先天性缺少晶状体,常常伴有其他眼缺损发生。多见于圣班纳德犬。

7. 眼裂狭窄(blepharophimosis)

上下眼睑之间异常狭窄。多见于多种品种犬。

8. 白内障(cataracts)

动物在6月龄前的白内障分为先天性的或年幼性的,先天性白内障在出生时便存在,但一般要到6～8周龄才能发现,此白内障可能是遗传性的或继发于在子宫时的影响,诊断需向动物主人了解它们的父母,以及以前生的幼犬有无白内障,或动物谱系等;年幼性白内障发生从生后到6岁龄,虽然其发生有多种因素,但遗传是主要原因。年幼性白内障的病程常常是进行性的,而其进行速度是不同的,在诊断出年幼性白内障后,一年内晶状体可变得完全浑浊。如果仍有机能性视力,幼犬先天性或年幼性白内障,常常在第一年内自然地重吸收掉。多见于阿富汗猎犬、秋田犬、阿拉斯加雪橇犬、美国科克獚犬、比格犬、贝森吉犬、波斯顿㹴犬、骑士查理王獚犬、澳大利亚牧羊犬、切萨皮克湾寻回犬、松狮犬、科利犬、多伯曼平斯彻犬、英国科克獚犬、德国牧羊犬、金毛寻回犬、拉布拉多寻回犬、伯灵顿㹴犬、西里汉㹴犬、老英国牧羊犬、小型雪纳瑞犬、罗德维尔犬、萨摩依犬、斯伯利亚哈士奇犬、斯塔福郡㹴犬、贵妇犬、威尔士斯波灵格獚犬、西高地白㹴犬。

9. 科利犬眼睛异常(collie eye anomaly)

其特点是眼后部分排列异常,增加其严重性顺序包括脉络膜发育异常,眼神经和巩膜损伤,以及视网膜脱离。多见于光毛和粗毛科利犬、边境科利犬、设得兰牧羊犬、澳大利亚牧羊犬。

10. 角膜营养不良(comeal dystrophy)

一种非炎性角膜浑浊,发生在单层或多层角膜,常常是双眼性的。多见于阿富汗猎犬、万能㹴犬、比熊犬、骑士查理王獚犬、设得兰牧羊犬、粗毛科利犬、比格犬、斯伯利亚哈士奇犬、萨摩依犬、美国科克獚犬、波士顿㹴犬、吉娃娃犬。

11. 泪眼(dacryops)

此病可能与泪腺分泌管道或泪腺有关联,多在胚胎时发育异常。多见于巴赛特猎犬。

12. 皮样囊肿(dermoid)

当眼睑打开后,常常在靠近颞部的角膜和结膜上,首先看到的有类似皮样肿物,此肿物生长在一只眼上或两只眼上。多见于圣班纳德犬、德国牧羊犬、达克斯猎犬、大麦町犬。

13. 双行睫(districhiasis)

它是从眼板腺孔生长出的额外一排睫毛,其睫毛位于眼睑边缘里,上眼睑、下眼睑或上下眼睑都可能发生。多见于万能㹴犬、英国斗牛犬、观赏和小型贵妇犬、科克獚犬、北京犬、拳师

犬、阿尔塞犬、设得兰牧羊犬、伯灵顿㹴犬、约克夏㹴犬、西施犬、巴哥犬、圣班纳德犬。

14. 散开性斜视(divergent strabismus)

在生后2个月期间打开眼睑,可注意看到正常眼睛成线状发育。多见于短嘴头品种犬。

15. 瞳孔变形(dyscoria)

瞳孔成异常形状。多见于多种品种犬。

16. 眼睑外翻(ectropion)

眼睑外翻将暴露球结膜,患犬暴露的结膜出现黏液脓性分泌物和充血。此情况将降低Schirmer泪液试验价值。多见于科克獚犬、圣班纳德犬、寻血猎犬、巴赛特猎犬。

17. 眼球内陷(enophthalmos)

是眼球后退入眼眶内了,最常见于小眼犬。多见于圣班纳德犬、大丹犬、多伯曼平斯彻犬、金毛寻回犬、爱尔兰指示犬。

18. 眼睑内翻(entropion)

是眼睑向内翻转。由于睑板盘形成不良,所以最常发生在下眼睑。多见于多种品种犬。

19. 青光眼(glaucoma)

尽管有先天性虹膜角膜异常,但1岁内眼内压增高是非常少见的。多见于比格犬、巴赛特犬、美国和英国科克獚犬、贵妇犬、佛兰德畜牧犬、斯伯利亚哈士奇犬、阿拉斯加雪橇犬、硬毛㹴犬、挪威猎鹿犬、凯恩㹴犬、西高地白㹴犬、松狮犬、小型贵妇犬、沙皮犬、萨摩依犬。

20. 昼盲[hemeralopia (day blindness)]

患犬在白天视力损伤,但在晚上或阴暗天气时视力机能正常,眼底检验正常。多见于阿拉斯加雪橇犬。

21. 虹膜异色(heterochromia iridis)

虹膜颜色发生了变化,常发生在次白化病动物。在视网膜照膜(tapetum)上的色素上皮色素也发生了变化,脉络膜可同时发生。多见于Merled科利犬、设得兰牧羊犬、澳大利亚牧羊犬、Harlequin大丹犬、西伯利亚哈士奇犬、阿拉斯加雪橇犬、大麦町犬、美国狐狸㹴犬、挪威达科猎犬。

22. 泪管闭锁(imperforate lacrimal punctum)

通畅的鼻泪管未能发育,其结果出现了泪溢。多见于伯灵顿㹴犬、科克獚犬、西里汉㹴犬。

23. 虹膜角膜异常(indocorneal adnormalities)

为先天性在虹膜角膜角遗留下了中胚层遗留物。多见于多种品种犬,尤见于巴赛特猎犬。

24. 虹膜囊肿(iris cyts)

可通过此囊物成球形和附着在瞳孔边缘上来诊断。多见于多种品种犬。

25. 晶状体缺损(lens coloboma)

晶状体有缺口性缺损。多见于多种品种犬。

26. 圆锥形晶状体(lenticomus)

晶状体成圆锥状突。多见于多种品种犬。

27. 小角膜(mircocomea)

眼睛在其中间和侧边具有更多的球结膜,但一般无明显的视力问题。多见于贝森吉犬、科利犬、圣班纳犬、小型雪纳瑞犬、澳大利亚牧羊犬、贵妇犬。

28. 小晶状体(microphakia)

在瞳孔放大以后,可以看到异常的小晶状体沿着延长的睫状体突起。多见于圣班纳犬、比格犬。

29. 小眼睛兼缺损(microphthalmos with colobomas)

用高达20屈光度的检眼镜,大的中线葡萄样肿,便明显可见。多见于澳大利亚牧羊犬、Merle设得兰牧羊犬、Harlequin大丹犬。

30. 小眼睛(microphthalmos)

眼球个体未能发育成正常大小,其特点是眼球内陷,但程度不同,伴有或不伴有其他眼缺损,常常伴有的其他眼缺陷有眼缺损、永久性瞳孔膜、白内障、中线葡萄样肿、脉络膜发育不全、视网膜发育不良和脱离、视神经发育不全,其视力常受到损伤等。多见于澳大利亚牧羊犬、大丹犬、比格犬、科利犬、苏俄牧羊犬、葡萄牙水犬、设得兰牧羊犬、达克斯猎犬、小型雪纳瑞犬、老英国牧羊犬、秋田犬、骑士查理王猎犬、伯灵顿㹴犬、西里汉㹴犬、拉布拉多寻回犬、多伯曼平斯彻犬。

31. 视神经缺损(optic nerve colobomas)

视神经盘出现凹陷或洞。视神经缺损可单独发生,或是科利犬或设得兰牧羊犬眼异常的一部分。多见于科利犬、设得兰牧羊犬、澳大利亚牧羊犬、贝森吉犬。

32. 视神经小乳头发育不全(optic nerve hypoplasia,micropapilla)

患犬常常是两眼视力都差。当同窝幼犬视力都差时,主人也通常难以发现。在单侧眼损伤时,由于健康眼的代偿看物,偶尔便可发现患眼视力差。没有直接光线照射眼睛时,患眼表现迟钝。安静时患眼瞳孔大于正常眼。患眼的视神经盘一般小于正常眼的一半,它的中间凹陷,外周是色素。多见于比格犬、达克斯猎犬、科利犬、爱尔兰猎狼犬、德国牧羊犬、大比利牛斯山犬、圣班纳犬、小型和观赏贵妇犬、比利时牧羊犬、Tervuren犬、英国科克猎犬。

33. 原发性永久增生的玻璃体(persistent hyperplasia primary vitreous)

其特点是在晶状体后表面上存在纤维血管膜。在环绕着晶状体的树枝状血管膜里,由于中胚层增殖双倍结果,出现了永久性玻璃体脉管系统。多见于多伯曼平斯彻犬、斯塔福郡㹴犬、标准雪纳瑞犬。

34. 永久性瞳孔膜(persistent pupillary membranes)

出现在虹膜前表面上的胚胎血管系统的残留物。多见于贝森吉犬、松狮犬、科克猎犬、彭布罗克威尔士柯基犬、獒犬和其他品种犬。

35. 多瞳症(polycoria)

存在有多于一个瞳孔。多见于多种品种犬。

36. 进行性视网膜萎缩(progressive retinal atrophy)

主要是视网膜光线接受层变化。犬首先表现出在暗淡光线下视力减弱，进一步发展在白天失去视力，然后变瞎，瞳孔散大。其视网膜的变化与疾病发展阶段有关。多见于科利犬、爱尔兰赛特犬、挪威猎鹿犬、小型雪纳瑞犬、卡狄根威尔士柯基犬、英国和美国科克猎犬、拉布拉多寻回犬、西藏狸犬。

37. 进行性视网膜变性(progressive retinal degeneration)

发病多在6月龄。开始损伤发生在照膜(tapetum)末端的光反射过强灶性区域；以后损伤愈合，进入弥散性视网膜变性。多见于苏俄牧羊犬、蝴蝶犬。

38. 瞳孔异常(pupillary anomalies)

在瞳孔边缘的鼻腹侧有似缺口样的缺陷，形成了钥匙孔样瞳孔。澳大利亚牧羊犬的偏心瞳孔(瞳孔移位)还伴有多种眼缺陷。多见于多种品种犬。

39. 视网膜发育异常(retinal dysplasia)

其特点是视网膜外层折叠或成玫瑰花结样，此时的变化为不同视网膜细胞环绕着中心腔进行排列。更严重的视网膜发育不良表现为视网膜脱离，视网膜下液体蓄积。视网膜发育不良可能单独发生，或与其他先天性眼缺陷有关。多见于英国斯波灵格猎犬和观赏猎犬、拉布拉多寻回犬和金毛寻回犬、伯灵顿狸犬、长须科利犬、美国科克猎犬、比格犬、秋田犬、骑士查理王猎犬、切萨皮克湾寻回犬、克伦姆博猎犬、科克犬、斗牛獒犬、德国牧羊犬、普利犬、澳大利亚牧羊犬、獒犬、英国科克猎犬、西里汉狸犬、西藏狸犬、萨摩依犬、纽芬兰犬、挪威猎鹿犬、多伯曼平斯彻犬、老英国牧羊犬、罗德威尔犬、约克夏狸犬、万能狸犬、标准雪纳瑞犬、苏赛克斯猎犬、卡狄根威尔士柯基犬、彭布罗克威尔士柯基犬、贝吉格里芬凡丁犬(Petit Basset Griffon Vendeen)、软毛麦色狸犬、阿富汗猎犬。

40. 视网膜折叠(retinal folds)

常常出现在眼底的非照膜(nontapetum)部分。其原因是视杯的内层和外层之间暂时发育速度不同引起，当犬6月龄左右时，常常自行消失。多见于科利犬和其他品种犬。

41. 视网膜病(retinopathy)

幼犬早在8周龄时便视力减弱，其视力在白天和暗淡光时，便发生紊乱。多见于比利时牧羊犬。

42. 稳固性夜盲(stationary night blindness)

首先表现出夜盲，多出现在6周龄时。在布里阿德(Briard)犬的眼底是正常的；在西藏狸犬用弱光照明时，能使其照膜(tapetum)上增加颗粒，其后可发展成进行性视网膜萎缩。多见于西藏狸犬、布里阿德犬。

43. 照膜发育不全(tapetal hypoplasia)

照膜缺少视力，眼底呈明显的红棕色反射。多见于比格犬。

44. 倒睫(trichiasia)

眼睫毛从正常位置偏向接触眼睑和角膜。多见于多种品种犬。

十、免疫系统疾患

1. 复合免疫缺乏(combined immunodeficiency)

患犬在出生几周内可发生严重的皮肤细菌感染、口炎和耳炎,淋巴细胞减少,T-淋巴细胞机能降低,血清免疫球蛋白 A(IgA)、IgG 和 IgM 浓度也降低。多见于巴赛特猎犬、卡狄根威尔士柯基犬。

2. 补体缺乏(complement deficiency)

补体 3 缺少和吞噬细胞机能受损。多见于布里塔尼猎犬。

3. 周期性造血(cyclic hematopoiesis)

由于骨髓干细胞缺陷造成的周期性造血,从而出现了中性粒细胞、网织红细胞和血小板的周期性波动。另外,溶酶体机能缺陷,降低了中性粒细胞杀菌能力,故而常常引发呼吸道和脐部感染和败血症。多见于科利犬、科克獚犬、博美犬。

4. 颗粒细胞病(granulocytopathy)

此病是中性粒细胞杀菌能力的缺陷,患犬迟钝,反复细菌感染,因此需要不断进行抗生素治疗。多见于爱尔兰赛特犬、多伯曼平斯彻犬、魏玛纳犬。

5. 佩尔格尔-许特异常(pelger-huet anomaly)

此异常为减少了颗粒细胞核小叶。异常的核形状降低了细胞的运动性和趋向性。但不是所有的患者都有细胞趋向性缺陷,因此没有增加皮肤易感性危险。多见于多种品种犬。

6. 肺囊虫(*Pneumocystis*)

大多数动物发病在 6 月龄以前,可能与先天性免疫能力差有关。多见于达克斯猎犬。

7. 选择性 IgA 缺乏(selective IgA deficiency)

患病动物血清或分泌器官 IgA 浓度低或极少,动物可反复发生慢性呼吸系统感染、外耳炎和皮肤病。但是,尽管选择性 IgA 缺乏与许多动物有关,有些动物则不发病也无临床症状。多见于德国牧羊犬、比格犬、沙皮犬、万能㹴犬。

8. 胸腺异常(thymic anomaly)

患者在 1~3 月龄时可发现胸腺萎缩,临床症状包括生长迟缓、消瘦和化脓性肺炎。另外,其生长激素浓度和淋巴 T 细胞机能降低。多见于魏玛纳犬、墨西哥无毛犬。

十一、神经系统疾患

1. 阿富汗猎犬脊髓病(Afghan myelopathy)

伴有脊髓软化的脱髓鞘,主要发生在颈椎后段的脊髓背索、胸段所有索和腰部的腹索。多见于阿富汗猎犬。

2. 狐狸㹴犬共济失调(ataxia of fox terriers)

此病是进行性脊髓脱髓鞘,尤其是支配后肢的脊髓段。多见于光毛和杰克拉塞尔狐狸㹴犬。

3. 颅骨闭锁不全(cranial dysraphism)

颅骨闭锁不全是由于神经管闭锁不全的原因。可见的颅骨闭锁不全包括无脑(幼犬在诞生时无脑,或者更多见是仅有基本核和小脑发育的好);露脑(由于先天性颅骨裂使脑暴露);颅裂(头骨裂开);脑突出和脑膜突出(脑或脑膜通过先天性颅骨裂突出);独眼(其特点是单眼窝与完全或部分眼球发育不全)。多见于多种品种犬。

4. 小脑活力缺乏(cerebellar abiotrophies)

小脑失去营养物质和活力。小脑的外貌看似正常,但主要是蒲肯野氏细胞减少了,大脑的其他部位也可能受到影响。多见于凯利蓝㹴犬、戈登赛特犬和其他品种犬。

5. 小脑发育不全(cerebellar hypoplasia)

小脑完全发育不全,在动物出生后,其临床症状有小脑机能紊乱,但不向严重程度发展。多见于松狮犬、爱尔兰赛特犬、硬毛狐狸㹴犬。

6. 小脑蚓部发育不全(cerebellar vermis hypoplasia)

此病是小脑蚓部首先发育不全,小脑其他部位也常有较小程度发育不全,有的还伴有脑积水。多见于波斯顿㹴犬、斗牛㹴犬。

7. 小脑变性变化(degenerative changes in cerebellum)

小脑变性变化是一些品种犬的综合征,此病有小脑单独变性变化,或与中枢神经系统其他区域一起发生变化。临床症状有的病例是进行性的,但有的病例是明显不变化的。多见于万能㹴犬、芬兰哈利尔猎兔犬、伯尼尔山犬、斗牛獒犬、粗毛科利犬、爱尔兰赛特犬、小型贵妇犬、比格犬、拉布拉多寻回犬等。

8. 小型贵妇犬脱髓鞘(demyelination of miniature poodles)

小型贵妇犬脱髓鞘病主要是脊髓呈现进行性脱髓鞘,在 2～4 月龄时导致后肢瘫痪,其后出现四肢瘫痪。多见于小型贵妇犬。

9. 癫痫(epilepsy)

癫痫反复发作,在有些品种犬有遗传倾向,其潜在的可遗传和多发品种犬有比格犬、比利时牧羊犬、荷兰狮毛猎犬、科利犬、达克斯猎犬、贵妇犬、德国牧羊犬、赛特犬、寻回犬、猎犬。

10. 脑积水(hydrocephalus)

在颅骨内过量积聚脑脊髓液,有脑室内过量积液和脑室外过量积液之说。先天性脑积水可能是由于结构缺陷所致,如在中脑小管阻碍脑脊髓液外流,或妨碍脑脊髓液吸收引起。多见于马耳他犬、约克夏㹴犬、英国斗牛犬、吉娃娃犬、拉萨犬、巴哥犬、观赏贵妇犬、博美犬、凯恩㹴犬、波斯顿㹴犬、北京犬。

11. 肥大性神经病(hypertrophic neuropathy)

此病发生在 8 周龄,患犬有明显的脱髓鞘和相伴的髓鞘再形成,进一步发展成为四肢瘫痪。多见于西藏獒犬。

12. 低髓鞘化(髓鞘化不良)[hypomyelinating (dysmyelination)]

中枢神经系统发生低髓鞘化或髓鞘化不良,它们反映的损伤可能包括小突神经胶质细胞不能或延迟分化。多见于松狮犬、威尔士斯波灵格㹴犬、萨摩依犬、魏玛纳犬、伯尼尔山犬、Lurcher 犬、金毛寻回犬、大麦町犬。

13. 无脑回(lissencephaly)

无脑回是明显的脑回减少或无脑回,它的发生可能是单独的,或脑发育不全、独眼和脑积水同时发生。多见于拉萨犬、爱尔兰赛特犬、硬毛狐狸㹴犬。

14. 溶酶体贮积病(lysosomal storage diseases)

是遗传性疾病,纯种犬发生,尤其是近亲繁殖的犬。同窝幼犬中生长发育缓慢,难以长胖,但出生时正常。疾病呈进行性恶化,常在出现症状后 4～6 月龄死亡。

①蜡样脂肪褐质病(ceroid lipofuscinosis):原因不详,可能是 p-苯二胺酶缺乏。多见于英国赛特犬、科克猎犬、吉娃娃犬、达克斯猎犬、萨路基犬、边境科利犬。

②岩藻糖代谢病(fucosidosis):由于 α-L-岩藻糖苷酶缺乏引起。多见于英国斯波灵格猎犬。

③GM_1 神经节苷脂沉积症(GM_1 gangliosidosis):由于 β-半乳糖苷酶缺乏引起。多见于比格犬、英国斯波灵格猎犬、葡萄牙水犬。

④GM_2 神经节苷脂沉积症(GM_2 gangliosidosis):由于 β-氨基己糖苷酶缺乏引起。多见于德国短毛指示犬、日本猎犬。

⑤球状细胞脑白质变性(globoid cell leukodystropy):由 β-半乳糖脑苷酶缺乏引起。多见于凯恩㹴犬、西高地白㹴犬、贵妇犬、Bluetick 猎犬、比格犬、巴赛特猎犬、博美犬。

⑥葡萄糖苷脂沉积症(glucoserbrosidosis):由 β-葡萄糖苷酶缺乏引起。多见于达克斯猎犬。

⑦糖原沉积病(glycogenosis):由 α-葡萄糖苷酶缺乏引起。多见于丝毛㹴犬。

⑧神经鞘髓磷脂沉积病(sphingomyelinosis):由神经鞘髓磷脂酶缺乏引起。多见于德国牧羊犬、贵妇犬。

15. 运动神经元病(motor neuronopathies)

由先前脊髓分化的腹角细胞变性(脊髓活力缺乏)引发。多见于布里塔尼猎犬、科克犬、瑞典拉普兰犬、罗德威犬、指示犬、大丹犬。

16. 脊髓发育不良(myelodysplasia)

脊髓发育不良的共同异常包括脊髓、脊柱和皮肤,以及其后的未完全闭合的神经管。脑脊膜、脊髓及其根或二者,通过未闭合的脊椎弓裂孔突出,分别叫做脑脊膜突出、脊髓突出和脊髓脊膜突出,还可能有神经损伤。脊髓裂可能与膨大的中心管(脊髓积水)或脊髓实质里囊间(脊髓空洞症)相通。多见于魏玛拉犬、萨摩依犬、大麦町犬、罗德威尔犬。

17. 发作性睡眠猝倒(narcolepsy-cataplexy)

过多性白昼睡眠(发作性睡眠)。发作性睡眠猝倒常常与急性肌肉紧张减弱期有关联。多见于多伯曼平斯彻犬、拉布拉多寻回犬、小型贵妇犬、达克斯猎犬、比格犬、圣班纳犬、万能㹴犬、阿富汗猎犬、爱尔兰赛特犬、威尔士柯基犬、阿拉斯加雪橇犬、罗德威尔犬、英国斯波灵格猎犬、大型雪纳瑞犬。

18. 神经轴索营养不良(neuroaxonal dystrophy)

中枢神经里的神经轴索明显膨大(神经轴索偏球体),症状表现主要反映中枢神经里局部

神经轴索偏球体情况。多见于设得兰牧羊犬、罗德威尔犬、吉娃娃犬、伊比赞猎犬。

19. 神经元活力缺失(neuronal abiotrophy)

动物出生后5～7周龄时，前肢或后肢变的软弱，其后在1～2周内，发展到四肢瘫痪。多见于瑞士拉普兰犬。

20. 神经元变性(neuronal degeneration)

此病发生于年轻科克猎犬，达几月龄后，引起共济失调、颤抖、异常行为和癫痫。多见于科克猎犬。

21. 神经元病(neuronopathy)

动物在12～24周龄期间，开始出现后肢软弱，2个月后，发展到四肢瘫痪和头部颤抖。多见于凯恩㹴犬。

22. 神经病(neuropathy)

此病由于神经纤维损失，引起后肢瘫痪，进一步发展到四肢瘫痪，以及食管或喉头麻痹。多见于德国牧羊犬、阿拉斯加雪橇犬、罗德威尔犬、金毛巡回犬、西藏獒犬。

23. 外周前庭紊乱(peripheral vestibular disorders)

患病动物的中枢前庭病无症状时，表示发展的损伤包含了受影响的外周迷路。患病动物有外周前庭机能紊乱时，其症状在出生后或出生后几周内，出现包括头歪斜、转圈和滚动。多见于德国牧羊犬、英国科克猎犬、多伯曼平斯彻犬、设得兰牧羊犬、秋田犬、比格犬。

24. 进行性轴索病(progressive axonopathy)

患病犬的外周和中枢神经系统轴索有明显增大。在2月龄时，后肢开始出现典型的共济失调，随着病程进展，其他神经机能紊乱开始出现。多见于拳师犬。

25. 巴哥犬脑炎(pug encephalitis)

患病犬的主要症状是前脑机能紊乱，其表现有癫痫、姿势改变和转圈。实验室检验突出表现为单核脑脊液细胞过多。多见于巴哥犬、约克夏㹴犬、马耳他犬。

26. 感觉性神经元病和神经病(sensory neuronopathies and neuropathies)

患病动物感觉神经纤维、神经元细胞体或二者缺失，结果引发后肢共济失调和/或反射减弱，排尿失禁，胃肠机能紊乱，意识本体感觉丧失，疼痛感觉降低和肢端自残。多见于达克斯猎犬、德国短毛指示犬、英国指示犬、边境科利犬、西伯利亚哈士奇犬。

27. 脊髓性肌肉萎缩(spinal muscular atrophy)

患犬的脊髓或脑干机能性运动神经元缺失，引起后肢瘫痪，进而引发四肢瘫痪。多见于德国牧羊犬、指示犬、罗德威尔犬、布里塔尼猎犬。

28. 海绵状脑病(spongiform encephalopathies)

此病表现为多灶性神经机能紊乱，中枢神经系统白质有明显的空泡形成。多见于拉布拉多寻回犬、萨摩依犬、丝毛㹴犬、大麦町犬。

十二、神经肌肉系统和肌肉疾患

1. 皮肤肌炎(dermatomyositis)

是自发性皮肤和肌肉的炎症,有家族综合征存在的历史。几乎所有皮肤损伤,都包括一定程度肌肉损伤在内。症状从轻的对称性颞部肌肉萎缩,到全身肌肉萎缩和软弱。在严重个体可发展成巨食管和牙关紧闭。多见于科利犬、设得兰牧羊犬。

2. 家族性肌痉挛(familial myoclonus)

从3周龄开始,偶尔可见明显的肌肉紧张。如果给予刺激,可看到显著的伸肌强直和角弓反张。多见于拉布拉多寻回犬。

3. 拉布拉多寻回犬肌炎(Labrador retriever myeopathy)

新生幼犬在3~4月龄时,可见进行性步履僵硬性变性肌炎,同时还有进行性两后肢齐腿跳。但在一些大于6~8月龄后幼犬,其症状不再明显变化了。多见于拉布拉多寻回犬。

4. 重症肌无力(myasthenia gravis)

由于突触后膜乙酰胆碱感受器的先天性缺陷,引起神经肌肉传递信息失灵引发,一般可在6~9周龄以上注意到此病。多见于杰克罗塞尔㹴犬、光毛狐狸㹴犬、英国斯波灵格猎犬、萨摩依犬。

5. 肌强直(myotonia)

肌强直就是肌肉永久性收缩,以后呈现自发收缩或刺激收缩。在动物首次走动时,最突出的表现是步履僵硬,不愿多走动,尤其是后肢最严重。多见于松狮犬、大丹犬、斯塔福郡㹴犬、罗德西亚脊背犬、科克猎犬、拉布拉多寻回犬、萨摩依犬、西高地白㹴犬。

6. 苏格兰㹴犬痉挛(scotty cramp)

其特征是突然肌肉过度紧张痉挛,一般常常在6~8周龄开始,惊吓或刺激能引起突然发生。多见于苏格兰㹴犬、大麦町犬。

7. X-链肌肉营养不良(X-linked muscular dystrophy)

只有雄性和同源性雌性幼犬,在8~10周龄时发病,首先表现为高跷步伐,同时还有进行性两后肢齐腿跳。多见于爱尔兰㹴犬、金毛寻回犬、萨摩依犬、罗德威犬、比利时牧羊犬。

十三、泌尿系统疾患

1. 异位输尿管(ectopic ureter)

异位输尿管可为单侧或双侧的,可能与其他尿道异常有关。患犬大多数是雌性,自出生或断奶后有排尿失禁病史。多见于西伯利亚哈士奇犬。

2. 膀胱移位(盆腔膀胱)[malposition of urinary bladder(pelvic bladder)]

膀胱向尾部移位,可引发排尿失禁,也与其他尿道异常有关。多见于多伯曼平斯彻犬。

3. 肾脏缺陷(renal defects)

(1)肾脏发育不全或缺少(agenesis or absence of kidneys):此病可能是单侧或双侧性的,

常常伴有输尿管发育不全，此病是致命的，可引起幼犬逐渐衰竭综合征。多见于多种品种犬。

(2)淀粉样变质(amyloidosis)：肾脏淀粉样变质对肾脏机能的影响，主要视发病后肾脏病变的程度。动物肾脏衰竭逐渐发生，典型表现是严重的蛋白尿和低蛋白血症。多见于沙皮犬、比格犬。

(3)胱氨酸尿(cystinuria)：由肾小管特殊缺陷引起，其缺陷导致某些氨基酸，包括胱氨酸重吸收不良。多见于达克斯猎犬、巴赛特猎犬、英国斗牛犬、吉娃娃犬、约克夏㹴犬、爱尔兰㹴犬、纽芬兰犬。

(4)家族性肾病(familial renal disease)：家族性肾病对肾脏机能的影响，主要视发病后肾脏病变的程度。患病个体大多数表现多饮和多尿、厌食、嗜睡、消瘦或难以增加体重，以后逐渐发展成非再生性贫血、氮血症、骨骼发生变化和胃肠道症状。

多见于贝森吉犬、科克猎犬、多伯曼平斯彻犬、拉萨犬、西施犬、罗德威尔犬、松狮犬、挪威猎鹿犬、萨摩依犬、斗牛㹴犬、软毛麦色㹴犬、标准贵妇犬、沙皮犬、纽芬兰犬、比利牛斯山犬。

(5)范康尼氏综合征(Fanconi's syndrome)：由于肾小管再吸收机能缺陷，引起糖尿、氨基酸尿、蛋白尿、磷酸盐尿、肾小管性酸中毒，以及钠、钾和尿酸盐重吸收异常。多见于贝森吉犬。

(6)融合(马蹄)肾[fusion(horseshoe)kidney]：胚胎时肾脏就融合了。其发生常与临床症状无关。多见于多品种犬。

(7)多囊肾(polycystic kidneys)：在肾脏实质里有多个大小不一、充满液体的囊。患病动物可能无临床症状表现，或者呈现出迅速发展成肾脏衰竭。多见于凯恩㹴犬。

(8)原发性高草酸尿(primary hyperoxaluria)：此病由于肾小管里沉积多量草酸盐，从而引发急性肾脏衰竭。多见于西藏猎犬。

(9)肾重叠(renal duplication)：常常偶尔发现，它与肾脏机能改变引发的临床症状多无关联。多见于英国斗牛犬。

(10)肾异位(renal ectopia)：由于正常胚胎的肾脏发育受阻，使肾脏位于盆腔里或在腰部下位置。多见于多种品种犬。

(11)肾性糖尿(renal glucosuria)：由于肾小管缺陷影响了葡萄糖的重吸收而出现的糖尿，患病个体还易患尿道感染。多见于挪威猎鹿犬。

4. 脐尿管异常(urachal anomalies)

脐尿管异常是存在永久性脐尿管，其膀胱和脐部相通，再通到盲囊，直到脐尿管憩室。多见于多种品种犬。

5. 输尿管疝(ureterocele)

在输尿管的黏膜下层胀大，其胀大段进入了膀胱。多见于多种品种犬。

6. 尿道异常(urethral anomalies)

尿道异常包括尿道下裂(发生在阴茎下面或会阴处)、尿道闭锁、尿道异位、尿道发育不全(与阴茎发育不全有关)、重复尿道和尿道肛门瘘。多见于多种品种犬。

7. 膀胱异常(urinary bladder anomalies)

膀胱异常包括膀胱外翻、重复膀胱和膀胱发育不全。多见于英国斗牛犬、多伯曼平斯彻犬。

十四、生殖系统疾患

1. 雄性生殖管道发育不全(aplasia of the duct system)

睾丸的输精管系统任何部分未能发育,其结果使精子不能传输到尿道,精子蓄积在管道堵塞的上部,久之发展成精子肉芽肿,和睾丸变性。多见于多种品种犬。

2. 嵌合体(chimeras)

(1)真性两性体(true hermaphrodite):真性两性体是动物个体内同时存在卵巢和睾丸组织。其嵌合体可能是XX/XY或者是XX/XXY染色体构成。具有阴蒂增大,小睾丸组织和雌性的外貌。多见于多种品种犬。

(2)XX/XY睾丸嵌合体(XX/XY chimeras with testes):动物具有遗传性类似阴门样的开张结构,在类似阴门样的开张结构里,可见发育不全的阴茎,没有外部可见的阴囊或睾丸(睾丸在肾脏尾部顶端附近),但有2个子宫角。多见于老英国牧羊犬。

3. 染色体数异常(chromosomal number abnormalities)

(1)XXY综合征(XXY syndrome):此综合征不像乌龟壳色被毛猫(三色猫)那样容易诊断,这是由于被毛颜色似是而非,患者临床上也表现出正常无症状。正常外部显性雄性,有79个XXY染色体构成,具有小的睾丸和发育不全的生精管,无有明显的精子生成。

(2)XO综合征(XO syndrome):此综合征在雌性犬发生,具有正常的显性,但直到2岁也无发情表现。多见于多伯曼平斯彻犬。

(3)三倍体-X综合征(triple-X syndrome):此综合征在雌性犬发生,具有正常的显性,由于生殖器官发育不充分,直到2岁也无发情表现。多见于万能㹴犬。

4. 染色体性别异常(chromosomal sex abnormalities)

犬有78个染色体,包括X和Y染色体。患者无论是显性的雄性和雌性,都具有异常的性染色体结构,除嵌合体和镶合体外,还有发育不充分的生殖器官,除个别个体外,大多是无生殖能力。多见于多种品种犬。

5. 隐睾病(cryptorchidism)

在正常情况下,犬在出生后10 d,睾丸下降到阴囊里。如果在出生后8周龄,2个睾丸仍不在阴囊里,就有可能是隐睾病。这可能是其父或其母具有隐睾病基因,传给了后代。杂合雄性、杂合雌性和纯合雌性是显性正常携带者,只有纯合雄性是隐性。多见于观赏和小型贵妇犬、博美犬、约克夏㹴犬、凯恩㹴犬、达克斯猎犬、吉娃娃犬、马耳他犬、拳师犬、北京犬、英国斗牛犬、小型雪纳瑞犬、设得兰牧羊犬、西伯利亚哈士奇犬。

6. 尿道下裂(hypospadias)

尿道下裂是尿道口位置发生了异常,它位于正常龟头位置的复侧或上侧。尿道口位于龟头的异常位置是轻度尿道下裂;位于阴茎体的是中度尿道下裂;位于阴茎阴囊联合处、阴囊处或会阴处的是严重尿道下裂。尿道下裂还可能伴有隐睾病、阴囊异常、永久性苗勒氏(副中肾管)结构和雌雄间性。多见于波士顿㹴犬和其他品种犬。

7. 阴茎骨畸形(os penis deformity)

阴茎骨畸形偏向,严重的阴茎不能完全回收进包皮里。长久暴露阴茎龟头,能引起龟头干

燥、外伤和坏死。多见于多种品种犬。

8. 永久性阴茎系带(persistent penile frenulum)

在龟头的腹侧末端到阴茎的包皮或阴茎腹侧面，存在有永久性连接的结缔组织系带。多见于多种品种犬。

9. 包皮异常(prepuce anomaly)

动物包皮异常变短，使龟头长期暴露，结果使龟头干燥、外伤和坏死。多见于多种品种犬。

10. 假两性(pseudohermaphroditism)

(1)雌性假两性(female pseudohermaphroditism)：雌性假两性具有XX染色体(雌性染色体)结构和卵巢，但其内在或外在生殖器官是雄性化。多见于多种品种犬。

(2)雄性假两性(male pseudohermaphroditism)：雄性假两性具有XY染色体(雄性染色体)结构和睾丸，但其内在或外在生殖器官具有一定程度的雌性化。多见于小型雪纳瑞犬、贵妇犬、北京犬。

11. 睾丸发育不全(testicular hypoplasia)

动物一侧或两侧的生殖生精管生殖上皮发育异常，结果导致精液精子减少或无精子性不育，一般常常在初情期后发现。多见于多种品种犬。

12. 阴道脱出(vaginal prolapse)

在有雌激素刺激期间，水肿的阴道组织突出阴道，常常暴露在阴门外。多见于大型品种犬。

13. XX性别逆转(XX sex reversal)

动物的染色体和性腺不相同时，叫做性别逆转。犬XX性别逆转有78XX染色体结构，及性腺睾丸组织变化数量。患犬是XX真两性或XX雄性，具有轻度到重度性腺雄性化。多见于科克猎犬、比格犬、巴哥犬、凯利蓝㹴犬、魏玛纳犬、德国短毛指示犬。

十五、呼吸系统疾患

1. 支气管软骨发育不全(ronchial cartilage hypoplasia)

犬多在出生后前几个月发病，主要症状是常常表现为严重的呼吸窘迫。多见于北京犬。

2. 支气管食管瘘(ronchoesophageal fistula)

瘘管连接食管和气管，唾液和食物可通过瘘管进入肺脏。多见于多种品种犬。

3. 喉发育不全(laryngeal hypoplasia)

喉部发育不完全，其表现为喉部出现不同程度的狭窄。多见于斯凯㹴犬和短嘴品种犬。

4. 喉麻痹(laryngeal paralysis)

犬在吸气时喉部外展不能，从而产生哑吠声和软湿性咳嗽，再后变得更为严重，其呼吸困难的喘鸣声变得更加明显。多见于佛兰德畜牧犬、西伯利亚哈士奇犬、大麦町犬。

5. 肺气肿(pnlmonary emphysema)

是细支气管远端出现异常大的气空泡，患病犬最早可在6周龄时出现呼吸窘迫。多见于多种品种犬。

6. 原发性纤毛运动障碍(primary ciliary dyskinesia)

呼吸道上皮上的纤毛机能异常,其结果是黏膜纤毛清除呼吸道分泌物、吸入颗粒和感染因子功能变差。多见于英国指示犬、英国斯波灵格猎犬、边境科利犬、英国赛特犬、大麦町犬、多伯曼平斯彻犬、吉娃娃犬、金毛寻回犬、老英国牧羊犬、松狮犬、卷毛比熊犬、罗德威尔犬、沙皮犬、挪威猎鹿犬。

7. 鼻孔狭窄(stenotic nares)

鼻孔狭窄犬在吸气时,由于可引起喉部部分真空而发生喉部塌陷,故而多出现呼吸困难、张口呼吸和鼾声。多见于短嘴品种犬和沙皮犬。

8. 气管塌陷(tracheal collapse)

发生原因是气管环发育异常,导致气管上下部变的扁平了。多见于短嘴品种犬和小型品种犬,如吉娃娃犬、贵妇犬、博美犬。

9. 气管发育不全(tracheal hypoplasia)

气管环异常发育,最多见的是容易继发呼吸道感染。多见于短嘴品种犬和沙皮犬。

十六、皮肤疾患

1. 黑皮棘皮症(acanthosis nigricans)

黑皮棘皮症是皮肤反应型的,其特点是两侧腋下色素过多、苔藓化和脱毛。多见于达克斯猎犬。

2. 肢端残缺(acral mutilation syndrome)

肢端残缺是一种感觉神经病,表现为肢端进行性毁坏。开始是啃咬和舔舐后肢趾端,可达到相当严重损伤程度。多见于德国短毛指示犬、英国指示犬。

3. 肢皮炎(acrodermatitis)

患犬出生后,皮肤上有轻度色素,机体虚弱,不能很好地咀嚼和吞咽,生长缓慢。到6周龄时,在足垫、耳部、鼻端和所有的机体自然孔周围,出现皮肤损伤。多见于美国斗牛㹴犬。

4. 广泛性脱毛(alopecia universalis)

动物全身无被毛覆盖,不存在并发机体附件异常。多见于美国无毛㹴犬、比格犬。

5. 皮肤发育不全(不全性上皮增值病)[aplasia cutis (epitheliogenesis imperfecta)]

皮肤发育不全是鳞状上皮突变,动物出生时闪红光,与皮肤缺陷有明显区别。缺陷覆盖平整的1～3层,再到立方形上皮和缺乏所有附件的基质。多见于多种品种犬。

6. 黑毛囊发育异常(black hair follicular dysplasia)

出现的被毛缺陷仅限于黑色被毛区域,包括毛稀少、折断、粗短毛缺乏正常光泽,以及出现周期性皮肤鳞片。多见于黑白花杂种犬、长须科利犬、巴赛特猎犬、蝴蝶犬、舒柏奇犬、达克斯

猎犬。

7. 足垫胶原疾患(collagen disorder of the footpads)

动物所有的足垫较正常的软,常常易受损伤。可能在一个或多个足垫上,发展成分离性溃疡,尤其是在腕足垫和跗足垫上。损伤包括胶原溶解和中性粒细胞炎症性多灶区域。多见于德国牧羊犬。

8. 皮肤颜色突变性脱毛(color mutant alopecia)

皮肤颜色突变是外胚层缺陷,其特点是局部脱毛,被毛干燥无光泽,皮肤上有鳞片和丘疹。缺陷还在对受影响被毛的变黑作用和皮层结构上发生。

多见于多伯曼平斯彻犬、爱尔兰赛特犬、松狮犬、达克斯猎犬、标准贵妇犬、大丹犬、格力猎犬、惠比特犬、巴赛特猎犬、波士顿㹴犬、吉娃娃犬。

9. 皮肤无力(埃-当综合征、显性胶原发育异常、皮肤易脆综合征、皮肤脆裂症)[cutaneous asthenia (ehlers-danlos syndrome, dominant collagen dysplasia, demmal fragility syndrome, dermatosparaxis)]

皮肤无力是结缔组织病,其特点是皮肤疏松,伸展过度,异常脆弱,小外力易损伤。多见于比格犬、达克斯猎犬、拳师犬、圣班纳犬、德国牧羊犬、英国斯波灵格猎犬、格力猎犬。

10. 皮肤黏蛋白沉积症(cutaneous mucinosis)

在一些犬品种,它们具有独特的膨大脸部外貌,以及增厚的多层皮肤皱褶。多见于沙皮犬。

11. 皮肤血管病(cutaneous vasculopathy)

表现为血管炎,以及鼻子、耳朵边缘和趾足垫胶原溶解。多见于德国牧羊犬。

12. 皮肤肌炎(dermatomyositis)

是自发性皮肤和黏膜炎症。其综合征存在有家族性历史。发病早期损伤多位于骨骼突出部位,这些部位易受到外伤。几乎所有皮肤损伤动物都伴有一定程度肌肉损伤。多见于科利犬、设得兰牧羊犬、彭布罗克威尔士柯基犬、澳大利亚牧牛犬、松狮犬、德国牧羊犬。

13. 皮样囊肿窦(dermoid sinus)

在胚胎发育期间,由于神经管缺陷,造成皮肤和神经管不能完全分开。囊肿窦是皮肤管状凹痕,像一个盲囊从腹中线伸展到皮下组织,或通过脊髓管伸展到硬膜。多见于罗德西亚脊背犬、西施犬、拳师犬。

14. 趾部角化过度(digital hyperkeratosis)

在动物生命的早期,所有的四个趾足垫角化过度,患病足垫发生皲裂,继而继发感染和出现疼痛。多见于爱尔兰㹴犬、法国波尔多犬。

15. 外胚层缺陷(ectodermal defect)

动物出生后,其机体正常有被毛部分的 2/3 无被毛,无被毛皮肤变的极薄,但皮肤附件不受影响。多见于小型贵妇犬、惠比特犬、科克猎犬、比利时牧羊犬、拉萨犬、约克夏㹴犬、小型贵妇犬。

16. 表皮发育不良(epidermal dysplasia)

是家族型皮肤角质化缺陷,首先在四肢端和腹部出现红斑和瘙痒,继续发展出现严重的皮肤色素过度和皮脂溢。多见于西高地白㹴犬。

17. 大疱性表皮松解(epidermolysis bullosa)

可能是犬家族性一种轻型皮肤肌肉炎,但其肌肉损伤不明显。多见于科利犬、设得兰牧羊犬。

18. 稀毛症(hypotrichosis)

患病动物有未发育完全的外胚层缺陷,在其皮肤里有毛囊残留物和其他表皮附件;有些病例可能固定在一定的被毛颜色型犬。稀毛症也可在生后发生,并作为一种拖延性发作特征。多见于比格犬、约克夏㹴犬、拉布拉多寻回犬、拉萨犬、爱尔兰水猎犬、观赏贵妇犬、法国斗牛犬。

19. 鳞癣(ichthyosis)

动物部分或全身皮肤发生极严重的角化过度,在趾部垫、腕部垫和跗部垫逐渐加重增厚。动物在出生时便有鳞癣,随着年龄增长呈现更加严重。多见于西高地白㹴犬、美国皮特斗牛㹴犬、波士顿㹴犬、多伯曼平斯彻犬。

20. 致死性肢皮炎(lethal acrodermatitis)

其特点是生长迟缓、肢皮炎、脓皮症、甲沟炎、腹泻、肺炎和行为异常,常常在15月龄以前死亡。多见于英国斗牛㹴犬。

21. 苔藓-牛皮癣样皮炎(lichenoid-psoriasiform dermatosis)

患病动物从无症状,到最初在耳廓、外耳道和鼠蹊部,看到对称性出现红斑、丘疹和大斑。随着时间增进,损伤变得更加角化过度,并散播到脸部、机体腹部和会阴部。多见于斯普灵格猎犬。

22. 痣(nevi)

痣是皮肤局部发展的缺陷。痣发育增生成块状时,一般称为错构瘤。其他类型的包括皮脂痣、表皮色素过多痣和黏膜皮肤血管瘤痣。多见于德国牧羊犬、小型贵妇犬、小型雪纳瑞犬、设得兰牧羊犬。

23. 局部脱毛(partial alopecia)

这是一种特别的犬品系,机体有不同程度的脱毛。多见于中国无毛犬、墨西哥无毛犬、吉娃娃犬、阿比西尼亚沙犬、土耳其无毛犬、秘鲁无毛犬、Xoloitzcuintli 犬。

24. 先天性皮脂溢(seborrhea,congenital)

幼犬出生后即皮肤干燥和被毛无色,然后发展出现小片皮肤角化过度和鳞屑,鳞屑和碎片黏附积聚在毛干上。多见于英国斯普灵格猎犬。

25. 酪氨酸酶缺乏(tyrosinase deficiency)

酪氨酸酶缺乏可引起舌头、颊部黏膜和部分毛干颜色变化,此酶是机体内合成黑色素所必需的。多见于松狮犬。

26. 酪氨酸血症(tyrosinemias)

幼犬早期发生眼睛和皮肤损伤,发育迟钝。这是由于肝脏细胞酪氨酸氨基转移酶缺乏,使

血清酪氨酸浓度增加。酪氨酸结晶沉积在组织里，引起炎症反应，导致眼睛和皮肤损伤。多见于德国牧羊犬。

27. 白斑(vitiligo)

动物皮肤色素消失，尤其是鼻孔周围、唇部、颊部黏膜和脸部皮肤；足垫和爪子也可能受到影响。多见于多伯曼平斯彻犬、罗德威尔犬、比利时牧羊犬、特瓦仁牧羊犬、德国牧羊犬、老英国牧羊犬、达克斯猎犬。

第二节　猫先天性疾患

一、机体外观疾患

1. 连体(conjoined twins)

是两个胚胎或胚胎部分连在一起了，其连接可能是整体或部分，如头部、胸部或腹部(常叫相似双胞胎)；另外，仅一部分联合的有双颊、两个头或双尾等。

2. 疝(hernia)

(1)膈疝、腹膜心包疝和胸膜腹膜疝(diaphragmatic, peritoneopenicardial and pleuroperitoneal)：腹膜心包疝比胸膜腹膜疝更多见，其临床表现取决于进入疝囊内组织的多少。

(2)裂孔疝(hiatal)：膈-食管韧带有缺陷，使食管胃结合处向前进入了胸腔。

(3)腹股沟疝(inguina)：腹股沟环和白线的腱膜形成有缺陷而致。

(4)脐疝(umbilical)：脐孔未能正常闭锁，随着年龄长大，腹腔压力增大，使网膜或小肠进入缺孔而形成。

3. 漏斗状胸(pectus excavatum)

胸骨生入胸腔，肋骨腹部末端扭转，进入移位胸骨节的背侧。

二、骨骼和关节疾患

1. 软骨发育不全(achondroplasia)

机体肌肉瘦弱和萎缩，特别是后肢肌肉；出生时肢端缩短；幼猫常常在1～4月龄死亡；另外，还有肝脏疾病和腹水。

2. 无肢(amelia)

没有腿。

3. 短趾(brachydactyly)

其外侧趾短小，机能差。

4. 短尾[brachury (short tail)]

正常的长尾动物发生。尾巴短小。

5. 颅面异常(craniofacial abnormalities)

多见于头部畸形的品种。异常常常很严重,可威胁到生命。凡其品种具有遗传性头型异常的幼猫,才有存活的希望。多见于缅甸猫。

6. 颅裂(cranioschisis)

头盖骨软处发生裂沟,缺陷常发生在颅顶或出现永久性囟门。

7. 复肢(dimelia)

某肢出现双肢。

8. 缺指(ectrodactyly)

前爪指的全部或部分发育不全。

9. 缺肢畸形(ectromelia)

前肢仅存肩胛骨。

10. 前肢和后肢发育停止(forelimb and hind limb,arrested development)

像袋鼠样的猫,前肢短,后肢长。母猫多发。多见于苏格兰折耳猫。

11. 髋骨发育异常(hip dysplasia)

由于原发性肌肉和骨骼生长发育不一致,引起髋股关节畸形。多见于泰国猫和其他品种猫。

12. 骨质疏松(osteoporosis)

由于异常骨骼钙吸收引起,幼猫常呈现出游泳状。其骨 X 线片骨密度仍然是一致的。

13. 髌骨脱臼(patellar luxation)

由于改变了维持正常髌骨中部、单侧或双侧的结构而引起。常常发生在年轻猫。多见于德文雷克斯猫。

14. 缺肢畸胎(peromelus ascelus)

后肢发育不全。

15. 多趾(polydactyly)

后趾的第一趾出现双趾。

16. 桡侧半肢畸胎(radial hemimelia)

动物在生长早期,其桡骨单侧或双侧明显发育不良。桡骨不能在中部支撑腕部,引起爪部游离。

17. 荐尾发育不全(sacrocaudal dysgenesis)

荐尾椎畸形。多见于曼克斯猫和其他品种猫。

18. 并趾(syndactyly)

指(趾)融合在一起,只单指(趾)存在。

19. 尾扭结(tail kinked)

两尾椎扭结发生在椎体环状纤维变性连接处,缺陷常发生在尾端,外科手术纠正无效。

20. 脊椎异常(vertebral anomalies)

在椎体右侧和左侧发育不对称,或者不能融合时,一般多见于胸部第7～9脊椎,可使椎体的一侧变短或出现畸形;在相邻的2个或多个椎体不能完全分段时,可发生椎体阻断或融合;由于永久性脊索矢状分裂,引起椎体的矢状分裂,导致蝴蝶状椎体出现;脊椎异常常出现压迫脊髓。

三、心血管系统疾患

1. 主动脉狭窄(aortic stenosis)

主动脉狭窄最常发生在瓣膜下,有的其纤维软骨组织脊位于主动脉瓣下,其瓣膜处或瓣膜上主动脉狭窄少见。

2. 心房异常(atrial anomalies)

心房异常很少单独发生,它常常与其他心脏异常同时存在;另一个心房异常是有3个心房,它是右心房永久性胚胎欧氏瓣存在的后果。

3. 心内膜纤维弹性组织增生症(endocardial fibroelastosis)

其特点是心内膜的弹性和胶原纤维增生,左侧心房和心室一般不发生。仔猫出生后第一天即发生损伤,以后生长缓慢而死亡。可能同时存在主动脉狭窄。多见于缅甸猫和泰国猫。

4. 二尖瓣畸形(mitral valve malformation)

指二尖瓣环扩张,瓣膜小叶异常,改变了索腱和乳头肌肉。

5. 动脉导管未闭(patent ductus arteriosus)

胎儿时的动脉导管,出生后2～3 d即关闭;如果不关闭则为动脉导管未闭。此时还有很多心脏缺陷,如隔膜和瓣膜缺陷。多见于泰国猫、波斯猫和其他品种猫。

6. 长久性心房停顿(persistent atrial standstill)

长久性心房停顿心搏缓慢,阿托品对其无效。对患有此症状的猫,需植入永久性起搏器。多见于泰国猫、缅甸猫和家养短毛猫。

7. 右侧永久性主动脉弓(persistent right aortic arch)

主动脉起源于右侧第四动脉弓,由于动脉韧带通过可使食管堵塞。

8. 肺动脉狭窄(pumonic stenosis)

是指右心室和肺动脉干之间出现的狭窄或堵塞。虽然狭窄可出现在肺动脉瓣膜上、瓣膜或瓣膜下,但肺动脉狭窄多见于瓣膜发育不全。

9. 法乐氏四联症(tetralogy of fallot)

本症包括心室隔膜缺损、右心室外排血流受阻、右心室肥大和主动脉右位骑跨在缺损的心室间隔上。

10. 三尖瓣发育异常(tricuspid valve dysplasia)

其幅度异常,包括瓣膜尖、索腱、乳头肌和室组织异常;由于瓣膜不完全,使右心房和右心室增大。

11. 心室提前兴奋综合征(ventricular preexcitation syndrome)

它是一个分离出来的异常,其发生与先天性解剖异常有关。

12. 心室隔膜缺损(ventricular septal defect)

一般是单一缺陷,缺陷位于隔膜高处的三尖瓣和主动脉瓣下。

四、造血、免疫和淋巴系统疾患

1. 全身水肿(anasarca)

患病动物全身皮下水肿和液体蓄积。

2. 中性粒细胞颗粒异常(anomaly of neutrophil granulation)

中性粒细胞颗粒小于嗜酸性粒细胞颗粒,其颗粒似乎是原始性颗粒,但并不影响中性粒细胞机能。多见于伯曼猫。

3. 切迪阿氏-希盖士氏综合征(Che'diak-Higashi syndrome)

其特征是眼部分出现白化症;如虹膜颜色变淡,眼底出现低色素变化;白细胞核黑素细胞颗粒增大;较早发生眼睛白内障,还有出血倾向。多见于波斯猫和其他品种猫。

4. 凝血蛋白性疾病(coagulation protein disorders)

(1)凝血因子Ⅻ(factorⅫ)缺乏:也叫接触因子。此因子缺乏与出血素质无关联。缺乏动物易于病原微生物感染和\或形成血栓。

(2)凝血因子Ⅸ(血友病B)[factorⅨ(hemophilia B)]缺乏:是与动物性别有关的出血性疾患。常见的症状有断脐带的过多出血,其他的典型表现有关节出血,换牙出血,以及自发的血肿形成等。多见于英国短毛猫、泰国猫、家养短毛猫。

(3)凝血因子Ⅷ:C(血友病A)[factor Ⅷ:C (hemophilia A)]缺乏:是临床上最常见的遗传性出血疾患的一种,猫的缺陷比其他动物要轻些。其出血倾向类似于凝血因子Ⅸ。

(4)凝血因子Ⅷ缺乏([冯]维勒布兰德氏病,也叫遗传性假血友病)[factor Ⅷ (von Willebrand's disease)]:此因子缺乏与凝血因子Ⅷ相关的抗原(von Willebrand's因子)缺陷或缺乏有关,出血倾向类似于凝血因子Ⅷ缺乏。多见于喜马拉雅猫和其他品种猫。

5. 淋巴水肿(lymphedema)

原发性淋巴水肿是由于淋巴系统的异常发育。淋巴管道可能发育不全、发育不良或过度发育;淋巴结可能正常;淋巴细胞生成过少或缺乏。其表现特点1个或多个肢端出现发软、可凹陷的无疼痛性水肿,一般是后肢。有时可见腹腔或胸腔出现渗漏液。

6. 黏多糖沉积症(mucopolysaccharidosis)

黏多糖沉积症Ⅰ是由于缺乏 *α-L-*艾杜糖苷酶,黏多糖沉积症Ⅵ是缺乏芳基硫酸酯酶B。用甲苯胺蓝染色血涂片,在黏多糖沉积症Ⅵ,常可看到中性粒细胞里的颗粒;而在黏多糖沉积症Ⅰ,用瑞氏或用甲苯胺蓝染色血涂片,中性粒细胞里的颗粒不上色,但可能还存在超显微结构。利用甲苯胺(果浆)斑点试验[toluidine (Berry) spot test],能检验出猫尿中两型黏多糖沉积症的过量糖胺聚糖(黏多糖)。多见于家养短毛猫和泰国猫。

7. 佩耳格尔-许特异常(Pelger-Huet anomaly)

此异常为减少了颗粒细胞核小叶。异常的核形状降低了细胞的运动性和趋向性。但不是所有的患者都有细胞趋向性缺陷,因此没有增加皮肤易感性危险。

8. 血小板紊乱(thrombopathia)

是固有的血小板疾患。患病动物显示出血小板的质和量的典型缺陷,包括鼻和齿龈出血及斑点,具有异常纤维蛋白原受体的暴露,以及损伤了致密颗粒释放的特点。

9. 胸腺发育不良(thymic aplasia)

患病动物在1～3月龄时,可发现胸腺萎缩,临床症状包括生长迟缓、消瘦和化脓性肺炎。多见于伯曼猫。

10. 胸腺鳃囊肿(thymic branchial cyst)

是由胚胎时胸腺组织前身的鳃裂上皮遗留物引起,囊肿发生在胸腺或颈部皮下组织。

五、消化系统疾患

1. 肛门缺失(anorectal defect)

有肛门闭锁、部分发育不全、直肠阴道瘘、直肠前庭瘘、无阴道裂和直肠尿道瘘。最常见的是无肛门孔。

2. 短颌(brachygnathia)

上颌比下颌较长。

3. 腭裂-唇裂复合症(cleft palate-cleft lip complex)

唇裂常常是唇或鼻孔下单一的缺陷。腭裂可分为口腔上腭皱褶裂、软腭不完全融合或通过裂腭的口鼻瘘。多见于泰国猫。

4. 环咽肌迟缓失能(cricopharyngeal achalasia)

环咽肌失能,部分甲状腺咽肌松弛,使食物团从咽部移到食管顶部。

5. 异常出牙(abnormal dentition)

异常出牙包括无牙、缺少一个或更多牙齿、保留脱落牙齿、增多牙齿、牙齿密度增大和形状异常等。

6. 小肠淋巴管扩张(intestinal lymphangiectasia)

小肠淋巴系统形成异常,导致蛋白丢失性肠病。

7. 小肠异常(intestinal anomalies)

小肠先天性异常,包括某肠段闭锁或重叠,如果不进行外科手术纠正,动物难以生存。

8. 美克耳氏憩室(Meckel's diverticulum)

回肠的囊状或附属物,它们是从未闭合的卵黄蒂衍生而来。

9. 巨结肠症(megacolon)

结肠由于缺少肠肌层丛,使结肠变的粗大、扩张和增生。多见于便秘、腹腔膨大和厌食。

10. 自发性食管扩张(megaesophagus,idiopathic)

其特点是食管的运动系统紊乱,引起在咽和胃之间的食物异常或不能下咽。还与猫家族性自由神经机能紊乱(Key-Gaskell 综合征:年轻猫一种进行性致命的自主多神经病)有关。多见于泰国猫和其他品种猫。

11. 小唇(microcheilia)

口裂变小。

12. 突颌(prognathism)

上颌比下颌较短。多见于缅甸猫和波斯猫。

13. 幽门狭窄(pyloric stenosis)

特点是幽门孔道狭窄,它不像犬那样是幽门肌肉肥大。多见于泰国猫。

六、肝脏疾患

1. 胆管闭锁(biliary atresia)

由于胆管未发育完全,使肝脏和十二指肠之间不能完全连通。

2. 胆囊异常(gallbladder anomalies)

先天性胆囊异常包括只有 3 个叶或 2 个叶胆囊。两个分开的胆囊,其胆囊管联合成一个共同的管道。胆囊小管是从肝脏、胆囊或共同胆管衍生出来的额外小管。小梁性胆囊是从肝脏小梁管派生出来的。

3. 肝脏囊肿(hepatic cyst)

囊肿可能起源于肝脏实质或管道。大多数起源于管道,这是由于一个或多个原发性小胆管未能与胆管联通,此后发展成囊肿。

4. 肝内动脉门脉瘘(intrahepatic arterioportal fistulas)

这是由于共同胚胎原基未能分化,使门脉压升高和通过许多门脉系统侧枝使支路畅通,从而产生腹水。

5. 门系统静脉支路(portosystemic venous shunts)

①肝内性的门系统静脉支路(intrahepatic portosystemic venous shunts):胎儿时期的一些静脉管道仍然残留着,而且还开放着(出生后应该闭锁);另外还可能存在一些大的肝脏内开放的静脉;这些静脉起源于胎儿静脉,经历肝脏后进入左侧肝静脉,然后进入后腔静脉。

②肝外性的门系统静脉支路(extrahepatic portosystemic venous shunts):猫的左侧胃静脉支路管是经常存在的。其他支路是门静脉和后腔静脉通路,或者门静脉和奇静脉通路(这两条通路应在出生后闭锁)。出生后幼猫完全没有门静脉通过肝脏是不常见的。多见于家养短毛猫和长毛猫、喜马拉雅猫、波斯猫、泰国猫。

七、内分泌和代谢系统疾患

1. 尿崩症(diabetes insipidus)

此病可能起源于下丘脑垂体神经部。其幼猫的表现常常是有限性的多尿和多饮水。

2. 糖尿病(diabetes mellitus)

此病可能在早期6月龄时变的明显了。其胰腺损伤包括β细胞萎缩,以及一些非炎性腺泡细胞萎缩。患病动物常常表现生长缓慢,多尿和多饮,排软便或腹泻。

3. 高乳糜微粒血症(hyperchylomicronemia)

原因是脂蛋白酯酶缺乏,表现为饥饿性高脂血、脂血性视网膜炎和外周神经病。多见于家养短毛猫、喜马拉雅猫、波斯猫和泰国猫。

4. 甲状旁腺机能降低(hypoparathyroidism)

源于缺少甲状旁腺组织。表现为存在严重的低血钙,出现典型的肌肉颤抖、痉挛和抽搐。

5. 甲状腺机能降低(hypothyroidism)

为甲状腺发育不全、甲状腺激素循环传递异常、激素生成障碍、先天性甲状腺刺激激素缺乏或严重碘缺乏引起。其结果可引起幼猫早期死亡,但死因难以诊断。

6. 新生幼仔猫低糖血症(neonatal hypoglycemia)

起病可发生在哺乳期间,此时由于糖原或蛋白物质贮存不当,或因未成熟的肝脏酶系统;也可能发生在断奶后,由于各种原因引起的难于采食到食物。其表现消瘦、无精神、甚至昏迷,个别的还有抽搐。

7. 卟啉症(porphyria)

源于过量产生卟啉,并积蓄在骨骼和牙齿,还从粪便和尿液排出,其颜色是棕色,在荧光下表为红色。多见于家养短毛猫、波斯猫。

八、眼睛疾患

1. 眼眦皮肤异常(aberrant canthal dermit)

皮肤生长在内眼角的球结膜和睑结膜上。

2. 眼睑发育不全(agenesis of the eyelid)

眼睑缺少不同的边缘,常常在上眼睑颞部缺少1/3。多见于家养短毛猫、波斯猫。

3. 无眼畸胎(anophthalmos)

完全缺少眼球。

4. 无晶状体(aphakia)

先天性缺少晶状体,常常伴有其他眼缺损发生。

5. 眼裂狭窄(blepharophimosis)

两眼裂之间异常狭窄。

6. 白内障(cataracts)

动物在6月龄前的白内障分为先天性的或年幼性的,先天性白内障在出生时便存在,但一般要到6~8周龄才能发现,此白内障可能是遗传性的或继发于在子宫时的影响,诊断需向动物主人了解它们的父母,以及以前生的幼犬有无白内障,或动物谱系等;年幼性白内障发生从生后到6岁龄,虽然其发生有多种因素,但遗传是主要原因。年幼性白内障的病程常常是进行性的，而其进行速度是不同的，在诊断出年幼性白内障后，一年内晶状体可变得完全浑浊。如果仍有机能性视力，幼猫先天性或年幼性白内障，常常在第一年内自然地被吸收掉。多见于家养短毛猫、波斯猫、波曼猫和喜马拉雅猫。

7. 角膜营养不良(corneal dystrophy)

在生命早期发生，常常是双眼，角膜中心先发生。多见于曼克斯猫和家养短毛猫。

8. 皮样囊肿(dermoid)

当眼睑打开后，常常在角膜和边缘区域，首先看到的有类似皮样肿物，此肿物生长在一只眼上或双眼上。多见于波曼猫、缅甸猫、家养短毛猫。

9. 双行睫(districhiasis)

它是从眼板腺孔生长出的额外一排睫毛，其睫毛位于眼睑边缘里，上眼睑、下眼睑或上下眼睑都可能发生。

10. 散开性斜视(divergent strabismus)

在生后 2 个月期间打开眼睑，可注意地看到正常眼睛呈线状发育。

11. 睫毛移位(ectopic cilia)

睫毛的位置异常。多见于泰国猫。

12. 眼球内陷(enterochromia)

是眼球后退入眼眶内了，最常见于小眼猫。

13. 眼睑内翻(entropion)

是眼睑向内翻转。由于睑板盘形成不良，所以最常发生在下眼睑。多见于波斯猫。

14. 青光眼(glaucoma)

此病少见，因为猫在 1 岁内眼内压增高是非常少见的。多见于泰国猫、家养短毛猫。

15. 虹膜异色性(heterochromia iridis)

虹膜颜色发生了变化，常发生在次白化病动物。在视网膜照膜(tapetum)上的色素上皮色素也发生了变化，脉络膜可同时发生。多见于波斯猫、安哥拉猫。

16. 虹膜囊肿(iris cyst)

可通过此囊物成球形和附着在乳头边缘上来诊断。

17. 小角膜(microcornea)

眼睛在其中间和侧边具有更多的球结膜，但一般无明显的视力问题。

18. 小晶状体(microphakia)

在瞳孔放大以后，异常的小晶状体沿着延长的睫状体突起，可以看到。多见于家养短毛猫、泰国猫。

19. 小眼(microphthalmos)

眼球体未能发育成正常大小，其特点是眼球内陷程度不同，伴有或不伴有其他眼缺损，常常伴有的其他眼缺陷有眼缺损、永久性瞳孔膜、白内障、中线葡萄样肿、脉络膜发育不全、视网膜发育不良和脱离、视神经发育不全，其视力常受损伤等。

20. 自发性眼球震颤(spontaneous nystagmus)

由于异常的视力通道发育的原因。多见于泰国猫。

21. 视神经缺损(optic nerve colobomas)

视神经盘出现凹陷或洞。视神经缺损可单独发生,或伴有更多的眼缺陷。

22. 视神经发育不全(optic nerve hypoplasia)

患猫常常是两眼视力都差。当同窝幼猫视力都差时,主人也通常难以发现。在单侧眼损伤时,由于健康眼的代偿看物,偶尔便可发现患眼视力差。没有直接光线照射眼睛时,患眼表现迟钝。安静时患眼瞳孔大于正常眼。患眼的视神经盘一般小于正常眼的一半,它的中间凹陷,外周是色素。多见于家养短毛猫。

23. 永久性瞳孔膜(persistent pupillary membranes)

出现在虹膜前表面上的胚胎血管系统的残留物。

24. 瞳孔异常(pupillary anomalies)

在瞳孔边缘的鼻腹侧有似缺口样的缺陷,形成了钥匙孔样瞳孔。偏心瞳孔(瞳孔移位)还伴有多种眼缺陷。

25. 萎缩性视网膜变性(retinal degeration,atrophy)

开始视网膜损伤发生在照膜(tapetum)光反射过强的灶形区域;以后损伤愈合,进入弥散性视网膜变性。多见于泰国猫、波斯猫、阿比西尼亚猫。

26. 视网膜发育异常(retinal dysplasia)

其特点是视网膜外层折叠或成玫瑰花结样,此时的变化为不同视网膜细胞环绕着中心腔进行排列。更严重的视网膜发育不良表现为视网膜脱离,视网膜下液体蓄积。视网膜发育不良可能单独发生,或与其他先天性眼缺陷有关。

27. 会聚性斜视(strabismus,convergent)

眼睛只有有限的能力去调整协调两眼,故而出现了非正常的协调。多见于泰国猫。

28. 照膜发育不全(tapetal hypoplasia)

照膜缺少视力,眼底呈明显的红棕色反射。

29. 倒睫(trichiasis)

眼睫毛从正常位置偏向接触眼睑和角膜。

九、耳朵疾患

1. 耳聋(ddeafness)

听力减弱或丧失,先天性耳聋是最多见的。可能是一只耳朵或两只耳朵部分或完全耳聋,单侧耳聋最常见。使用电诊断仪检验耳聋的程度轻重,报告脑干反应潜力,阻断测听术是最常用的方法。听力丧失多继发于内耳螺旋器官变性、发育不全或发育异常。多见于白色被毛蓝眼睛的猫,有时也见于白色被毛其他颜色眼睛的猫。

2. 折耳(folded ears)

折耳常与尾巴和远端骨骼异常有关,尤其是与尾椎缩短有关,其爪过度生长。多见于苏格兰折耳猫。

3. 四耳(four ears)

头两侧各增多一个小外耳郭,常与小眼和小颌有关。

十、神经系统疾患

1. 颅骨闭锁不全(cranial dysraphism)

颅骨闭锁不全是由于神经管闭锁不全的原因。可见的颅骨闭锁不全包括无脑(幼犬在诞生时无脑,或者更多见是仅有基本核和小脑发育的好);露脑(由于先天性颅骨裂使脑暴露);颅裂(头骨裂开);脑突出和脑膜突出(脑或脑膜通过先天性颅骨裂突出);独眼(其特点是单眼窝与完全或部分眼球发育不全)。多见于多种品种猫。

2. 小脑活力缺乏(cerebellar hypoplasia)

小脑完全发育不全,动物生后,其临床症状有小脑机能紊乱,但不向严重程度发展。最常见是与猫泛白细胞减少病毒感染有关。

3. 脑积水(hydrocephalus)

在颅骨内过量积聚脑脊髓液,有脑室内过量积液和脑室外过量积液之说。先天性脑脊液可能是由于结构缺陷所致,如在中脑小管阻碍脑脊髓液外流,或防碍脑脊髓液吸收引起。多见于泰国猫和其他品种猫。

4. 溶酶体贮积病(lysosomal storage diseases)

(1)蜡样脂肪褐质病(ceroid lipofuscinosis):原因不详,可能是 p-苯二胺酶缺乏。多见于泰国猫。

(2)GM_1 神经节苷脂沉积症(GM_1 gangliosidosis):由于 β-半乳糖苷酶缺乏引起。多见于泰国猫、克拉特猫、家养短毛猫。

(3)GM_2 神经节苷脂沉积症(GM_2 gangliosidosis):是 β-氨基已糖苷酶缺乏,使过多 GM_2 神经节苷脂积聚在大脑皮质,引起神经元变性。发病在 2~4 周龄,表现共济失调、颤抖和四肢麻痹。多见于家养短毛猫、科拉特猫。

(4)球状细胞脑白质营养不良(globoid cell leukodystropy)由 β-半乳糖脑苷酶缺乏引起。是脱髓鞘脑白质病,其特点为进行性恶化。在 2 周龄时发病,表现尖锐性哭叫、共济失调、视力不济、角弓反张和后肢瘫痪,多在 6 周龄前死亡。多见于家养短毛猫。

(5)糖原沉积病(glycogenosis):由 α-葡萄糖苷酶缺乏引起。多见于家养短毛猫、挪威森林猫。

(6)甘露糖苷过多症(mannosidosis):由甘露糖苷酶缺乏引起。多见于家养短毛猫、波斯猫。

(7)异染性脑白质营养不良(mtachromatic leukodystropy):由芳基硫酸酯酶缺乏引起。多见于家养短毛猫。

(8)黏多糖沉积症Ⅰ(mucopolysaccharidosis Ⅰ):有 α-L-艾杜糖苷酸酶缺乏引起。多见于

家养短毛猫、泰国猫、科拉特猫。

(9)黏多糖沉积症Ⅵ(mucopolysaccharidosis Ⅵ):由β-芳基硫酸酯酶缺乏引起。多见于泰国猫。

(10)神经鞘髓磷脂沉积病(sphingomyelinosis):由神经鞘髓磷脂酶缺乏引起。多见于家养短毛猫、泰国猫、巴林猫。

5. 发作性睡眠猝倒(narcolepsy-cataplexy)

过多性的白昼睡眠(发作性睡眠)。发作性睡眠猝倒常常与急性肌肉紧张度减弱期有关联。

6. 神经轴索营养不良(neuroaxonal dystrophy)

中枢神经里的神经轴索明显膨大(神经轴索偏球体),症状表现是典型的小脑病,此病始于5～6周龄,并呈进行发展。多见于三色品种猫。

7. 神经病(neuropathy)

由于外周神经、脊髓和小脑的有髓鞘纤维广泛性损失,结果引起了动物在8～10周龄期间后肢瘫痪。多见于波曼猫。

8. 脊柱裂(spina bifida)

此症是脊椎弓闭合缺陷,有时与发育异常,或脑膜和/或脊髓突出有关。症状有无尾、步伐伸展过度、排便和排尿失禁。多见于曼克斯猫、马耳他猫、杂交泰国猫。

9. 海绵状脑病(spongiform encephalopathies)

此病表现为多灶性神经机能紊乱,中枢神经系统白质有明显的空泡形成。多见于埃及猫。

10. 前庭疾病(vestibular disorders)

患病动物在出生后或在出生后几周内,表现出前庭机能紊乱症状,如头歪斜、转圈、滚动等。前庭缺陷可能是单侧或双侧。以后虽然可能有些代偿发生,使症状不再发展,但也不会消失。多见于泰国猫、缅甸猫。

十一、神经肌肉系统和肌肉疾患

1. 进行性骨化纤维发育不良(fibrodysplasia ossificans progressiva)

其特征为进行性步伐僵硬,肢上部肌肉组织增大。X线片可显出患部肌肉组织多处钙化密度增加。

2. 遗传性肌病(hereditary myopathy)

其特征是进行性头和颈部向下弯曲,肩胛骨向背侧突出,巨食管症,全身附件变的软弱和极易疲劳。一般在3周龄以上才容易发现以上症状。多见于德文雷克斯猫。

3. 重症肌无力(myasthenia gravis)

由于突触后膜乙酰胆碱感受器的先天性缺陷,引起神经肌肉传递信息失灵引发,一般可在6～9周龄以上注意到此病。多见于泰国猫和家养短毛猫。

4. 线虫肌病(nemaline myopathy)

幼猫在6～18月龄期间,可看到高跷步伐,不愿活动;同时出现进行性后肢伸展过度。

5. X-链肌肉营养不良(X-linked muscular dystrophy)

在6～9周龄时发病，首先表现为高跷步伐，同时还有进行性两后肢齐腿跳。多见于泰国猫、欧洲和家养的短毛猫。

十二、泌尿系统疾患

1. 异位输尿管(ectopic ureter)

异位输尿管可为单侧或双侧性的，可能与其他尿道异常有关。患猫大多数是雌性，自出生或断奶后有排尿失禁病史。

2. 膀胱移位(盆腔膀胱)[malposition of urinary bladder (pelvic bladder)]

膀胱向尾部移位，可引发排尿失禁，也与其他尿道异常有关。

3. 肾脏缺陷(renal defects)

(1)肾脏发育不全或缺少(agenesis or absence of kidneys)：此病可能是单侧或双侧的，常常伴有输尿管发育不全。右肾比左肾多发，双侧肾脏发育不全或缺少是致命的，可引起幼猫逐渐衰竭综合征。

(2)淀粉样变质(amyloidosis)：肾脏淀粉样变质对肾脏机能的影响，主要是依据发病后肾脏病变的程度。动物肾脏衰竭逐渐发生，典型表现是严重的蛋白尿和低蛋白血症。多见于阿比西尼亚猫。

(3)融合(马蹄)肾[fusion (horseshoe) kidney]：胚胎时肾脏就融合了。其发生常与临床症状无关。

(4)多囊肾(polycystic kidneys)：在肾脏实质里有多个大小不一、充满液体的囊。患病动物可能无症状表现，或者呈现出迅速发展成肾脏衰竭。多见于波斯猫。

(5)原发性高草酸尿症(primary hyperoxaluria)：此病由于肾小管里沉积多量草酸盐，从而引发急性肾脏衰竭，并与全身下运动神经元变弱有关。多见于家养短毛猫。

(6)肾重叠(renal duplication)：肾重叠常常偶尔发现，它与肾脏机能改变引发的临床症状多无关联。

(7)肾异位(renal ectopia)：由于正常胚胎的肾脏上升发育受阻，使肾脏位于盆腔里或在腰部下位置。常常是偶尔发现，它与肾脏机能降低无关。

4. 脐尿管异常(urachal anomalies)

脐尿管异常是存在永久性脐尿管，其膀胱和脐部相通，再通到盲囊，至到顶腹侧脐尿管憩室。

5. 输尿管疝(ureterocele)

在输尿管的黏膜下层胀大，其胀大段进入了膀胱。

6. 尿道异常(urethral anomalies)

尿道异常包括尿道下裂(发生在阴茎下面或会阴处)、尿道闭锁、尿道异位、尿道发育不全(与阴茎发育不全有关)重复尿道和尿道肛门瘘等。

7. 膀胱异常(urinary bladder anomalies)

膀胱异常包括膀胱外翻、重复膀胱和膀胱发育不全。

十三、生殖系统疾患

1. 无乳房(amastia)

缺少乳房。

2. 雄性生殖管道系统发育不全(aplasia of the duct system)

睾丸的输精管系统任何部分未能发育,其结果使精子不能传输到尿道,精子蓄积在管道堵塞的上部,久之发展成精子肉芽肿和睾丸变性。

3. 嵌合体(chimeras)

(1)真性两性体(true hermaphrodite):真性两性体是动物个体内同时存在卵巢和睾丸组织。其嵌合体可能是XX/XY或者是XX/XXY染色体构成。具有阴蒂增大,小睾丸组织和雌性的外貌。

(2)XX/XY睾丸嵌合体(XX/XY chimeras with testes):动物具有遗传性类似阴门样的开张结构,在类似阴门样的开张结构里,可见发育不全的阴茎,没有外部可见的阴囊或睾丸(睾丸在肾脏尾部顶端附近),但有2个子宫角。

4. 染色体数异常(chromosomal number abnormalities)

(1)XXY综合征(XXY syndrome):此综合征在乌龟壳色被毛猫(三色猫)容易诊断。患病动物临床上表现出正常外部显性雄性,具有小的睾丸和发育不全的生精管,无有明显的精子生成。多见于三色猫。

(2)XO综合征(XO syndrome):此综合征在雌性猫发生,具有正常的显性,但直到2岁也无发情表现。

(3)三倍体-X综合征(triple-X syndrome):此综合征在雌性猫发生,具有正常的显性,由于生殖器官发育不充分,直到2岁也无发情表现。

5. 隐睾病(cryptorchidism)

在正常情况下,猫在出生后10 d,睾丸下降到阴囊里。如果在出生后8周龄,2个睾丸仍不在阴囊里,就有可能是隐睾病。这可能是其父或其母具有隐睾病基因,传给了后代。杂合雄性、杂合雌性和纯合雌性是显性正常携带者,只有纯合雄性是隐性。

6. 尿道下裂(hypospadias)

尿道下裂是尿道口位置发生了异常,它位于正常龟头位置的复侧或上侧。尿道口位于龟头异常位置的是轻度尿道下裂;位于阴茎体的是中度尿道下裂;位于阴茎阴囊联合处、阴囊处或会阴处的是严重尿道下裂。尿道下裂还可能伴有隐睾病、阴囊异常、永久性苗勒氏(副中肾管)结构和雌雄间性。

7. 阴茎骨畸形(os penis deformity)

阴茎骨畸形偏向,严重的阴茎不能完全回收进包皮里。长久暴露阴茎龟头,能引起龟头干燥、外伤和坏死。

8. 卵巢发育不全(ovarian agenesis)

缺少1个或2个卵巢。

9. 卵巢发育不良(ovarian hypoplasia)

一侧或两侧卵巢生殖上皮异常发育,导致猫不能生育,通常可在第一次发情后知道。

10. 包皮异常(prepuce anomaly)

动物包皮异常变短,使龟头长期暴露,结果使龟头干燥、外伤和坏死。

11. 假两性(pseudohermaphroditism)

(1)雌性假两性(female pseudohermaphroditism):雌性假两性具有XX染色体结构和卵巢,但其内在或外在生殖器官是雄性化。

(2)雄性假两性(male pseudohermaphroditism):雄性假两性具有XY染色体结构和睾丸,但其内在或外在生殖器官具有一定程度的雌性化。

12. 睾丸发育不全(testicular hypoplasia)

动物一侧或两侧的生殖生精管生殖上皮发育异常,结果导致精液精子减少或无精子性不育,一般常常在初情期后发现。

13. 脐带发育不全(umbilical cord aplasia)

脐带缺乏发育。

14. 阴道闭锁(vagina atresia)

阴道缺少或闭锁。

15. 阴门闭锁(vulvar atresia)

缺少阴门。

十四、呼吸系统疾患

1. 支气管软骨发育不全(bronchial cartilage hypoplasia)

猫多在出生后前几个月发病,主要症状是常常表现为严重的呼吸窘迫。

2. 支气管食管瘘(bronchoesophageal fistula)

瘘管连接食管和气管,唾液和食物可通过瘘管进入肺脏。

3. 喉发育不全(laryngeal hypoplasia)

喉部发育不完全,其表现为喉部出现不同程度的狭窄。

4. 鼻孔发育不全(nares agenesis)

鼻孔狭窄猫在吸气时,由于可引起喉部部分真空而发生喉部塌陷,故而多出现呼吸困难、张口呼吸和鼾声。多见于缅甸猫。

5. 气管塌陷(tracheal collapse)

发生原因是气管环发育异常,导致气管上下部变得扁平。

6. 肺脏单侧发育不全(unilateral agenesis of lung)

胸腔一侧缺少肺脏或一肺叶。

十五、皮肤疾患

1. 广泛性脱毛(alopecia universalis)

动物全身无被毛覆盖,不存在并发机体附件异常。多见于斯芬克斯猫、加拿大无毛猫。

2. 皮肤发育不全(不全性上皮增值病)[aplasia cutis (epitheliogenesis imperfecta)]

是鳞状上皮突变,动物出生时闪红光,与皮肤缺陷有明显区别。缺陷覆盖平整的1～3层,再到立方形上皮和缺乏所有附件的基质。

3. 皮肤无力(埃-当综合征、显性胶原发育异常、皮肤易脆综合征、皮肤脆裂症)[cutaneous asthenia (ehlers-danlos syndrome, dominat collagen dysplasia, demmal fragility syndrome, dermatosparaxis)]

皮肤无力是结缔组织病,其特点是皮肤疏松、伸展过度、异常脆弱、小外力易损伤。多见于喜马拉雅猫和其他品种猫。

4. 稀毛症(hypotrichosis)

患病动物有未发育完全的外胚层缺陷,在其皮肤里有毛囊残留物和其他表皮附件;出生时的少量被毛在2周龄时也脱落了。被毛再生长在6周龄时,但在6月龄时又完全脱掉。只有警戒毛和腹下毛发展。多见于斯芬克斯猫、考尼史和德文雷克斯猫、墨西哥无毛猫、泰国猫、波曼猫。

5. 痣(nevi)

是皮肤局部发展的缺陷。痣发育增生成块状时,一般称为错构瘤。其他类型的包括皮脂痣、表皮色素过多痣和黏膜皮肤血管瘤痣。

6. 雷克斯猫突变体(Rex mutant)

幼猫具有波状不鲜明的被毛,成年后变成短的卷曲被毛,警戒毛和触毛正常或缺少。多见于雷克斯猫。

7. 油性皮脂溢(seborrhea oleosa)

在幼猫出生几天或几周后,其被毛出现油腻和鳞片,并有腐臭味。多见于波斯猫。

8. 三色被毛猫(tricolor coats)

三色被毛猫具有白色、黑色和橘黄色混杂被毛(乌龟壳样),或大片花斑被毛。

? 思考题

学习和尽量掌握犬猫先天性疾患临床症状,以便临床上诊断应用,你能做到吗?

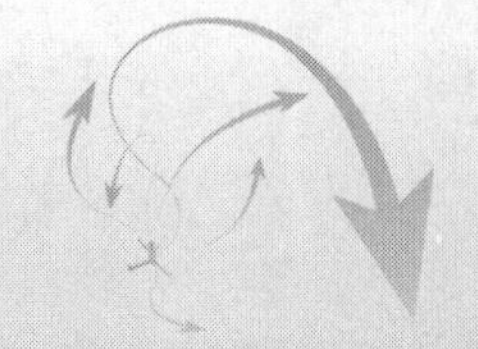

第十七章　其他犬猫相关疾病

重点提示

1. 了解人与犬猫糖尿病的不同点。
2. 了解犬猫糖尿病的不同点。
3. 学习犬猫糖尿病的诊断、治疗和预防方法。
4. 了解人和犬猫共患传染病。

第一节　犬猫糖尿病

一、什么是糖尿病

糖尿病是一组病因和发病机理尚未完全阐明的内分泌代谢性疾病，以高血糖为其共同特征。因胰岛素分泌绝对或相对不足，以及靶细胞对胰岛素敏感性降低，引起糖、蛋白质、脂肪和继发的水、电解质代谢紊乱。

我国糖尿病患者已达 4 000 多万人，人一旦患上糖尿病便不能根治，需终身用药治疗，犬猫也是这样。随着人糖尿病逐渐增多，犬猫糖尿病也在增多，据王九峰报道，西方发达国家猫糖尿病发病率占猫多发病的第四位，可达临床病例数的 6%，英国猫发病率达 0.43%。

二、人糖尿病的主要类型

不同类型糖尿病，胰岛素缺乏的原因并不相同。这是区分糖尿病类型的主要根据。按人类最新分类方法，人糖尿病主要可分为 4 类。

(1)1 型糖尿病：也叫胰岛素依赖性糖尿病(IDDM)或遗传性糖尿病。1 型糖尿病是一种自身免疫性疾病，身体的免疫系统对体内生产胰岛素的 β 细胞做出攻击，最终导致体内胰岛素缺乏，患者需要终身注射外源性胰岛素来控制体内的血糖。我国 1 型糖尿病人至少有 100 万人。

(2)2 型糖尿病：也叫胰岛素非依赖性糖尿病(NIDDM)或后天性糖尿病，它是在体内的胰岛素不能发挥应有的作用(称为胰岛素抵抗)的基础上，出现胰岛素产生、分泌过程缺陷。

(3)特殊类型糖尿病：已经知道明确病因的糖尿病，包括基因突变糖尿病、药物所致糖尿病，如肾上腺皮质激素类药物以及其他疾病导致的糖尿病等。

(4)妇女妊娠糖尿病：妊娠妇女发生的糖尿病。我国已批准只有诺和锐(属于速效人胰岛素类似物)可用于妇女妊娠糖尿病的治疗。

人糖尿病诊断主要依据3个方面：一是饥饿8～12 h后，血糖>6.1 mmol/L；二是吃食后2 h，血糖>7.9 mmol/L；三是糖化血红蛋白>7.0%，一般便可诊断为糖尿病。为了更进一步诊断，有的还需做口服葡萄糖耐量和胰岛素功能试验。

三、犬糖尿病

犬糖尿病几乎95%以上都是胰岛素依赖性糖尿病（1型糖尿病），非胰岛素依赖性糖尿病（2型糖尿病）极少见，4～14岁易发，母犬发病率一般是公犬的2倍。

1. 犬糖尿病发病原因

①遗传性因素：糖尿病多发的品种有肯斯猎犬（Keeshond）、普利克狮犬（Pulik）、凯恩狮犬（Cairn terriers）和小型平斯彻犬（Miniature pinschers）。另外，贵妇犬（Poodles）、小型雪纳瑞犬（Miniature schnauzers）、拉布拉多寻回犬（Labrador retrieres）、拉萨犬（Lhasa apsos）、西伯利亚哈士奇犬（Siberian huskies）和约克夏狮犬（Yorkshire terriers）等品种，也容易发生糖尿病。

②其他发病原因：免疫介导性胰岛炎、胰腺炎、肥胖、感染、并发病、药物性（如肾上腺糖皮质激素）和胰岛淀粉样变性等。

犬猫临床上引起高血糖的原因较多，诊断时一定要注意鉴别，详见表17-1。

表17-1 引起犬猫高血糖的多种原因

引起犬猫高血糖的多种原因
糖尿病*
应急（尤其是猫多见）*
采食食物后，尤其是软而湿润的食物
肾上腺皮质机能亢进*
甲状腺机能亢进（猫）
肢端肥大症（猫）
发情间期（母犬）
嗜铬细胞瘤（犬）
胰腺炎
胰腺外分泌肿瘤
肾脏机能不足或降低
临床药物治疗*，最多见的有肾上腺糖皮质激素、孕激素和醋酸甲地孕酮
含糖液体的应用，特别是肠道外给的含糖营养混合物，如静脉输入糖液
实验室检验的错误

* 临床上相对多见。

2. 犬糖尿病临床症状

典型表现是三多，即多饮、多尿、多食，并伴有体重减轻，逐渐消瘦。严重者还有呕吐、脱水、体温降低、意识不清，甚至还有昏迷。实验室检验血糖浓度升高。犬血糖参考值3.3～6.7 mmol/L，犬应激时，有时血糖可达9～7 mmol/L，但持续几小时或几天便恢复正常；而犬禁食后血糖达16.8 mmol/L（300 mg/dL），以及空腹或食后血糖浓度持续分别达到8.4或11.2 mmol/L，即可诊断为糖尿病。

犬糖尿病可分为无酮血症糖尿病和有酮血症糖尿病。

①无酮血症糖尿病：表现为多饮、多尿、多食和逐渐消瘦。实验室检验表现出血液血糖(GLU)、血液尿素氮(BUN)、丙氨酸氨基转移酶(ALT)、碱性磷酸酶(ALP)和胆固醇(CHOL)增多。尿液检验表现出葡萄糖阳性，酮体阴性。

②有酮血症糖尿病：表现为多饮、多尿、多食和逐渐消瘦、呕吐和呼出烂苹果味气体。实验室检验表现出血液血糖(GLU)、血液尿素氮(BUN)、丙氨酸氨基转移酶(ALT)、碱性磷酸酶(ALP)和胆固醇(CHOL)增多，钠(Na)、钾(K)和氯(Cl)减少，以及代谢性酸中毒。尿液检验表现出尿葡萄糖阳性，尿酮体阳性。

3. 犬糖尿病治疗

因为犬糖尿病多为1型，即使极少数是2型，临床上也难以区别，故在治疗初期选用人用中效胰岛素[中性精蛋白锌(NPH)胰岛素]较好，小型犬可用不超过1 U/kg，大型犬可用不超过0.5 U/kg，皮下或肌肉注射，每天2次，同时饲喂犬糖尿病处方粮，这样一般不易引起低血糖。第一次用胰岛素治疗，当血糖浓度降低到10 mmol/L时，应适当输入些5%葡萄糖溶液。血糖浓度降低到6 mmol/L时，应停止应用胰岛素。患病动物不食食物时，还可以考虑继续应用胰岛素，直到动物吃食物。用胰岛素治疗犬糖尿病，最好保持血糖浓度为5.0～9.0 mmol/L。

第1天用胰岛素治疗后，如果血糖浓度仍然高于10 mmol/L，可继续适当增加胰岛素用量。增加胰岛素用量的多少主要依据血糖浓度的高低，血糖浓度高，增加的多些；血糖浓度低，增加的少些，一直到血糖浓度变得低于10 mmol/L为止。如果第2天血糖浓度变得低于正常参考值时，就得减少胰岛素的用量。

犬猫严重糖尿病酮酸中毒用胰岛素治疗，可采用以下2种方法。

(1)短效胰岛素(普通胰岛素，正规胰岛素)肌肉注射，剂量0.2 U/kg，然后每小时0.1 U/kg肌肉注射，最好每30 min测1次血糖，直到血糖水平＜13.75 mmol/L(250 mg/dL)，再改为0.5 U/kg，每6～8 h皮下注射1次。

(2)静脉注射短效胰岛素，0.05～0.1 U/(kg·h)，将胰岛素稀释在生理盐水(0.9% NaCl溶液)中。可根据血糖降低的速度，调节静脉输入速度，等到血糖水平降到接近13.75 mmol/L时，再改为0.5 U/kg，每6～8 h皮下注射一次。血糖水平降低的速度，一般每小时4.13 mmol/L(75 mg/dL)为好。但是，如果犬糖尿病，每次用胰岛素超过1.5 U/kg(有的认为超过2.2 U/kg)，仍无作用时，表明胰岛素无作用或具有胰岛素抵抗。

(3)犬猫糖尿病胰岛素治疗无作用或抵抗的原因见表17-2。

表17-2 犬猫糖尿病胰岛素治疗无作用或抵抗的原因

胰岛素治疗无作用的原因	并发病原因
胰岛素无活性	致糖尿病药物(如肾上腺皮质药物)
胰岛素稀释过度	肾上腺皮质机能亢进
用药技术不当	母犬发情间期(即发情后)
剂量不当	猫肢端巨大症
索马吉(Somogyi)作用*	感染(尤见于口腔和尿道感染)

续表 17-2

胰岛素治疗无作用的原因	并发病原因
胰岛素治疗次数不当	犬甲状腺机能降低
胰岛素吸收不良(尤其是长效胰岛素)**	猫甲状腺机能亢进
抗胰岛素抗体存在	肾脏机能不足
	心脏机能不足
	犬胰高血糖素瘤
	嗜铬细胞瘤
	慢性炎症(特别是慢性胰腺炎)
	胰腺外分泌不足
	严重肥胖和高脂血症
	肿瘤

* 索马吉作用:是指使用过量胰岛素,血糖急剧降低至 3.5 mmol/L 后,激发诱导释放胰高血糖素、皮质醇和儿茶酚胺,引起的高血糖症,叫胰岛素诱导的高血糖。

** 如果动物脱水严重,皮下注射胰岛素易发生吸收不良。因此,第一次使用胰岛素时,可用部分胰岛素剂量,肌肉注射或静脉注射(短效胰岛素),以利吸收;其余胰岛素剂量,皮下注射。

(4)动物临床上应用人用胰岛素注射剂的起效时间、达峰值时间和作用持续时间,见表 17-3。

表 17-3　人用胰岛素注射剂按作用时间长短分类*

胰岛素制剂	起效时间	达峰值时间	作用持续时间
速效胰岛素类似物	10～15 min	1～2 h	4～6 h
短效胰岛素	15～60 min	2～4 h	5～8 h
中性精蛋白锌(NPH)胰岛素(中效胰岛素)	2.5～3 h	5～7 h	12～16 h
长效胰岛素	3～4 h	8～10 h	长达 20 h
长效胰岛素类似物(甘精胰岛素)	2～3 h	无峰	24 h
预混胰岛素(70/30)	0.5 h	双峰	14～24 h
精蛋白锌胰岛素(PZI)**	3～4 h	12～24 h	24～36 h
精蛋白生物合成人胰岛素	0.5 h	2～8 h	24 h
注射液(预混 30R)***			

* 此表数据来源于人的研究,犬猫的达峰值时间和作用持续时间可能较短。

** 此胰岛素适用于人中、轻度糖尿病。本胰岛素来源于猪,较适用于犬,因为猪和人的胰岛素与犬的胰岛素非常相似;而牛的胰岛素与猫的胰岛素非常相似,一般用相似的胰岛素治疗相应的犬或猫糖尿病,效果比较好。

*** 本品为可溶性中性胰岛素和低精蛋白锌胰岛素混悬液(NPH)的混合物,含短效胰岛素和中效胰岛素,一般用于犬猫糖尿病的初期治疗。

(5)用胰岛素治疗犬糖尿病时,如何根据血糖水平来调整胰岛素用量,参见表 17-4。

表 17-4 犬糖尿病时根据血糖水平来调整胰岛素用量

血糖水平/(mmol/L)	每 6～10 h 皮下注射胰岛素单位	
	小型犬	大、中型犬
>22.4	在原剂量上增 1～2 U	在原剂量上增 2～4 U
13.44～22.4	仍用原剂量	在原剂量上增 1～2 U
10.0～13.44	在原剂量上减少 2 U	在原剂量上减少 4 U
10.0	在 4～6 h 内停用胰岛素	在 4～6 h 内停用胰岛素

用胰岛素治疗犬糖尿病，又如何根据早晨犬尿中糖含量来调整胰岛素用量，可参考 10 kg 体重犬的调整方法，详见表 17-5。由表中可知，早晨尿中含微量糖时，可不急于调整胰岛素用量，需继续测量尿糖 2～4 d 后，再决定调整胰岛素用量。

表 17-5 10 kg 体重犬根据早晨尿糖量调整胰岛素用量方法

尿糖含量 2%	增加应用 1 U (大型犬为 2～3 U)
尿糖含量 1%或 0.5%	增加应用 0.5 U (大型犬为 2～3 U)
尿糖含量 0.1%～0.5%	按前 1 d 用量应用(也可增 0.5 U，大型犬增 1～2 U)
尿糖阴性	减少应用 1 U(大型犬为 2～4 U)

(6)胰岛素使用注意事项：尽管对犬猫及时使用胰岛素，可使血糖达标已成为所有兽医的共识，但犬猫糖尿病血糖达标率仍较低。而合理的胰岛素治疗方案，规范的注射技术及对注射笔和针头的正确选用，是胰岛素治疗的关键三要素。这三要素将直接影响到胰岛素剂量的准确性和胰岛素作用的发挥，对血糖达标至关重要。合理的胰岛素治疗方案就是筛选好胰岛素治疗剂量；规范的注射技术就是不要在同一体位内轮换注射，以免影响胰岛素吸收；对注射笔和针头的正确选用就是对注射针头不能重复使用，每次使用应换新针头，因为新旧针头对控制血糖有着密切的关系。此外，在临床上曾发现进口胰岛素用量比国产胰岛素用量要少，某犬用进口胰岛素 10 U 降低血糖的作用和国产胰岛素 30 U 降糖作用相当。因此，在国产和进口胰岛素互相转换应用时，注意血糖浓度的变化，并根据血糖浓度变化，调节胰岛素用量。

(7)治疗犬糖尿病除应用胰岛素外，还应根据血液和生化检验结果，补充液体(如生理盐水和乳酸林格氏液)，缺钾补钾，低磷酸盐血症发生在严重糖尿病的酮酸中毒时，此时应补充磷酸钾溶液。酮酸中毒还得用碳酸氢钠治疗。糖尿病酮酸中毒时，如有细菌感染，可考虑应用广谱抗生素治疗。犬猫严重糖尿病酮酸中毒时，开始的治疗和管理见表 17-6。

表 17-6 犬猫严重糖尿病酮酸中毒开始的治疗和管理

①输液治疗：先静脉输入生理盐水，然后和乳酸林格氏液交替使用。如果血浆渗透压大于 350 mOsm/kg，可改输 0.45%盐水，输时应注意动物反应。最初输液速度为 60～100 mL/(kg・d)，以后根据脱水状况、排尿多少和液体的继续丢失，决定输液量。
②钾的供给：应根据血清钾的浓度；如果未测血清钾，可按每升液体里加入氯化钾 20 mmol 或磷酸钾 6.7 mmol(20 mEq)，输入钾速度不超过 0.5 mmol/(kg・h)。

续表 17-6

③磷酸盐供给：当磷酸盐小于 0.5 mmol/L 时，就该静脉输入含磷溶液。如果使用磷酸钾，可按每升液体里加入磷酸钾 6.7 mmol(20 mEq)即可，此时既供应了磷又供应了钾。磷的输入速度为 0.01～0.03 mmol/(kg·h)。
④葡萄糖供给：输液治疗当中，当血糖低于 10 mmol/L 时，可适当静脉输入些 5%葡萄糖液。
⑤碳酸氢钠溶液治疗：血浆碳酸氢钠含量小于 12 mmol/L 或 pH<7 时，才可以补充碳酸氢钠溶液。如果不知道，可暂时不补充，如果病情特别严重，也可适当补充一些。补充量计算公式如下：
碳酸氢钠(mmol) = 体重(kg) × 0.4 × (20 − 病者 HCO_3^-) × 0.5
此量为治疗头 6 h 用量，6 h 后再测血浆碳酸氢钠，如果小于 12 mmol/L，还应再补。公式中×0.5 为输入计算量的一半，输入多了怕引起高 HCO_3^- 血症。
⑥抗生素治疗：糖尿病酮酸中毒时，常常发生并发症，如果有细菌感染，需用广谱抗生素肌肉注射或静脉注入。

四、猫糖尿病

猫 1 型糖尿病(胰岛素依赖性糖尿病)和 2 型糖尿病(胰岛素非依赖性糖尿病)各占约 50%；欧洲有的国家统计，2 型糖尿病占 80%，1 型糖尿病只占 20%。任何品种和年龄的猫都可发生，而老年猫(10 岁以上)和绝育公母猫多发，去势公猫最为易发，肥胖猫比正常猫发病率高 3.9 倍，临床上 70%的糖尿病猫是公猫。

1. 猫糖尿病发病原因

胰腺中胰岛淀粉样变性、肥胖、感染、并发病、药物(如醋酸甲地孕酮)和胰腺炎，可能还有遗传性因素和免疫介导性胰腺中胰岛炎有关。

2. 猫糖尿病临床症状

临床症状类似于犬，也是三多和一轻。猫血糖参考值 3.5～7.5 mmol/L。而猫应激时，有人报道有时血糖可达 15.8～22.4 mmol/L(300～400 mg/dL)，但无糖尿，而犬无此现象。血液糖化血红蛋白(GHb)和果糖胺(FRA)检验正常时，此时也不是糖尿病。

猫糖尿病时不但具有临床症状，在饥饿时还有持续的高血糖和尿糖。

3. 糖化血红蛋白和果糖胺

糖化血红蛋白是指红细胞中血红蛋白和葡萄糖结合了的那一部分，所占血红蛋白的百分数。果糖胺是血浆中蛋白质在葡萄糖非酶化过程形成的一种物质，单位用 μmol/L 表示。当血液中葡萄糖浓度升高一段时间后，动物体内所形成的糖化血红蛋白和果糖胺含量也会相对升高，糖化血红蛋白和果糖胺含量增多，见于各种类型未加以控制的糖尿病。果糖胺半衰期比糖化血红蛋白短，果糖胺水平可以提供过去 2～3 周平均血糖浓度水平，糖化血红蛋白可以稳定可靠地反映出检测前 2～3 个月的平均血糖浓度水平，并且不大会受抽血时间、是否空腹或饭后，是否抽血时使用降糖药物等因素的干扰。因此，患糖尿病的动物，在用药物降低血糖治疗期间，为了找到一个既能尽快将高血糖降下来，又不至于造成低血糖的治疗方案。最好每

3个月检测一次糖化血红蛋白，或2～3周检测一次果糖胺，或每年检测2次糖化血红蛋白，以便调整血糖控制方案，达到理想控制血糖的目的。控制好的糖尿病患犬和猫，其糖化血红蛋白浓度犬在4%～6%之间，猫在2%～2.5%之间；而控制不好的糖尿病患犬和猫，其犬糖化血红蛋白浓度在7% 以上，猫在3%以上。用亲和色谱法(affinity chromatography)检验糖化血红蛋白和用自动显色定量分析(automated colormetric assay)果糖胺，正常和患糖尿病的犬猫糖化血红蛋白和果糖胺值控制情况见表17-7。

表17-7 正常和患糖尿病的犬猫糖化血红蛋白和果糖胺值控制情况

项目	犬		猫	
	GHb/%	果糖胺/(μmol/L)	GHb/%	果糖胺/(μmol/L)
正常平均值	3	310	1.7	260
正常最高值	4	370	2.6	340
患病控制最好的	＜5	＜400	＜2	＜400
患病控制较好的	5～6	400～475	2.0～2.5	400～475
患病控制一般的	6～7	475～550	2.5～3.0	475～550
患病控制差的	＞7	＞550	＞3.0	＞550

但是，如果一个患糖尿病动物经常发生低血糖或高血糖，由于糖化血红蛋白是反映一段时间血糖控制的平均水平，所以其糖化血红蛋白完全有可能维持在正常范围，在这种情况下，它的数值就不能反映真正的血糖变化了。糖化血红蛋白还受红细胞的影响，在影响红细胞质和量的疾病时，如肾脏疾病、溶血性贫血等，红细胞数量减少时，所测得的糖化血红蛋白值也减少；红细胞数量增多时，所测得的糖化血红蛋白值也增多。因此，在红细胞减少或增多时，所测得的糖化血红蛋白值，不能反映真正的血糖水平，这需要大家注意。

血液糖化血红蛋白和果糖胺含量，不受犬猫因应急引起的高血糖影响。另外，不同厂家不同型号的仪器，测定的血液糖化血红蛋白和果糖胺含量参考值也不完全相同，所以应用参考值时，应以随本仪器的参考值为准，如日本ARKRAY,Inc.生产的SPOTCHEM™ Ⅱ生化仪，犬猫的果糖胺参考值是198～323 μmol/L。

目前，拜耳医药保健有限公司宣布，即时掌上糖化血红蛋白检测仪——拜安时在我国上市。此仪器仅需指血即可检测，5 min出结果，优点为用血少、简便、快速而精准。

4. 猫糖尿病治疗

(1)猫血糖浓度水平升高、无尿酮体、身体相对健康时的2型糖尿病，开始可用降血糖药物，常用的降血糖药物有格列吡嗪(glipizide)和格列本脲(glyburide)，其用量格列吡嗪为2.5 mg口服，每天2次；格列本脲0.625 mg口服，每天1次，可治疗2周，如无副作用和低血糖，可继续治疗；如不能降低血糖，血糖浓度水平大于17 mmol/L，还有尿酮体时，就得改用胰岛素治疗。猫糖尿病时，应用格列吡嗪治疗的副作用见表17-8。用格列本脲治疗猫糖尿病，其反应和副作用类似于格列吡嗪。

表 17-8 格列吡嗪治疗猫糖尿病的副作用

副作用	解决方法
用药 1 h 后呕吐	一般治疗 2～5 d 后，不再呕吐；如果呕吐严重，减少剂量或多次给药；呕吐超过 7 d 的，应停止服药。
血清肝脏酶活性增加	可继续治疗，每 1～2 周检验一次肝脏酶；如果猫嗜睡、无食欲和呕吐，丙氨酸氨基转移酶大于 500 U/L，应停止治疗。
黄疸	停止治疗；如果 2 周后，黄疸消失，可继续给予低剂量和多次给药；如果黄疸再次出现，须停止用此药物。
低血糖	停止给药；1 周后再检验血糖；如果高血糖又出现，可继续给予低剂量或多次用药。

(2)猫糖尿病胰岛素治疗：猫糖尿病治疗初期，选用人用长效胰岛素的甘精胰岛素(glargine)或精蛋白锌胰岛素(PZI)治疗较好，剂量为每只 1～2 U，每天 2 次，同时饲喂猫糖尿病处方粮。也有治疗初期选用人用中效胰岛素的中性精蛋白锌胰岛素(NPH)，用量为每只1～2 U，每天 2 次，同时饲喂猫糖尿病处方粮。如果血糖仍然高时，再改用人用甘精胰岛素或精蛋白锌胰岛素(PZI)治疗。但是，如果每只猫每次用胰岛素超过 6～8 U，仍无作用时，表明胰岛素无作用或具有胰岛素抵抗，详见表 17-2。需要说明一点的是：猫对胰岛素比犬敏感，第一天用胰岛素治疗后，血糖浓度水平控制在 5～15 mmol/L(90～270 mg/dL)就可以了。用胰岛素治疗糖尿病的高血糖，往往需要 1～3 d，甚至更长时间，才能使血糖降下来。因此，如果血糖浓度水平依然高时，需小心逐渐少量增加胰岛素用量，增加胰岛素用量大时，易引起低血糖症。患猫低血糖时，无精神似睡，严重的还有抽搐发生，甚至导致死亡。

(3)什么时候用胰岛素治疗猫糖尿病？猫患糖尿病初期，主人一般不易发现，等病情严重出现症状时主人才带病猫看医生。另外，猫的 1 型和 2 型糖尿病通常也难以区分。因此，大多数宠物医生一旦诊断猫是糖尿病时，便开始应用胰岛素治疗。而人医应用胰岛素治疗糖尿病的原则有 6 条，宠物医生在临床上治疗猫糖尿病时也可借鉴参考，6 条具体如下。

①人 1 型糖尿病。

②人口服降血糖药物不能有效地控制血糖的 2 型糖尿病。

③有急性并发症时，如酮症酸中毒时。

④有糖尿病引发的肾脏、眼睛、心脏、神经、组织坏死等严重的慢性并发症。

⑤急性感染、外伤、手术等应急情况。

⑥糖尿病合并妊娠及妊娠糖尿病患者。

五、犬猫糖尿病的并发症

详见表 17-9。

表 17-9 犬猫糖尿病的并发症

多见的并发症	不常见的并发症
医源性的低血糖	外周神经病(犬)
持久性的多尿、多饮和体重减轻	肾小球性肾病和肾小球性肾硬化
白内障(犬)	视网膜病
细菌性感染,特别是泌尿道	胰腺外分泌不足
胰腺炎(犬和猫)	胃轻性麻痹
酮酸中毒	糖尿病性腹泻
肝脏脂肪沉积	糖尿病性皮肤病(犬,如表皮坏死性皮炎)
外周神经病(猫)	肾脏衰竭
子宫蓄脓	肾上腺皮质机能亢进
充血性心脏衰竭	

六、犬猫糖尿病预后

犬猫糖尿病预后取决于动物主人治疗的信心、血糖控制、并存病和并发病。有人统计,患糖尿病的犬和猫一般还可以分别生存 2.7 年和 1.4 年,有的还可以生存好几年。但由于患糖尿病的犬猫多是老年动物,一般相对生存时间较短,死亡原因常由于严重酮酸中毒、并发病(如肾脏衰竭)和主人放弃治疗,或胰岛素治疗无作用或抵抗,高血糖不能降下来。

七、犬猫糖尿病防治展望

全世界人类糖尿病患者逐年增多,我国由于人民生活条件大大改善和提高,糖尿病发生人数也在迅速增多。因此,政府和医学界对糖尿病防治增加了投资和研究,也引进了一些国外新研究和开发的治疗糖尿病的医药,如引进丹麦诺和诺德公司的“精蛋白生物合成人胰岛素注射液(预混 30R)”。该品是可溶性中性胰岛素和低精蛋白锌胰岛素混悬液(NPH)的混合物,含30%短效胰岛素和 70%中效胰岛素,一般可借用于犬猫糖尿病的初期治疗。还有诺和诺德公司新开发的新一代胰岛素类似物“诺和平(地特胰岛素)”,我国已引进上市。此药不仅能有效提高长效胰岛素降糖治疗的安全性,而且每天只需使用 1 次,是口服降糖效果不佳的 2 型糖尿病患者开始使用胰岛素的理想选择。它能使 2 型糖尿病患者的血糖 24 h 控制平稳,全天血糖波动明显小于其他中效或长效胰岛素,能显著改善糖尿病患者的生活质量和生活安全性。

美国研制成功最新治疗人 2 型糖尿病药物“艾塞那肽注射液(exenatide injection)”,商品名“百泌达(byetta)”:其优点不需要监测血糖,不需要剂量调整,不产生低血糖,不会增加体重。它能帮助患者机体产生适量胰岛素,主要用于 2 型糖尿病。此药来源于美国西南和墨西哥沙漠中“希拉巨蜥”,它成年后每年只食 3～4 次食物,它有一种特殊的血糖调节机制。从它唾液中发现一种多肽物质,叫胰高糖素样肽-1,它能改善正在丧失制造胰岛素的 β 细胞机能,增强胰岛素的分泌,降低血糖,但它又有很好的自控能力,阻止过多胰岛素的分泌而引起的低血糖。它有较长时间机能,每天注射 2 次,在早餐和晚餐前各注射 1 次,一般在未使用胰岛素

之前使用，其剂量是固定的。2009 年 8 月在我国已上市，可在猫 2 型糖尿病上试用。

现在世界各国的科学家们，正在努力研制更新治疗人或动物糖尿病的药物，相信治疗糖尿病新药会不断出现。也有一些科学家设想研究利用胰岛细胞克隆一个类似胰腺物，然后植入人体或动物体内，让其长久均衡地释放胰岛素，用以弥补人体或动物体内胰岛素需要量的不足，不用再天天吃降血糖药物或天天注射胰岛素，达到一治久安。

八、犬猫糖尿病探讨和研究的目的及意义

目前我国糖尿病患者越来越多，已达 4 000 多万，即每 100 个人中，便有 3 个人患糖尿病；而犬猫糖尿病也会紧随其后，越来越多，这与人和犬猫营养过剩、运动减少有很大关系。据西方发达国家统计，临床上猫糖尿病占猫多发病的第四位，达 6% ；犬糖尿病也名列前茅。我国因饲养宠物历史较短，还没有具体统计数字，但现在不少犬猫已进入老年期，临床上犬猫糖尿病病例也逐渐增多，而我们的不少犬猫临床医生对诊断和治疗猫糖尿病还相当生疏，甚至还有些治疗严重不当，如用降血糖药物治疗犬糖尿病，用地塞米松治疗犬猫糖尿病等。为了找出一些适合我国防治犬猫糖尿病的较好方法，故需对犬猫糖尿病的诊断和防治进行探讨和研究。

第二节 人畜共患传染病

一、人畜共患传染病概述

是指在人类和动物之间自然感染和传播的疾病。按病原体分类，人畜共患传染病分为病毒病、细菌病、衣原体病、立克次氏体病、真菌病和寄生虫病等，世界各国共发现人畜共患传染病 400 多种，我国发现有 200 多种。

二、人畜共患传染病名录

根据《中华人民共和国动物防疫法》的有关规定，农业部会同卫生部制定了《人畜共患传染病名录》。名录中共列举了 26 种我国主要人畜共患传染病，分别是牛海绵状脑病、高致病性禽流感、狂犬病、炭疽、布鲁氏菌病、弓形虫病、棘球蚴病、钩端螺旋体病、沙门氏菌病、牛结核病、日本血吸虫病、猪乙型脑炎、猪Ⅱ型链球菌病、旋毛虫病、猪囊尾蚴病、马鼻疽、野兔热、大肠杆菌病（O157：H7）、李氏杆菌病、类鼻疽、放线菌病、肝片吸虫病、丝虫病、Q 热、禽结核病和利什曼病等。这 26 种主要人畜共患传染病是人和畜禽共患传染病。

三、人和犬猫共患传染病

农业部会同卫生部制定的我国《人畜共患传染病名录》，共列举了 26 种主要人畜共患传染病，其实人和犬猫共患传染病远不止这些。作者在这里列举的 48 种人和犬猫共患传染病，其中有 10 多种疾病可在《人畜共患传染病名录》中看到，而由犬猫咬伤引发的狂犬病对人类危害最大，可见了解人和犬猫共患传染病对人类预防人畜共患传染病是多么重要。现在把人和犬猫共患主要传染病列于表 17-10。

表 17-10　人和犬猫共患的主要传染病

病名	病原	传播途径	患病动物
1. 狂犬病*	狂犬病毒	咬伤、呼吸道和消化道	犬猫及温血动物
2. 流行性乙型脑炎	流行性乙型病毒	蚊子叮咬	犬猫和畜禽
3. 传染性脓疱(羊口疮)	口疮病毒	接触感染	猫、羊、犬
4. 猫抓病(猫抓热)	巴尔通氏体	猫抓、咬	猫
5. 北亚蜱传斑疹伤寒	西伯利亚立克次氏体	蜱叮咬	犬、鸟类及其他动物
6. 鹦鹉热	衣原体	空气传播	犬猫、鸟类及其他动物
7. 布鲁氏菌病*	犬布鲁氏杆菌	接触感染	犬猫和家畜等
8. 沙门氏菌病*	沙门氏菌	接触感染	犬猫和畜禽
9. 耶尔森氏菌小肠结肠炎	肠炎耶氏菌	接触感染	犬猫和畜禽
10. 伪结核病	伪结核耶氏菌	接触感染	犬猫和家畜
11. 弯曲菌病	空肠弯曲菌	接触感染	犬猫和畜禽
12. 鼻疽*	鼻疽假单胞菌	接触感染	犬猫和马、骆驼等
13. 炭疽*	炭疽杆菌	接触和食入	犬猫和家畜
14. 李氏杆菌病*	产单核细胞李氏杆菌	消化、呼吸和破伤	犬猫和畜禽
15. 破伤风	破伤风梭菌	伤口	犬猫和家畜
16. 嗜皮菌病	刚果嗜皮菌	损伤和蝇叮咬	犬猫和家畜
17. 钩端螺旋体病*	钩端螺旋体	接触感染	犬猫和畜禽
18. 兔热病	土拉杆菌	接触或昆虫	兔和鼠类
19. 莱姆病	博氏疏螺旋体	蜱叮咬	犬猫和多种动物
20. 皮肤真菌病	小孢子菌和毛癣菌	接触感染	犬猫和畜禽
21. 组织胞浆菌病	荚膜组织胞浆菌	吸入或食入	犬猫和家畜
22. 隐球菌病	新型隐球菌	吸入或伤口	犬猫和畜禽
23. 念珠菌病	白色念珠菌	经口和接触	犬猫和家畜
24. 孢子丝菌病	伸克氏孢子丝菌	伤口、消化道和呼吸道	犬猫和畜禽
25. 利什曼病(黑热病)*	杜氏利什曼原虫	白蛉叮咬	犬、狐和狼等
26. 贾第虫病	蓝氏贾第鞭毛虫	经食物和饮水	犬猫和家畜
27. 弓形虫病*	粪地弓形虫	经胎盘、消化、呼吸和伤口	犬猫和多种动物
28. 隐孢子虫病	鼠隐孢子虫	经食物和饮水	犬猫和家畜、鼠类
29. 阿米巴病	溶组织内阿米巴原虫	经食物和饮水	犬猫和猪、鼠

续表 17-10

病名	病原	传播途径	患病动物
30. 小袋虫病	结肠小袋虫	经食物和饮水	犬、猪、猿和鼠
31. 分体吸虫病*(血吸虫病)	日本分体吸虫	经皮肤和胎盘	犬猫和多种动物
32. 并殖吸虫病(肺吸虫病)	卫氏并殖吸虫	生吃虾蟹	犬猫和食肉动物
33. 华支睾吸虫病	中华支睾吸虫	生吃鱼	犬猫和多种动物
34. 片形吸虫病*	肝片形吸虫	经食物和水	犬猫和牛羊猪
35. 异形吸虫病	异形吸虫	生吃淡水鱼	犬猫和猪等
36. 后睾吸虫病	猫后睾吸虫	生吃淡水鱼	犬猫等
37. 绦虫病	犬复孔绦虫阔节裂头绦虫	跳蚤和吃生鱼	犬猫和吃生鱼动物
38. 棘球蚴病(包虫病)*	细粒棘球蚴绦虫和棘球蚴	接触和吃生肉	犬猫和牛羊狼狐狸
39. 裂头蚴病	孟氏迭宫绦虫	生吃甲壳动物	犬猫和食肉动物
40. 蛔虫病	弓首蛔虫	经食物和饮水	犬猫和多种动物
41. 旋毛虫病*	旋毛虫	吃生肉或未煮熟的肉	犬猫和多种动物
42. 类圆线虫病	粪类圆线虫	经皮肤和黏膜	犬猫和狐狸
43. 钩虫病	犬钩虫等	经口和皮肤	犬猫和多种动物
44. 吸吮线虫病(眼虫病)	结膜吸吮线虫	蝇等	犬猫和兔鼠马
45. 颚口线虫病	棘颚口线虫	生吃淡水鱼	犬猫和鸡鸭等
46. 巨吻棘头虫病	蛭形巨吻棘头虫	金龟子	犬猫和猪
47. 疥螨病	犬疥螨、猫背肛螨、耳螨	直接接触	犬猫和多种动物
48. 跳蚤病	犬猫栉首蚤	直接接触	犬猫和多种动物

* 收录在《人畜共患传染病名录》中。

思考题

1. 人与犬猫糖尿病有什么不同?
2. 用人用降血糖药物能治疗犬糖尿病吗? 为什么?
3. 为什么有人主张治疗犬猫糖尿病一开始就用胰岛素?
4. 用胰岛素治疗犬猫糖尿病与治疗人糖尿病有什么不同?
5. 农业部和卫生部制定的《人畜共患传染病名录》中有哪几种是人和犬猫共患传染病?

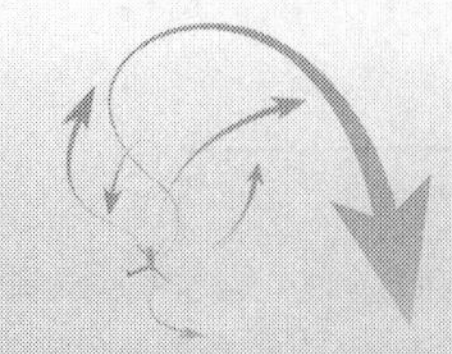

附录 犬猫血液和生化检验参考值

附表 1 奥地利 Diatron 血液白细胞三分类检验仪的检验项目和参考值*

项目	犬参考值	猫参考值
WBC(白细胞)/(10^9/L)	6.00～17.00	5.50～19.50
LYM(淋巴细胞类)/(10^9/L)	1.00～4.80	1.50～7.00
MID(中间细胞类)/(10^9/L)	0.20～1.50	<1.50
GRA(颗粒细胞类)/(10^9/L)	3.00～12.00	2.50～14.00
LYP(淋巴细胞类百分比)/%	12.0～30.00	20.00～55.00
MIP(中间细胞类百分比)/%	2.00～4.00	1.00～3.00
GRAP(颗粒细胞类百分比)/%	62.00～87.00	35.00～80.00
RBC(红细胞)/(10^{12}/L)	5.50～8.50	5.00～10.00
HGB(血红蛋白)/(g/L)	120～180	80～150
HCT(血细胞比容)/%	37.00～55.00	24.00～45.00
MCV(平均红细胞容积)/fL	60～77	39～55
MCH(平均红细胞血红蛋白量)/pg	19.50～24.50	12.5～17.5
MCHC(平均红细胞血红蛋白浓度)/(g/L)	310～340	300～360
RDW-CV(红细胞体积分布宽度百分比)/%	12～21	14～20
RDW-SD(红细胞体积分布宽度)/fL	20～70	25～80
PLT(血小板)/(10^9/L)	200～500	300～800
PCT(血小板比容)/%	0.01～9.99	0.18～0.50
MPV(平均血小板容积)/fL	3.9～11.1	7.50～17.00
PDW-CV(血小板体积分布宽度百分比)/%	10～24	10～24

* 除上表所列项目外，还有红细胞、白细胞和血小板体积分布直方图。

附表 2 日本 Sysmex 公司的 XT-1800iV 血液白细胞五分类检验仪的检验项目和参考值*

项目	犬参考值	猫参考值
WBC(白细胞)/(10^9/L)	6.0～17.0	5.5～19.5
HGB(血红蛋白)/(g/L)	120～180	80～150
RBC(红细胞)/(10^{12}/L)	5.5～8.5	5.0～10.0
PLT(血小板)/(10^9/L)	200～500	300～700
NEUT%(中性粒细胞百分比)/%	60～77	35～75

续附表 2

项目	犬参考值	猫参考值
LYMPH%(淋巴细胞百分比)/%	12～30	20～55
MONO%(单核细胞百分比)/%	3～10	0～4
EO%(嗜酸性粒细胞百分比)/%	2～10	0～12
BASO%(嗜碱性粒细胞百分比)/%	0～0.3	0～0.2
NEUT(中性粒细胞)/(10^9/L)	3～11.5	2.5～12.5
LYMPH(淋巴细胞)/(10^9/L)	1～4.8	1.5～7
MONO(单核细胞)/(10^9/L)	0.15～1.35	0～0.85
EO(嗜酸性粒细胞)/(10^9/L)	0.1～1.25	0～0.75
BASO(嗜碱性粒细胞)/(10^9/L)	0～0.2	0～1.5
HCT(血细胞比容)/%	37～55	24～45
MCV(平均细胞容积)/fL	60～77	39～55
MCH(平均红细胞血红蛋白量)/pg	19.5～24.5	13～17
MCHC(平均红细胞血红蛋白浓度)/(g/L)	310～340	300～360
RDW-SD(红细胞体积分布宽度)/fL	20～70	25～80
RDW-CV(红细胞体积分布宽度百分比)/%	12～21	14～18.1
PDW-SD(血小板体积分布宽度)/fL	9～17	ND**
PDW-CV(血小板体积分布宽度百分比)/%	10～24	10～24
PCT(血小板比容)/%	0.01～9.99	0.18～0.5
MPV(平均血小板容积)/fL	6.7～11.1	7.50～17.00
P-LCR%(大血小板百分比)/%	14～41	ND**

* 仪器内实际上是犬猫各有一张表格，为了节省篇幅缩成了一张表格。

** 此项无资料。

附表 3　血清生化参考值

项目	犬	猫	牛	马
ALT(GPT)(丙氨酸氨基转移酶)/(U/L)	10～100	12～130	14～38	3～23
AST(GOT)(天门冬氨酸氨基转移酶)/(U/L)	0～50	0～48	0～150	0～150
ALP(ALK)(碱性磷酸酶)/(U/L)	23～212	14～111	0～488	143～395
ACP(酸性磷酸酶)(U/L)	0～4.2	0.3～2.1	ND	ND
LDH(乳酸脱氢酶)/(U/L)	40～400	0～798	250	200
Amy(淀粉酶)/(U/L)	90～527	ND	75～150	20～150
LPS(脂酶)/(U/L)	200～1 800	100～1 400	ND	ND
CK(肌酸激酶)/(U/L)	10～200	0～314	<200	<200

续表附表 3

项目	犬	猫	牛	马
SDH(山梨醇脱氢酶)/(U/L)	8～12	4～8	30～1 850	10～260
GGT(γ-谷氨酰转移酶)/(U/L)	0～7	0～1	12～29	5～22
PK(丙酮酸激酶)/(U/L)	38～78	50～100	ND	ND
T-BIL(总胆红)/(μmol/L)	0～15	0～15	0.17～17.10	3.42～50.00
D-BIL(直接胆红素)/(μmol/L)	2.00～5.00	0～2.00	0～5	3～12
BA (fasting) [胆汁酸(饥饿 12 h)]/(μmol/L)	0～15.3	0～7.6	ND	ND
BA (postprandial) [胆汁酸(食后 2 h)]/(μmol/L)	0～20.3	0～10.9	ND	ND
BSP(磺溴酞钠)/%	0～5	0～5	ND	ND
TP(总蛋白)/(g/L)	52～82	57～89	67～75	50～79
ALB(白蛋白)/(g/L)	23～40	22～40	30～36	23～38
GLOB(球蛋白)/(g/L)	25～45	28～51	37～39	27～41
α_1-GLOB/(g/L)	2～5	3～9	7～9	1～7
α_2-GLOB/(g/L)	3～11	3～9	ND	3～13
β_1-GLOB/(g/L)	6～12	4～9	8～12	4～16
β_2-GLOB/(g/L)	3～7	3～6	4～10	3～9
γ-GLOB/(g/L)	5～18	17～27	17～23	6～19
A/B(白蛋白/球蛋白)	0.89～2.68	0.80～1.68	ND	ND
BUN(血液尿素氮)/(mmol/L)	2.5～9.6	5.7～12.9	3.6～7.1	3.6～7.1
CREA(肌酐)/(μmol/L)	44～159	53～141	60～120	70～140
GLU(葡萄糖)/(mmol/L)	4.11～7.94	4.11～8.83	2.6～4.3	3.6～5.8
CHOL(胆固醇)/(mmol/L)	3.25～7.8	1.95～5.20	2.07～8.28	1.55～3.36
TG(甘油三酯)/(mmol/L)	0.11～1.65	0.055～1.1	ND	ND
HDL(高密度脂蛋白)/(mg/dL)	0～48	0～72	ND	ND
UA(尿酸)/(μmol/L)	0～70	0～60	0～12	5～7
Na(钠)/(mmol/L)	144～160	150～165	132～145	134～142
Cl/(氯)/(mmol/L)	109～122	112～129	96～105	94～106
K/(钾)/(mmol/L)	3.5～5.8	3.5～5.8	3.6～5.1	2.1～4.2
TCO_2(二氧化碳总量,与离子同测值)/(mmol/L)	16.9～26.9	12.5～24.5	ND	ND
Ca^{2+}(离子钙)/(mmol/L)	1.12～1.42	1.12～1.42	1.95～2.83	2.72～3.22
TCa(总钙)/(mmol/L)	2.25～2.88	2.25～2.88	ND	ND
P(磷)/(mmol/L)	0.81～2.19	1.00～2.42	1.19～2.65	0.74～1.39
Mg(镁)/(mmol/L)	0.58～0.99	0.62～1.25	0.79～1.19	0.66～0.95
pH(动脉)	7.36～7.44	7.36～7.44	7.35～7.50	7.32～7.44
pH(静脉)	7.32～7.40	7.28～7.41	ND	ND

续表附表 3

项目	犬	猫	牛	马
$PaCO_2$(动脉二氧化碳分压)/mmHg	36～44	28～32	35～44	38～46
PCO_2(静脉二氧化碳分压)/mmHg	33～50	31～45	ND	ND
PaO_2(动脉氧分压)/mmHg	90～100	90～100	92	94
PO_2(静脉氧分压)/mmHg	24～48	35～45	ND	ND
TCO_2(A)(二氧化碳总量，动脉血血气测定值)/(mmol/L)	25～27	21～23	ND	ND
TCO_2(N)(二氧化碳总量，静脉血血气测定值)/(mmol/L)	21～31	27～31	ND	ND
HCO_3^-(A)(碳酸氢根，动脉血血气测定值)/(mmol/L)	18～24	17～24	20～30	24～30
HCO_3^-(N)(碳酸氢根，静脉血血气测定值)/(mmol/L)	18～26	17～23	ND	ND
BE(A)(碱过剩，动脉血)/(mmol/L)	−5～0	−5～+2	ND	ND
AG(阴离子间隙)/(mmol/L)	12～24	13～27	ND	6.6～14.7
NH_4(resting)[血氨(休息)]/(μmol/L)	11～71	17～58	59～88	7.6～63
NH_4(acting)[血氨(活动)]/(μmol/L)	0～99	0～95	ND	ND
LAC(乳酸)/(mmol/L)	0.50～2.50	0.5～2.50	0.56～2.22	1.11～1.7
Cortisol (resting)[皮质醇(休息)]/(nmol/L)	50～250	30～300	30～220	50～640
T_4(resting)[甲状腺素(休息)]/(nmol/L)	18～40	1.3～32	54～110	11.6～36.0
T_3(三碘甲腺原氨酸)/(nmol/L)	1.5～3.0	0.5～2.0	ND	ND
Fe(铁)/(μmol/L)	17～22	12～38	14～37	15～41
TIBC(总铁结合力)/(μmol/L)	47～61	31～75	48～80	57～88
P-Osm(血浆渗透压)/(mOsm/kg)				
Calculated(血浆渗透压，计算值)	202～325	319～371	276～296	279～296
Determined(血浆渗透压，测定值)	202～325	290～320	ND	ND
P-Osm Gap(血浆渗透压间隙)	293～321	10～27	ND	10～20

* ND:无资料。

图片和表格索引

第四章　眼睛和耳朵临床检查

一、图片

二、表格

第五章　心血管系统临床检查

一、图片

第八章　消化系统临床检查

二、表格

第九章　泌尿生殖系统临床检查

一、图片

二、表格

第十二章　骨骼、关节和肌肉系统临床检查

一、图片

二、表格

第十四章　犬猫疾病快速检测诊断试剂

一、图片

第十五章　临床应用操作技术和治疗方法

一、图片

参考文献

[1] 李育良.犬体解剖学.西安:陕西科学技术出版社,1995.
[2] 董长生.家畜解剖学.3版.北京:中国农业出版社,2001.
[3] 陈耀星.畜禽解剖学.3版.北京:中国农业大学出版社,2010.
[4] 安铁洙,谭建华,韦旭斌.犬解剖学.长春:吉林科学技术出版社,2003.
[5] 南京农业大学编写.家畜生理学.2版.北京:农业出版社,1991.
[6] 郑锡荣,译.养犬指南.广州:羊城晚报出版社,2000.
[7] 张海彬,夏兆飞,林德贵,译.小动物外科学.北京:中国农业大学出版社,2007.
[8] 林政毅.猫病临床诊断路径图表暨主要传染病.北京:中国农业出版社,2010.
[9] 陈文彬,潘祥林.诊断学.7版.北京:人民卫生出版社,2010.
[10] 韩博.犬猫疾病学.3版.北京:中国农业大学出版社,2011.
[11] 韩博,译.犬猫眼科学彩色图谱.北京:中国农业科学技术出版社,2008.
[12] 刘学军.皮肤性病学.6版.北京:人民卫生出版社,2009.
[13] Stephen J. Ettinger, Edward C. Feldman. Textbook of Veterinary Internal Medicine: Diseases of the Dog and Cat. 6 th, W. B. Saunders Company, 2005.
[14] Dennis M. McCurrnin, Ellen M. Poffenbarger. Small Animal Physical Diagnosis and Clinical Procedures. W. B. Saunder Company, Philadelphia, Pennsylvania,1991.
[15] BSAVA. Manual of Canine and Feline Neurology. 3 ed.
[16] B. F. Hoerlein. Caning Neurology: Dianosis and Theatment. third edition, London: W. B. Saunders company, 1978.
[17] Howard E. Evans, Alexander deLahunta. Miller's Guide to the Dissection of the Dog. W. B. Saunders Company, 1996.
[18] Robert L peiff,Jr and Simon M Petersen-Jones. Small Animal Ophthalmology. Harcourt Asia Pte Ltd, 2000.
[19] M. J. Shively. Veterinary Anatomy-Basic, Comparative, and Clincal. Texas A&M University Press,1984.
[20] 北京市海淀区疾病预防控制中心.共同努力积极预防糖尿病,2009.
[21] 王林.糖尿病患者要注意日常护理足部.北京:北京青年报,2010-03-17.
[22] 王九峰.慢性肾衰竭.第四届北京宠物医师大会,2008:89-91.
[23] 高得仪,等.宠物疾病实验室检验与诊断.北京:中国农业出版社,2003.
[24] (美)Edited by Michael Schaer,林德贵主译.犬猫临床疾病图谱.沈阳:辽宁科技出版社,2004.
[25] 叶力森.小动物急诊加护手册.2版.中国台北:艺轩图书出版社,2000.
[26] 刘振轩,等.犬疾病诊断与防治指引.2版,中国台北:农委会动植物防疫检疫局出版,2007:181-183.

[27] 陈杰. 家畜生理学. 4 版. 北京：中国农业出版社，2005.
[28]《宠物医生手册》编写委员会编. 宠物医生手册. 2 版，沈阳：辽宁科学技术出版社，2009.
[29] 祝俊杰. 犬猫疾病诊疗大全. 北京：中国农业出版社，2005.
[30] (美)Edited by Rhea V. Morgan，施振声主译. 小动物临床手册. 4 版，北京：中国农业出版社，2005.
[31] (美)Edited by Alleice Summers，刘钟杰主译. 伴侣动物疾病速查. 北京：中国农业大学出版社，2004.
[32] 韩博. 犬猫疾病学. 3 版，北京：中国农业大学出版社，2011：223-227.
[33] 侯加法. 小动物疾病学. 北京：中国农业出版社，2002：260-261.
[34] 尚善. 糖尿病人有了新一代长效药. 北京：北京青年报，2010-03-19.
[35] 预防＋教育阻止糖尿病蔓延. 北京：北京青年报，2009-11-13.
[36] 周自水，王世祥. 新编常用药物手册. 北京：金盾出版社，1999.
[37] 王小龙. 兽医临床病理学. 北京：中国农业出版社，1995.
[38] 陈卫华. 血糖的稳态调节不仅仅靠胰岛素. 北京：北京青年报，2010-03-25(C5 版).
[39] Stephen J. Ettinger, Edward C. Feldman. Textbook of Veterinary Internal Medicine-Diseases of the Dog and Cat. 5th edition, W. B. Saunders, 2000:1438-1460.
[40] Kirk CA, et al. Diagnosis of Naturally Acquired Type-Ⅰ and Type-Ⅱ Diabetes Mellitus in Cats. Am J Vet Res, 1993, 54:463 .
[41] Michael D. Willard, Harold Tvedten. Small Animal Clinical Diagnosis by Laboratory Methods. USA: Saunders, 2004:214-215.
[42] Goossens M. et al. Response to Insulin Treatment and Survival in 104 Cats with Diabetes Melliyus (1985—1995). J Vet Intern Med, 1998, 12:1.
[43] J. Robert Duncan, Keith W. Prasse. Veterinary laboratory medicine clinical pathology. second edition, USA: The Iowa State University Press, 1986:87-105.
[44] Clark CM, lee DA. Prevention and Treatment of the Complications of Diabetes Mellitus. N Engl J Med, 1995, 332:1210.
[45] Panciera DL, et al. Epizootiologic Patterns of Diabetes Mellitus in Cats: 333 cases (1980—1986). JAVMA, 1990, 197:1504.
[46] Michael S. Hand, Craig D. Thatcher, Rebecca L. Remillard, et al. Small Animal Clinical Nutrition. 4th Edition, Mark Morris Institute, 2000:851-860.
[47] Mattheeuws D, et al. Diabetes mellitus in dogs: Relationship of obesity to glucose tolerance and insulin reponse. Am J Vet Res, 1984, 45:98.
[48] Claudia Reusch. Feline diabetes mellitus. Veterinary Focus, 2011, 21(1):9-16.